MONI DIANZI JISHU

模拟电子技术

主　编◇吴小花
副主编◇牛兴旺
参　编◇何毅延　温金保

广东高等教育出版社
Guangdong Higher Education Press
·广州·

内 容 提 要

本书是根据高职高专教育改革的要求，以及模拟电子技术基础课程的特点，本着“项目引导、任务驱动、教学做一体化”的原则进行编写的，是标准化课程建设配套教材。本教材以项目驱动技能训练的理念，结合现代高职高专教育对模拟电子技术基本理论、基本知识的要求，以典型项目实训为载体，着重突出职业能力的培养。内容包括半导体二极管及基本应用、晶体三极管及基本放大电路、场效应晶体管及其基本放大电路、放大电路的频率响应、集成运算放大器及其应用、放大电路中的反馈、信号发生电路、功率放大电路、直流稳压电源、晶闸管与可控整流电路。

本教材适用于高职高专职业院校的电子信息、通信、供用电、自动化、电气、机电一体化等电类专业的教学。也可供从事相关工作的技术人员、成人教育、职业培训使用或自学者参考。

图书在版编目（CIP）数据

模拟电子技术/吴小花主编. —广州：广东高等教育出版社，2017.2
ISBN 978-7-5361-5866-5
Ⅰ.①模… Ⅱ.①吴… Ⅲ.①模拟电路-电子技术 Ⅳ.①TN710

中国版本图书馆 CIP 数据核字（2017）第 037714 号

出版发行	广东高等教育出版社 社址：广州市天河区林和西横路 邮编：510500　电话：（020）38694893　87551597 http://www.gdgjs.com.cn
印　　刷	广东信源彩色印务有限公司
开　　本	787 毫米×1 092 毫米　1/16
印　　张	18.75
字　　数	429 千
版　　次	2017 年 2 月第 1 版
印　　次	2017 年 2 月第 1 次印刷
定　　价	43.50 元

前　言

根据国务院规划纲要，“十三五”时期经济社会发展主要设置了“经济发展”“创新驱动”“民生福祉”和“资源环境”等四大主要指标，以及中宣部在深圳召开的座谈会上，中央书记处书记、中宣部部长刘奇葆在会议上讲话时强调“文化领域要深入贯彻习近平总书记系列重要讲话精神，牢固树立和贯彻创新、协调、绿色、开放、共享的新发展理念，以新理念带动实践新飞跃、赢得发展新优势，推动文化产业结构优化升级，培育新型文化业态，增强供给结构对需求文化的适应性和灵活性，提高文化改革发展的质量和效益。”根据现代高等职业教育要由“重视规模发展”转向“注意提高素质”的发展要求，教学应以培养就业市场为导向的、具备职业化特征的高素质技能型人才为目标。结合教育部《关于全面提高高等职业教育教学质量的若干意见》（教高〔2006〕16 号）精神，本着“以就业为导向、以能力为本位”的指导思想，我们深入开展了职业教育课程的教育改革和标准化课程建设，结合作者多年的教学改革和实践经验，编写了项目化教程《模拟电子技术》。本书以电类专业应具备的岗位职业能力为依据，遵循学生认知规律，紧密结合职业资格证考试中对电子技能所需的要求编写了本书。

本书具有如下几个方面的特点：

1. 学习情境引导，项目实施，力求突出“应用性、技能性和趣味性”。每章设置了一个学习情境和编排 1 ~3 个实训项目。以人们熟悉的情景帮助认识相关知识的关联和想象，以项目实训，配以课堂仿真，提高学生的学习兴趣和帮助学生对理论知识的理解。

2. 以完成项目任务为主线，连接相应的理论知识和技能实操，融“教、学、做”为一体，有利于教学互动。

3. 把理论和实践融为一体，引导学生自主思维，激发学生的学习积极性，加强学生应用能力的培养。

全书内容包括：半导体二极管及基本应用、晶体三极管及基本放大电路、

场效应晶体管及其基本放大电路、放大电路的频率响应、集成运算放大器及应用、放大电路中的反馈、信号发生电路、功率放大电路、直流稳压电源、晶闸管与可控整流电路等。本书参考课时为72课时。

本书由广东水利电力职业技术学院吴小花主编，牛兴旺副主编，何毅廷、温金保参加了编写。其中，吴小花负责全书的统稿和定稿并编写第一、二、三、六、七、八、九、十章内容及所有实训项目，牛兴旺编写第四、五章内容和审校，何毅廷、温金保参与全书的校对、文字修订和部分电子课件PPT的制作。

本书面向高职院校供用电专业、自动化技术、电子信息技术机电一体化技术等电类专业编写，建议授课时数为60到80。不同专业使用，可根据自身的特点进行内容取舍。

由于编者水平有限，加之时间仓促，书中难免存在一些疏漏和不妥之处，敬请使用本书的师生和读者批评指正，以便修订时改进。在使用本书的过程中如有其他意见或建议，恳请向编者踊跃提出宝贵意见。谢谢!

编　者

2017年1月

目录

MULU

学习情境一　LED 显示屏

学习情境二　耳聋助听器

学习情境三 场效应管放大器

学习情境四 滤波器

学习情境五　电压跟随器

学习情境六　负反馈放大电路

学习情境七　函数信号发生器

学习情境八　音频功率放大器

学习情境九　直流稳压电源

学习情境十　声控开关

学习情境一　LED 显示屏

LED 显示屏我们并不陌生。在日常生活中，我们常常可以见到街头或建筑物外墙竖立着大大小小的电子广告牌，有单色的也有彩色的，播放着文字、图片、视频信息等。LED 显示屏由一个个小的 LED 单元组成。

LED 是 light emitting diode 的缩写，意为发光二极管。发光二极管是由镓（Ga）与砷（As）、磷（P）、氮（N）、铟（In）等化合物制成的半导体二极管，当电子与空穴复合时能辐射出可见光，因而可以用来制成发光二极管。磷砷化镓二极管发红光，磷化镓二极管发绿光，碳化硅二极管发黄光，铟镓氮二极管发蓝光。

在这个学习情境中，设置了二极管的功能测试实训项目，包括二极管的单向导电性、整流等。通过二极管的功能测试，加深对二极管的认识，进一步熟悉二极管的单向导电性及其应用。

【教学任务】

（1）介绍半导体技术的发展与现状。

（2）介绍半导体二极管在电路中的基本应用。

（3）介绍 Proteus ISIS 的基本操作方法。

【教学目标】

（1）了解二极管的构成及其工作原理。

（2）提高学生对半导体材料导电特性的认识能力。

（3）掌握二极管的应用。

（4）培养学生养成认真分析、仔细研究、合理推导的思维习惯。

【教学内容】

（1）PN 结的构成及单向导电特性。

（2）二极管的组成、分类、外加电压下的工作过程。

（3）二极管整流电路的种类、工作原理和具体应用分析。

（4）滤波电路的种类和工作原理分析。

（5）特殊用途二极管的应用。

【教学实施】

多媒体课件、实物展示、原理分析相结合，辅以应用实例探讨。

第一章　半导体二极管及基本应用

【基本概念】

本征半导体，空穴和自由电子，载流子，N 型半导体和 P 型半导体，PN 结，扩散运动、漂移运动和复合，结电容，伏安特性，导通、截止和击穿，等效电路，二极管、稳压管和发光二极管。

【基本电路】

整流电路，与门，稳压管稳压电路，限幅电路。

【基本方法】

二极管和稳压管工作状态的分析方法，二极管电路波形分析方法。

自然界的各种物质，根据其导电能力的不同，可以分为导体、绝缘体和半导体三大类。例如，铜、铝、铁、银等金属材料都是良导体，导电性能很差的塑料、橡胶等物质是绝缘体，导电性能介于导体和绝缘体之间的物质统称为半导体。

半导体器件是组成各种电子电路的基础。本章介绍半导体的导电特性、半导体二极管的工作原理和基本应用。

1.1　半导体的特性

物质的导电性能是由其原子结构决定的，如 4 价元素硅（锗）的原子结构有一个共同点，即原子最外层有 4 个价电子。在电子元件中，常用的半导体材料有硅（Si）、锗（Ge）等，化合物半导体如砷化镓（GaAs）等，其中硅是最常用的一种半导体材料。

硅原子结构简图如图 1－1 所示。最外层电子称作价电子，4 价元素的原子常用＋4

电荷的正离子和周围 4 个价电子表示。

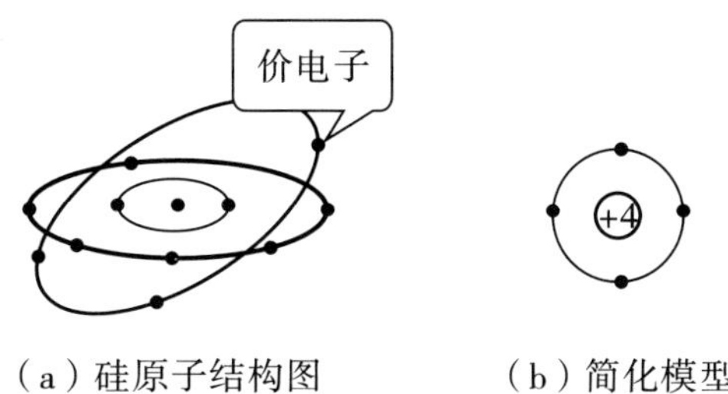

（a）硅原子结构图　　（b）简化模型

图 1 - 1　硅原子结构图和简化模型

1.1.1　本征半导体

1. 半导体的导电特性

纯净的、不含其他杂质的半导体称作本征半导体。本征半导体在热力学温度 $T=0$ K（相当于 -273 ℃）时不导电，如同绝缘体。半导体具有如下的导电特点：

（1）半导体的导电能力介于导体与绝缘体之间。

（2）半导体受外界光和热的刺激时，其导电能力会有显著变化。

（3）在纯净半导体中，加入微量的杂质，其导电能力会急剧增强。

温度、光照、是否掺入杂质元素对半导体导电性能的强弱影响很大，当半导体温度升高、光照加强、掺入杂质元素时，其导电能力将大大增强。

2. 本征半导体的原子结构及共价键

共价键内的两个电子由相邻的原子各用一个价电子组成，称为束缚电子，其示意图如图 1 - 2 所示。

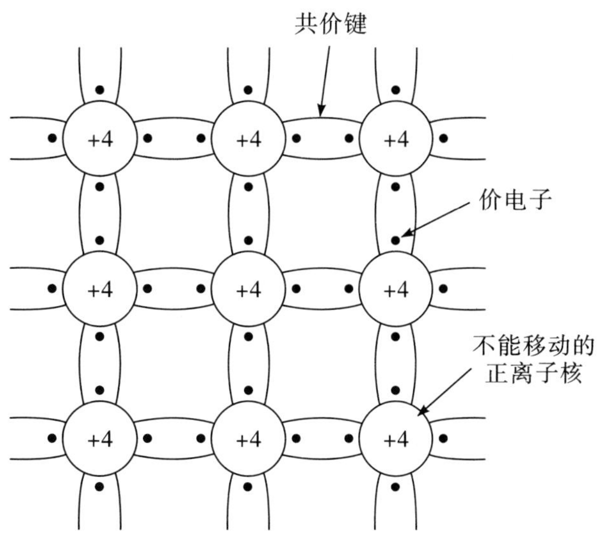

图 1 - 2　本征半导体原子结构及共价键示意图

3. 本征激发现象

当温度升高或受光照射时，共价键中的价电子获得足够能量，从共价键中挣脱出来，变成自由电子，同时在原共价键的相应位置上留下一个缺少负电荷的空位，这个空位称为空穴，如图1－3所示。显然，空穴带正电荷。

在外电场或其他能源的作用下，邻近的价电子和空穴产生相对的填补运动。这样，电子和空穴就产生了相对移动，它们的运动方向虽然相反，但形成的电流方向是一致的。

可见，本征半导体中存在着两种载流子，即自由电子和空穴，而导体中只有一种载流子，即自由电子，这是半导体与导体的本质区别。

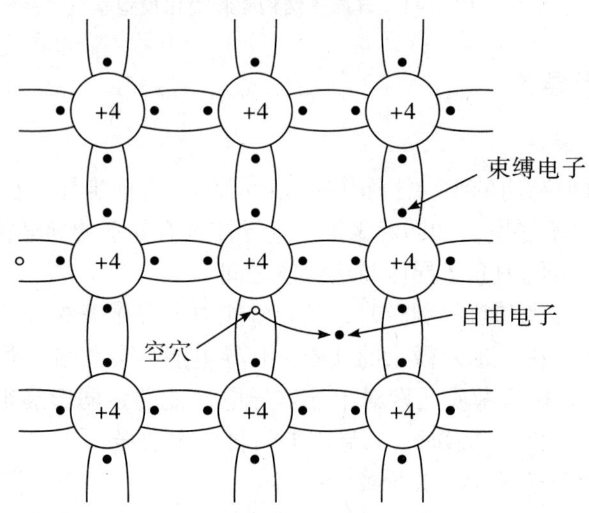

图1－3　本征激发共价键示意图

1.1.2　杂质半导体

本征半导体实际使用价值不大，但如果在本征半导体中掺入微量的某种杂质元素，其导电性能会显著改变。根据掺入杂质的性质不同，可形成两类半导体：电子型（N型）半导体和空穴型（P型）半导体。

1. N型半导体

在本征半导体（以硅为例）中掺入微量的5价元素（如磷、砷等）的半导体称为N型半导体。因杂质原子中只有4个价电子能与周围4个半导体原子中的价电子形成共价键，而多余的一个价电子因无共价键束缚而很容易形成自由电子，如图1－4所示。

N型半导体中自由电子是多数载流子（简称“多子”），它主要由杂质原子提供，空穴是少数载流子（简称“少子”），由热激发形成。提供自由电子的5价杂质原子因带正电荷而成为正离子，因此5价杂质原子也称为施主杂质。

N型半导体的特点：自由电子是多子，空穴是少数载流子。

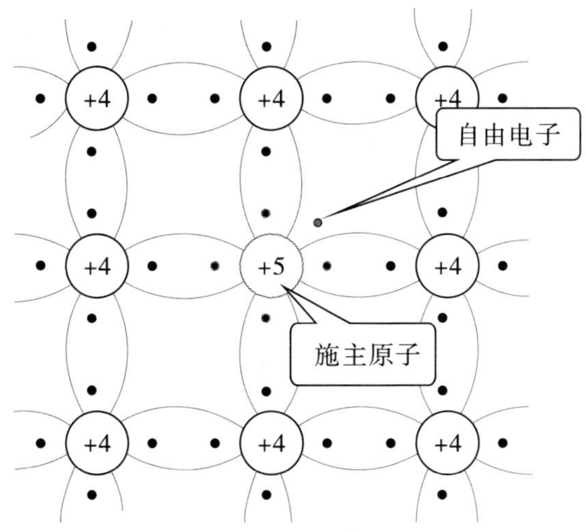

图 1－4　N 型半导体

2. P 型半导体

在本征半导体中掺入微量的 3 价元素如硼（B），就构成 P 型半导体，如图 1－5 所示。+3 价元素原子获得一个电子，成为一个不能移动的负离子，而半导体仍然呈现电中性。

P 型半导体的特点：自由电子是少数载流子，多数载流子为空穴。

在杂质半导体中，多数载流子的浓度主要取决于掺入的杂质浓度，而少数载流子的浓度主要取决于温度。

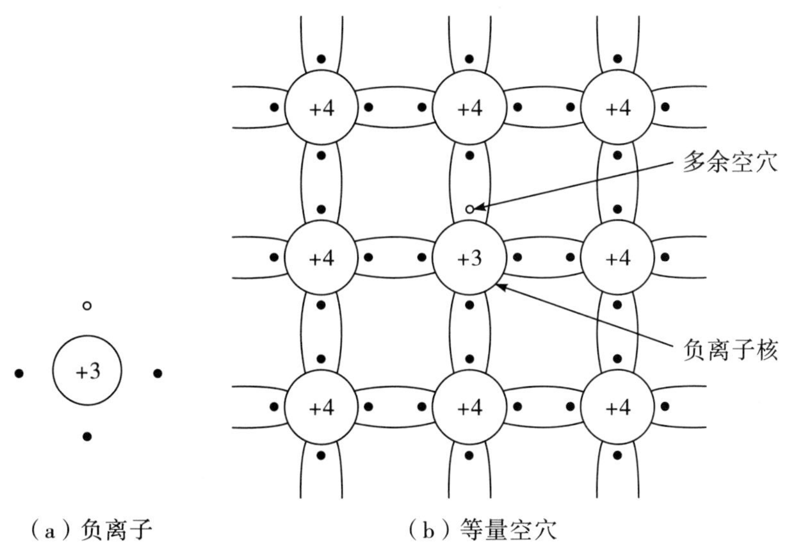

图 1－5　P 型半导体

对于杂质半导体来说，不论是 P 型半导体还是 N 型半导体，从整体上看，仍然保持着电中性。以后，为简便起见，通常只画出其中的正离子和等量的自由电子来表示 N 型半导体；同样，只画出负离子和等量的空穴来表示 P 型半导体，分别如图 1 -5（a）和（b）所示。

1.1.3 PN 结的形成及其单向导电性

若将 N 型半导体与 P 型半导体制作在同一块硅片上，则在它们的交界面就会形成 PN 结。PN 结具有单向导电性。

1. PN 结的形成

在 N 型半导体和 P 型半导体结合在一起后，由于 N 型区内自由电子很多，空穴很少，而 P 型区内空穴很多电子很少，在其交界面处就出现了电子和空穴的浓度差别。这样，电子和空穴都要从浓度高的地方向浓度低的地方扩散。于是，P 型区内的空穴向 N 型区扩散，N 型区内的电子向 P 型区扩散。这种由于存在浓度差引起的载流子运动所形成的电流称为扩散电流。它们扩散的结果是 P 型区一边失去空穴，留下了带负电的杂质离子；N 型区一边失去电子，留下了带正电的杂质离子。半导体中的离子不能任意移动，因此不参与导电。这些不能移动的带电粒子在 P 区和 N 区交界面附近便形成了一个带电离子集中的薄层，称为空间电荷区，就是所谓的 PN 结。在空间电荷区，由于缺少电子，所以也称耗尽层或阻挡层，如图 1 -6 所示。空间电荷区形成以后，由于正负电荷之间的相互作用，在空间电荷区就形成了一个由 N 型区指向 P 型区的内建电场，称为内电场。在内电场的作用下，N 型区中的“少子”（空穴）向 P 型区漂移，P 型区中的“少子”（电子）向 N 型区漂移。载流子在内电场作用下的这种运动称为漂移运动，所形成的电流称为漂移电流，其方向正好与载流子扩散运动的方向相反。从 N 区漂移到 P 区的空穴补充了原来交界面上 P 区所失去的空穴，从 P 区漂移到 N 区的电子补充了原来交界面上 N 区所失去的电子，这就使空间电荷减少，所以，漂移运动的结果是使空间电荷区变窄。

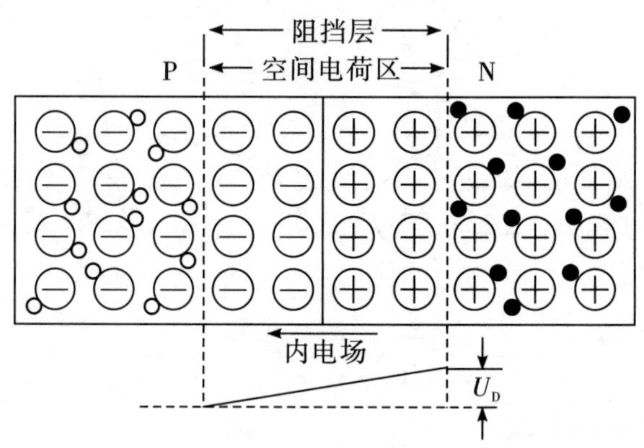

图 1 -6　PN 结的形成

综上所述可知：在 PN 结中进行着两种载流子运动，多数载流子的扩散运动和少数载流子的漂移运动。而这两种运动相互制约，最终两种载流子运动达到动态平衡。达到动态平衡时的 PN 结，无论是电子或空穴，它们各自产生的扩散电流和漂移电流达到相等，

PN 结中总的电流等于零，空间电荷区的宽度也达到稳定。内电场的方向由 N 型区指向 P 型区，说明 N 型区电位比 P 型区高，这个电位差称为电位势垒 U_D（又称“导通电压”或“死区电压”）。电位势垒的高低与材料有关，硅材料约为 0.6～0.8 V，锗材料约为 0.2～0.3 V。

2. PN 结的单向导电性

设在 PN 结加上一个正向电压，即电源的正极接 P 型区，电源的负极接 N 型区，如图 1－7 所示，PN 结的这种接法称为正向偏置（简称正偏）或正向接法。

正向偏置时，外电场的方向与 PN 结中内电场的方向相反，因而削弱了内电场，PN 结的平衡状态被打破，P 区中的多数载流子空穴和 N 区中的多数载流子电子都要向 PN 结移动，当 P 区中的空穴进入 PN 结后，就要和原来的一部分负离子中和，P 区中的空间电荷量减少。同理，当 N 区的电子进入 PN 结后，中和了部分正离子，使 N 区的空间电荷量减少，结果使 PN 结变窄，即耗尽层由厚变薄，于是电位壁垒随之降低，这将有利于多数载电子的扩散运动，而不利于少数载流子的漂移运动。因此，回路中的扩散电流将大大超过漂移电流，最后形成一个较大的正向电流，其方向在 PN 结中是从 P 区流向 N 区，如图 1－7 所示。

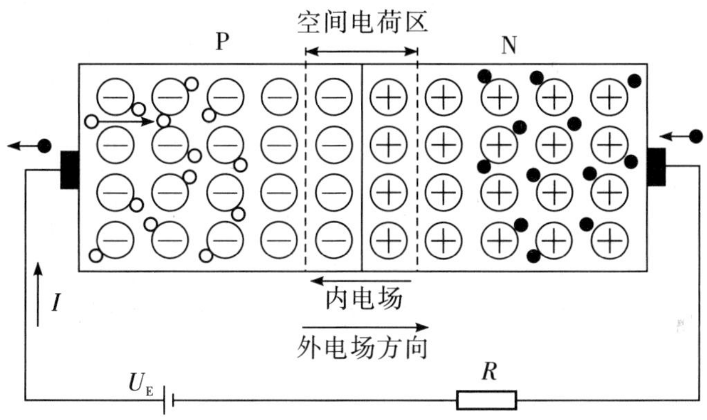

图 1－7　正向偏置的 PN 结

正向偏置时，PN 结呈现低电阻，只要在 PN 结两端加上一个很小的正向电压，回路中将产生较大的正向电流；为了防止回路中电流过大，一般可接入一个限流电阻。PN 结加反向偏压时，呈现高电阻，回路中的反向电流非常小，几乎等于零，PN 结处于截止状态。可见，PN 结具有单向导电性。

1.2　半导体二极管

半导体二极管又称晶体二极管，简称二极管，它是由一个 PN 结组成的元件，具有单向导电的性能。在许多电路中起着重要作用，是最早的半导体元件之一。应用非常广泛，在电子电路中主要用于整流、检波、限幅、稳压、电平显示、开关等。

1.2.1 二极管的结构

半导体二极管是由一个 PN 结加上两条引线做成管芯，并以管壳封装加固而成。P 区的引出线称为正极（阳极），N 区的引出线称为负极（阴极）。二极管的结构图如图 1－8 所示。

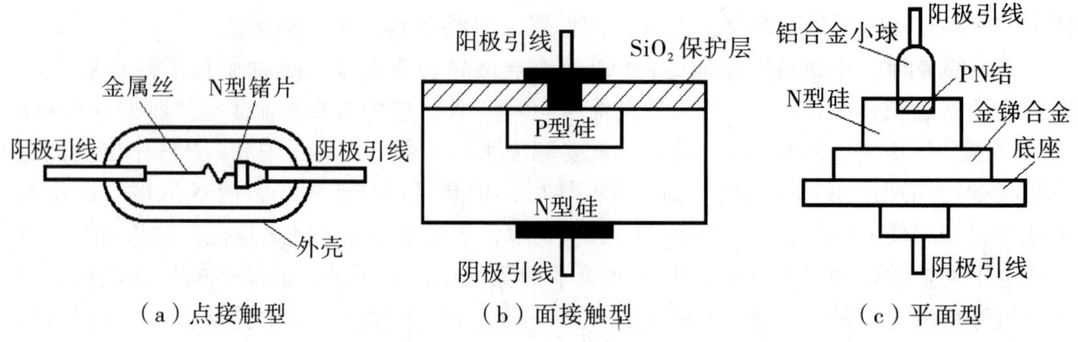

（a）点接触型　（b）面接触型　（c）平面型

图 1－8　二极管的几种常见结构

二极管的类型很多，二极管按制作材料分为硅二极管、锗二极管、砷化镓二极管，前两种应用最广泛。从管子的结构分类，有点接触型、面接触型和平面型等。点接触型二极管的特点是 PN 结的面积小，管子中不允许通过较大的电流，但因为它们的结电容也小，可以在高频下工作，适用于检波和小功率的整流电路；面接触型二极管则相反，由于 PN 结的面积大，故允许通过较大的电流，但只能在较低频率下工作，可用于整流电路；平面型二极管采用扩散法制成，结面积较大的可用于大功率整流，结面积小的可作为脉冲数字电路中的开关管。二极管的图形符号如图 1－9 所示。

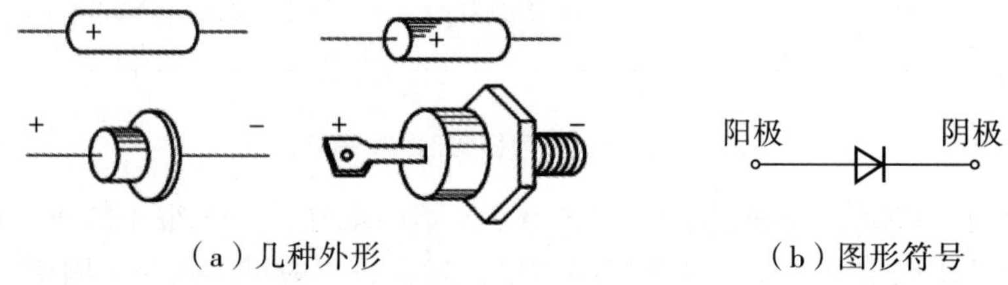

（a）几种外形　（b）图形符号

图 1－9　二极管的几种外形和图形符号

1.2.2 二极管的伏安特性

二极管的性能可用伏安特性来描述。为了测得二极管的伏安特性，可在二极管的两端加上一个电压 U_D，然后测出流过管子的电流 I_D，电流与电压之间的关系曲线即是二极管的伏安特性。

一个典型的硅二极管的伏安特性如图 1－10 所示。

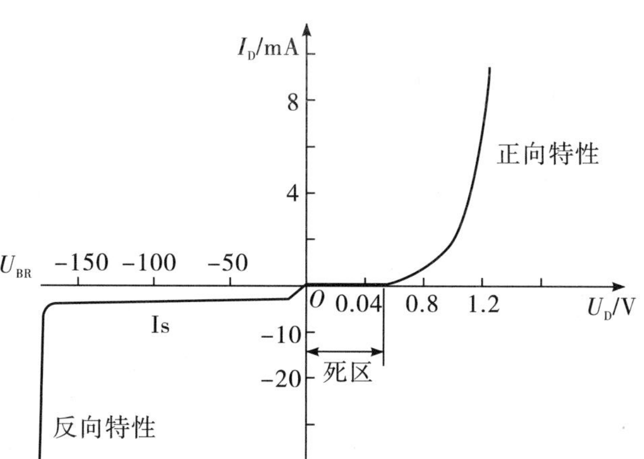

图 1－10　二极管的伏安特性（硅材料）

特性曲线分为两部分：加正向电压时的特性称为正向特性（图 1－10 中第一象限部分）；加反向电压时的特性称为反向特性（图 1－10 中第三象限部分）。

表 1－1 列出两种材料的小功率二极管的开启电压、正向导通压降范围、反向饱和电流的数量级。

表 1－1　两种材料二极管比较

材料	开启电压 U_{on}/V	导通电压 U/V	反向饱和电流 I_s/μA
硅（Si）	≈0.5	0.6～0.8	<0.1
锗（Ge）	≈0.1	0.1～0.3	>10

1. 正向特性

二极管两端加正向电压时，就产生正向电流，当正向电压较小时，正向电流很小（几乎为零），这一部分称为死区。只有当加在二极管两端的电压超过某一数值时，正向电流才明显增大。正向特性上的这个数值通常称为死区电压或门槛电压（也称阈值电压或开启电压），硅二极管约为 0.5 V，锗二极管约为 0.1 V。

2. 反向特性

二极管两端加反向电压时，在开始很大范围内的反向电流很小，当给二极管所加反向电压的数值足够大超过零点几伏后，反向电流不再随着反向电压而增大，即达到了饱和，这个电流称为反向饱和电流，用 I_s表示。如果使反向电压继续升高，当超过 U_{BR}时，反向电流将急剧增大，这种现象称电击穿，称 U_{BR}为反向击穿电压。半导体二极管出现电击穿后，如果对击穿后的电流值不能加以限制，将会造成 PN 结过热而损坏，从而使二极管丧失单向导电能力，造成二极管的永久性损坏，这种损坏是不可逆的，称为热击穿。为防止电击穿，允许施加到二极管的最高反向电压值 U_R，一般为击穿电压值的二分之一。

当环境温度升高时，二极管的正向特性曲线将左移，反向特性曲线下移。在室温附近，温度每升高 1 ℃，正向压降减小 2～2.5 mV；温度每升高 10 ℃，反向电流约增大一

倍。可见，二极管的导电特性对温度非常敏感。

根据半导体物理的原理，二极管的伏安特性可用下式描述：

$$I_D = I_S\ (e^{\frac{U_D}{U_T}} - 1)$$

上式中，I_s是二极管的反向饱和电流；U_T是温度的电压当量（在室温下 U_T约为 26 mV，可视为常数）；U_D是作用在二极管上的电压；I_D是二极管上的电流。

1.2.3　二极管的主要参数

二极管的参数是其特性的定量描述，也是实际工作中根据要求选用电子器件的主要依据。各种器件的参数可由相关手册查得。半导体二极管的主要参数有以下几个。

（1）最大整流电流 I_F。I_F值为二极管长期运行时允许通过的最大正向平均电流值。I_F值由 PN 结的面积及二极管的散热条件决定，二极管的正向电流若长时间超过规定值，二极管将会因过热而损坏。

（2）最高反向工作电压 U_{RM}。U_{RM}是二极管工作时，允许施加的最高反向电压值。超过此值后，二极管可能被击穿损坏。

（3）最高工作频率f_M。最高工作频率f_M是指允许加在二极管两端交流电压的最高频率值。f_M主要决定于 PN 结结电容的大小，结电容越大，则二极管允许的最高工作频率就越低。半导体二极管的实际工作频率大于f_M后，单向导电性会变差。

（4）反向电流 I_R。二极管的反向电流 $I_R = I_s$，I_s为反向饱和电流，I_s越小，表明二极管单向导电性越好。二极管的反向电流受温度影响，温度升高，I_R增大。

1.2.4　二极管的检测与判断

1. 判断二极管好坏

根据二极管的单向导电性，将万用表置于电阻挡（一般选用 $R\times100\ \Omega$ 或 $R\times1\ \mathrm{k}\Omega$ 挡），将红、黑两表笔分别接触二极管的两管脚，如图 1－11 所示，先测出一次阻值，交换表笔又测出一次阻值。对于一只正常的二极管，一次测得的电阻值大，一次测得的电阻值小，测得阻值较小的那次，与黑表笔相接的一端为二极管的负极。如果两次测得的电阻值都很大，则说明管子内部断路；如果两次测得的电阻都很小，说明二极管内部短路。这两种情况都说明二极管已损坏。若两次测得阻值相差不大，说明管子性能很差，已不能使用。

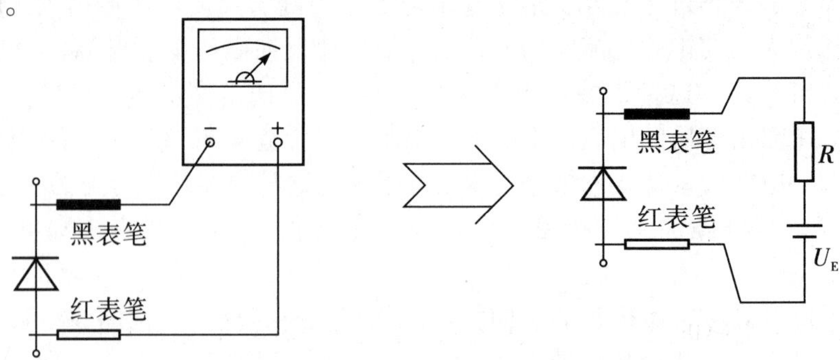

图 1－11　二极管检测示意图

2. 判断硅、锗二极管

判断二极管是硅二极管还是锗二极管时，一种方法是做一个简单实验：采用一只 1.5 V 的干电池，串接一个 1 kΩ 电阻，使二极管正向导通，用万用表测量二极管两端的管压降，如果为0.6～0.7 V 即为硅管如为 0.1 ～0.3 V 即为锗管。也可以通过硅管的正向电阻比锗管的正向电阻大进行粗略判别。

1.3　半导体二极管的基本应用

1.3.1　整流电路

利用二极管的单向导电特性，可以将交流电变换为单向脉动直流电，完成整流作用。完成整流功能的电路称为整流电路。以电路形式区分，整流电路有半波整流电路、全波整流电路和桥式整流电路等。其中桥式整流电路在小型电子设备或小功率电路中使用较为广泛，这里主要介绍桥式整流电路。电路如图 1－12（a）所示。

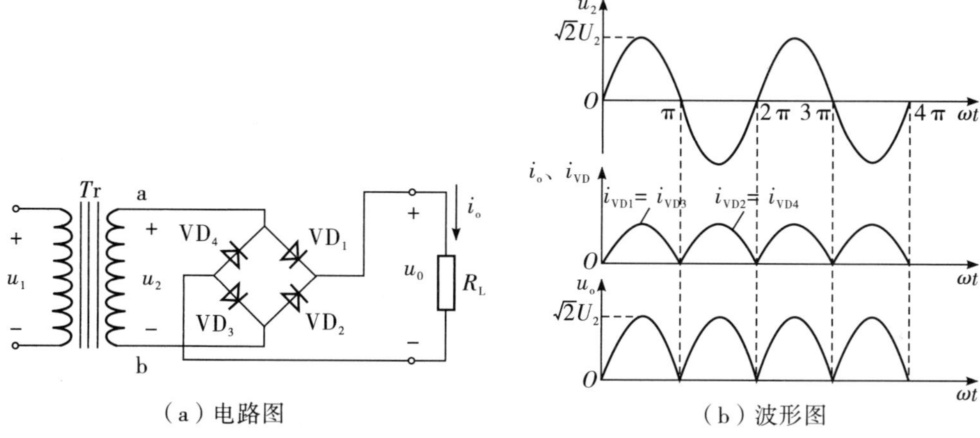

（a）电路图　　　（b）波形图

图 1－12　单相桥式整流电路及波形

1. 工作原理

为简化分析，视二极管为理想二极管。即正向电压作用时，作为短路处理，反向电压时，作为开路处理。

由图 1－12 可知，在 u_2的正半周期，整流二极管 VD_1、VD_3 导通，负载 R_L的电流 i_o和 u_o的波形如图 1－12（b） 中 0 ～π 区间所示。

在 u_2的负半周期，整流二极管 VD_2、VD_4 导通，负载 R_L 的电流 i_o和 u_o的波形如图 1－12（b）π ～2π 区间所示。

综上所述，在 u_2的整个周期内，负载 R_L上都得到极性一定、大小变化的脉动直流电压和脉动直流电流。

2. 参数计算

单相桥式整流电路的整流电压的平均值，即输出电压 u_o的直流分量 $U_{O(AV)}$ 为：

$$U_{O(AV)} = \frac{1}{\pi}\int_0^{\pi} \sqrt{2}U_2 \sin\omega t d(\omega t) = \frac{2\sqrt{2}}{\pi}U_2 = 0.9U_2$$

负载电阻 R_L 中的直流电流 $I_{O(AV)}$（即负载电流平均值）为：

$$I_{O(AV)} = \frac{U_{O(AV)}}{R_L} = 0.9\frac{U_2}{R_L}$$

单相桥式整流电路中，每两个二极管串联后在 u_2 的正、负半周轮流导通，因此，流过每个二极管的电流相等且为负载中平均电流的一半，即：

$$I_{VD(AV)} = \frac{1}{2}I_{O(AV)} = \frac{U_{O(AV)}}{2R_L} = 0.45\frac{U_2}{R_L}$$

在理想条件下，当 VD_1、VD_3 导通时，VD_2、VD_4 的阴极与 a 端是等电位的点，VD_2、VD_4 的阳极与 b 端等电位的点，所以，VD_2、VD_4 两端的最高反向工作电压是交流电压 u_2 的最大值；同理，当 VD_2、VD_4 导通时，在理想条件下，VD_1、VD_3 的阴极与 b 端等电位的点，VD_1、VD_3 的阳极与 a 端是等电位的点，因此，整流二极管承受的最大反向电压：

$$U_{DRM} = \sqrt{2}U_2$$

1.3.2 限幅电路

利用二极管正向导通后其两端电压很小且基本不变的特性，可以构成各种不同的限幅电路，使输出电压限制在某一电压值以内。图 1－13 所示为二极管限幅电路及波形。

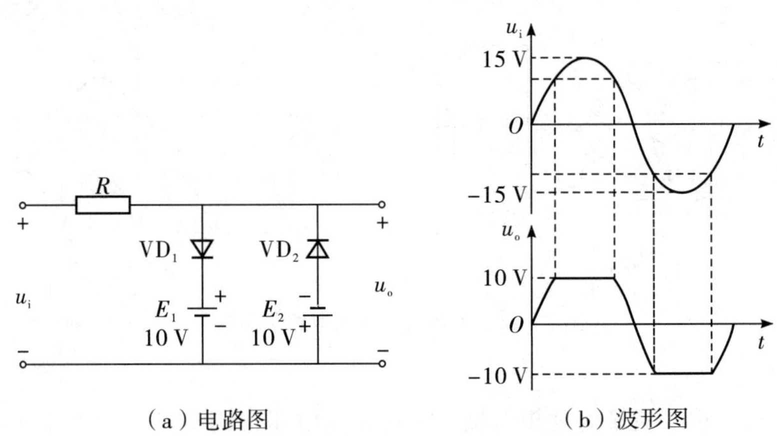

（a）电路图　　（b）波形图

图 1－13　二极管限幅电路及波形图

由图可知，输入电压 u_i 在正半周期，u_i 小于 +10 V 时，VD_1、VD_2 均截止，输出电压 $u_o = u_i$，当 u_i 大于 +10 V 时，VD_1 导通，VD_2 保持截止，输出电压被限定在 +10 V；输入电压 u_i 在负半周期，u_i 大于 −10 V 时，VD_1、VD_2 均截止，输出电压 $u_o = u_i$，当 u_i 小于 −10 V 时，VD_2 导通（VD_1 保持截止），输出电压被限定在 −10 V。因此，该电路将输出电压限制在 ±10 V 之间，其限制值取决于 E_1、E_2 的电压值。

1.3.3 检波电路

在数字电路中经常要判断逻辑电平的高低，除了用万用表测量外，还可以用电平检测器来测量，二极管检波电路及工作波形图如图 1－14 所示。

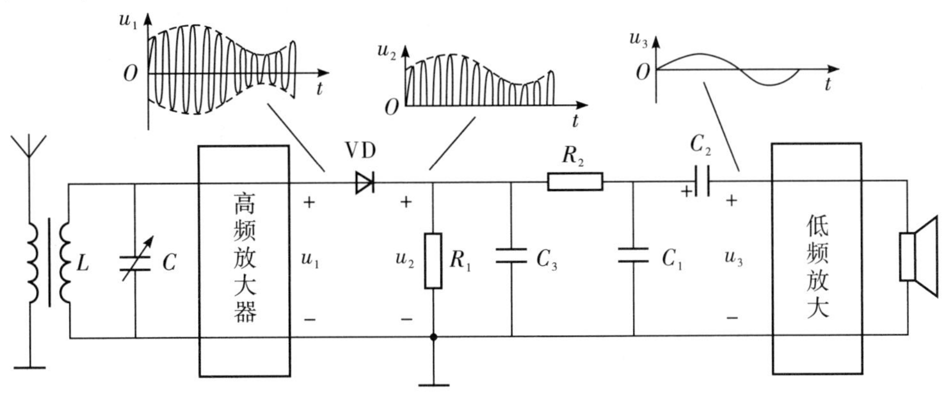

图 1－14　二极管检波电路及工作波形图

1.3.4　保护电路

1. 输入保护

运放对差模输入电压幅度有一定限制，幅度过大可能会损坏输入级三极管。当运放外接负反馈网络时，由于“虚短”，它的两个输入端之间的电压差近似为零，无须保护。当运放外接正反馈网络或者开路时，“虚短”的特性将不复存在，因此各输入端之间的电压差有可能很大，需要加入保护电路。运放输入端的保护电路如图 1－15 所示。

2. 输出保护

为了预防输出端负载的突然变化和其他原因造成的器件过载损坏，在集成运放的输出端可加输出保护电路，图 1－16 所示为运放的一种输出保护电路。

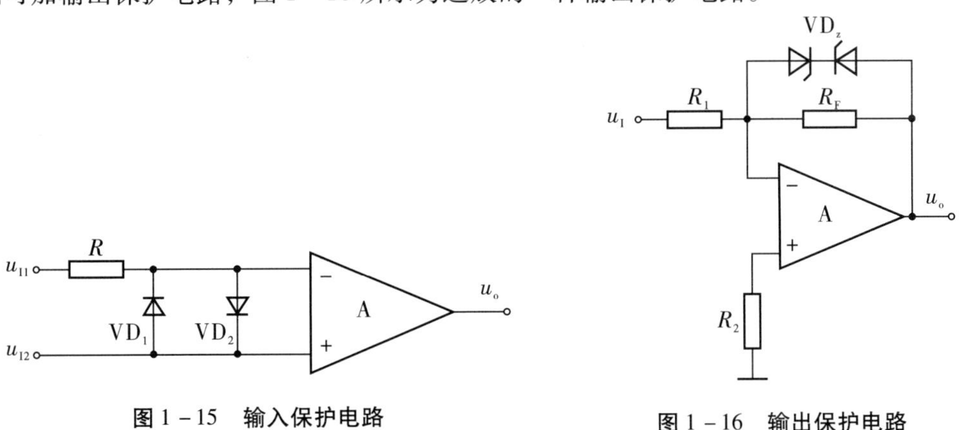

图 1－15　输入保护电路

图 1－16　输出保护电路

1.4　特殊二极管

除前面介绍的普通二极管外，还有一些二极管由于使用的材料和工艺特殊，从而具有特殊的功能和用途，这种二极管属于特殊二极管，如稳压二极管、发光二极管、光电二极管、变容二极管等。

1.4.1 稳压二极管

稳压二极管是一种特殊的二极管，这种管子工作在反向击穿区，即当稳压管反向击穿后，反向电流的变化量 ΔI 较大时，管子两端相应的电压的变化量 ΔU 都很小，说明其具有“稳压”特性，故称稳压管，其伏安特性及符号如图 1－17 所示。

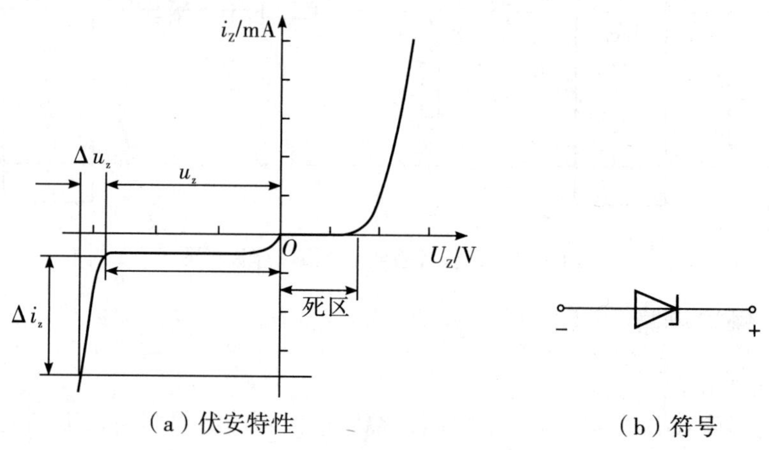

（a）伏安特性　　（b）符号

图 1－17　稳压管的伏安特性及符号

1. 稳压二极管稳压电路

稳压二极管组成的稳压电路如图 1－18 所示。

由稳压管构成的稳压电路，其中 U_I为未经稳定的直流输入电压，R 为限流电阻，R_L 为负载电阻，U_O为稳定电路的输出电压。

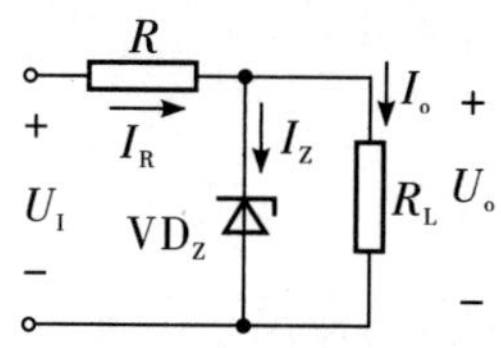

图 1－18　稳压管组成的稳压电路

2. 稳压二极管的主要参数

稳压二极管的主要参数有：

（1）稳定电压 U_Z。稳压管反向击穿后，当通过稳压管中的电流值达到规定的电流 I_Z 时，稳压管上的电压值称为稳定电压 U_Z。由于制造工艺上的原因，同一型号的 U_Z值允许有一定的差别。

（2）稳定电流 I_z。稳定电流是指稳压管工作在稳定电压时流过稳压管的最小电流，是稳压管正常工作时的电流参考值。稳压管中的电流达到这一数值时，稳压管的稳压效果较好。就是说，流过稳压管的电流小于 I_z 时，稳压管没有稳压作用，只有当流过稳压管的电流大于等于 I_z 时，稳压管才起到稳压作用，一般 I_z 在 5～10 mA。

（3）动态电阻 r_Z。稳压管在稳定工作范围内，稳压管的电压变化量 ΔU_Z与电流变化

量 ΔI_Z之比，即：

$$I_Z = \frac{\Delta u_Z}{\Delta I_Z}$$

稳压管的反向特性曲线愈陡，则动态内阻愈小，稳压性能愈好。

（4）最大工作电流 I_{ZM}和最大耗散 P_{ZM}功率。稳压管工作时，PN 结的功率损耗为 $P_Z = U_Z I_Z$，损耗的功率将转化为热能，使 PN 结温度升高，温度过高将损坏 PN 结。因此，P_{ZM}是稳压管的一个重要参数。

（5）I_{ZM}和 P_{ZM}是为了保证管子不发生热击穿而规定的极限参数。

（6）温度系数 a。稳压管的稳压值受温度影响很大，a 表示环境温度每变化一度稳压值的变化量，即 $a = \Delta U_Z/\Delta T$。一般而言，稳压值 $U_Z > 7$ V 的稳压管具有正稳压系数，$U_Z < 4$ V 的稳压管具有负稳压系数，而稳定电压在 4 ~ 7 V 之间的稳压管的温度系数稳定性较好。

稳压管应用时需注意几个问题：一是应确保稳压管工作在反向偏置状态（除利用正向特性稳压外）；二是稳压管工作时的电流应在 I_Z和 I_{ZM}之间，因而电路中必须串接限流电阻；三是稳压管可以串联，串联后的稳压值为各管稳压值之和，但不能并联使用，以免因稳压值的差异造成各管电流分配不均匀，引起管子过载而损坏。

1.4.2　发光二极管

发光二极管是由磷砷化镓等半导体材料制造的二极管，是一种将电能转换成光能的发光器件，其外形及符号如图 1－19 所示。

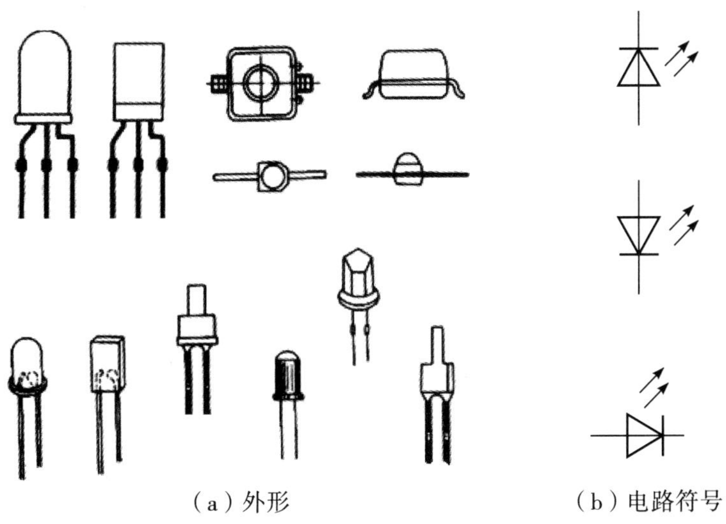

（a）外形　　（b）电路符号

图 1－19　发光二极管外形及电路符号

发光二极管的正向伏安特性与一般二极管的伏安特性相似，但正向电压较大，约 1.6 V。发光二极管在正向电流达到一定值是发光。发光的颜色与半导体材料有关，使用材料不同，发光的颜色也不同，不同材料的发光二极管可发出红、黄、绿等颜色的光。发光二极管的开启电压比普通二极管的要大，如：红色二极管红色的在 1.6 ~ 1.8 V 之间，绿色的在 2 V 左右。

当发光二极管正向电压增加时，正向电流增大，发光的亮度增加。为防止发光二极管因电流过大而造成 PN 结过热而烧毁，在发光二极管电路中，应根据电源电压的大小在电路中串联适当的限流电阻。

发光二极管应用到交流电路时，为防止二极管被反向击穿，可用两只发光二极管反极性并联，亦可反极性并联一只普通二极管，以便降低发光二极管上的反向电压。

发光二极管因其驱动电压低、功耗小、寿命长、可靠性高等优点，广泛用于显示电路中。例如，做成七段数码管，即将发光二极管制成条状，将七只条状的发光二极管排列成如图 1－20 所示的数字，称为数码管。

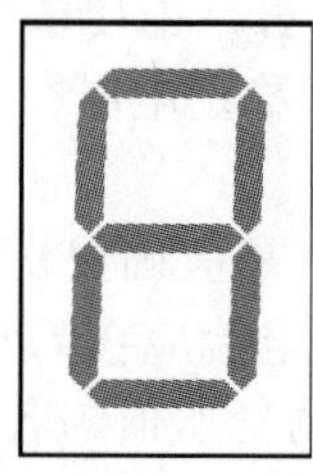

图 1－20　发光二极管构成的七段数码管

数码管内相应的二极管通电发光后，可以分别显示出 0～9 这样 10 个字形。

发光二极管的检测判断：一般来说，发光二极管出厂时一根引线比另一根引线长，通常较长引线代表阳极。发光二极管与普通二极管一样具有单向导电性，也可以用万用表检测，其方法如下：将万用表置 $R \times 10\ \Omega$ 或 $R \times 100\ \Omega$ 挡，用两表笔轮换接触发光二极管的两管脚，若管子性能良好，必定有一次正常发光，此时，黑表笔所接触的为阳极。

1.4.3　光电二极管

光电二极管是一种半导体光敏器件，属于光电子器件，工作在反偏状态。光照越强，它的反向电流越大。它的主要特点是：反向电流与照度成正比。光电二极管的结构和电路符号如图 1－21 所示。

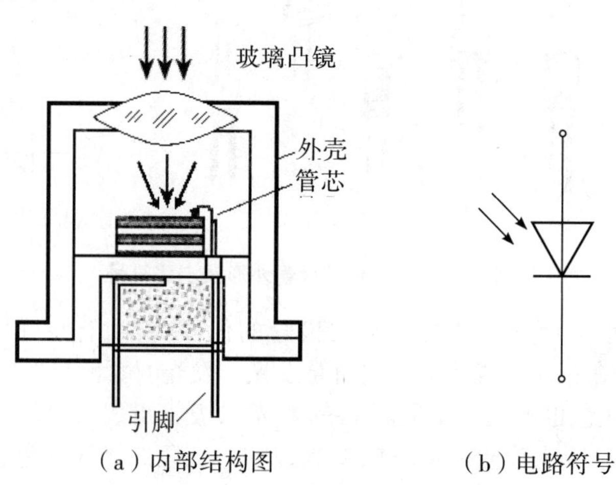

（a）内部结构图　　　　（b）电路符号

图 1－21　光电二极管内部结构和电路符号

光电二极管可用于光的检测器件，当制成大面积的光电二极管时，可当作一种能源，成为光电池。

1.4.4　激光二极管

激光二极管的符号与发光二极管一样，结构上与发光二极管很相似，不同之处是激光二极管的 PN 结间安置了一层具有光活性的半导体，使其形成一光谐振腔，在正向偏置的情况下，从 PN 结上发射出单波长的光，即激光。

激光二极管适宜作为大容量、远距离光纤通信的光源，也可以应用于小功率光电设备中，如计算机上的光盘驱动器、激光打印机中的打印头等。

1.4.5　变容二极管

二极管的结电容随反向电压的增加而减小，这种效应显著的二极管称为变容二极管。二极管结电容的大小与其本身的结构、工艺和外加电压有关。变容二极管电路符号及其特性曲线如图 1－22 所示。

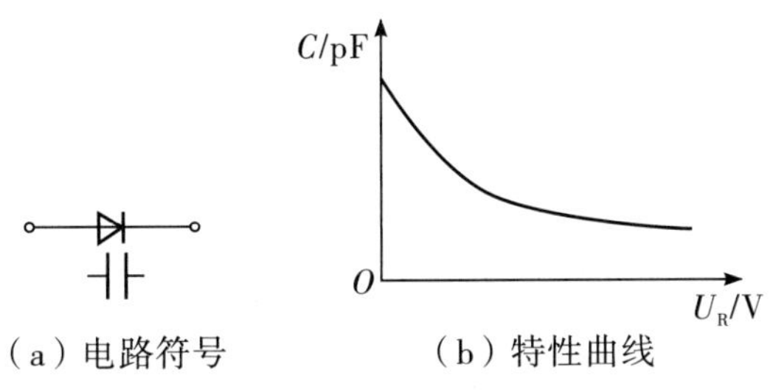

（a）电路符号　　（b）特性曲线

图 1－22　变容二极管电路符号

不同型号的管子其电容量在 5～300 pF，同一管子的最大电容与最小电容之比约为 5∶1。常用于高频电路中的电调谐电路。

本 章 小 结

（1）二极管是电子电路中常见的半导体器件，制作二极管的主要材料是半导体，如：硅材料和锗材料等。

半导体中存在两种载流子：电子和空穴。纯净的半导体称为本征半导体，它的导电能力很差。掺杂少量其他元素半导体称其为杂质半导体。杂质半导体分为：N 型半导体（多数载流子是电子）；P 型半导体（多数载流子是空穴）。当把 P 型半导体和 N 型半导体结合在一起时，在两者的交界处形成一个 PN 结，这是制造各种半导体的基础。

（2）二极管的主要特性是：单向导电性。在电路中通常用作整流、检波、限压保护。

（3）稳压二极管、发光二极管、光敏二极管、变容二极管、激光二极管等是特殊二极管。如：稳压二极管是利用二极管工作在反向击穿区时，流过管子的电流变化很大，而管子两端的电压变化很小这一特性制成，发光二极管是由磷、砷、化、镓等半导体材料制造的二极管等。特殊二极管在电子电路中起到特定的作用。

实训项目　半导体二极管功能测试

一、实训目标

（1）熟悉半导体二极管基本特性。

（2）掌握半导体二极管的测试方法。

（3）掌握二极管的应用。

二、实训设备与器件

（1）多媒体课室（安装 Proteus 软件或其他仿真软件）。

（2）万用表 1 台，元器件 1 批（视电路图而定），“面包板” 1 块。

三、实训内容与步骤

1. 仿真测试。半导体二极管功能仿真测试。

（1）Proteus ISIS（或其他 EDA 软件），在 ISIS 主窗口编辑各测试电路图。

（2）仿真。观察各电路的状态。

①二极管单向导电性测试。如图 1－23 所示，启动仿真，拨动开关。

测试结果描述：____

____。

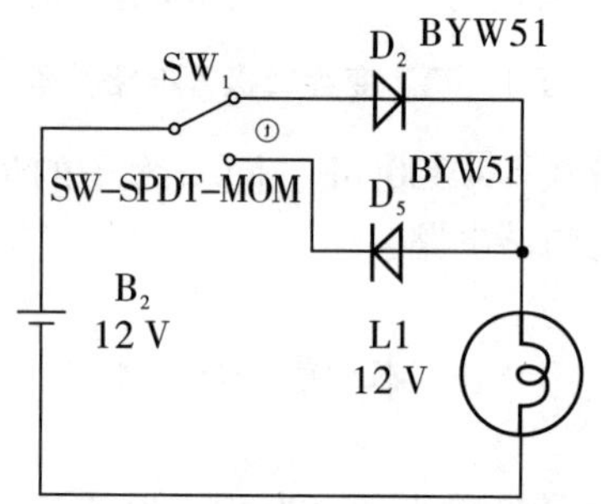

图 1－23　二极管单向导电性测试图

②二极管的整流作用测试。如图 1－24 所示，启动仿真，观测示波器显示的波形，并绘画出来。

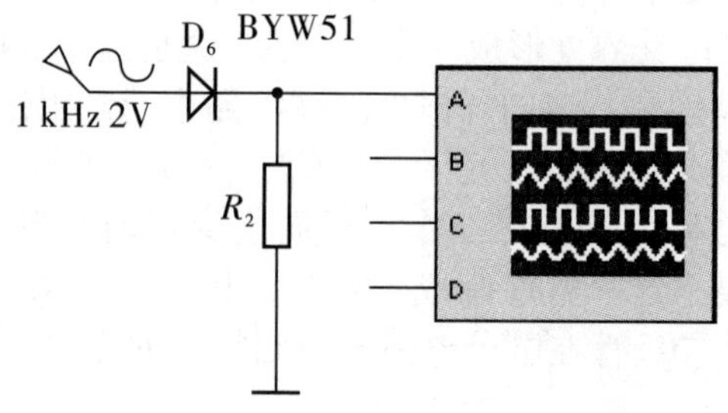

图 1－24　二极管整流作用测试图

③二极管限幅功能测试。如图 1－25 所示，启动仿真，观测示波器显示的波形，并画出来。

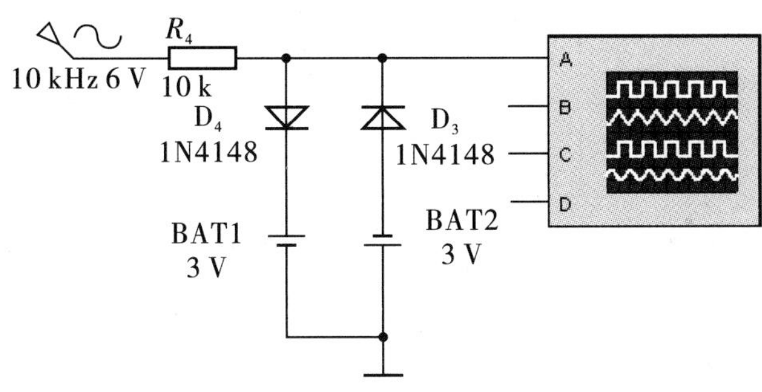

图 1－25　二极管的限幅功能测试图

④特殊二极管——稳压管稳压功能测试。如图 1－26 所示，启动仿真，改变输入电压值，电压表数值变化。

测试结果描述：____。

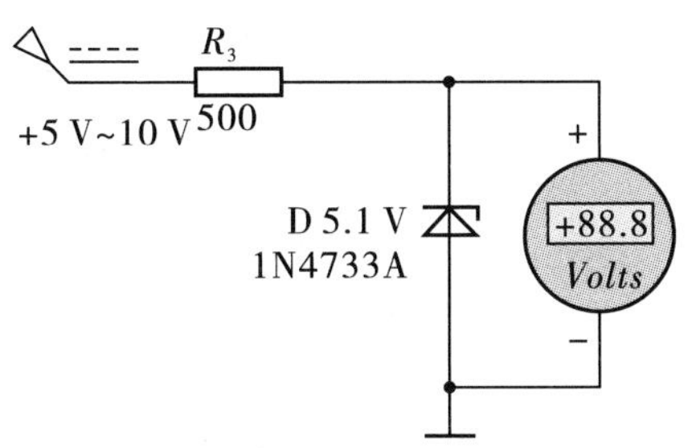

图 1－26　稳压管功能测试图

⑤特殊二极管——发光二极管功能测试。如图 1－27 所示，启动仿真，拨动开关，观察发光管的亮灭情况。

测试结果描述：____。

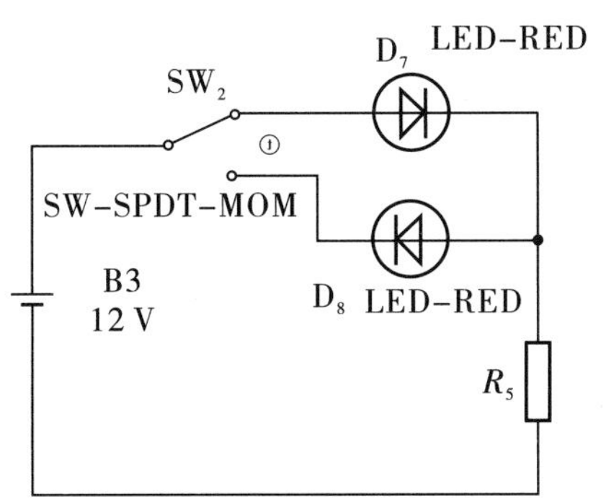

图 1－27　发光二极管功能测试图

2. 二极管的极性判别。

（1）按图 1－28 将万用表红、黑表笔接触二极管的两极，观察万用表读数变化情况。

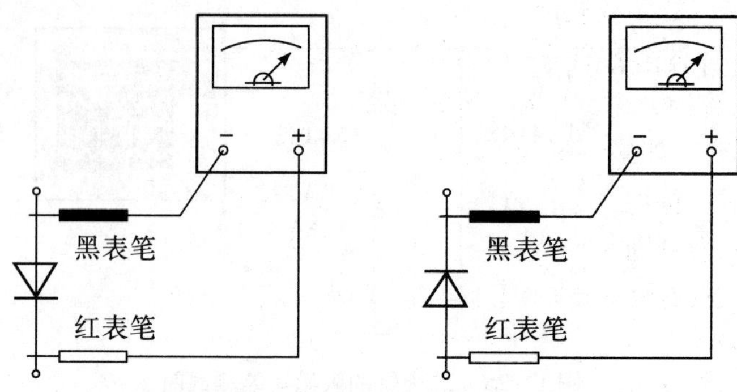

图 1－28　半导体二极管极性测试图

（2）简述二极管的特性和二极管极性的判别方法：____。

3. 拓展训练

用“面包板”按图 1－23 连接成电路并测试，观察电路状态。

练　习　题

一、填空题

1. P 型半导体中掺入的杂质是 3 价元素，多数载流子是________，少数________。
2. PN 结具有单向导电性是指____。
3. PN 结的 P 区接电源的正极，N 区接负极，称 PN 结为____________________。
4. 二极管最重要的特性是______________；滤波电路的作用是______________。
5. 整流电路的作用是____________________。
6. 半导体二极管在整流电路中，主要是利用其______________。
7. 在桥式整流电路中，若变压器二次有效值为 U_2，则整流输出的直流电源是________。
8. 集成稳压器的 3 个引出端分别是________、________和________。
9. 稳压管通常工作在______________区。

二、简答题

1. N 型半导体中的多数载流子是电子还是空穴？N 型半导体是否带有负电荷？

2. P 型半导体中的多数载流子是电子还是空穴？P 型半导体是否带有正电荷？

3. 当 PN 结正偏时，空间电荷区中载流子的扩散电流和漂移电流相比，前者强于后者，这句话是否正确，如果不正确，请修正。

4. 二极管有什么特性？选用二极管时主要依据哪些参数来确定？

5. 简述用万用表判别二极管的极性和好坏方法。

6. 欲使二极管具有良好的单向导电性，管子的正向电阻和反向电阻分别为大一些好还是小一些好。

7. 已知温度每升高 10 ℃，二极管的反向电流大致增加一倍，如果二极管在 50 ℃时反向电流为 10 μA，那么，20 ℃和 80 ℃时的反向电流大约分别为多少？

8. 如何选用稳压二极管？

9. 欲使稳压二极管具有良好的稳压特性，它的工作电流、动态内阻以及温度系数等各项参数数值大一些好还是小一些好？

三、计算应用题

1. 在图 1－29 所示的两个限幅电路中，已知输入信号 u_i 为幅值（峰值）为 6 V 的正弦波，试画出输出电压 u_o 波形图，假设二极管为理想二极管。

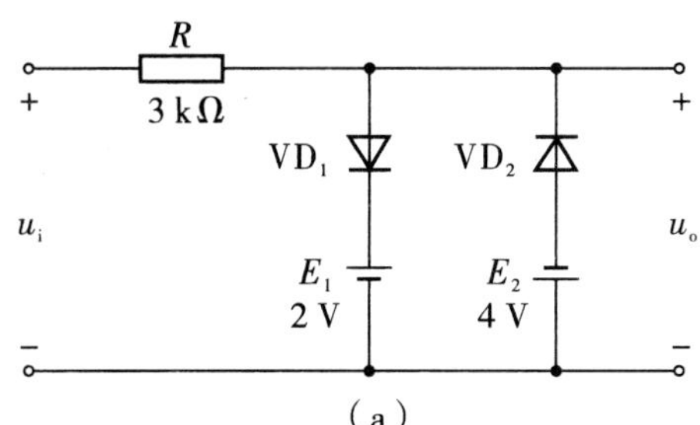

（a）

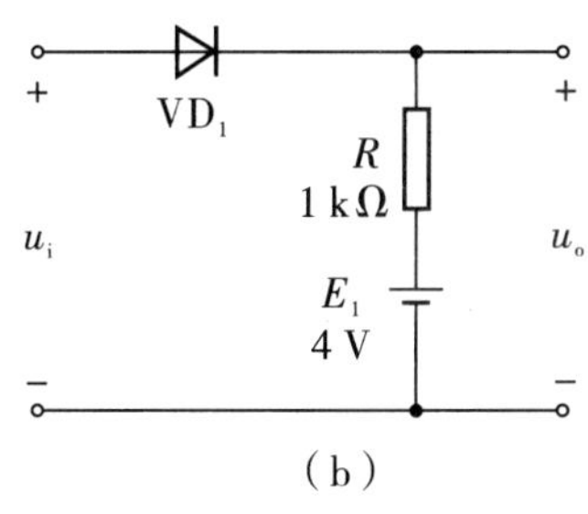

（b）

图 1－29

2. 在图 1－30 所示电路中，已知 $U_I = 10$ V，$R = 200$ Ω，$R_L = 1$ kΩ，稳压管稳压值 $U_Z = 6$ V，试求：

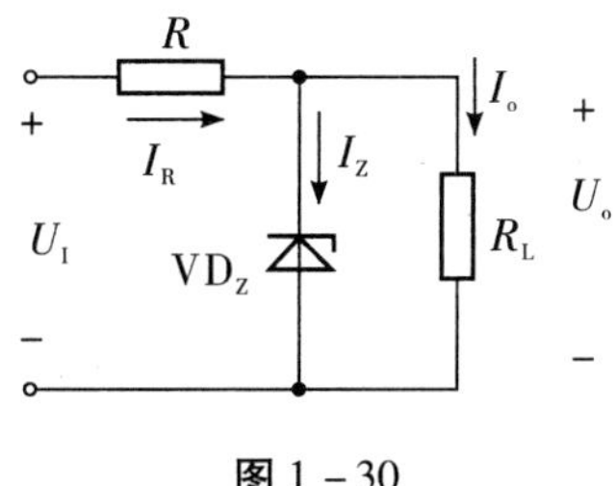

图 1－30

（1）稳压管中的电流；

（2）当 U_I 提高到 12 V 时，稳压管中的电流将变为多少？

（3）当 $U_I = 10$ V，$R_L = 2$ kΩ 时，稳压管中的电流将变为多少？

3. 在图 1－30 所示电路中，稳压管的稳压值 $U_Z = 5$ V，稳定电流为 10 mA，额定功耗为 125 mW，$R = 1$ kΩ，$R_L = 500$ Ω。

（1）试分析计算 U_I 为 10 V、15 V 和 35 V 三种情况下输出电压 U_o 的值；

（2）若 $U_I = 35$ V，此时负载 R_L 开路，则会出现什么现象，为什么？

4. 现有两个稳压管，其稳压值分别为 7 V 和 5 V，当工作在正向时压降为 0.7 V，如果将它们用不同方式串联后接入电路，可能得到几种不同的稳压值？画出各种不同的串联方法。

5. 在图 1－31 所示电路中，设二极管为理想二极管，变压器次级电压 $u_2 = 12$ V（有效值），$R_L = 2$ kΩ。

（1）画出 u_o 的波形图；

（2）求输出电压 U_o、输出电流 I_L 和二极管最大反向电压峰值 U_{DRM}。

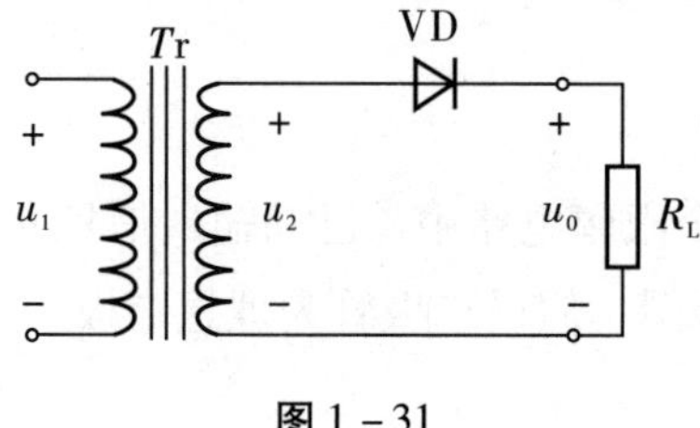

图 1－31

学习情境二　耳聋助听器

助听器是帮助听力残弱者改善听力的一种扩音装置。

1948 年半导体问世以来，半导体技术应用于助听器，获得较好的效果。1953 年，晶体管助听器问世，使助听器向微型化发展提供了可能性。集成电路 IC 于 1964 年问世，迅速地取代了晶体管助听器，其体重小，耗电低，稳定性更高。

本学习情境以人们比较熟悉的用具——助听器，引入放大器的基本概念，以便于读者理解和接受。同时设置了晶体三极管单管放大电路实训项目，通过实训，帮助读者进一步加深对三极管放大作用的认识和理解，掌握三极管的基本应用。

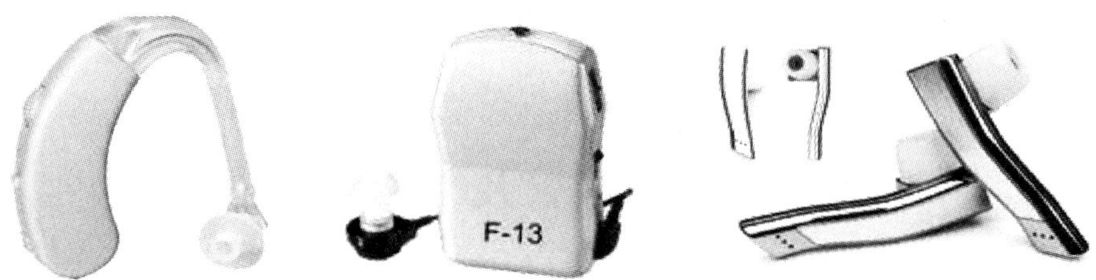

【教学任务】

（1）介绍三极管、放大电路及其基本原理。

（2）介绍分析放大电路的基本方法。

（3）介绍三极管放大电路静态工作点的基本概念和计算方法。

（4）介绍放大电路的频率响应。

【教学目标】

（1）掌握三极管基本知识，输入、输出特性曲线及三个工作区域的条件和特点。

（2）掌握放大电路组成及基本原理。

（3）会用图解法、微变等效电路法分析放大电路。

（4）熟悉分压式稳定工作点电路、共集电极电路的电路结构及工作原理。

（5）了解共基极电路、多级放大电路，了解放大电路的频率响应及对其造成影响的因素。

（6）具有识别和应用三极管的能力。

（7）具有用图解法和简化微变等效电路法分析放大电路的能力。

（8）具有识别和应用共射极电路、共集电极电路和共基极电路的能力。

（9）具有对多级放大电路的识图能力和对放大电路频率响应的分析能力。

（10）培养学生科学严谨的学习态度和提高分析问题和解决问题的能力。

【教学内容】

（1）三极管的结构及放大原理、特性曲线和分析及工作区域的条件和特点。

（2）组成基本放大电路各元器件的作用及其工作原理。

（3）用图解分析法分析放大电路的方法。

（4）用简化微变等效电路分析法分析放大电路的方法及其步骤。

（5）分压式稳定工作点的电路结构、工作原理和应用。

（6）共集电极电路的电路结构、工作原理和应用。

（7）共基极电路分析、放大电路三种组态分析。

（8）多级放大电路的结构和特点分析。

（9）放大电路频率响应及其影响因素分析。

【教学实施】

实物展示、原理阐述、应用举例相结合，辅以多媒体课件，分组讨论各种电路的结构、性能、特点，输入、输出电阻、电压、电流放大倍数，应用场合，学习典型电路各项指标对比表。

第二章　晶体三极管及其基本放大电路

【基本概念】

发射极、基极和集电极，发射结和集电结，电流放大作用，晶体三极管的输入特性、输出特性和主要参数，晶体三极管的放大区、饱和区和截止区，放大电路的直流通路和交流通路，静态工作点，电压放大倍数、输入电阻、输出电阻、最大不失真输出电压，下限频率、上限频率和通频带，晶体三极管的交流等效模型和高频等效电路。

【基本电路】

共射放大电路、共集放大电路和共基放大电路。

【基本方法】

放大电路的组成原则；晶体管放大电路的三种接法的识别方法；静态工作点的分析方法；b－e 间等效动态电阻 r_{be} 的求解方法，动态参数电压放大倍数、输入电阻和输出电阻、最大失真输出电压的分析方法；b－e 间等效电容的求解方法，放大电路下限频率和上限频率的求解方法，波特图的画法。

半导体三极管有两大类型：双极型三极管和单极型（场效应型）三极管。双极型三

极管由两种载流子参与导电，是一种电流控制电流型器件。场效应管仅由一种载流子参与导电，是一种电压控制电流型器件。本章介绍双极型半导体三极管及基本放大电路。

2.1　晶体三极管

晶体三极管又称双极型晶体管、半导体三极管等，简称三极管，是由二个 PN 结构成的三端元件，是一种用小电流去控制大电流的半导体器件，是组成各种电路的核心器件。在电路中的主要作用是把微弱信号放大成幅度值较大的电信号，也常用作无触点开关（电子开关）。晶体三极管是利用半导体材料硅或锗制成。

常用晶体管的封装形式有金属封装和塑料封装两大类，引脚的排列方式具有一定的规律，常见晶体三极管的外形如图 2－1 所示。

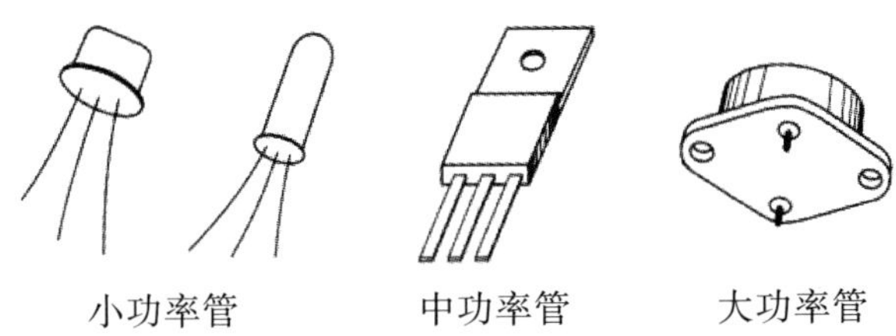

图 2－1　晶体管三极管的几种常见外形

2.1.1　三极管的结构、电路符号及类型

1. 三极管的结构

晶体三极管的结构和电路符号如图 2－2 所示。

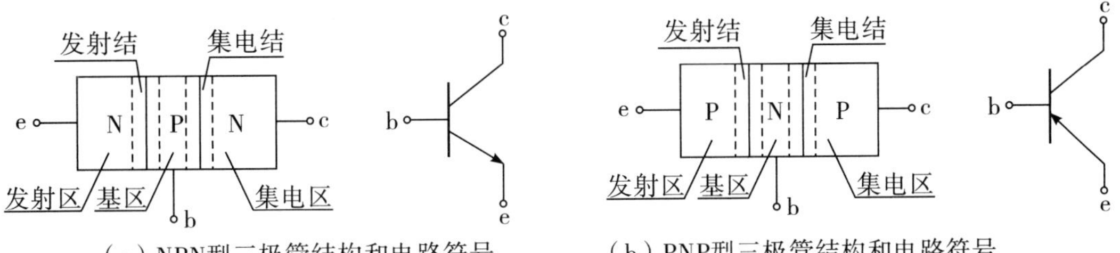

（a）NPN型三极管结构和电路符号　（b）PNP型三极管结构和电路符号

图 2－2　三极管的结构示意图及电路符号

在同一块半导体基片上制造出三掺杂区域，并形成两个 PN 结，就构成晶体管。两个 PN 结把整块半导体分成三部分，中间部分是基区，它很薄，且杂质浓度很低，发射区浓度很高，集电区面积很大，两侧部分是发射区和集电区，排列方式有 PNP 和 NPN 两种。从三个区引出相应电极，分别是基极 B（或 b）、发射极 E（或 e）和集电极 C（或 c）。发射区与基区之间的 PN 结称为发射结，基区与集电区之间的 PN 结称为集电结。

本节以硅材料 NPN 型为例讲述晶体管的放大作用、特性曲线和主要参数。

NPN 型晶体管发射区“发射”的是自由电子，其移动方向与电流方向相反，故发射极箭头向外。发射极箭头指向也是PN结在正向电压下的导通方向，发射结的箭头方向不同表示发射结加正向偏置时的电流方向不同。使用中要注意电源的极性，确保发射结加正向偏置电压，三极管才能正常工作。

硅晶体管和锗晶体管都有PNP型和NPN型两种类型。

2. 晶体三极管的分类

（1）按材质分：硅管、锗管。

（2）按结构分：NPN、PNP。

（3）按功能分：开关管、功率管、达林顿管、光敏管等。

（4）按功率分：小功率管、中功率管、大功率管。

（5）按工作频率分：低频管、高频管、超频管。

（6）按结构工艺分：合金管、平面管。

（7）按安装方式不同分：插件三极管、贴片三极管。

3. 晶体三极管内部结构特点

（1）三极管的基区很薄，一般仅有1微米至几十微米厚，且杂质浓度很低。

（2）发射区掺杂浓度很高。

（3）集电区面积很大，集电结截面积大于发射结截面积。

晶体管的外特性与三个区域的上述特点紧密相关。

2.1.2 三极管的电流放大作用

放大是对模拟信号最基本的处理。晶体三极管是放大电路的核心元件，它能将输入的任何微小变化不失真地放大输出。

图2－2所示的NPN型三极管的结构，由于其内部有两个PN结，表面看来，三极管似乎相当于两个二极管背靠背串联在一起，但如果将两个单独的二极管背靠背连接起来，你会发现它们是不具备放大能力的，要使三极管具有放大作用，需由三极管内部结构特点和外部所加偏置电压来实现的。换句话说就是要使三极管具有放大作用，必须满足两个条件：一是其内部条件，即发射区进行高掺杂，多数载流子浓度很高；基区做得很薄，掺杂少，则基区中多数载流子的浓度很低。二是必须满足外部条件，即三极管的发射结必须处于正向偏置状态，集电结处于反向偏置状态。

晶体管内部载流子运动示意图如图2－3（a）所示。

满足上述内部、外部条件的情况下，三极管内部载流子的运动有以下三个过程。

1. 发射区向基区发射电子

电源U_{BB}经过电阻R_b加在发射结上，发射结正偏，发射区的多数载流子（自由电子）越过发射结到达基区，形成发射极电流I_E。同时基区中的多数载流子（空穴）也向发射区扩散而形成空穴电流，两者之和即为发射极电流I_E。I_E主要由发射区发射的电子电流所产生。

2. 基区中电子的扩散与复合

电子进入基区后，因为基区是P型，其中的多数载流子是空穴，所以从发射区扩散过来的电子和空穴产生复合运动而形成基极电流I_{BN}，基区被复合掉的空穴由外电源U_{BB}

不断进行补充。但是，基区空穴的浓度比较低，而且基区很薄，所以，到达基区的电子与空穴复合的机会很少，因而基极电流 I_{BN} 比发射极电流 I_E 小得多。大多数电子在基区中继续扩散，到达靠集电结的一侧。扩散的电子流与复合电子流之比例决定了三极管的放大能力。

3. 集电区收集电子

由于集电结外加反向电压很大，这个反向电压产生的电场力将阻止集电区电子向基区扩散，同时将扩散到集电结附近的电子拉入集电区从而形成集电极主电流 I_{CN}。另外集电区的少数载流子（空穴）也会产生漂移运动，流向基区形成反向饱和电流，用 I_{CBO} 来表示，其数值很小，但对温度却异常敏感。

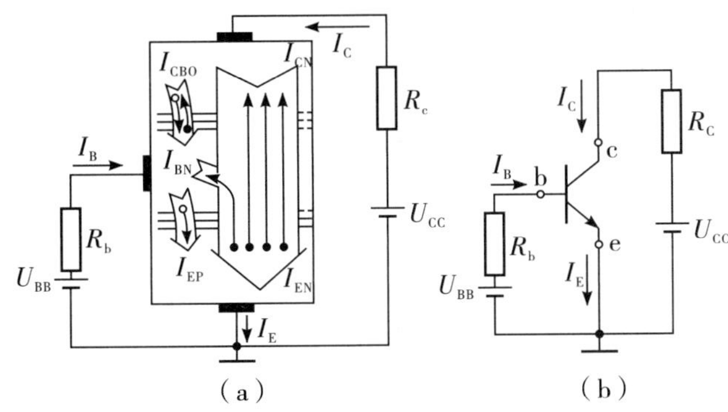

图 2－3　晶体三极管中载流子的运动与电流的关系

以上分析了三极管中载流子运动的主要过程。可见，集电极电流 I_C 由两部分组成：发射区发射的电子被集电极收集后形成的 I_{CN}，与此同时，集电区与基区内的少数载流子也进行漂移运动，但它的数量很小，近似分析中可忽略。而产生的反向饱和电流 I_{CBO}，即：

$$I_C = I_{CN} + I_{CBO} \approx I_{CN}$$

发射极电流 I_E 也包括两部分，即：

$$I_E = I_{EN} + I_{EP} \approx I_{EN} = I_{CN} + I_{BN}$$

通常希望发射区发射的电子绝大多数能够到达集电极，即要求 I_{CN} 在总的 I_E 中的比例尽可能大。将 I_{CN} 与 I_E 之比定义为共基直流电流放大系数，用符号 $\bar{\alpha}$ 表示。即：

$$\bar{\alpha} = \frac{I_{CN}}{I_E}$$

三极管的 $\bar{\alpha}$ 值一般可达 0.95 ~ 0.99。将上式代入 $I_C = I_{CN} + I_{CBO}$ 可得：

$$I_C = \bar{\alpha} I_E + I_{CBO}$$

当 $I_{CBO} << I_C$ 时，可将 I_{CBO} 忽略，则：

$$\bar{\alpha} \approx \frac{I_C}{I_E}。$$

即 $\bar{\alpha}$ 近似 I_C 与 I_E 之比，变换得：$I_E \times \bar{\alpha} \approx I_C$。

由图 2－3 可见，三极管中三个极的电流之间应符合节点电流定律，即：

$$I_E = I_C + I_B$$

将上式代入 $I_C = \overline{\alpha} I_E + I_{CBO}$，得：

$$I_C = \overline{\alpha}\ (I_C + I_B)\ + I_{CBO}$$

整理得：$I_C = = \frac{\overline{\alpha}}{1-\overline{\alpha}} I_B + \frac{1}{1-\overline{\alpha}} I_{CBO}$

令
$$\overline{\beta} = \frac{\overline{\alpha}}{1-\overline{\alpha}}$$

$\overline{\beta}$ 称为共射直流电流放大系数。则：

$$I_C = \overline{\beta} I_B + \ (1 + \overline{\beta})\ I_{CBO}$$

$(1+\overline{\beta})\ I_{CBO}$ 用 I_{CEO} 表示，即：

$$I_{CEO} = \ (1 + \overline{\beta})\ I_{CBO}$$

I_{CEO} 称为穿透电流。则：

$$I_C = \overline{\beta} I_B + I_{CEO}$$

当 $I_{CEO} << I_C$ 时，忽略 I_{CEO}，则：

$$\overline{\beta} \approx \frac{I_C}{I_B}$$

即 $\overline{\beta}$ 近似等于 I_C 与 I_B 之比，一般为几十至几百。$\overline{\alpha}$ 和 $\overline{\beta}$ 是表征三极管放大作用的两个重要参数。

以上从三极管中载流子的运动情况来分析管子中各电极的电流的分配关系，下面通过一组经典的数据说明三极管中的电流关系（见表 2－1）。

表 2－1　一组经典的数据

I_B/mA	－0.001	0	0.01	0.02	0.03	0.04	0.05
I_C/mA	0.001	0.01	0.36	0.72	1.08	1.50	1.91
I_E/mA	0	0.01	0.37	0.74	1.21	1.54	1.96

从表 2－1 可得出：$I_E = I_B + I_C$，$I_B < I_C < I_E$，$I_C \approx I_E$；当 I_B 有一个微小的变化时，相应的集电极电流将发生较大的变化。如 I_B 从 0.02 mA 变为 0.04 mA（$\Delta I_B = 0.02$ mA）相应的 I_C 由 0.72 mA 变为 1.50 mA（$\Delta I_C = 0.78$ mA），说明三极管具有电流放大作用。

通常将集电极电流与基极电流的变化量之比定义为三极管的共射交流电流放大系数，用 β 表示：

$$\beta = \frac{\Delta I_C}{\Delta I_B}$$

相应地，将集电极电流与发射极电流的变化量之比定义为共基交流电流放大系数，用 α 表示，即：

$$\alpha = \frac{\Delta I_C}{\Delta I_E}$$

电流放大系数有直流与交流之分，但两者的差别却不大，所以今后在计算中两者不再严格区分。

表 2－1 中第 1 列表示发射极开路（$I_E=0$）时，集电极和基极之间的反向电流称为反向饱和电流（I_{CBO}）。第 2 列中当基极开路（$I_B=0$）时，集电极和发射极之间的电流称为穿透电流（I_{CEO}）。

2.1.3　三极管的特性曲线

三极管的特性曲线有输入特性曲线和输出特性曲线。输入特性是指三极管输入回路中加在基极和发射极的电压 U_{BE}与由它所产生基极电流 I_B之间的关系；输出特性是指在一定的基极电流 I_B控制下三极管的集电极与发射极之间的电压 U_{CE}同集电极电流 I_C的关系。三极管的特性曲线全面描述三极管各极电流和电压之间的关系。下面讨论 NPN 型三极管的共射极特性曲线，电路如图 2－4 所示。

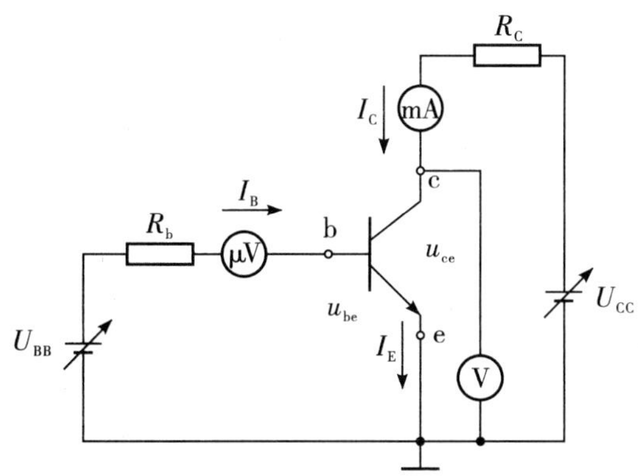

图 2－4　NPN 型三极管的共射极特性曲线测试电路图

1. 输入特性曲线

当三极管接成共射输入组态时，以 u_{CE}为变量，表示输入电流 i_B和输入电压 u_{BE}之间的关系的曲线称为三极管的共射输入特性，其函数式为：

$$i_B=f\ (u_{BE})\ \Big|_{u_{CE}=\text{常数}}$$

图 2－5（a）所示为硅三极管的共射输入特性曲线。当 $u_{CE}=0$ 时，从三极管的输入回路看，基极和发射极之间相当于两个 PN 结（发射结和集电结）并联，所以当 b、e 之间加上正向电压时，三极管的输入特性应为两个二极管并联后正向伏安特性，见图 2－5（a）$u_{CE}=0$ 线。

在相同的 u_{BE}下，当 u_{CE}从零增大时，i_B将减小，结果输入特性曲线将右移，见图 2－5（a）$u_{ce}\geq 1$ V 线。这是因为 $u_{CE}=0$ 时，发射结和集电结均正偏，I_B为两个正向偏置 PN 结的电流之和；当 u_{CE}增大时，集电结从正向偏置逐渐往反向偏置过度，有越来越多的非平衡少数载流子到达集电区，使 I_B减小。

当 u_{CE}继续增大时，使集电结反向偏置后，I_B受 u_{CE}的影响减小，不同 u_{ce}值时的输入特性曲线几乎重叠在一起，这是由于基区很薄，在集电结反向偏置时，绝大多数非平衡少数载流子几乎都可以漂移到集电区，形成 I_C，所以当继续增大 u_{CE}时，对输入特性曲线几乎不产生影响。实际放大电路中对于小功率管，可以用 $u_{CE}\geq 1$V 时的任何一条输入特

性曲线来近似代表 $U_{CE}>1V$ 的所有曲线。

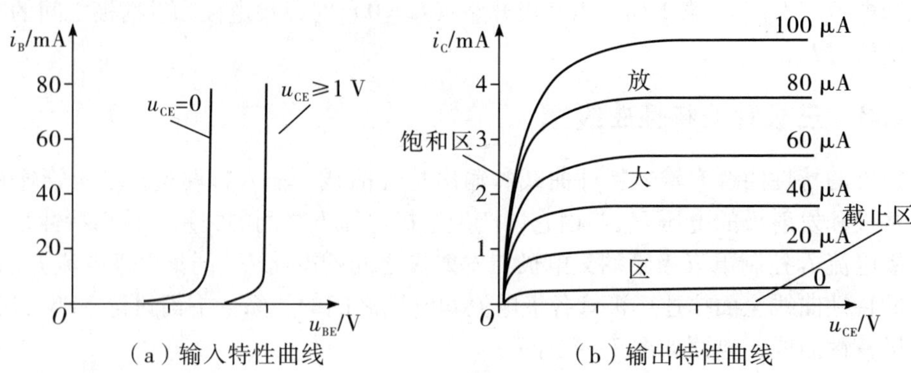

（a）输入特性曲线　　（b）输出特性曲线

图 2－5　三极管特性曲线

2. 输出特性曲线

输出特性曲线描述基极电流为一常量时，集电极电流当 i_C 和管压降 u_{CE} 之间函数关系，其函数表达式为：

$$i_C=f\ (u_{CE})\ \Big|_{I_b=常数}$$

图 2－5（b）所示为硅三极管的共射输出特性曲线。曲线将三极管划分截止区、放大区和饱和区三个区域。

（1）截止区：其特征是发射结反向偏置或发射结正向偏置，但结压降小于开启电压 U_{on}，且集电结反偏。

一般将输出特性曲线 $i_B\leqslant 0$ 以下的区域称为截止区，此时 i_C 也近似为零，三极管各极电流基本上等于零，处于截止状态，三极管没有放大作用。其特点：$i_B=0$，$i_C\approx 0$，$u_{CE}=U_{CC}$。

我们知道，当 $i_B=0$ 时，集电极回路的电流并不真正为零，而是有 I_{CEO}（穿透电流，硅管的 I_{CEO} 通常小于 1 μA，锗管的 I_{CEO} 小于几十毫安），但都很小，可以认为当发射结反向偏置时，发射区不向基区注入电子，则三极管处于截止状态。所以，在截止区，三极管的发射结和集电结都处于反向偏置状态。对 NPN 三极管来说，此时 $u_{BE}<0$，$u_{CE}<0$。

（2）放大区：其特征是发射结正向偏置且结压降大于开启电压 U_{on}，同时，集电结反向偏置。

在放大区内，发射结正向偏置对于共射电路 $u_{BE}>0$，集电结反偏 $u_{BC}<0$；i_C 大小受 i_B 控制，且 $\Delta I_C>>\Delta I_B$，$\Delta I_C=\beta\Delta I_B$，表明了三极管的电流放大作用，各条曲线近似水平，$i_C$ 与 u_{CE} 的变化基本无关，是近似的恒流特性。表明三极管相当于一个受控电流源，具有较大的动态电阻。由于在放大区特性曲线平坦，间隔均匀，ΔI_c 与 ΔI_B 成正比，所以放大区也称为线性区。这时 $u_{BE}=0.6\sim0.7$ V（NPN 硅管），$u_{CE}=U_{CC}-i_CR_C$。

（3）饱和区：其特征是发射结正向偏置，集电结正向偏置。在理想状态下，当 i_B 按等差变化时，输出特性是一组以横轴平行的等距离直线。

在饱和区，集电极电流 i_C 基本上不随基极电流 i_B 变化而变化，失去放大作用。发射结与集电结均处于正向偏置，即 $u_{BE}>U_{on}$，集电极正向偏置 $u_{BC}>0$。临界饱和时 $u_{CE}=$

u_{BE}，过饱和时 $u_{CE} < u_{BE}$。可以认为，小功率晶体三极管在 $u_{CE} = u_{BE}$，即 $u_{CB} = 0$ V 时处于饱和临界状态。三极管饱和压降 $U_{CES} < 0.3$ V。

2.1.4 三极管的主要参数

在计算机辅助分析和设计中，根据晶体管的结构和特性，要用几十个参数来全面描述它。这里只介绍在近似分析中最主要的参数，它们均可在半导体器件手册中查到。

1. 直流电流放大系数

（1）共射直流电流放大系数（$\bar{\beta}$）。由于穿透电流 $I_{CEO} \ll I_C$，通常可以忽略，所以，$\bar{\beta}$ 近似等于集电极电流与基极电流的直流量之比，即：

$$\bar{\beta} \approx \frac{I_C}{I_B}$$

（2）共基极直流电流放大系数（$\bar{\alpha}$）。由于穿透电流 $I_{CBO} \ll I_C$，通常可以忽略，所以，$\bar{\alpha}$ 近似等于集电极电流与发射极电流的直流量之比，即：

$$\bar{\alpha} \approx \frac{I_C}{I_E}$$

2. 交流电流放大系数

（1）共射交流电流放大系数（β）。共射极电流放大系数定义为集电极电流与基极电流的变化量之比，即：

$$\beta = \left.\frac{\Delta i_C}{\Delta i_B}\right|_{u_{CE}=\text{常数}}$$

（2）共基交流电流放大系数（α）。三极管放大电路中，将发射极与基极作为输入回路，集电极与基极作为输出回路，公共端是基极，这种接法的电路称为共基极放大电路。其电流放大系数定义为集电极电流与发射极电流的变化量之比，即：

$$\alpha = \left.\frac{\Delta i_C}{\Delta i_E}\right|_{u_{CE}=\text{常数}}$$

近似分析中可以认为 $\alpha \approx \bar{\alpha}$，$\beta \approx \bar{\beta}$。

3. 特征频率 f_T

由于晶体管中 PN 结结电容的存在，放大倍数 β 是所加信号频率的函数，记作 $\dot{\beta}$。信号频率高到一定程度时，$\dot{\beta}$ 不但数值下降，且产生相移。使 $\dot{\beta}$ 的数值下降到 1 的信号频率称为特征频率 f_T。

4. 极间反向饱和电流

（1）集电极和基极之间的反向饱和电流 I_{CBO}。I_{CBO} 是指当发射极开路时，集电极和基极之间的反向饱和电流。一般小功率锗三极管的 I_{CBO} 约为几微安至几十微安，硅三极管的 I_{CBO} 要小得多，有的可以达到纳安数量级。

（2）集电极和发射极之间的穿透电流 I_{CEO}。I_{CEO} 是指当基极开路时，集电极和发射极之间的穿透电流。$I_{CEO} = (1+\bar{\beta})\ I_{CBO}$。同一型号的管子反向电流越小，其性能越稳定，硅管比锗管的极间反向电流小 2～3 个数量级。因此，硅管温度性能比锗管好。一般小功

率锗管的I_{CEO}约为几十微安至几百微安，硅管的I_{CEO}约为几微安。

在实际工作中选用三极管时，要求三极管的反向饱和电流I_{CBO}和穿透电流I_{CEO}尽可能小一些，这两个反向电流的值越小，表明三极管质量越好。

5. 极限参数

极限参数是指为使晶体管安全工作对它的电压、电流和功率损耗的限制。

(1) 最大集电极耗散功率P_{CM}。三极管工作时，管子的压降为U_{CE}，集电极流过的电流I_C，管子的损耗功率为$P_C = I_C U_{CE}$，集电结损耗的电能转化为热能使管子温度升高，当温度上升过高时，管子特性明显变坏，甚至烧坏。P_{CM}是指集电结上允许耗散功率的最大值。

对于确定型号的晶体管，P_{CM}是一个确定值，即$P_{CM} = I_C U_{CM} =$常数，P_{CM}在输出特性坐标平面中为双曲线中的一条，如图2-6所示。曲线右上方为过损区。

集电结会因过热而烧毁。锗三极管允许集电结温度为75 ℃，硅三极管允许集电结温为150 ℃。对于大功率管的P_{CM}，应特别注意测试条件，如对散热片的规格要求。当散热条件不能满足要求时，允许的最大功耗将小于P_{CM}，并采用加散热装置的方法。

(2) 最大集电极电流I_{CM}。当集电极电流过大时，三极管的β值将减小。使β值明显下降的I_C即为I_{CM}。一般大功率管的I_{CM}值较大，小功率管的I_{CM}值较小。对于合金型小功率管，定义当$U_{CE} = 1$伏时，由$P_{CM} = I_C U_{CE}$得出的I_C即为I_{CM}。

(3) 极间反向击穿电压$U_{(BR)CEO}$、$U_{(BR)CBO}$和U_{EBO}。$U_{(BR)CEO}$指基极开路时集电极与发射极间的反向击穿电压；$U_{(BR)CBO}$指发射极开路时集电极与基极间的反向击穿电压；U_{EBO}是指集电极烤炉时，发射极与基极间的反向击穿电压，这是发射结所允许加的最高反向电压。

在共射极输出特性曲线上，由极限参数I_{CM}、$U_{(BR)CEO}$、P_{CM}所限定的区域如图2-6所示，通常称为安全工作区。在组成晶体管电路时，应根据工作条件选择管子的型号。为了确保三极管安全工作，必须使它在这个安全区内。

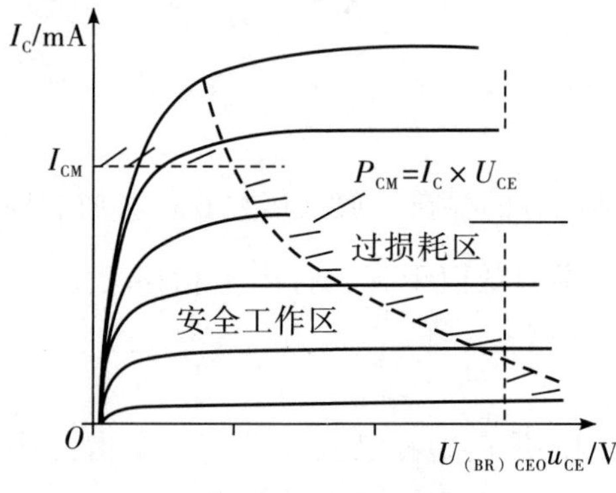

图2-6 晶体管的极限参数

2.1.5 温度对晶体管特性及参数的影响

由于半导体材料的热敏性，晶体管的参数几乎都与温度有关。因此，了解温度对晶体管参数的影响是非常必要的。

1. 温度对输入特性的影响

当环境温度升高时，与二极管特性类似，晶体管的正向特性将左移，反之将右移，如图2－7（a）所示。当温度变化1 ℃时，$|U_{BE}|$大约变化2～2.5 mV，并具有负温度系数，即温度每升高1 ℃，$|U_{BE}|$大约下降2～2.5 mV，换句话说，若$|U_{BE}|$不变，则当温度升高时I_B将增大，反之减小。

2. 温度对输出特性的影响

图2－7（b）所示为一只晶体管在温度变化时输出特性变化的示意图。

从前面分析可知，温度升高时，由于I_{CEO}、β增大，且输入特性左移，所以导致集电极电流增大。

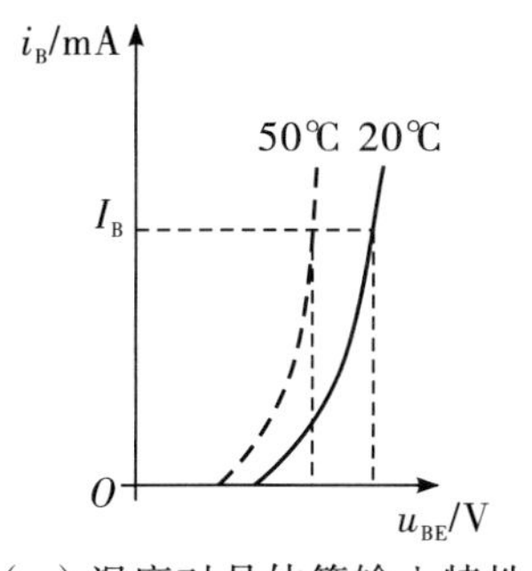

（a）温度对晶体管输入特性的影响

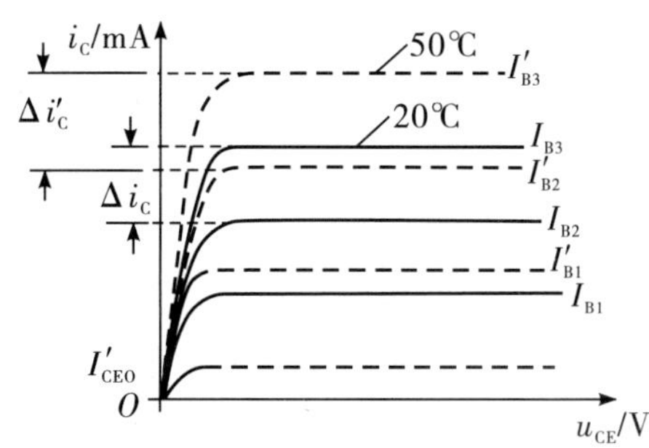

（b）温度对晶体管输出特性的影响

图2－7　温度对晶体管输入输出特性的影响

3. 温度对I_{CBO}的影响

当温度升高时，分子热运动加剧，使更多的价电子有足够的能量挣脱共价键的束缚，从而使少子浓度明显增大。因此，参与漂移运动的少子数目增多，从外部看就是I_{CBO}增大。可以证明，温度每升高10 ℃时，I_{CBO}增大约一倍。反之，当温度降低时I_{CBO}减小。

由于硅管的I_{CBO}比锗管的小得多，所以从绝对值上看，硅管比锗管受温度的影响要小得多。

2.1.6　特殊三极管

除普通三极管外，还有一些特殊三极管，如光电三极管、光电耦合器等。

1. 光电三极管

光电三极管可以将光信号转化为光电流信号，还能把光电流放大，它又被称作光敏三极管，其工作原理与光电二极管基本相同。

光电三极管的外形示意图和电路符号如图2－8所示。

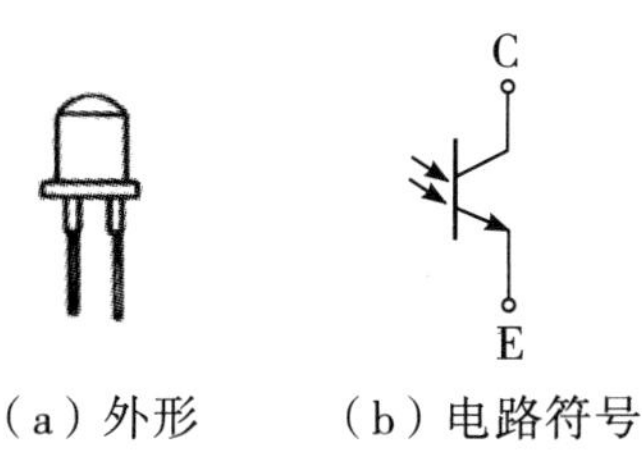

（a）外形　（b）电路符号

图2－8　光电三极管外形及电路符号

一般的光电三极管只引出两个管脚（E、C 极），基极（B）不引出，管壳上也开有窗口，光电三极管也具有两个 PN 结，且有 NPN 型和 PNP 型之分。对 NPN 型管使用时，E 极接电源负极，C 极接电源正极。在没有光照时，通过管子的电流（暗电流）为穿透电流（I_{CEO}），数值很小，比普通三极管的穿透电流还小。当有光照时，由于光能激发使流过集电结的反向电流增大到 I_L，则流过管子的电流（光电流）为：

$$I_C = (1+\beta)\ I_L$$

可见，在相同的光照条件下，光电三极管的光电流比光电二极管约大 β 倍（通常光电三极管的 β 为 100～1 000），因此，光电三极管比光电二极管具有高得多的灵敏度。光电三极管有 3AU、3DU 等系列，例如 3DU5C 光电三极管，它的最高工作电压为 30 V，暗电流小于 0.2 μA，在照度为 1 000 Lx 时的光电流大于（等于）3 mA，峰值波长 900 nm等。

光电三极管的基本应用是将光信号转换成电信号输出，可以制成光电三极管开关电路、转速检测、计数等电路。

2. 光电耦合器

光电耦合器是将发光器件（LED）和受光器件（如光电二极管或光电三极管等）封装在同一个管壳内组成的电—光—电器件，其符号如图 2－9 所示。

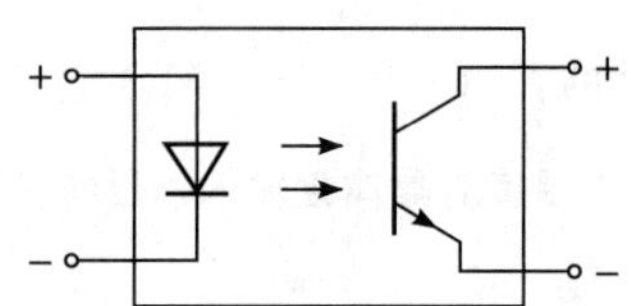

图 2－9　光电耦合器电路符号

图中左边是发光二极管，右边是光电三极管。当在光电耦合器的输入端加电信号时，发光二极管发光，光电管受到光照后产生光电流，由输出端引出，于是实现了电—光—电的传输和转换。

光电耦合器的主要参数有输入参数、输出参数和传输参数等。

（1）输入参数就是发光二极管的参数。

（2）输出参数与使用的光电管基本相同，这里只对光电流和饱和压降加以说明。光电流是指光电耦合器输入一定的电流（一般为 10 mA），输出端接有一定的负载（约 500 Ω），并按规定极性加一定电压（通常为 10 V）时，在输出端所产生的电流；对于由光电三极管构成的耦合器，光电流为几毫安以上；由光二极管构成的耦合器，则光电流约为几十微安到几百微安。

饱和压降是指由光电三极管构成的光电耦合器中，输入一定电流（一般为 20 mA），输出回路按规定极性加一定电压（10 V），调节负载电阻，使输出电流为一定值（一般为 2 mA）时的光电耦合器输出端的电压，其值通常为 0.3 V。

（3）传输参数有 CTR，R_{ISO}、U_{ISO}。电流传输比 CTR：指在直流工作状态下，光电耦合器的输出电流与输入电流之比，在不加复合管时，CTR 总是小于 1。

隔离电阻 R_{ISO}：指输入与输出之间的绝缘电阻，一般为 $10^9 \sim 10^{13}$ Ω。

极间耐压 U_{ISO}：指发光二极管与光电管之间的绝缘耐压，一般都在 500 V 以上。

光电耦合器的种类繁多，有普通的光电耦合器和线性耦合器之分。普通的光电耦合器常用作光电开关，如 GD－11～GD－14、CD－MB 等。线性光电耦合器输出信号随输入信号成比例变化，它有 GD2203 等型号。

光电耦合器以光为媒介实现电信号传输，输出端与输入端之间在电器上是绝缘的，因此抗干扰性很好，能隔噪声，而且具有响应快、寿命长等优点，用作线性传输时失真小、工作频率高；用作开关时，无机械触点疲劳，具有很高的可靠性；它还能实现电平转换、电信号电气隔离功能。因此，它在电子技术等领域中已得到广泛的应用。

2.1.7　三极管的选用原则

原则 1：必须保证三极管工作在安全区，即应使三极管工作时的 $I_C < I_{CM}$，$P_C < P_{CM}$，$U_{CE} < U_{(BR)CEO}$。比如：对输出电流的要求，相应的应正确选配 I_{CM}参数值，对输出功率或管子压降方面的要求，相应考虑 P_{CM}参数选配等。总之，输出大电流的，应选用 I_{CM}大的管子；输出大功率的，应选用 P_{CM}大的管子和考虑散热措施；输出电压高的，应选用 $U_{(BR)CEO}$值大的管子，同时注意 B、E 间的反向电压不要超过 $U_{(BR)EBO}$。

原则 2：三极管的工作频率应满足对输入信号的要求。比如：输入信号为低频率时，可以选用低频管，输入信号为高频率信号或超高频率信号时，应选用高频管或超高频管；若用于开关使用时，应选用开关管等。

原则 3：当要求反向电流小，且能工作在温度变化大的环境时，应选用硅管；要求导通电压低的应选用锗管。

原则 4：对于同型号的管子，优先选用反向电流小，β 值中等的（不宜过大），一般 β 为几十到一百左右为宜。

【例 2－1】在一个单管放大电路中，电源电压为 20 V，已知 3 只三极管的参数如表 2－2 所示，请选用一只管子，并简述理由。

表 2－2　例 201 的三极管参数

晶体管参数	VT_1	VT_2	VT_3
I_{CBO}/μA	0.01	0.1	0.05
U_{CEO}/V	50	50	20
β	15	100	100

解：选用 VT_2 最合适。因为 VT_1 管的 I_{CBO}虽然最小，即温度稳定性好，但 β 很小，放大能力差，所以不宜选用。VT_3 虽然 I_{CBO}较小，且 β 较大，但因三极管的工作电源电压为 30 V，而 VT_3 的 U_{CEO}仅为 20 V，工作过程中有可能使 VT_3 击穿，所以不能选用，VT_2 虽然 I_{CBO}最大，但 β 较大，且 U_{CEO}大于电源电压，所以 VT_2 最合适。

2.1.8　三极管的识别与简单测试

三极管主要有 NPN 型和 PNP 型两大类。一般，我们可以根据命名法从三极管管壳上

的符号识别出它的型号和类型。例如，三极管管壳上印的是：3DG6，表明它是 NPN 型高频小功率硅三极管。同时，我们还可以从管壳上色点的颜色来判断出管子的电流放大系数β值的大致范围。以 3DG6 为例，若色点为黄色，表示β值在 30～60 之间；绿色，表示β值在 50～110 之间；蓝色，表示β值在 90～160 之间；白色，表示β值在 140～200 之间。但是也有的厂家并非按此规定，使用时要注意。

当我们从管壳上知道它们的类型和型号以及β值后，还应进一步辨别它们的三个电极。

对于小功率三极管来说，有金属外壳封装和塑料外壳封装两种。

金属外壳封装的三极管，如果管壳上带有定位销，那么将管底朝上，从定位销起，按顺时针方向排列，3 根电极依次为 E、B、C。如果管壳上无定位销，且 3 根电极在半圆内，可将有 3 根电极的半圆置于上方，按顺时针方向，3 根电极依次为 E、B、C，如图 2－10（a）所示。

塑料外壳封装的三极管，可以面对平面将 3 根电极置于下方，从左到右，3 根电极依次为 E、B、C，如图 2－10（b）所示。

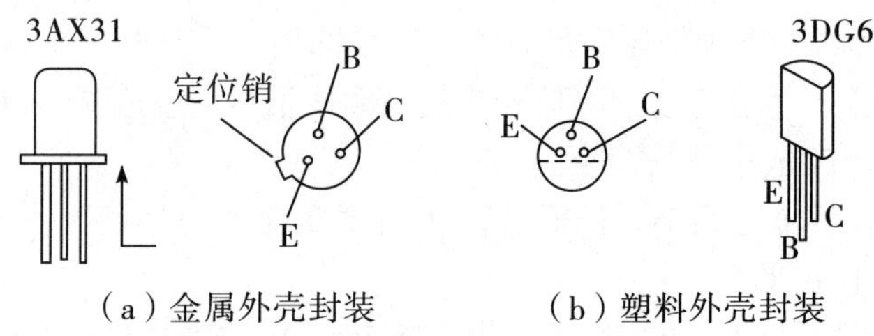

（a）金属外壳封装　　（b）塑料外壳封装

图 2－10　半导体三极管电极的识别

对于大功率三极管，外形一般分为 F 型和 G 型两种，如图 2－11 所示。F 型管，从外形上只能看到两根电极。将管底朝上，两根电极置于左侧，则上为 E，下为 B，底座为 C。G 型管的 3 个电极一般在管壳的顶部，将管底朝下，3 根电极置于左方，从最下方的电极起，按顺时针方向排列依次为 E、B、C。

三极管的管脚必须正确确认，否则，接入电路不但不能正常工作，还可能烧坏管子。

当一个三极管没有任何标记时，我们可以用万用表来初步确定该三极管的好坏及其类型（NPN 型还是 PNP 型），以及辨别出 E、B、C 三个电极。

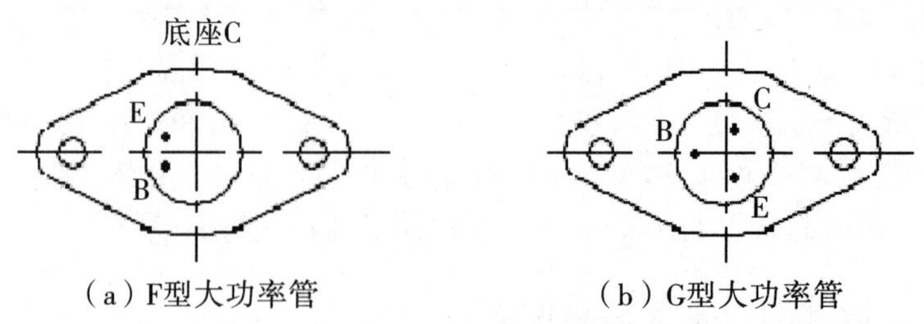

（a）F型大功率管　　（b）G型大功率管

图 2－11　F 型和 C 型管的管脚识别

1. 判断基极（B）和三极管类型

将万用表欧姆挡置“$R\times100\ \Omega$”或“$R\times1\ \mathrm{k}\Omega$”处，先假设三极管的某极为“基极”，并将黑表笔接在假设的基极上，再将红表笔先后接到其余两个电极上，如果两次测得的电阻值都很大（或者都很小），约为几千欧至几十千欧（或约为几百欧至几千欧），而对换表笔后测得两个电阻值都很小（或都很大），则可确定假设的基极是正确的。如果两次测得的电阻值是一大一小，则可肯定原假设的基极是错误的，这时就必须重新假设另一电极为“基极”，再重复上述的测试。最多重复两次就可找出真正的基极。

当基极确定以后，将黑表笔接基极，红表笔分别接其他两极。此时，若测得的电阻值都很小，则该三极管为 NPN 型管。反之，则为 PNP 型管。

2. 判断集电极（C）和发射极（E）

以 NPN 型管为例，把黑表笔接到假设的集电极 C 上，红表笔接到假设的发射极 E 上，并且用手捏住 B 极（不能使 B、C 极直接接触），通过人体，相当于在 B、C 之间接入偏置电阻。读出表头所示 B、C 极之间的电阻值，然后将红、黑两表笔反接重测。若第一次电阻值比第二次小，说明原假设成立，黑表笔所接为三极管集电极 C，红表笔所接为三极管发射极 E。因为 C、E 极间电阻值小正说明通过万用表的电流大，偏置正常。如图 2－12 所示。

以上介绍的是比较简单的测试，要想进一步精确测试可以借助于晶体管图示仪，它能十分清晰地显示出三极管的输入特性曲线以及电流放大系数 β 等。

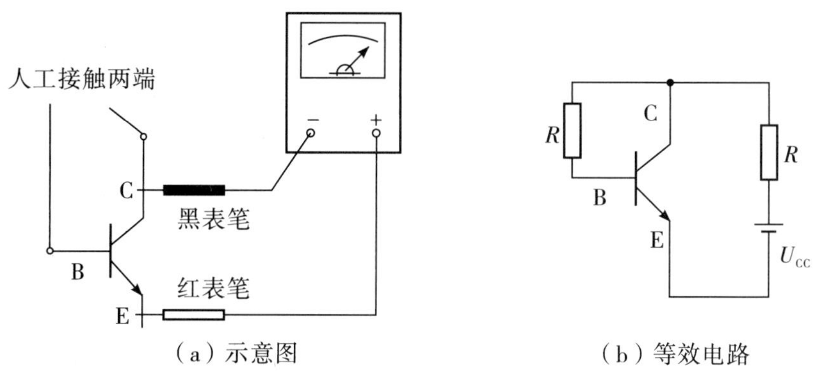

图 2－12　判别三极管 C、E 电极的原理示意图和等效电路图

2.2　共发射极基本放大电路

在我们的生活、工作和科学实验中，放大电路的应用十分广泛，如家用电器，通信工具、电脑网络、仪器仪表以及自动化控制系统等都有各种各样的放大电路。放大电路是最常见、最典型的模拟电子电路。放大电路的作用是将微弱的电信号加以放大，便于测量和利用。如手机、收音机和电视机天线收到的信号或从传感器得到的电信号，是极其微弱的，必须经过放大才能驱动扬声器或驱动其他设备执行设计要求的各项任务。基本放大电路是构成复杂放大电路的基本单元。

从表象上看，放大是指将微弱信号的幅度由小变大，但在电子技术中，放大的本质是实现能量的转换，即用能量比较小的输入信号控制另一个能源，使输出端得到与输入信号一致的、能量比较大的信号。这种小能量对大能量的控制作用就是放大作用。

2.2.1　共发射极基本放大电路的组成

以三极管基极作为信号的输入端，集电极作为输出端，发射极作为输入和输出回路的公共端的电路，称为共发射极放大电路，简称共射放大电路或共射电路。

如图 2－13 所示，是一个阻容耦合的单管共发射极放大电路。它由直流电源、信号源、三极管和电阻电容组成。

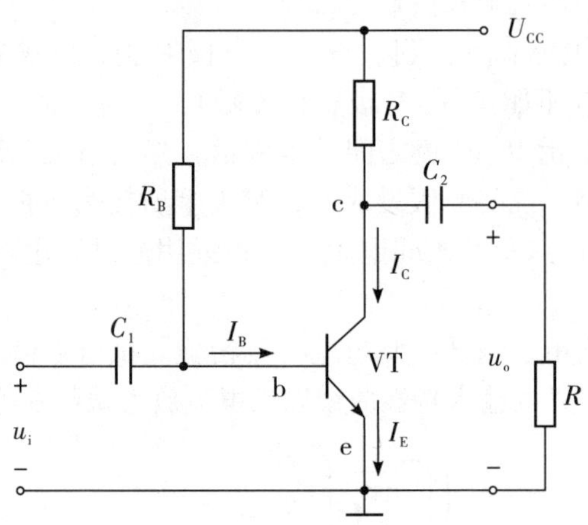

图 2－13　共发射极基本放大电路

电路中，输入信号加在基极和发射极之间，输出信号从集电极对地取出。直流电源 U_{CC} 为三极管的发射结提供正偏置和集电结提供反向偏置，同时又是信号放大的能量来源，一般 U_{CC} 为几伏到几十伏。C_1、C_2 具有“隔直流、通交流”特性，确保输入和输出信号顺利传输，而又不影响发射结、集电结偏置，电路中 C_1、C_2 被称为耦合电容，耦合电容的容量较大，一般是几微法至几百微法的电解电容，连接时需要注意极性；三极管 VT 担负着放大作用，是放大电路中的核心元件；R_B 是基极偏置电阻，为基极提供基极电流，通常称偏流，使三极管不失真地放大，其阻值一般为几十千欧到几百千欧；R_C 是集电极负载电阻，它将集电极电流的变化转换为集电极电压的变化，使放大电路具有电压放大功能，其阻值一般为几千欧到几十千欧。R_L 是外接负载电阻。

图中符号“⊥”表示“地”，但实际上这一点并不真正接到大地上，通常以该点视为零电位点（即参考电位点）。

放大电路的组成原则：

（1）必须为电路提供合适的直流电源，一方面建立合适的静态工作点；另一方面，作为负载的能源使负载获得所需功率。

（2）输入信号必须能作用于晶体管的输入回路，即能够作用于晶体管的基本与发射极之间，并使基极电流产生相应的变化量 $\triangle I_B$。

（3）放大后的信号必须能作用于负载之上，使集电极电流的变化量ΔI_C能够转化为集电结电压的变化量ΔU_{CE}，并传送到放大电路的输出端。

（4）放大过程中信号不发生失真。

2.2.2　共发射极放大电路的工作原理

当在放大电路的输入端加上一个正弦交流信号u_i时，u_i经C_1耦合，此时在三极管的发射结上就有两个电压共同作用，一个是由电源提供的直流偏置电压U_{BEQ}，另一个是输入信号电压u_i。U_{BEQ}与u_i在三极管的发射结叠加起来，则三极管基极与发射极之间的电压U_{BE}也随之发生变化产生u_{BE}。根据三极管的输入特性，当发射结电压u_{BE}发生变化时，将引起基极电流i_B产生相应的变化。由于三极管工作在放大区，具有电流放大特性，所以i_B将导致集电极电流i_C发生更大的变化（$i_C=\beta i_B$），而i_C将导致集电极电压u_{CE}也发生变化。在图2－13所示电路中，输出电压变化等于集电极电压变化，即$u_o=u_{CE}$。

当电路参数满足一定条件时，可以使输出电压u_o比输入电压u_i大得多。也就是说，当在放大电路的输入端加上一个微小正弦交流信号u_i时，在输出端将得到一个放大了的正弦交流信号u_o，从而实现了放大作用。放大电路电压、电流波形如图2－14所示。观察这些波形，可以得出：

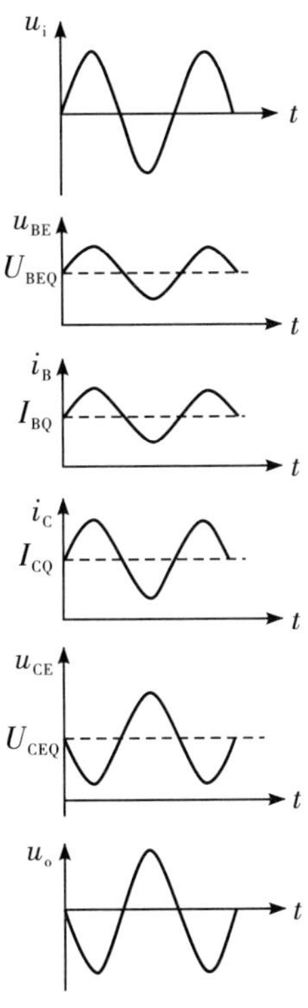

图2－14　放大电路电压、电流波形图

（1）当输入一个正弦波信号u_i时，u_{BE}、i_B、i_C和u_C的波形均在工作点（直流偏置）电压的基础上再叠加u_i，形成交直流并存状态。

（2）当输入电压有小的变化时，经放大电路，在输出端可得到较大的变化电压。单管共射放大电路具有电压放大作用。

（3）输入、输出信号相位相反，单管共射放大电路具有倒相作用。

2.3 放大电路的静态分析

对于一个放大电路的分析一般包括两个方面的内容：静态分析和动态分析，静态分析讨论的是直流量，动态分析讨论的是交流量。前者主要确定静态工作点，后者主要研究放大电路的性能指标。

当放大电路的输入端没有外加交流输入信号（即输入信号 $u_i=0$）时，放大电路在直流电源 U_{cc}的作用下，三极管的输入回路及输出回路只有直流量。此时的电压和电流都是直流量，称为直流工作状态，简称静态。这些直流电流和直流电压在三极管的输入、输出特性曲线上分别对应一个点，反映放大电路在静态时的工作状态，故称为静态工作点，简称 Q 点。三极管的静态工作点用 I_{BQ}、I_{CQ}和 U_{BEQ}、U_{CEQ}来表示。

静态工作点可以由放大电路的直流通路采用估算法计算，也可以用图解法确定。

2.3.1 用估算法确定静态工作点

首先画出放大电路的直流通路。因为在直流电路中电容相当于开路，所以图 2－13 共发射极放大电路的直流通路如图 2－15（a）所示。

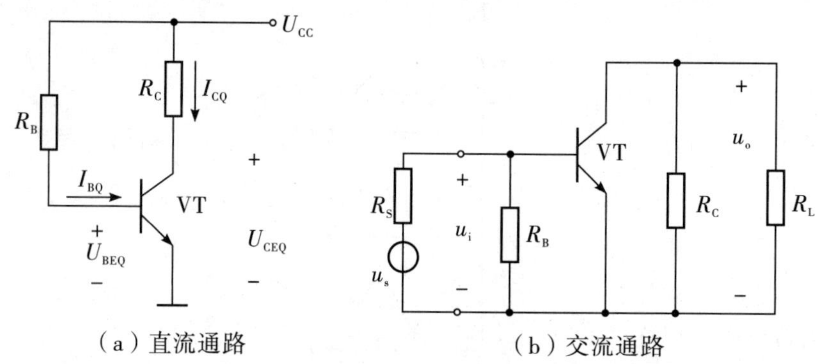

图 2－15　共发射极基本放大电路直流、交流通路

由图 2－15（a）中的直流通路可知，在三极管的基极回路中，静态基极电流 I_{BQ}从直流电源 U_{CC}的正端流出，经过基极电阻 R_B和三极管的发射结，最后流入公共端。列出回路方程为 $I_{BQ}R_B+U_{BEQ}=U_{CC}$，由此可得到：

$$I_{BQ}=\frac{U_{CC}-U_{BEQ}}{R_B}$$

式中，U_{BEQ}是静态时的三极管的发射结电压。

由于三极管导通时，U_{BEQ}变化很小，可视为常数。其中硅管 $U_{BEQ}=0.7\ \text{V}$，锗管 $U_{BEQ}=0.3\ \text{V}$。所以，只要 U_{CC}、R_B已知，就可计算出 I_{BQ}。

根据三极管基极电流与集电极电流之间的关系，可求出静态集电极电流为：

$$I_{CQ}=\beta I_{BQ}$$

再由直流通路列出集电极回路方程为 $I_{CQ}R_C+U_{CEQ}=U_{CC}$，这样可得：

$U_{CEQ}=U_{CC}-I_{CQ}R_C$

至此，静态工作点的电流、电压都已估算出来。

【例 2－2】如图 2－13 所示共射放大电路，已知 $U_{CC}=12\ \text{V}$，$R_B=400\ \text{k}\Omega$，$R_C=4\ \text{k}\Omega$，三极管的 $\beta=50$。求静态工作点。

解：$\because I_{BQ}=\dfrac{U_{CC}-U_{BEQ}}{R_B}$，$I_{CQ}=\beta I_{BQ}$，$U_{CEQ}=U_{CC}-I_{CQ}R_C$

$\therefore I_{BQ}=\dfrac{U_{CC}-U_{BEQ}}{R_B}=\dfrac{12-0.7}{400}\approx 0.03\ \text{mA}$

$I_{CQ}=\beta I_{BQ}=50\times 0.03=1.5\ \text{mA}$

$U_{CEQ}=U_{CC}-I_{CQ}R_C=12-1.5\times 4=6\ \text{V}$

2.3.2　用图解法确定静态工作点

放大电路的图解法就是在三极管输入特性曲线和输出特性曲线上，用作图的方法来分析放大电路的静态工作情况。

在图 2－13，输入回路中电压与电流之间有以下关系：

$$U_{CC}=I_BR_B+U_{BE}$$

上式是一直线方程，在 i_B—u_{BE} 坐标系中可画出一条满足该式关系的直线，称为输入回路直流负载线，其斜率为 $-\dfrac{1}{R_B}$。该直线与纵轴的交点为 A 点，对应的坐标值为 $u_{BE}=0$、$i_B=\dfrac{U_{CC}}{R_B}$；该直线与横轴的交点为 B 点，对应的坐标值为 $u_{BE}=U_{CC}$、$i_B=0$。所以在 i_B—u_{BE} 坐标系中，找出 A 点和 B 点，并将它们相连，所得的直线就是输入回路直流负载线。

放大电路静态时的 i_B、u_{BE} 值除了应满足 $U_{CC}=I_BR_B+U_{BE}$ 关系外，还应符合三极管的输入特性，所以实际的静态工作点值只能是直流负载线与输入特性曲线交点坐标所决定的数值。通常这一交点称为工作点，记作 Q，相应的 i_B、u_{BE} 值就是静态工作点值，分别记作 I_{BQ} 和 U_{BEQ}，如图 2－16（a）所示。

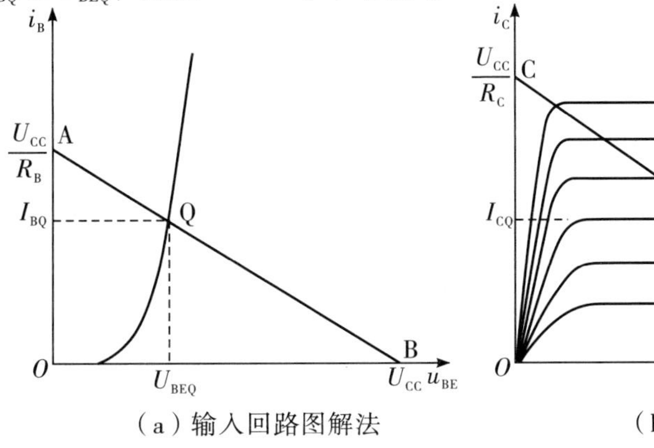

（a）输入回路图解法

（b）输出回路图解法

图 2－16　用图解法求静态工作点

在图2－13，输出回路中电压与电流之间有以下关系：

$$U_{CC}=I_C R_C+U_{CE}$$

上式是输出回路方程。在 i_C—u_{CE}坐标系中可画出一条满足该方程的直线，称为输出回路直流负载线，其斜率为$\frac{-1}{R_C}$。该直线与纵轴的交点为C点，对应的坐标值为$U_{CE}=0$，$i_C=\frac{U_{CC}}{R_C}$，这一电流值是 $u_{CE}=0$ 时流过输出回路的电流（即集电极短路电流）。输出回路直流负载线与横轴的交点为D点，并将它们相连，所得的直线就是输出回路直流负载线。该直线与 $i_B=I_{BQ}$的那一条输出特性曲线的交点，就是静态工作点Q，其相应的 i_C、u_{CE}值就是静态工作点值，分别记作 I_{CQ}和 U_{CEQ}，如图2－16（b）所示。

2.4　放大电路的动态分析

当放大电路的输入端有信号输入，即 $u_i\neq0$ 时，三极管各个电极的电流及电极之间的电压将在静态值的基础上，叠加有交流分量，放大电路处于动态工作状态。放大电路的动态分析是在已经进行过的静态分析基础上，对放大电路有关电流、电压的交流分量之间的关系再做分析，常用的分析方法有图解法和微变等效电路法。下面以图2－15（b）所示的电路为例进行动态分析

2.4.1　图解法

1. 放大电路中负载开路（$R_L=\infty$）

当输入信号 u_i为正弦波电压时，u_{BE}将在静态时的 U_{BEQ}上叠加正弦输入电压 u_i。随着 u_{BE}瞬时值的改变，工作点将在静态工作点Q沿三极管输入特性曲线上、下移动，使 i_B在静态时的 I_{BQ}基础上叠加一个交流分量（i_B），如图2－17（a）所示。

如果图2－15（b）所示电路中 $R_L=\infty$，电路在信号输入后，三极管集电极电流中的直流分量 I_{CQ}及交流分量 i_c均流过 R_C。因此在动态时，工作点将在静态工作点Q沿静态分析时作的直流负载线上、下移动，其 i_B、i_C、u_{CE}一一对应的数值，由这一条负载线与不同 i_B时的输出特性曲线的交点决定，i_C、u_{CE}的波形如图2－17（b）所示，其中 u_{CE}的波形如图中的波形①。由图可见，i_C及 u_{CE}均在静态工作点值 I_{CQ}、U_{CEQ}上叠加有交流分量，其中 u_{CE}的交流分量 u_{ce}就是 u_{CE}经电容 C_2隔直后的输出电压 u_o。通过作图，可得电压放大倍数 A_u。

从图2－17可见，当 u_i为正半周时，u_{CE}为负半周，u_o也为负半周，这说明了共射极放大电路的 u_o与 u_i的相位相反。

若 u_i的幅度过大，当 u_i为正半周时，u_i的瞬时值增大到使 i_B达到一定值后，工作点从Q点沿负载线上移与输出特性曲线交于M点处，进入饱和区，i_C几乎不再随 u_i瞬时值的增大而增大，u_{CE}的瞬时值为 U_{CES}，也不再减小，输出电压 u_o（等于 u_{CE}的交流分量）负半周的底部被削平，产生波形失真，称为饱和失真；当 u_i为负半周时，u_i的瞬时值使 u_{BE}小于死区电压后，有一段时间管子工作于截止区，i_B、i_C的瞬时值近似为零，$u_{CE}\approx$

U_{CC}，u_o波形的正半周顶部被削平，产生波形失真，称为截止失真。饱和失真和截止失真均是管子工作点进入非线性工作区引起的，故统称为非线性失真。为了使放大电路的输出不产生非线性失真，必须使管子始终工作于线性工作区，即放大区。为此，应该满足两个条件：一是要有合适的静态工作点；二是输入信号不能太大，否则电路输出失真，使放大电路失去放大信号的意义。

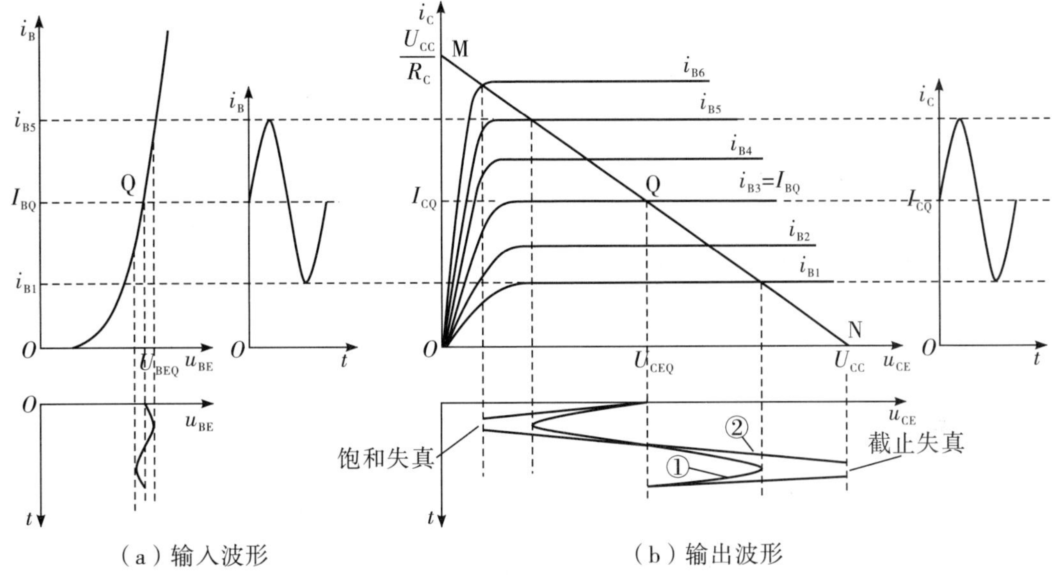

（a）输入波形　　　　（b）输出波形

图 2－17　用图解法进行动态分析（$R_L=\infty$）

放大电路的静态工作点随电路参数确定而确定，放大电路的最大不失真输出电压，即动态范围也就确定了。在理想的情况下，忽略 I_{CEO} 和 U_{CES}，静态工作点的设置会有以下 3 种情况。

（1）Q 点在负载线的中点，即 $U_{CEQ}=\frac{U_{CC}}{2}$，这种情况下放大电路的饱和失真与截止失真将随 u_i 的瞬时值增大而同时开始出现，此时动态范围最大，$U_{OPP}=2U_{CEQ}$ 或 $U_{OPP}=2I_{CQ}R_C$。

（2）Q 点在负载线的中点下方，即 $U_{CEQ}>\frac{U_{CC}}{2}$，这种情况下放大电路首先出现的将是截止失真，这时的动态范围 $U_{OPP}=2I_{CQ}R_C$。

（3）Q 点在负载线的中点上方，即 $U_{CEQ}<\frac{U_{CC}}{2}$，这种情况下放大电路首先出现的将是饱和失真，这时的动态范围 $U_{OPP}=2U_{CEQ}$。

综上分析可见，当忽略管子的 I_{CEQ} 和 U_{CES} 时，放大电路的动态范围等于 $2U_{CEQ}$ 与 $2I_{CQ}R_C$ 中较小的那个值。

2. 放大电路中接入负载（$R_L\neq\infty$）

如果图 2－15（b）所示电路中 $R_L\neq\infty$，此时，

$u_O = u_{CE} = -i_C\ (R_C /\!/ R_L) = -i_C R'_L$

因此，在动态时工作点应沿另一条负载线，即输出回路交流负载线移动，而不是沿输出回路直流负载线移动。输出回路交流负载线的斜率为 $-\frac{1}{R'_L}$（而输出回路直流负载线的斜率为 $-\frac{1}{R_C}$）。同时，当放大电路无非线性失真，且 $u_i \to 0$ 时，工作点应该就在 Q 点处。这说明输出回路交流负载线是一条过 Q 点的斜率为 $-\frac{1}{R'_L}$ 的直线，如图 2－18 所示。

当 u_i 输入后，由于工作点是沿交流负载线在静态工作点（Q 点）的上、下移动，故 u_i 仍为原来的输入电压时，u_o 的波形，即 u_{CE} 的交流分量波形是图 2－18 中的波形②，而不是 $R_L = \infty$ 时图 2－17（b）所示的波形①。由此可见，R_L 接入后，并没有改变 u_o 与 u_i 的相位关系。但 R_L 接入后，u_o 的幅值减小，即放大倍数变小。又因为 R_L 接入后工作点是沿交流负载线移动，而不是沿直流负载线移动，因此，在负载接入后，放大电路的动态范围 U_{OPP} 为 $2U_{CEQ}$ 与 $2I_{CQ}R'_L$ 中较小的那个值。

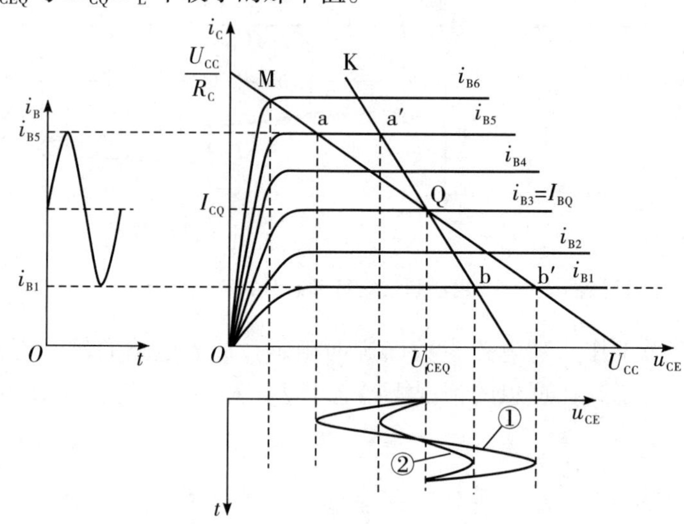

图 2－18　用图解法进行动态分析（$R_L \neq \infty$）

3. 图解法的其他应用

图解法除了可以分析放大电路的静态和动态工作情况外，在实际工作中还用于分析电路的非线性失真和电路参数对静态工作点的影响等。

（1）用图解法分析非线性失真。对放大电路有一个基本要求，就是输出信号尽可能不失真。所谓失真，是指输出信号的波形不像输入信号的波形。引起失真的原因有多种，其中最基本的一点，就是由于静态工作点不合适或输入信号过大，使放大电路的工作范围超出了放大管特性曲线的线性范围。这种失真通常称为非线性失真。

如果静态工作点设置过低，在输入信号的负半周，工作点进入截止区，使 i_B、i_C 等于零，从而引起 i_B、i_C 和 U_{CE} 的波形发生失真，i_B、i_C 的负半周和 u_{CE} 的正半周都被削平。这种失真是由于放大管进入截止区而引起的，故称为截止失真。当放大电路产生截止失

真时，输出电压 u_{CE}的波形出现顶部失真。

如果静态工作点设置过高，则在输入信号的正半周，工作点进入饱和区，即 i_C不再随着 i_B的增大而增大。此时，i_B波形可以不失真，但是 i_C和 u_{CE}的波形发生了失真。这种失真是由于放大管进入饱和区引起的，故称为饱和失真。当放大电路产生饱和失真时，输出电压 u_{CE}的波形出现底部失真。

对于 PNP 型三极管，当发生截止失真或饱和失真时，输出电压波形的失真情况将与 NPN 型三极管相反，读者可利用图解法自行分析。

可见，要使放大电路不产生非线性失真，必须有一个合适的静态工作点，工作点应大致选在交流负载线的中点。此外，输入信号的幅度不能太大，以避免放大电路的工作范围超过特性曲线的线性范围。在小信号放大电路中，这个条件一般都能满足。

（2）用图解法分析电路参数对静态工作点的影响。通过前面的讨论可以看出，对一个放大电路来说，正确设置静态工作点的位置至关重要，如果静态工作点的设置不合理，不仅不能充分利用三极管的动态工作范围，致使最大输出幅度减小，而且输出波形可能产生严重的非线性失真。那么静态工作点的位置究竟与哪些因素有关呢？

在单管共射放大电路中，当各种电路参数，如果集电极电源电压 U_{CC}、基极电阻 R_B、集电极电阻 R_C以及三极管共射电流放大系数 β 等的数值发生变化时，静态工作点的位置也将随之改变。

如果电路中其他参数保持不变，而使集电极电源电压 U_{CC}升高，则直流负载线将平行右移，静态工作点 Q 将移向右上方。反之，若 U_{CC}降低，则 Q 点向左下方移动。

如果其他电路参数保持不变，增大基极电阻 R_B，则输出回路直流负载线的位置不变，但由于静态基极电流 I_{BQ}减小，故 Q 点将沿直流负载线下移，靠近截止区，使输出波形易于产生截止失真。相反，如果 R_B减小，则 Q 点将输出回路沿直流负载线上移，靠近饱和区，输出波形将容易产生饱和失真。

如果保持电路其他参数不变，增大集电极电阻 R_C，则$\dfrac{U_{CC}}{R_C}$减小，于是输出回路直流负载线与纵坐标轴的交点降低，但它与横坐标轴的交点不变，输出回路的直流负载线比原来更加平坦。因 I_{BQ}不变，故 Q 点将移近饱和区。结果将使动态范围变小，输出波形易于发生饱和失真。相反，若 R_C减小，则$\dfrac{U_{CC}}{R_C}$增大，直流负载线将变陡，Q 点右移。动态工作点范围有可能增大，但由于 U_{CEQ}增大，因而使静态功耗升高。

如果电路中其他参数保持不变，增大三极管的共射电流放大系数 β，Q 点将沿着直流负载线上移，则 I_{CQ}增大，U_{CEQ}减小，Q 点靠近饱和区。若 β 减小，则 I_{CQ}减小，Q 点远离饱和区，但单管共射放大电路的电压放大倍数可能下降。

4. 图解法的一般步骤

（1）在三极管的输出特性曲线上画出直流负载线。

（2）用图解法或近似估算法确定静态基流 I_{BQ}。$i_B = I_{BQ}$的一条输出特性曲线与直流负载线的交点即为静态工作点 Q。由 Q 点的位置可从输出特性曲线上得到 I_{CQ}、U_{CEQ}。

（3）根据放大电路的交流通路求出集电极等效交流负载电阻 $R'_L = R_L // R_C$，然后，在输出特性曲线上通过 Q 点作一斜率为 $-\frac{1}{R'_L}$ 的直线，即交流负载线。

（4）求电压放大倍数 A_u，可在输入特性曲线上和输出特性曲线上，在 Q 附近取一适当的 Δi_B 值，从交流负载线上查出相应的 Δu_{CE} 值，然后，根据所取的 Δi_B 值查出 Δu_{BE}，两者之比就是电压放大倍数 A_u，即：

$$A_u = \frac{\Delta u_{CE}}{\Delta u_{BE}}$$

如输出电压不失真时，电压放大倍数可用输入与输出电压的有效值来计算。

5. 图解法的主要优缺点

优点：直观，由于输入特性和输出特性是实测得到的，因此切合实际，适用于 Q 点的求解和失真的定性分析。图解法尤其适用于分析放大电路工作在大信号情况下的工作状态，例如分析功率放大电路等。

缺点：作用的过程比较烦琐，难于获得准确结果，所以，利用图解法不易定量求解 A_u。另外，图解法的使用也有局限性，例如对于某些放大电路（比如发射极接有电阻 R_E 的电路），无法利用图解法直接求得电压放大倍数。

从上面分析过程可见，通过图解法分析，可以了解放大电路中三极管各电极电流、极间电压的实际波形，可以帮助我们掌握放大电路是如何放大信号的；还可以求得放大倍数、U_{OPP}、u_o 与 u_i 的相位关系；通过图解法分析，也可以熟悉放大电路的非线性失真。但是，图解法需要烦琐的作图过程；u_i 很小时，也难以作图；另一些反映放大电路性能的技术指标也无法由图解法求得。应当指出：图解法没有考虑耦合电容、晶体管的极间电容的影响，因此，图解法只适用于放大电路中频段的电路分析。微变等效电路法可以弥补图解法的这些不足之处。

2.4.2 微变等效电路法

微变等效电路法是解决放大器件特性非线性问题的另一种常用的方法。微变等效电路法可用于放大电路在小信号情况下的动态工作情况的分析。它的实质是在信号变化范围很小（微变）的前提下，认为三极管电压、电流之间的关系基本上是线性的。也就是说，在一个很小的变化范围内，可将三极管的输入、输出特性曲线近似地看作直线，这样，就可以用一个线性等效电路来代替非线性的三极管，相应的电路称为三极管的微变等效电路。用微变等效电路代替三极管后，含有非线性器件的放大电路也就转化为线性电路，然后就可以用电路原理中学到的方法来处理、分析放大电路了。

下面将从物理概念出发，引出简化的三极管的微变等效电路。

1. 三极管的微变等效电路

如何用一个线性的等效电路来代替非线性的三极管？所谓等效，就是从线性等效电路的输入端和输出端往里看，其电压、电流之间的关系与原来三极管的输入端、输出端的电压、电流之间的关系相同。而三极管的输入端、输出端的电压、电流之间的关系用其输入、输出特性曲线来描述。下面从共射极接法三极管的输入特性和输出特性两方面来分析讨论。

首先来研究三极管的输入特性。从图 2－19（a）可以看出，在 Q 点附近的小范围内，输入特性曲线基本上是一段直线，也就是说，可以认为基极电流的变化量 Δi_B 与发射结电压的变化量 Δu_{BE} 成正比，因而，三极管的输入回路即基极 B、发射极 E 之间可用一个等效电阻来代替。这表示输入电压 Δu_{BE} 与输入电流 Δi_B 之间存在以下关系：

$$r_{be}=\frac{\Delta u_{BE}}{\Delta i_B}$$

r_{be} 称为三极管的输入电阻。它是对信号变化量而言的，因此它是一个动态电阻，对于低频小功率管（常温下 $U_T\approx 26$ mV）常用下式估算：

$$r_{be}=r'_{bb}+(1+\beta)\frac{26\ \text{mV}}{I_{EQ}}$$

r'_{bb} 是晶体管的基区体电阻，不同型号管子的 r'_{bb} 不同（从几十欧姆到几百欧姆，可以从半导体器件手册中查出），r_{be} 的值与 I_{EQ} 发射极电流有关，当 Q 点越高，I_{EQ} 越大，则 r_{be} 越小。上式适用的范围 I_{EQ} 为 0.1 mA～5 mA，否则将产生较大的误差。

再从图 2－19（b）所示的输出特性进行研究。在 Q 点附近的小范围内，输出曲线基本上是水平的，也就是说，集电极电流的变化量 Δi_C 与集电极电压的变化量 Δu_{CE} 无关，而只取决于基极电流变化量 Δi_B。而且，由于三极管的电流放大作用，Δi_C 大于 Δi_B，二者之间存在放大关系。

$$\Delta i_C\approx\beta\Delta i_B$$

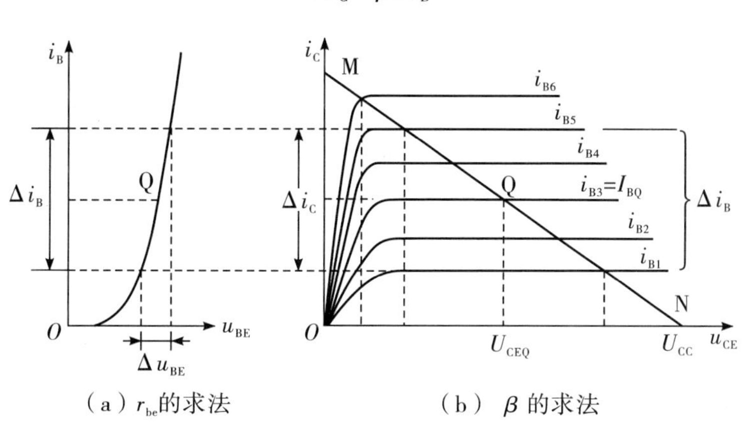

（a）r_{be} 的求法　　（b）β 的求法

图 2－19　三极管特性曲线的局部线性化

所以，从三极管的输出端看进去，可以用一个大小为 $\beta\Delta i_B$ 的电流电源来等效。但这个电流源是一个受控电流源而不是独立电流源，它实质上体现了基极电流对集电极电流的控制作用。换句话说，三极管的输出回路，可以用一个受控电流源 $\beta\Delta i_B$ 来代替。

根据以上的分析，得到了图 2－20 所示的微变等效电路。在这个等效电路中，忽略了 u_{CE} 对 i_C、i_B 的影响，所以称为简化的 h 参数微变等效电路。

在实际工作中，忽略 u_{CE} 对 i_B、i_C 的影响所造成的误差比较小，因此，在大多数情况下，采用简化的微变等效电路能够满足工程计算的要求。

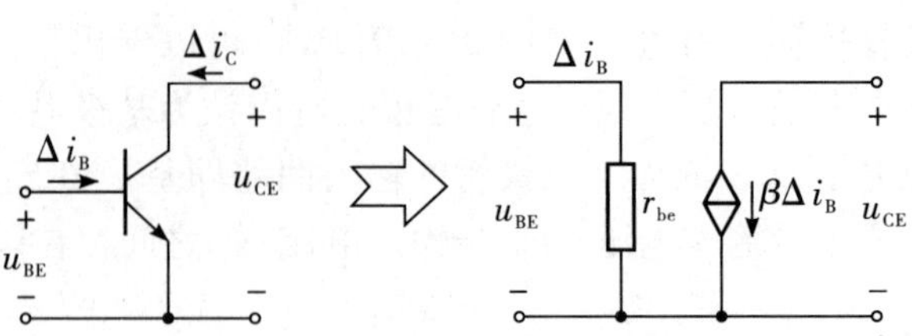

图 2-20　三极管简化的 h 参数微变等效电路

2. 放大电路的微变等效电路

由三极管的微变等效电路和放大电路的交流通路图可得出放大电路的微变等效电路。在图 2-15（b）所示的共射放大电路交流通路中，只要把三极管用它的微变等效电路来代替，并把微变的信号改为正弦交流信号，就得到单管共射放大电路的微变等效电路，如图 2-21 所示。

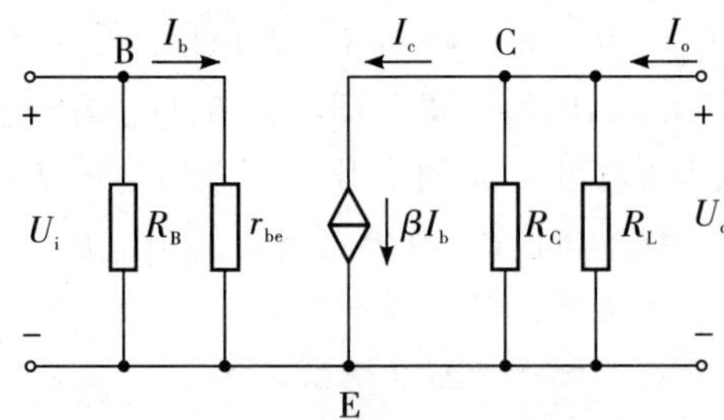

图 2-21　共射放大电路的微变等效电路

考虑到输入信号通过放大电路时可能产生相移，因此，应该用向量表示电路中电压和电流参数。为了方便分析，这里只讨论中频时的情况，暂时不考虑放大电路的附加相移，因此用有效值表示电路中的电压和电流参数。

由图 2-21 计算放大电路的电压放大倍数、输入电阻和输出电阻时，可在输入端加上一中频正弦交流电压，如不考虑附加相移时，则图中的电压、电流的数值大小都可用相应的有效值表示，如考虑附加相移时，则电路中电压和电流参数用向量表示。电路中正弦输入电压有效值为 U_i，基极和集电极电流的有效值分别为 I_b、I_c，电路输出电压有效值为 U_O。

由图 2-21 可得：$U_i = I_b r_{be}$，$U_O = -I_C R'_L$，其中 $R'_L = R_C // R_L$，而 $I_C = \beta I_b$，所以 $U_O = -I_C R'_L = -\beta I_b R'_L$。

电压放大倍数 A_u 为 U_o 与 U_i 之比，即可得到：

$$A_u = \frac{U_O}{U_i} = \frac{-\beta R'_L}{r_{be}}$$

从图 2-21 的输入端往里看，其等效电阻为 R_B 与 r_{be} 这两个电阻的并联，因此，该共射放大电路的输入电阻为：

$$R_i = R_B // r_{be}$$

放大电路的输出电阻 R_o 是当输入信号源短路、输出端开路时从放大电路的输出端看进去的等效电阻。等效电路如图 2-22 所示。由图可见，当 $U_i = 0$ 时，$I_b = 0$，$I_e = 0$，所以该共射放大电路的输出电阻为：

$$R_o = R_C$$

从以上的分析可知，A_u、R_i均与三极管的输入电阻 r_{be}有关。

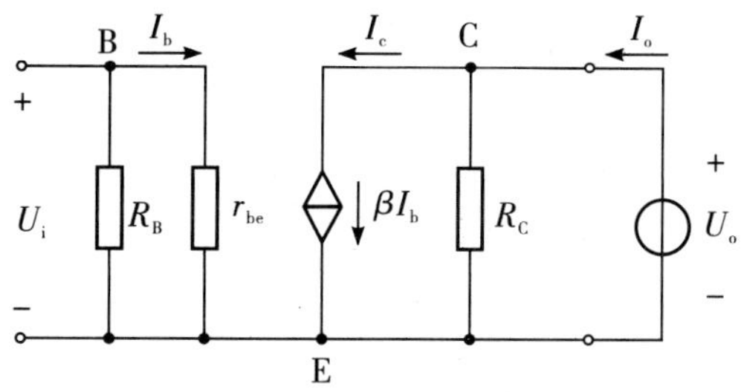

图 2－22　求 R_0的等效电路

【例 2－3】在图 2－13 所示电路中，已知三极管的$\beta=50$，$U_{CC}=12$ V，$R_B=400$ kΩ，$R_C=4$ kΩ，$R_L=4$ kΩ。试用微变等效电路如图 2－20 所示，在例 2－2 中已求出 $I_{CQ}=1.5$ mA约等于 I_{EQ}，所以：

$$r_{be}=r'_{bb}+(1+\beta)\frac{26\ \text{mV}}{I_{EQ}}\approx 1\ \text{k}\Omega$$

$$R'_L=R_C /\!/ R_L=4 /\!/ 4=2\ \text{k}\Omega,$$

$$A_u=\frac{-\beta R'_L}{r_{be}}=-50\times 2=-100,$$

$$R_i=R_B /\!/ r_{be}=400 /\!/ 1=1\ \text{k}\Omega,$$

$$R_O=R_C=4\ \text{k}\Omega。$$

3. 微变等效电路法的应用

微变等效电路法可用于放大电路在小信号情况下的动态工作情况的分析。有些放大电路不能用图解法直接得到其电压放大倍数，例如三极管发射极接有电阻的电路，但可以利用微变等效电路法求解。

在图 2－23（a）所示的放大电路中，三极管的发射极通过一个电阻 R_E接地，当放大电路的输入端加上交流正弦信号时，发射极电流的交流量通过 R_E，产生一个电压降，因此不能用图解法求解。对于这样的电路可以用微变等效电路法进行分析求解。

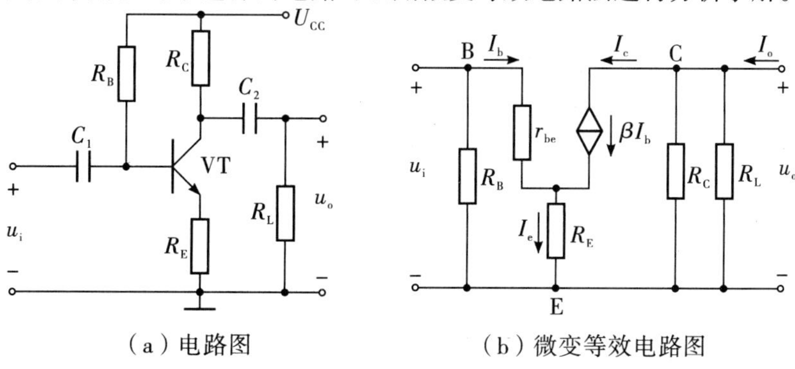

（a）电路图　　（b）微变等效电路图

图 2－23　接有发射极电阻的共射放大电路及其微变等效电路

假设图 2－23（a）所示电路中的耦合电容 C_1、C_2 足够大，可以认为交流短路，则放大电路的微变等效电路如图 2－23（b）所示。

由图 2－23（b）微变等效电路的输入回路可列出以下关系式：

$$U_i = I_b r_{be} + I_e R_E = I_b r_{be} + (1+\beta) I_b R_E$$

由等效电路的输出回路可得：$U_o = -I_c R'_L = -\beta I_b R'_L$，其中 $R'_L = R_C /\!/ R_L$ 于是可求得放大电路的电压放大倍数为

$$A_u = \frac{U_O}{U_i} = \frac{-\beta R'_L}{r_{be} + (1+\beta) R_E}$$

将此式与前面得到的无发射极电阻 R_E 时的电压放大倍数表达式相比较，可见，引入发射极电阻 R_E 后，电压放大倍数比原来降低了。如果接入的发射极电阻 R_E 比较大，或三极管的共射电流放大系数 β 比较大，能满足条件 $(1+\beta) R_E \gg r_{be}$，则上式分母中的 r_{be} 可忽略，并认为 $1+\beta \approx \beta$，则该式可简化为：

$$A_u \approx \frac{R'_L}{R_E}$$

此时，放大电路的电压放大倍数仅仅决定于电阻 R'_L 与 R_E 的比值，而与三极管的参数 β、r_{be} 等无关。这是一个很大的优点，因为三极管的参数容易随温度的变化而产生波动。如果电压放大倍数不依赖于管子的参数，则当温度变化时放大电路的 A_u 比较稳定。

由图 2－23（b）所示的输入回路可求得该放大电路的输入电阻为：

$$R_i = U_i / I_i = R_B /\!/ [r_{be} + (1+\beta) R_E]$$

可见，引入发射极电阻 R_E 后，放大电路的输入电阻比原来提高了。

输出电阻的计算与共发射极放大电路相同，即输出电阻 $R_O = R_C$。

【例 2－4】在图 2－23（a）所示的放大电路中，$U_{CC} = 12\ \text{V}$，$R_B = 400\ \text{k}\Omega$，$R_C = 2\ \text{k}\Omega$，$R_E = 300\ \Omega$，$R_L = 2\ \text{k}\Omega$，三极管的 $\beta = 100$，$r'_{bb} = 200\ \Omega$。试求电压放大倍数、输入电阻和输出电阻。

解：
$$I_{BQ} = \frac{U_{CC} - U_{BEQ}}{R_B + (1+\beta) R_E} = \frac{12-0.7}{400 + (1+100) \times 0.3} = 0.026\ \text{mA} = 26\ \mu\text{A}$$

$$I_{CQ} = \beta I_{BQ} = 100 \times 26 \times 10^{-6} = 2.6\ \text{mA} \approx I_{EQ}$$

$$r_{be} = r'_{bb} + (1+\beta) \frac{26\ \text{mV}}{I_{EQ}} \approx 1.2\ \text{k}\Omega$$

$$R'_L = R_C /\!/ R_L = 2 /\!/ 2 = 1\ \text{k}\Omega$$

$$A_u = \frac{-\beta R'_L}{r_{be} + (1+\beta) R_E} = -3.2$$

$$R_i = R_B /\!/ [r_{be} + (1+\beta) R_E] \approx 400 /\!/ 31.5 = 31.5\ \text{k}\Omega$$

4. 微变等效电路法的分析步骤

微变等效电路法求解时按以下步骤进行：

（1）分析静态工作点。利用近似估算法确定放大电路的静态工作点是否合适，如不合适应进行调整。

（2）画出放大电路的微变等效电路；求出三极管输入等效电阻 r_{be}。

（3）根据微变等效电路列出相应方程，求解得到 A_u、R_i、R_o等各项技术指标。

综上所述，对于放大电路的分析应遵循“先静态，后动态”的原则，静态分析时应利用直流通路，动态分析时应利用交流通路或微变等效电路。只有在静态工作点合适的情况下，动态分析才有意义。图解法形象直观，适于对 Q 点的分析和失真的判断。微变等效电路法简单，适于动态参数的估算。

在实际工作中，常常根据具体情况将微变等效电路法和图解法这两种基本分析方法结合起来使用。

2.5 工作点稳定电路

放大电路的多项技术指标与静态工作点的位置密切相关。静态工作点的选择会影响放大电路的动态性能。在放大电路中，三极管必须有合适的静态工作点，才能使放大电路有足够大的动态范围。

前面已讨论过共射放大电路，当 R_B一经选定后，I_{BQ}也就固定不变，故该电路称为固定式偏置电路。由于静态工作点由直流负载线与三极管输出特性曲线（对应于静态基极电流的那一条）的交点确定，当电源电压 U_{CC}和集电极电阻 R_C的大小确定后，静态工作点的位置决定于基极电流 I_{BQ}的大小。

固定式偏置电路虽然简单并容易调整，但在外部环境温度变化时，静态工作点的位置将发生变化，放大电路的一些性能也将随之改变。因此，如何使静态工作点保持稳定，是一个十分重要的问题。

2.5.1 温度对静态工作点的影响

所谓静态工作点稳定，是指在温度变化时 Q 点在晶体管输出特性坐标平面上的位置基本不变，而这是依靠基极电流的变化得到的。

在常温条件下，某些放大电路有时能够正常工作，各项指标都能达到规定的要求。但是，当温度升高时，放大电路的性能可能恶化，甚至不能正常工作。产生这种现象的原因是放大电路中器件的参数受温度的影响而发生变化。

三极管是半导体器件，它们的参数值对温度比较敏感。温度变化主要影响放大电路中三极管的三个参数：发射结导通电压 U_{BE}、电流放大倍数β和集电极与基极之间的反向饱和电流 I_{CBO}。

首先，当温度升高时，为得到同样的 I_B所需的 U_{BE}值将减小，三极管 U_{BE}的温度系数约为 -（2 ~2.5）mV/℃，即温度每升高 1 ℃，U_{BE}下降 2 ~2.5 mV。

其次，温度升高时三极管的β值也将增加，使各条不同 i_B值的输出特性曲线之间的间距增大。温度每高 1 ℃，β值增加 0.5% ~1%。

最后，当温度升高时，三极管的反向饱和电流 I_{CBO}将随温度按指数规律急剧增高。

这是因为反向电流是由少数载流子形成的，因此受温度影响比较严重。温度每升高10 ℃，I_{CBO}大致将增加一倍。

综上所述，温度升高对三极管各种参数的影响，最终将导致集电极电流I_C增大，静态工作点将上移，靠近饱和区，使输出波形产生严重的饱和失真。

2.5.2 静态工作点稳定电路

1. 电路组成

图2－24（a）所示为典型的静态工作点稳定电路，其直流通路图2－24（b）所示。三极管的发射极通过一个电阻R_E接地，在R_E的两端并联一个电容C_E，称为旁路电容。另外，直流电源U_{CC}经电阻R_{B1}、R_{B2}分压后接到三极管的基极，所以通常称为分压式工作点稳定电路。

为了保证U_{BQ}基本稳定，要求流过分压电阻R_{B1}和R_{B2}的电流I_1和I_2与静态基流I_{BQ}相比大得多，因此希望电阻R_{B1}和R_{B2}小一些。但当电阻R_{B1}和R_{B2}比较小时，两个电阻上消耗的功耗将增大，而且放大电路的输入电阻将降低，这些都是不利的。在实际工作中，通常选取适中的R_{B1}和R_{B2}值，使I_1（I_2）＝（5～10）I_{BQ}，且使U_{BQ}＝（5～10）U_{BEQ}。

在图2－24（a）所示的电路中，三极管静态基极电位U_{BQ}是U_{CC}经R_{B1}、R_{B2}分压而得，所以U_{BQ}基本上是稳定的。当静态集电极电流I_{CQ}随温度升高而增大时，发射极电流I_{EQ}也将相应地增大，此I_{EQ}流过发射极电阻R_E，使发射极电位U_{EQ}升高，则三极管静态发射结电压$U_{BEQ}=U_{BQ}-U_{EQ}$将下降，从而使静态基流I_{BQ}减小，集电极电流I_{CQ}也随之减小，结果当温度升高时维持I_{CQ}基本不变，从而使静态工作点基本稳定。

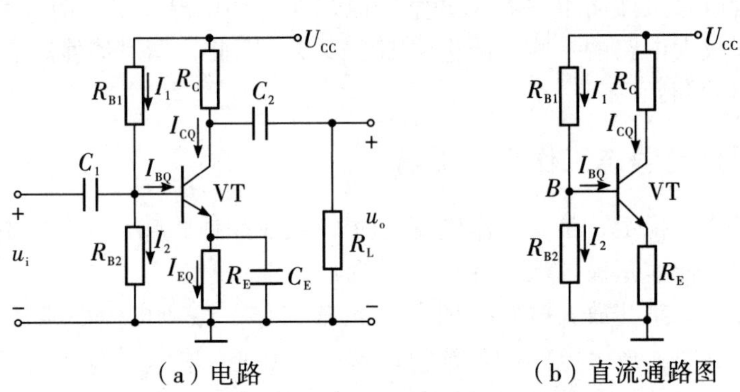

图2－24　静态工作点稳定电路及直流通路图

可见，稳定工作点的关键在于利用发射极电阻R_E两端的电压来反映集电极电流的变化情况，并控制集电极电流I_{CQ}的变化，最后达到稳定静态工作点的目的。实质上是利用发射极电流的负反馈作用使工作点保持稳定，所以，图2－24（a）所示的放大电路又称为电流负反馈式工作点稳定电路。关于反馈的概念将在本书第六章中进行讨论。

为了增强稳定工作点的作用，显然发射极电阻R_E愈大愈好，此时，同样的I_{EQ}变化量所产生的U_{EQ}的变化量也愈大。但是，R_E增大将使发射极静态电位U_{EQ}也随之增大，则在直流电源U_{CC}一定的条件下，放大电路的最大输出幅度将减小。

如果仅接入发射极电阻 R_E，而没有并联旁路电容 C_E，则放大电路的电压放大倍数将下降。现在 R_E 两端并联一个大电容 C_E，若 C_E 足够大，R_E 两端的交流压降可以忽略，则电压放大倍数将不会因此而下降。

2. 静态分析

工作点稳定电路的工作点与单管共射放大电路的工作点估算步骤有所不同，通常先从估算 U_{BQ} 开始。由于 I_1（I_2）$\gg I_{BQ}$，可得基极电位：

$$U_{BQ}=\frac{R_{B2}}{R_{B1}+R_{B2}}U_{CC}$$

则发射极电流为：

$$I_{EQ}=\frac{U_{EQ}}{R_E}=\frac{U_{BQ}-U_{BEQ}}{R_E}$$

一般情况下，可认为集电极静态电流与发射极静态电流近似相等，即 $I_{CQ}\approx I_{EQ}$，而三极管集—射之间的静态电压为：

$$U_{CEQ}=U_{CC}-I_{CQ}R_C-I_{EQ}R_E\approx U_{CC}-I_{CQ}(R_C+R_E)$$

最后可求得三极管的静态基流为：

$$I_{BQ}\approx\frac{I_{CQ}}{\beta}$$

3. 动态分析

在图 2-24（a）所示的分压式工作点稳定电路中，如果隔直电容 C_1、C_2 以及发射极旁路电容 C_E 足够大，可以认为其对交流短路，则可画出该电路的微变等效电路，如图 2-25 所示。

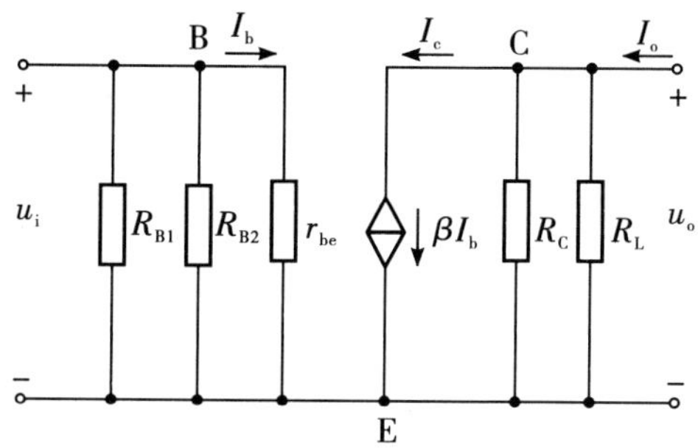

图 2-25　工作点稳定电路的微变等效电路

由微变等效电路可得电压放大倍数：

$$A_u=\frac{U_O}{U_i}=\frac{-\beta R'_L}{r_{be}}$$

其中 $R'_L=R_C/\!/R_L$。

电路的输入电阻为：

$$R_i=R_{B1}/\!/R_{B2}/\!/r_{be}$$

电路的输出电阻为：

$$R_o=R_C$$

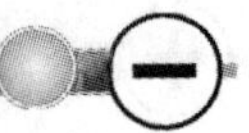

【例2－5】在图2－24（a）所示的电路中，已知 $R_{B1}=75\ k\Omega$，$R_{B2}=25\ k\Omega$，$R_C=2.5\ k\Omega$，$R_E=2\ k\Omega$，$R_L=10\ k\Omega$，$U_{CC}=18\ V$，三极管的 $\beta=100$，$r'_{bb}=300\ \Omega$。（1）试估算静态工作点；（2）计算电路的电压放大倍数、输入电阻和输出电阻。

解：（1）$U_{BQ}=\dfrac{R_{B2}}{R_{B1}+R_{B2}}U_{CC}=\dfrac{25}{25+75}\times 18=4.5\ V$

$$I_{EQ}=\frac{U_{BQ}-U_{BEQ}}{R_E}=\frac{4.5-0.7}{2}=1.9\ mA$$

$$I_{CQ}\approx I_{EQ}=1.9\ mA$$

$$I_{BQ}\approx\frac{I_{CQ}}{\beta}=\frac{1.9}{100}=19\ \mu A$$

$$U_{CEQ}=U_{CC}-I_{CQ}R_C-I_{EQ}R_E\approx U_{CC}-I_{CQ}(R_C+R_E)$$
$$=18-1.9\times(2.5+2)\approx 9.5\ V$$

（2）$r_{be}=r'_{bb}+(1+\beta)\dfrac{26\ mV}{I_{EQ}}\approx 1.7\ k\Omega$

$$R'_L=R_C/\!/R_L=2.5/\!/10=2\ k\Omega$$

$$A_u=\frac{-\beta R'_L}{r_{be}}=\frac{-100\times 2}{1.7}=-117.6$$

$$R_i=R_{B1}/\!/R_{B2}/\!/r_{be}=25/\!/75/\!/1.7\approx 1.7\ k\Omega$$

$$R_o=R_C=2.5\ k\Omega$$

2.6 放大电路三种基本接法

三极管组成的放大电路有三种基本接法：共射、共集和共基接法。前面的电路分析中，对共发射极接法的三极管放大电路作了详尽的分析，本节主要将介绍共集和共基接法的放大电路。

2.6.1 共集电极放大电路

共集电极组态的三极管放大电路如图2－26（a）所示，其交流通路如图2－26（b）所示。由电路的交流通路可以看出，输入信号与输出信号的公共端是三极管的集电极，所以属于共集组态。又由于输出信号从发射极引出，故该电路也称为射极输出器。

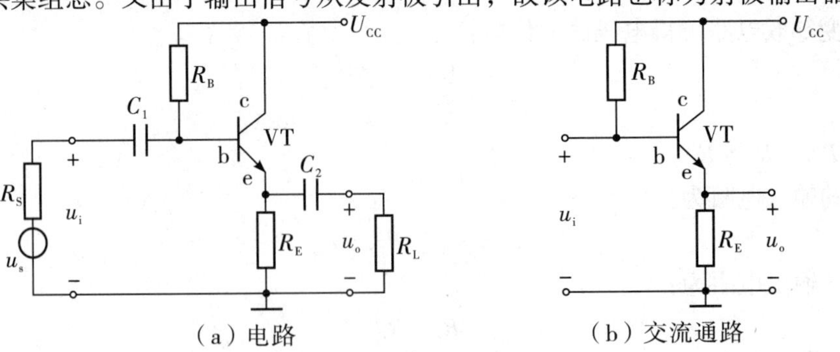

图2－26　共集电极放大电路

1. 静态分析

根据图 2－26（a）所示的电路的基极回路可求得的静态基极电流为：

$$I_{BQ}=\frac{U_{CC}-U_{BEQ}}{R_B+(1+\beta)R_E}$$

$$I_{CQ}\approx\beta I_{BQ}$$

$$U_{CEQ}=U_{CC}-I_{EQ}R_E\approx U_{CC}-I_{CQ}R_E$$

2. 动态分析

根据图 2－26（a）所示共集放大电路可画出微变等效电路，如图 2－27 所示：

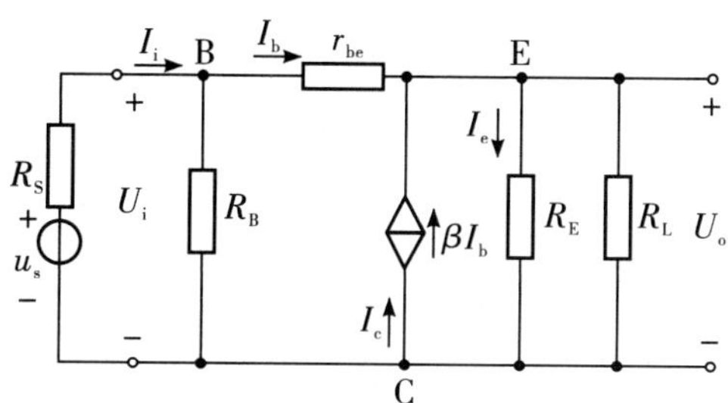

图 2－27　共集电极放大电路微变等效电路

由微变等效电路可得共集电极放大电路的电压放大倍数为：

$$A_u=\frac{U_O}{U_i}=\frac{(1+\beta)R'_L}{r_{be}+(1+\beta)R'_L}$$

其中，

$$R'_L=R_E/\!/R_L$$

由上式可见，A_u表达式的分母总是大于其分子，则电压放大倍数 A 的数值恒小于 1，所以，射极输出器没有电压放大作用。由于通常能够满足关系（$1+\beta$）$R'_L\gg r_{be}$，因此，A_u虽然小于 1，但又接近于 1，而且由 A_u表达式还可知，A_u的值为正，说明 U_o与 U_i同相，且输出电压将跟随输入电压而变化，所以射极输出器又称为射极跟随器。

共集电极放大电路的输入电阻，若不考虑基极电阻 R_B的作用，则共集放大电路的输入电阻为：

$$R_i=r_{be}+(1+\beta)R'_L$$

若考虑基极电阻 R_B的作用，则输入电阻为：

$$R_i=R_B/\!/[r_{be}+(1+\beta)R'_L]$$

求共集电极放大电路的输出电阻的等效电路如图 2－28 所示。

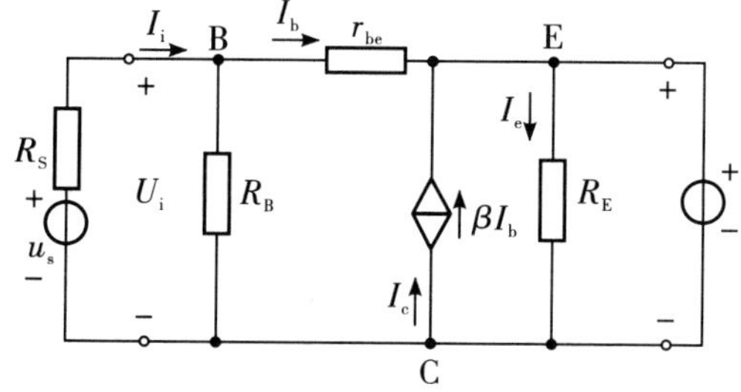

图 2－28　求输出电阻等效电路图

由图可求得电路的输出电阻为：

$$R_O=\frac{U_O}{I_O}=\frac{r_{be}+R'_S}{1+\beta}//R_E$$

其中 $R'_S=R_S//R_B$。由上式可见，射极输出器的输出电阻比较低，一般为几十欧姆至几百欧姆，故射极输出器带负载的能力比较强。

【例 2-6】在图 2-26（a）所示电路中，已知电源 $U_{CC}=12$ V，三极管的 $\beta=100$，$r'_{bb}=300\ \Omega$，电阻 $R_S=20$ kΩ，$R_B=430$ kΩ，$R_E=7.5$ kΩ，$R_L=1.5$ kΩ。计算电路的电压放大倍数和输入电阻、输出电阻。

解：(1)

$$I_{BQ}=\frac{U_{CC}-U_{BEQ}}{R_B+(1+\beta)R_E}\approx 0.01\ \text{mA}$$

$$I_{EQ}\approx I_{CQ}\approx\beta I_{BQ}=1\ \text{mA}$$

$$r_{be}=r'_{bb}+(1+\beta)\frac{26\ \text{mA}}{I_{EQ}}\approx 2.9\ \text{k}\Omega$$

$$R'_L=R_E//R_L=7.5//1.5=1.25\ \text{k}\Omega$$

电压放大倍数：

$$A_u=\frac{U_O}{U_i}=\frac{(1+\beta)R'_L}{r_{be}+(1+\beta)R'_L}=0.98$$

(2) 输入电阻：

$$R_i=R_B//[r_{be}+(1+\beta)R'_L]=430//[2.9+(1+100)\times 1.25]=100\ \text{k}\Omega$$

(3) $R'_S=R_S//R_B=20//430\approx 20$ kΩ

输出电阻：

$$R_O=\frac{U_O}{I_O}=\frac{r_{be}+R'_S}{1+\beta}//R_E=\frac{2.9+20}{1+100}//7.5\approx 0.22\ \text{k}\Omega$$

3. 基本共集电极放大电路的特点

(1) 当 $(1+\beta)R'_L>>r_{be}$ 时，$U_o\approx U_i$ 电路具有电压跟随作用。

(2) 输入电阻大，可达几十千欧，甚至几百千欧。

(3) 输出电阻小，可小到几十欧姆。

由于射极输出器输入电阻大，因此，常作为多级放大电路的输入级，以减小从信号源索取的电流；由于射极输出器输出电阻小，所以，常作为多级放大电路的输出级，提高放大电路的带负载能力；射极输出器还可作为多级放大电路的缓冲级，利用输入电阻大、输出电阻小的特点，可作阻抗变换用，在两级放大电路中间起缓冲作用。

虽然射极输出器没有电压放大作用，但仍有电流和功率放大作用，所以射极输出器的这些特点使它在电子电路（如：互补型功率放大电路）中得到了广泛应用。

2.6.2 共基极放大电路

图 2-29（a）所示为共基极放大电路的原理性电路图，U_{EE}、U_{CC} 是三极管的偏置电源（发射结正向偏置，集电结反向偏置），使三极管工作在放大区。由图可见，输入电压加在三极管的发射极与基极之间，而输出电压从集电极与基极之间得到，因此输入与输出信号的公共端是基极，属于共基组态，称为共基极放大电路。

为了减少直流电源的种类，实际电路中一般是采用如图2－29（b）所示的形式，利用U_{CC}在电阻R_{B1}、R_{B2}上分压得到的电压接到基极，提供给发射结回路，作为发射极电源U_{EE}，保证发射结正向偏置。同时在R_{B2}的两端并联一个大电容C_B，该电容称为基极旁路电容。

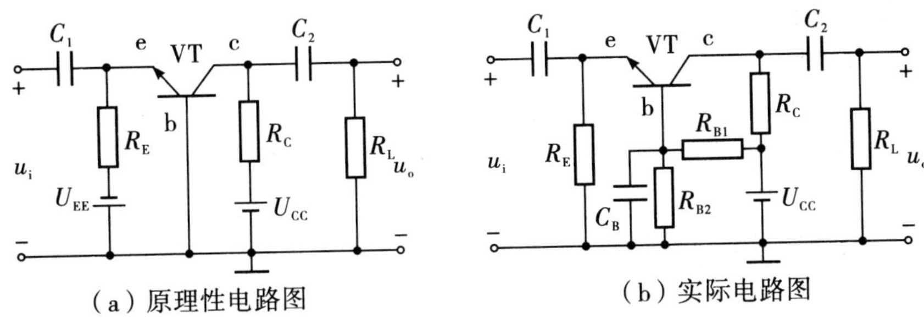

图2－29　共基极放大电路

1. 静态分析

由图2－29（b）可以看出，共基极电路的直流通路与工作点稳定电路的直流通路是一样的，所以共基极电路的静态工作点的计算与工作点稳定电路相同。

晶体管输入回路的方程为：

$$U_{EE}=U_{BEQ}+I_{EQ}R_E$$

静态时，发射极电流、基极电流、集电极电流和管压降分别为：

$$I_{EQ}=\frac{U_{EE}-U_{BEQ}}{R_E}$$

$$I_{BQ}=\frac{I_{EQ}}{1+\beta}$$

$$I_{CQ}=\beta I_{BQ}=\frac{\beta}{1+\beta}\times I_{EQ}=\alpha I_{EQ}$$

$$U_{CEQ}=U_{CQ}-U_{EQ}=U_{CC}-I_{CQ}R_C+U_{BEQ}$$

2. 动态分析

共基极放大电路的微变等效电路如图2－30所示。

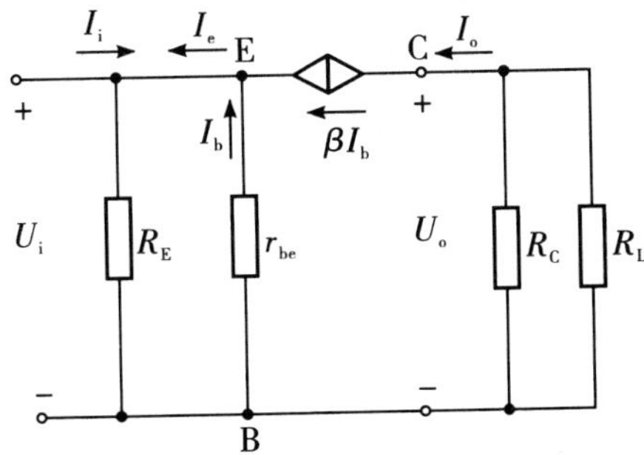

图2－30　共基极放大电路微变等效电路

由微变等效电路可得：

输入电压和输出电压分别为：

$$U_i = I_B r_{be}$$

$$U_o = \beta I_B (R_C // R_L) = \beta I_B R'_L$$

所以，共基极放大电路的电压放大倍数：

$$A_u = \frac{U_O}{U_i} = \frac{\beta R'_L}{r_{be}}$$

上式说明，共基极放大电路的输出电压和输入电压相位相同，这与共发射极放大电路的不同，共基极放大电路也具有电压放大作用。

共基极放大电路的输入电阻为：

$$R_i = \frac{U_i}{I_i} = \frac{r_{be}}{1+\beta} // R_E$$

共基极放大电路的输出电阻为：$R_o = R_C$。

通常，小功率放大电路中晶体管的 β 为几十至几百，r_{be}为几千欧姆，因此，放大倍数 A_u可达百倍以上，R_i只有几十欧姆。

【例 2-7】在如图 2-29（b）所示共基极放大电路中，已知 $U_{CC}=12$ V，三极管的 $\beta=50$，$r'_{bb}=300\ \Omega$，$R_C=5.1\ k\Omega$，$R_E=2\ k\Omega$，$R_{B1}=3\ k\Omega$，$R_{B2}=10\ k\Omega$，$R_L=5.1\ k\Omega$。试估算电路的静态工作点及电压放大倍数和输入电阻、输出电阻。

解：(1)

$$I_{EQ} = \frac{\frac{R_{B2}}{R_{B1}+R_{B2}} U_{CC} - U_{BEQ}}{R_E} = 1\ mA \approx I_{CQ}$$

$$I_{BQ} \approx \frac{I_{EQ}}{1+\beta} \approx 0.02\ mA = 20\ \mu A$$

(2)

$$r_{be} = r'_{bb} + (1+\beta)\frac{26\ mA}{I_{EQ}} \approx 1.6\ k\Omega,$$

$$R'_L = R_L // R_C \approx 2.55\ k\Omega$$

电压放大倍数：

$$A_u = \frac{U_O}{U_i} = \frac{\beta R'_L}{r_{be}} \approx 80$$

(3) 输入电阻：

$$R_i = \frac{U_i}{I_i} = \frac{r_{be}}{1+\beta} // R_E \approx 0.03\ k\Omega$$

输出电阻：

$$R_O = R_C = 5.1\ k\Omega$$

3. 基本共基放大电路的特点

(1) 信号源为晶体管提供的电流为 I_E，而输出回路电流为 I_C，$I_C < I_E$，所以，共基放大电路没有电流放大作用。但是，共基放大电路有电压放大能力，且 U_o与 U_i同相位。

(2) 输入电阻小，可小于 100 Ω。

(3) 输出电阻较大，与共射电路相同，均为 R_C。

(4) 由于共基电流放大系数为 α，α 的截止频率远大于 β 的截止频率，所以，共基电路的通频带是三种接法中最宽的，适于作宽频带放大电路。

2.6.3　三种基本组态的比较

从前面的分析可知：共射电路既放大电压又放大电流，共集电路只放大电流不放大电压，共基电路只放大电压不放大电流；三种电路中，共集电路输入电阻最大，共基电路的输入电阻最小；共集电路的输出电阻最小；共基电路的频带最宽；使用时应根据需求选择合适的接法。

基本放大电路三种接法的性能比较见表 2－3。

表 2－3　基本放大电路三种接法的性能比较

接法	共射电路	共集电路	共基电路
A_u	大（几十至几百以上）	小（小于1）	大（几十至一百以上）
A_i	大（β 倍）	大（$1+\beta$ 倍）	小（α，小于1）
R_i	中（几百至几千欧）	大（可大于 100 kΩ）	小（可小于 100 Ω）
R_o	大（几百欧至几十千欧）	小（可小于 100 Ω）	大（几百欧至几十千欧）
通频带	窄	较宽	宽

2.7　多级放大电路

在很多情况下，放大电路的输入信号都十分微弱，一般为毫伏级或微伏级，单管放大电路的电压放大倍数一般只有几十或几百倍，通常不能满足实际的需要，其他技术指标（如信号功率指标等）也难以满足实用的要求。因此，在实际工作中常常需要把若干个单管放大电路连接起来，组成多级放大电路，以满足电压幅值或功率等技术指标的要求。

2.7.1　多级放大电路的组成

在多级放大电路中，其级与级之间信号传递的电路连接方式称为耦合。常用的耦合方式有阻容耦合、直接耦合、变压器耦合以及光电耦合等形式。各种耦合各具特点，但不论何种耦合方式，其总的电压放大倍数的计算方法规则相同，而输入电阻和输出电阻的分析计算与单管放大电路相同。

1. 阻容耦合

阻容耦合是指放大电路中两集之间通过电阻和电容相连接，这种耦合的多级放大电路称为阻容耦合放大电路。如图 2－31 所示。

阻容耦合方式的优点是前后级之间没有直流通路。由于前后级之间通过电容相连，所以各级的直流电路互不相同，每一级的静态工作点都是相互独立的，不会相互影响，这样就给分析、设计和调试带来了很大的方便。而且，只要耦合电容选得足够大，就可以做到前一级的输出信号在一定的频率范围内几乎不衰减地加到后一级的输入端上去，使信号得到了充分的利用。

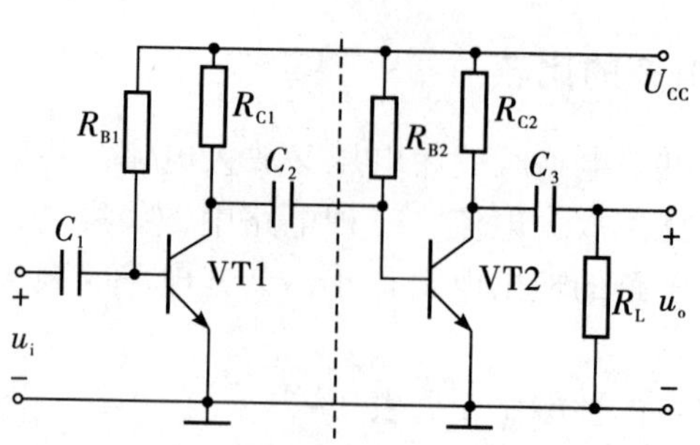

图 2－31　阻容耦合放大电路

但是，阻容耦合电路具有很大的局限性。一是它不适合于传送缓慢变化的信号，因为缓慢的信号在通过耦合电容加到下一级时，将受到很大的衰减，直流成分的信号则根本不能通过电容。二是在集成电路中，要想制造大容量的电容是很困难的，因而这种耦合方式在线性集成电路中无法采用。

2. 直接耦合

直接耦合是指放大电路中把前级的输出端直接或通过电阻接到下级的输入端，这种连接方式称为直接耦合。如图 2－32 所示。

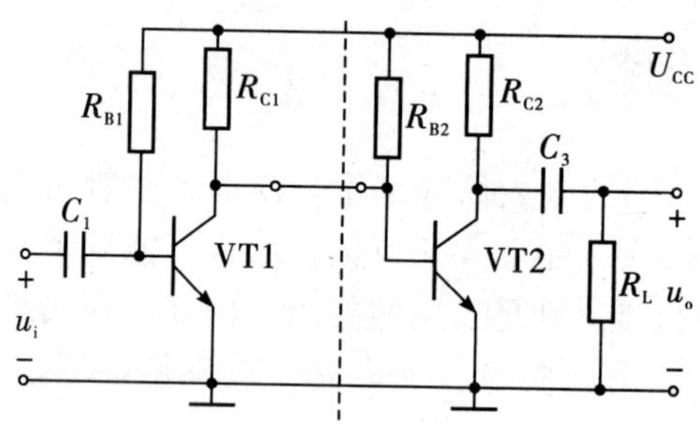

图 2－32　直接耦合放大电路

直接耦合方式的优点是：既能放大交流信号，又能放大缓慢变化信号和直流信号，而且这种耦合方式便于集成化。实际的集成运算放大电路，一般都是直接耦合多级放大电路。但是，直接耦合前后级直流通路相通，致使各级工作点互相影响，不能独立，使多级放大电路的分析、设计和调试工作比较麻烦。另外直接耦合放大电路零点漂移问题最为突出。所谓零点漂移是指当输入电压恒为零时（如将直接耦合放大电路的输入端对地短路），输出电压不等于零的情况，这种现象称为零点漂移（简称“零漂”），又称为温度漂移（简称“温漂”）。如果漂移的电压很大，可能将有用的信号“淹没”，使我们无法分辨输出端的电压究竟是有信号还是漂移电压，造成严重的混淆，使放大电路不能正常工作，这是我们所不希望的。所以，零点漂移也是直接耦合放大电路的主要缺点。

3. 变压器耦合

变压器耦合是指放大电路中通过变压器来连接前后级，这种耦合方式称为变压器耦合。如图 2－33 所示。

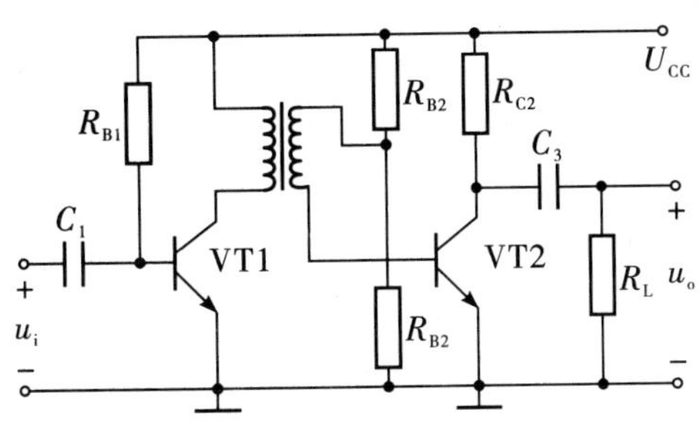

图 2－33　变压器耦合放大电路

变压器耦合是通过磁路的耦合将原边（初级）的交流信号传递到副边（次级），变压器不仅能够传送交流信号，而且还具有阻抗变换的作用。

变压器耦合的放大电路前后级没有直流通路，各级静态工作点互相独立。但是，用变压器比较笨重，更无法集成化，而且也不能放大缓慢变化信号和直流信号。目前一般较少使用变压器耦合方式。

以上三种耦合方式的比较见表 2－4。

表 2－4　三种耦合方式的比较

类别	阻容耦合	直接耦合	变压器耦合
特点	1. 结构简单 2. 各级静态工作点互不影响	1. 能放大缓慢信号或直流成分的变化 2. 便于集成化	1. 有阻抗变换作用 2. 各级直流通路相互隔离
存在问题	1. 不能反映直流成分变化，不适合放大缓慢变化的信号 2. 不便集成化	1. 有零点漂移现象 2. 各级静态工作点相互影响	1. 不能反映直流成分变化，不适合放大缓慢变化的信号 2. 体积大、笨重 3. 不便集成化
适用场合	分立元件交流放大电路	集成放大电路，直流放大电路	低频功率放大，调谐放大

2.7.2　多级放大电路的分析计算

1. 电压放大倍数

在多级放大电路中，不论耦合方式和何种组态电路，由于各级是互相串联起来的，从交流参数来看，前一级的输出信号就是后一级的输入信号，而后一级的输入电阻即为前级的交流负载，所以多级放大电路总的电压放大倍数等于各级电压放大倍数的乘积，即：

$$\dot{A}_u = \dot{A}_{u1} \times \dot{A}_{u2} \times \cdots \times \dot{A}_{un}$$

其中 n 为多级放大电路的级数。

但是，在分别计算每一级的电压放大倍数时，必须考虑前后级之间的相互影响。例如，把后一级的输入电阻看作前一级的负载电阻。

2. 输入电阻和输出电阻

多级放大电路的输入电阻就是输入级的输入电阻，而多级放大电路的输出电阻是输出级的输出电阻。在具体计算输入电阻或输出电阻时，有时不仅仅取决于本级的参数，也与后级或前级的参数有关。例如，射极输出器作为输入级时，它的输入电阻与本级的负载电阻（即后一级的输入电阻）有关，而射极输出器作为输出级时，它的输出电阻又与信号源内阻（即前一级的输出电阻）有关。在选择多级放大电路的输入级和输出级的电路形式和参数时，常常主要考虑实际工作对输入电阻和输出电阻的要求，而把放大倍数的要求放在次要地位，至于放大倍数可主要由中间各放大级来提供。

【例2-8】如图2-34电路中，已知$\beta_1=\beta_2=50$，试计算电路总的电压放大倍数、输入电阻、输出电阻和考虑信号源内阻时的电压放大倍数。

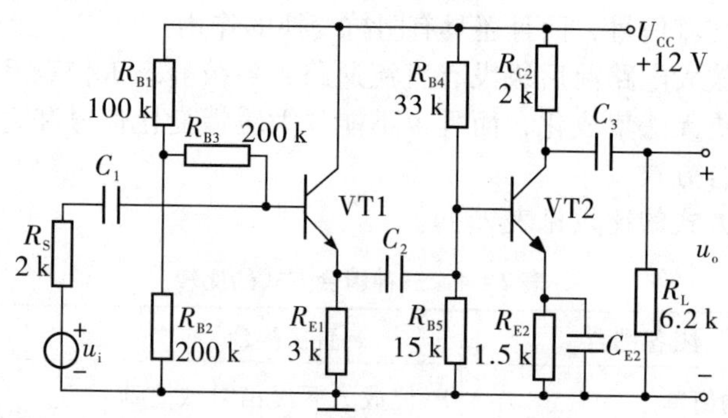

图2-34　两级阻容耦合放大电路

解：由图可知，电路采用电容耦合。

（1）静态分析。

第一级放大电路的静态动作点：

$$U_{b1}=\frac{R_{b2}}{R_{b1}+R_{b2}}U_{CC}=\frac{200}{100+200}\times 12\approx 8\ (\text{V})$$

$$I_{b1}=\frac{U_{b1}-U_{be1}}{R_{b3}+(1+\beta)R_{e1}}=\frac{8-0.7}{200+51\times 3}\approx 20.6\ (\mu\text{A})$$

$$I_{c1}=\beta_1 I_{b1}=50\times 0.0196=0.98\ (\text{mA})$$

$$U_{ce1}=U_{CC}-I_{c1}R_{e1}=9.06\ (\text{V})$$

第二级放大电路的静态动作点：

$$U_{b2}=\frac{R_{b5}}{R_{b4}+R_{b5}}U_{CC}=\frac{15}{33+15}\times 12=3.75\ (\text{V})$$

$$I_{c2}\approx I_{e2}=\frac{U_{b2}-U_{be2}}{R_{e2}}=\frac{3.75-0.7}{1.5}\approx 2.03\ (\text{mA})$$

$$U_{ce2}\approx U_{CC}-I_{c2}(R_{c2}+R_{e1})=4.9\ (\text{V})$$

（2）动态分析。

①计算r_{be1}和r_{be2}。

$$r_{ce1}=300+(1+\beta_1)\frac{26}{I_{e1}}=300+(1+50)\times\frac{26}{0.98}=1.65\ (\text{k}\Omega)$$

$$r_{ce2}=300+(1+\beta_2)\frac{26}{I_{e2}}=300+(1+50)\times\frac{26}{2.03}=0.95\ (\text{k}\Omega)$$

②计算电压放大倍数。

第二级的输入电阻 R_{i2} 为第一级的负载 R_{L1}：

$$R_{i2}=R_{L1}=R_{b4}/\!/R_{b5}/\!/r_{be2}=\frac{1}{\frac{1}{33}+\frac{1}{15}+\frac{1}{0.95}}=0.87\ (\text{k}\Omega)$$

$$R'_{L1}=R_{e1}/\!/R_{L1}=\frac{1}{\frac{1}{3}+\frac{1}{0.87}}=0.67\ (\text{k}\Omega)$$

不考虑信号源内阻时：

第一级电压放大倍数为：

$$A_{u1}=\frac{U_{01}}{U_i}=\frac{(1+\beta)R'_{L1}}{r_{be1}+(1+\beta)R'_{L1}}=\frac{(1+50)\times0.67}{1.65+(1+50)\times0.67}\approx0.953$$

第二级电压放大倍数为：

$$A_{u2}=\frac{U_0}{U_{i2}}=\frac{-\beta(R_{c2}/\!/R_L)}{r_{be2}}=\frac{-50\times\left(\frac{1}{\frac{1}{2}+\frac{1}{6.2}}\right)}{0.95}\approx-78.9$$

总电压放大倍数为：

$$A_u=A_{u1}\times A_{u2}=0.953\times(-78.9)\approx-75.2$$

③输入电阻。

$$R_i=R_{i1}=(R_{b3}+R_{b1}/\!/R_{b2})\ /\!/\ [r_{be1}+(1+\beta)R'_{L1}]$$

$$=\frac{\left(200+\frac{100\times200}{100+200}\right)\times[1.65+(1+50)\times0.67]}{\left(200+\frac{100\times200}{100+200}\right)+[1.65+(1+50)\times0.67]}\approx31.57\ \text{k}\Omega$$

④输出电阻。

$$R_0=R_{c2}=2\ (\text{k}\Omega)$$

⑤考虑信号源内阻时的电压放大倍数。

$$A_{u1}=A_u\frac{R_i}{R_s+R_i}=-75.2\times\frac{31.57}{2+31.57}\approx-70.7$$

本章小结

（1）双极性三极管有两种类型：NPN 型和 PNP 型。无论 NPN 型还是 PNP 型，其内部均包含两个 PN 结，一个是发射结，一个是集电结。分别引出的三个电极分别为发射极、基极和集电极。

（2）三极管是电流控制器件，利用三极管的电流控制作用可以实现放大功能。三极管实现放大作用的内部结构条件是：发射区掺杂浓度很高；基区很薄且掺杂浓度很低。实现放大作用的外部条件是：外加电源的极性应保证发射结正向偏置，而集电结反向

偏置。

（3）共射极电流放大系数 $\beta=\Delta I_C/\Delta I_B$ 和共基极电流放大系数 $\alpha=\Delta I_C/\Delta I_E$ 是描述三极管放大作用的重要参数。

（4）三极管的特性用输入、输出特性曲线来描述。三极管共射极输出特性可划分为截止区、放大区和饱和区。要获得对输入信号进行线性放大，避免产生严重失真，三极管应工作在放大区内。

（5）三极管基本放大电路有共发射极放大电路、共基极放大电路和共集电极放大电路三种。

实训项目一　晶体三极管共射极单管放大电路

一、实训目标

（1）掌握放大电路组成及基本原理。

（2）学会放大器静态工作点的调试方法，分析静态工作点对放大器性能的影响。

（3）掌握放大器电压放大倍数、输入电阻、输出电阻及最大不失真输出电压的测试方法。

二、实训设备与器件

（1）多媒体课室、多媒体实验室（安装 Proteus ISIS 或其他仿真软件）。

（2）+12 V 电源一台、双踪示波器万用表一台、信号发生器一台、电子元器件一批（按图 1 配置）等。

三、实训内容与步骤

实训电路如图 2－35 所示。

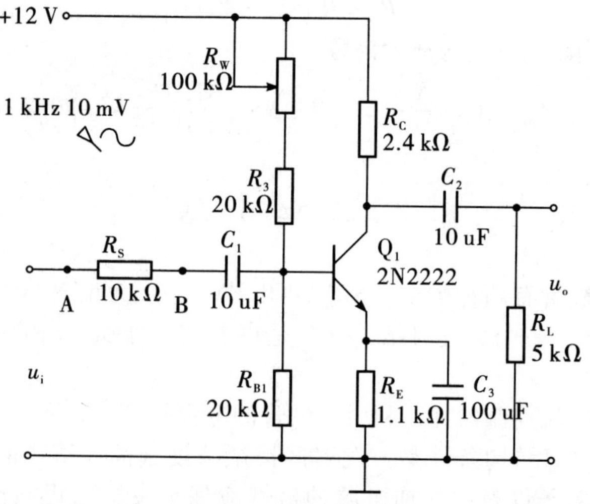

图 2－35　晶体三极管共射极单管放大器实训电路图

1. 仿真演示

在多媒体课室仿真演示。

（1）运行 Proteus ISIS（或其他仿真软件）在 ISIS 主窗口编辑电路图。

（2）启动仿真。观察输入信号频率、幅值与输出信号的关系，包括放大倍数、波形失真时输入信号强度等。调节 R_w，获得最大不失真输出。

（3）静态工作点测试。调节 R_w，使 $U_{ce}=5$ V 左右。用万用表测量个三极管 U_e、U_b、U_c；断开电源，用万用表测 R_{b2}值，记录测量结果于表 2－5。

表 2－5

（$U_{ce}=5$ V）

U_b	U_e	U_c	R_{b2}

（4）测量电压放大倍数。在放大器输入端 B 点加入频率为 1 kHz、幅值为 10 mV 的正弦交流信号 u_i，同时用示波器观察放大器输出电压 u_o 波形，在波形不失真的条件下用交流毫伏表 3 V 或 10 V 挡测量下述两种情况的 U_o 值。用双踪示波器观察 u_o 和 u_i 的相位关系，结果记录于表 2－6。

表 2－6

（$U_{ce}=5$ V）

R_c/kΩ	R_L/kΩ	U_o/V	A_v	记录一组 u_o 和 u_i 波形
2.4 kΩ	∞			
2.4 kΩ	2.4 kΩ			

（5）观察静态工作点对电压放大倍数的影响。置 $R_c=2.4$ kΩ，$R_L=\infty$，$U_i=10$ mV，$f=1$ kHz，调节 R_w，用示波器观察输出电压波形，在 u_o 不失真的条件下测量数组 U_{ce}和 U_o 值，结果记录于表 2－7。

表 2－7

（$R_c=2.4$ kΩ　$R_L=\infty$　$U_i=10$ mV）

U_{ce}/V	3.0	4.0	5.0	6.0	7.0
U_o/V					
A_v					

测量 U_{ce}时关闭 U_i 输入信号（即 $U_i=0$）。

（6）观察静态工作点对输出波形失真的影响。置 $R_c=2.4$ kΩ，$R_L=2.4$ kΩ，$U_i=0$，$U_{ce}=5$ V，逐步加大输入信号，使输出 u_o 足够大但不失真。然后保持输入信号不变，分别增多和减小 R_w，使波形出现截止和饱和失真，绘出 u_o 的波形，并测量失真情况下的 U_{ce}（测量 U_{ce}时关闭 U_i 输入信号），结果记录于表 2－8。

表 2-8

（$R_c=2.4\ k\Omega$　$R_L=2.4\ k\Omega$）

U_{ce}/V	u_o 波形	失真情况	三极管工作状态

（7）测量最大不失真输出电压。置 $R_c=2.4\ k\Omega$，$R_L=2.4\ k\Omega$，调节 R_w 和输入信号（1 kHz），用示波器观察输出电压波形，在 u_o 不失真的条件下用交流毫伏表测 U_{opp} 和 U_o 值，结果记录于表 2-9。

表 2-9

（$R_c=2.4\ k\Omega$　$R_L=2.4\ k\Omega$）

I_c/mV	U_{im}/mV	U_{mo}/V	U_{opp}/V

（8）测量输入电阻和输出电阻。置 $R_c=2.4\ k\Omega$，$R_L=2.4\ k\Omega$，$U_{ce}=5$ V，U_s 输入 $f=1$ kHz 正弦波信号，在 u_o 不失真的条件下，用交流毫伏表测 U_s、U_i 和 U_L 值，结果记录于表 2-10。

保持 U_s 不变，断开 R_L，测量输出电压 U_o，结果记录于表 2-10。

表 2-10

U_s/mV	U_i/mV	R_i/kΩ		U_L/V	U_o/V	R_o/kΩ	
		测量值	计算值			测量值	计算值

2. 拓展训练——电路的安装与调试

（1）制作印制电路板，按照图 2-35 电路安装电子元器件。

（2）检查电路的连接，确认连接无误后接入 12 V 电源。

（3）按照仿真演示之（3）~（8）项目对电路进行测试。

四、电路分析，编制实训报告

实训报告内容包括：

（1）实训目的。

（2）实训仪器设备。

（3）电路工作原理。

（4）元器件清单。

（5）主要收获与体会。

（6）对实训课的意见、建议。

实训项目二　简易晶体管助听器电路

一、实训目标

（1）学会多级放大电路的级联方式。

（2）初步认识单击放大电路级联后对工作点的影响。

二、实训设备与器件

（1）多媒体实验室（安装 Proteus ISIS 或其他仿真软件）。

（2）+12 V 电源一台、双踪示波器万用表一台、信号发生器一台、电子元器件一批（包括麦克风一个、耳机一副）等。

三、实训内容与步骤

1. 实训内容

实训电路如图 2－36 所示是耳聋助听器的电路，是一个由晶体三极管 VT_1 ~ VT_3 构成的多级音频放大器。VT_1 与外围阻容元件组成了典型的阻容耦合放大电路，担任前置音频电压放大。VT_2、VT_3 组成了两级直接耦合式功率放大电路，其中 VT_3 接成发射极输出形式，它的输出阻抗较低，以便与 8 Ω 低阻耳塞式耳机相匹配。

话筒 B 接收到声波信号后，输出相应的微弱电信号。该信号经电容器 C_1 耦合到 VT_1 的基极进行放大，放大后的信号由其集电极输出，再经 C_2 耦合到 VT_2 进行第二级放大，最后信号由 VT_3 发射极输出，并通过插孔 XS 送至耳塞机放音。

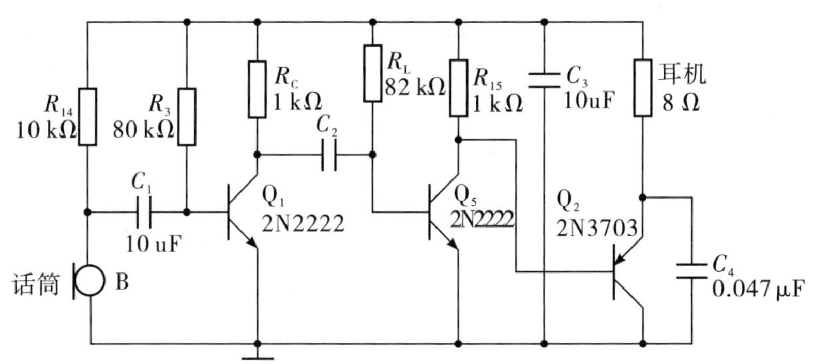

图 2－36　助听器原理电路图

电路中，C_4 为旁路电容器，其主要作用是旁路掉输出信号中形成噪音的各种谐波成分，以改善耳塞式耳机的音质。C_3 为滤波电容器，主要用来减小电池 G 的交流内阻（实际上为整机音频电流提供良好通路），可有效防止电池快报废时电路产生的自激振荡，并使耳塞式耳机发出的声音更加清晰响亮。

元器件选择：

VT_1、VT_2 选用 9014 或 3DG8 型硅 NPN 小功率、低噪声三极管，要求电流放大系数 $\beta \geqslant 100$；VT_3 宜选用 3AX31 型等锗 PNP 小功率三极管，要求穿透电流 I_{ceo} 尽可能小些，$\beta \geqslant 30$ 即可。

B 选用 CM－18W 型（φ10 mm×6.5 mm）高灵敏度驻极体话筒，它的灵敏度划分成五个挡，分别用色点表示：红色为－66 dB，小黄为－62 dB，大黄为－58 dB，蓝色为－54 dB，白色＞－52 dB。本制作中应选用白色点产品，以获得较高的灵敏度。B 也可用蓝色点、高灵敏度的 CRZ2－113F 型驻极体话筒来直接代替。

XS 选用 CKX2－3.5 型（φ3.5 mm 口径）耳塞式耳机常用的两芯插孔，买来后要稍作改制方能使用。用镊子夹住插孔的内簧片向下略加弯折，将内、外两簧片由原来的常闭状态改成常开状态就可以了。改制好的插孔，要求插入耳机插头后，内、外两簧片能够可靠接通，拔出插头后又能够可靠分开，以便兼作电源开关使用。耳机采用带有 CSX2－3.5 型（φ3.5 mm）两芯插头的 8 Ω 低阻耳塞机。

$R_1 \sim R_5$ 均用 RTX－1/8W 型碳膜电阻器。$C_1 \sim C_3$ 均用 CD11－10V 型电解电容器，C_4 用 CT1 型瓷介电容器。G 用两节 5 号干电池串联而成，电压 3 V。

2. 实训步骤

（1）仿真实训。在多媒体课室仿真演示。

①运行 Proteus ISIS（或其他仿真软件）在 ISIS 主窗口编辑电路图。其中，MIC 用正弦波信号输入代替，耳机两端接入示波器。

②启动仿真。观察输入信号频率、幅值与输出信号的关系，包括放大倍数、波形失真时输入信号强度等。

（2）电路的安装与调试。

①制作印制电路板，安装电子元器件。

②检查电路的连接，确认连接无误后接入 12 V 电源。

③用万用表测量三极管 e、b、c 极电压，初步判断三极管工作状态是否正常。

④输入信号，电路调试。

四、电路分析，编制实训报告

实训报告内容包括：

（1）实训目的。

（2）实训仪器设备。

（3）电路工作原理。

（4）元器件清单。

（5）主要收获与体会。

（6）对实训课的意见、建议。

练　习　题

一、填空题

1. 半导体三极管工作在放大区时，发射结应加________电压；集电结应加________电压。

2. 在三极管放大电路中，若测得静态 $U_{CE}=0$ V，则说明三极管处于________工作状态。

3. 半导体三极管通常可能处于________、________、________3 种工作状态。

4. NPN 型三极管处在放大状态时，3 个电极的电位以________极电位最高，________极电位最低。

5. 在三极管组成的放大电路中，耦合电容的作用是________________。

6. 在单级放大电路中，若输入电压为正弦波形，用示波器观察 u_o和 u_i的波形，当放大电路为共射电路时，u_o 和 u_i 的相位________；当为共集电路时，u_o 和 u_i 的相位________。

7. 射极输出器的主要特点是________、________、________。

8. 放大电路的直流通路可用来求________；在画直流通路时，应将电路元件中的________开路。

9. 交流通路只反映________电压与________电流之间的关系。在画交流通路时，应将耦合旁路电容及直流电源________。

10. 温度升高时，三极管的参数 β 将________。

二、简答题

1. 简述三极管的分类。

2. 简述三极管内部结构特点。

3. 简述三极管的放大原理。

4. 如何识别三极管的管脚？用万用表如何判定三极管的三个电极？

5. 三极管的主要参数有哪些？极限参数有哪些？如何选用适合的三极管？

6. 简述温度对三极管参数的影响。

7. 三极管放大电路中，静态工作点应设置在放大区中间位置，如果静态工作点过高或过低，将相应发生何种失真，画出波形示意图。

8. 三极管的发射极与集电极是否可以调换使用，为什么？

9. 有两个三极管，第一个三极管的 $\beta=50$，$I_{ceo}=10$ μA，第二个三极管的 $\beta=150$，

$I_{ceo}=200\ \mu A$，其他参数相同，用作放大时使用哪一个管子更合适？

10．简述用万用表判别 NPN 管和 PNP 管的方法？

三、判断题（正确的在括号内画√，错误的在括号内画×）

1．当温度升高时三极管发射结压降 U_{BE}将升高。(　　)

2．发射结正偏，集电结反偏是三极管工作在放大区的外部条件。(　　)

3．放大电路中的电压放大倍数在 R_L减小时保持不变。(　　)

4．多级放大电路的输出级应考虑对输出电阻的要求。(　　)

5．多级放大电路输入级应首先满足零点漂移抑制的要求。(　　)

四、计算应用题

1．判断图 2－37 所示电路是否具有放大作用？

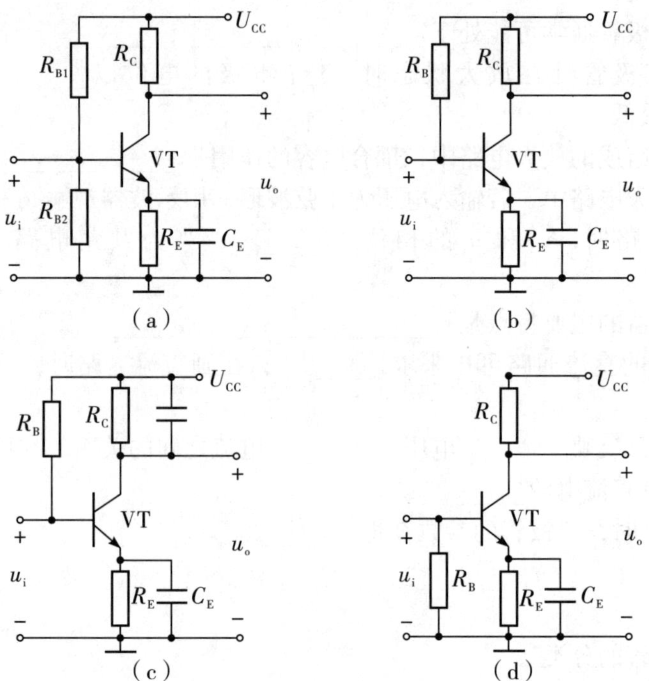

图 2－37

2．已知图 2－38 所示的电路中三极管的 $\beta=50$，$U_{be}=0.7$ V，试分别估算各电路中三极管的 I_c和 U_{ce}，判断它们各自工作在哪个区（饱和区、放大区和截止区）。

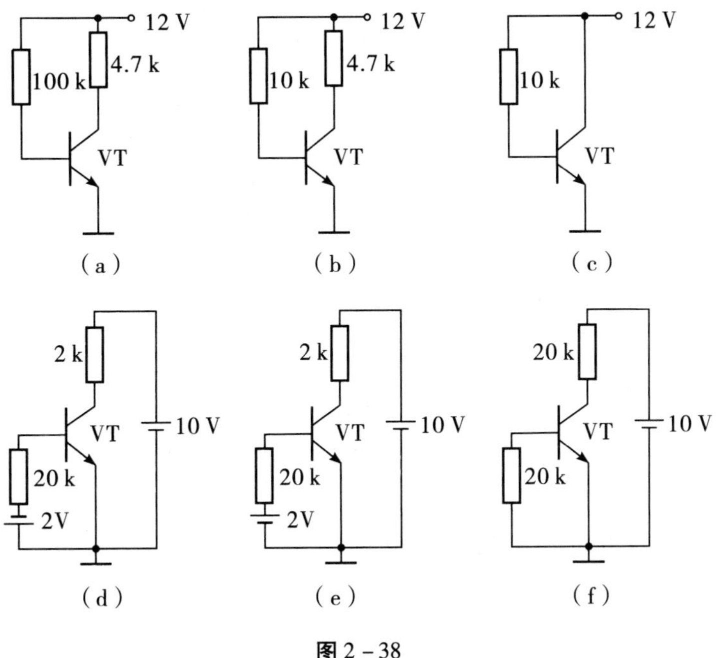

图 2－38

3．在图 2－39 中，三极管的 $\beta=50$，试估算电路的静态工作点以及电压放大倍数、输入电阻和输出电阻。

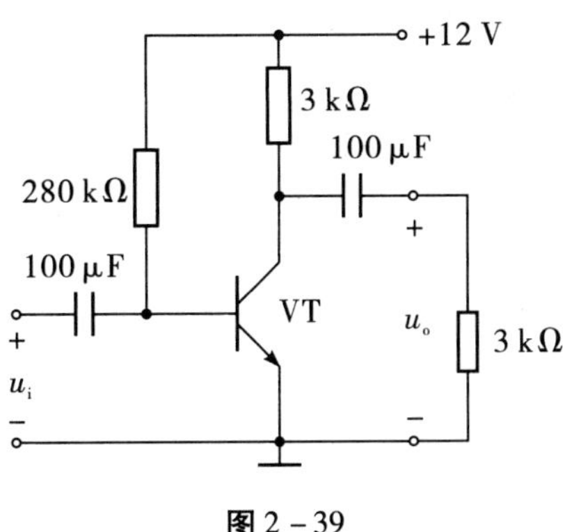

图 2－39

4．在图 2－40 所示电路中，已知三极管的 $\beta_1=\beta_2=100$，$r_{be1}=r_{be2}=2\ \text{k}\Omega$，$U_{CC}=12\ \text{V}$，$R_{B1}=1.5\ \text{k}\Omega$，$R_{E1}=7.5\ \text{k}\Omega$，$R_{B21}=91\ \text{k}\Omega$，$R_{B22}=30\ \text{k}\Omega$，$R_{C2}=2\ \text{k}\Omega$，$R_{E2}=5.1\ \text{k}\Omega$。

（1）求放大电路的输入电阻和输出电阻；

（2）分别求出 $R_S=0$ 和 $R_S=20\ \text{k}\Omega$ 时的电压放大倍数。

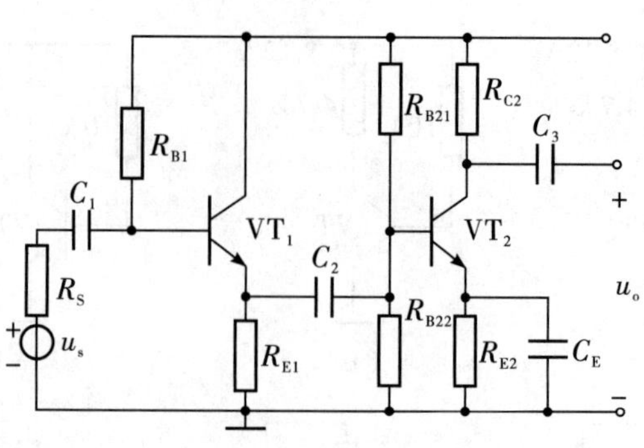

图 2-40

5. 在图 2-41 所示电路中，已知三极管的 $r_{be1}=r_{be2}=2\ \text{k}\Omega$，$\beta_1=\beta_2=50$，$U_{cc}=12\ \text{V}$，$R_{B11}=91\ \text{k}\Omega$，$R_{B12}=30\ \text{k}\Omega$，$R_{C1}=10\ \text{k}\Omega$，$R_{E1}=5.1\ \text{k}\Omega$，$R_{B2}=180\ \text{k}\Omega$，$R_{E2}=3.6\ \text{k}\Omega$。

（1）求放大电路的输入电阻和输出电阻；

（2）分别求出 $R_L=\infty$ 和 $R_L=3.6\ \text{k}\Omega$ 时的电压放大倍数。

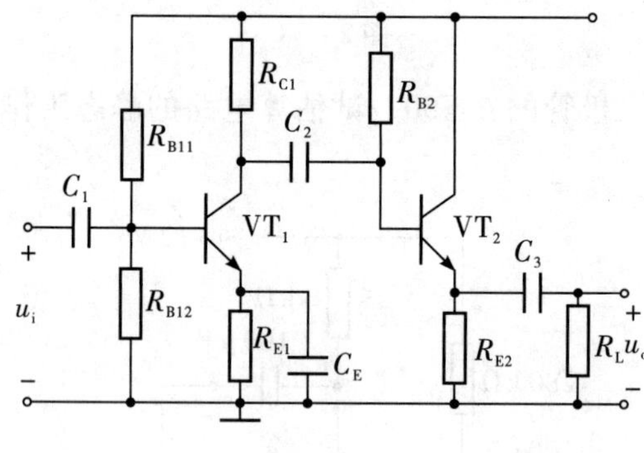

图 2-41

学习情境三　场效应管放大器

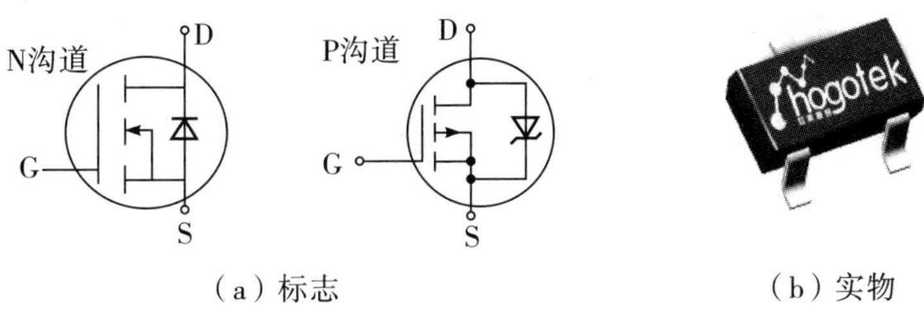

（a）标志　　（b）实物

【教学任务】

（1）介绍绝缘栅型场效应管。

（2）介绍结型场效应管。

（3）介绍场效应管的基本放大电路。

【教学目标】

（1）掌握绝缘栅型场效应管的内部结构、各种类型及其工作原理。

（2）结型场效应管的结构和工作原理。

（3）场效应管放大电路的电路组成及其工作原理和应用。

（4）培养学生应用场效应管以及分析场效应管放大电路的能力。

（5）培养学生跟踪场效应管业界发展动态的兴趣和提高学生对场效应管的应用能力。

【教学内容】

（1）绝缘栅型场效应管的组成、如何分类、特性曲线、工作原理及应用。

（2）结型场效应管的结构、原理和应用。

（3）典型场效应管的基本放大电路的分析、特点和应用。

【教学实施】

实物展示与原理阐述相结合，应用实例分析，MOS 管各种类型的对比研究，辅以多媒体课件。

第三章　场效应晶体管及其基本放大电路

【基本概念】

结型、绝缘栅型场效应管，耗尽型、增强型场效应管。N 沟道、P 沟道场效应管，源极、栅极和漏极，转移特性和输出特性，恒流区、可变电阻区和截止区（夹断区），场效应管的主要参数，场效应管的交流等效模型和高频等效电路。

【基本电路】

共源、共漏放大电路

【基本方法】

场效应管的识别方法，场效应管放大电路静态工作点的设置方法，动态参数电压放大倍数、输入电阻和输出电阻的求解方法，频率相应的分析方法。

第二章讨论的三极管中参与导电的有两种极性的载流子——多数载流子和少数载流子，它们的状态是通过电流来控制的。本章将讨论另一种类型的三极管，这类三极管仅依靠一种极性的载流子——多数载流子导电，所以称为单极型三极管。又因为这类三极管是利用电场效应来控制电流的，因此，也称为场效应管。它不但具备晶体管体积小、重量轻、寿命长等优点，而且，输入回路的内阻高达 $10^7 \sim 10^{12}\Omega$，噪声低、热稳定性好、抗辐射能力强，且比晶体三极管的耗电低，因而广泛应用于各种电子电路中。

场效应管按其结构不同分为结型场效应管（JFET）和绝缘栅型场效应管（JGFET 或 MOS），导电沟道分为 N 沟道和 P 沟道。

3.1　结型场效应管

结型场效应管有 N 沟道和 P 沟道两大类，本节主要以 N 沟道结型场效应管讨论这种管子的工作原理、特性及主要参数。

3.1.1　结型场效应管的结构

N 沟道结型场效应管在一块 N 型半导体的两侧，各制成一个高掺杂的 P 型区（用符号 P^+ 表示），则在 P^+ 型区与 N 型区的交界处形成两个 PN 结（也称耗尽层）。将 P^+ 区引出两个电极并连接在一起，为栅极 G，在 N 型半导体两端各引出一个电极，分别为源极 S 和漏极 D。两个 PN 结中间的 N 区是导电沟道，结型场效应管属于耗尽型。如果在漏极和源极之间加上一个正向电压，则 N 型半导体中存在多数载流子电子，因而可以导电，

这种场效应管的导电沟道是 N 型的，故这种结构的管子称为 N 沟道结型场效应管，N 沟道结型场效应管的结构及其电路符号如图 3－1 所示。

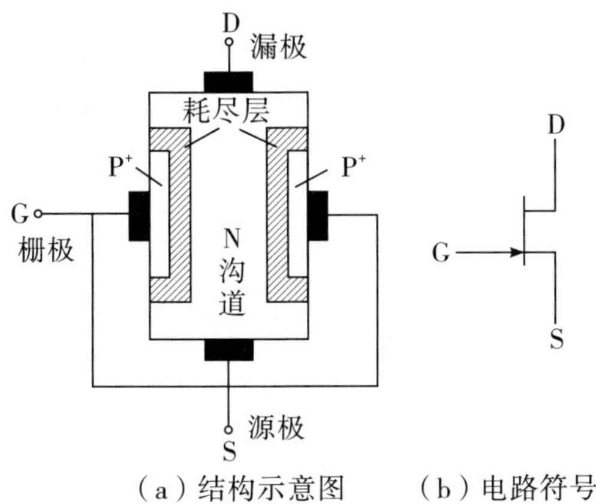

（a）结构示意图　　（b）电路符号

图 3－1　N 沟道结型场效应管结构与电路符号

P 沟道结型场效应管的导电沟道是 P 型的，即在 P 型硅棒的两侧做成高掺杂的 N 型区（用符号 N^+表示），并连在一起引出栅极 G，从 P 型半导体两端各引出一个电极，分别为源极 S 和漏极 D。P 沟道结型场效应管的结构及其电路符号如图 3－2 所示。

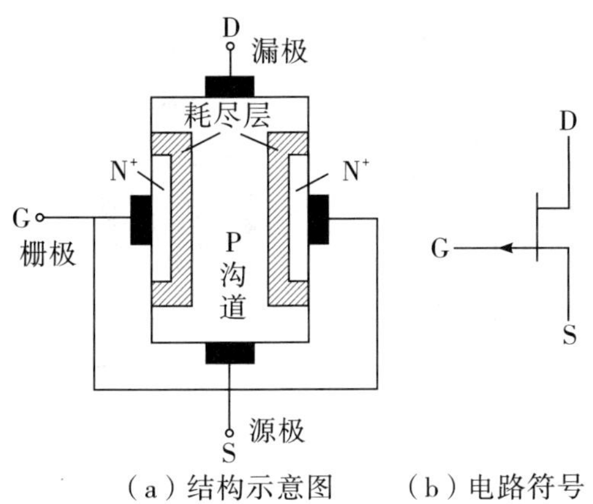

（a）结构示意图　　（b）电路符号

图 3－2　P 沟道结型场效应管结构与电路符号

3.1.2　结型场效应管的工作原理

N 沟道 JFET 工作于放大电路时，在漏极 D 和源极 S 之间需加正向电压，即 $U_{DS}>0$，这时 N 沟道中的多数载流子（电子）在电场作用下，形成漏极电流 I_D。为了控制漏极电流，在栅极 G 与源极 S 之间必须加反向电压，即要求 $U_{GS}<0$，两个 PN 结构均反向偏置，栅极电流 $I_G\approx 0$，场效应管呈现高达 $10^7\ \Omega$ 以上的输入电阻。

在一定 U_{DS}下，当 U_{GS}由零值向负值变化时，两个 PN 结的耗尽层加宽，则导电沟道变窄，沟道电阻变大，漏极电流 I_D减小。当 U_{GS}继续向负值变化到一定值时，两侧耗尽层将在中间全部合拢，导电沟道全被夹断，使 $I_D=0$。导电沟道刚发生全夹断时的 U_{GS}亦称为夹断电压，记作 $U_{GS(off)}$。

可见，场效应管是利用 PN 结上外加电压 U_{GS}所产生的电场效应来改变耗尽层的宽窄，以达到控制漏极电流 I_D的目的。图 3－3 所示当 $U_{DS}=0$ 时 U_{GS}对导电沟道的影响，图 3－4 所示当 $U_{GS}=0$ 时 U_{DS}对导电沟道和 I_D的影响。

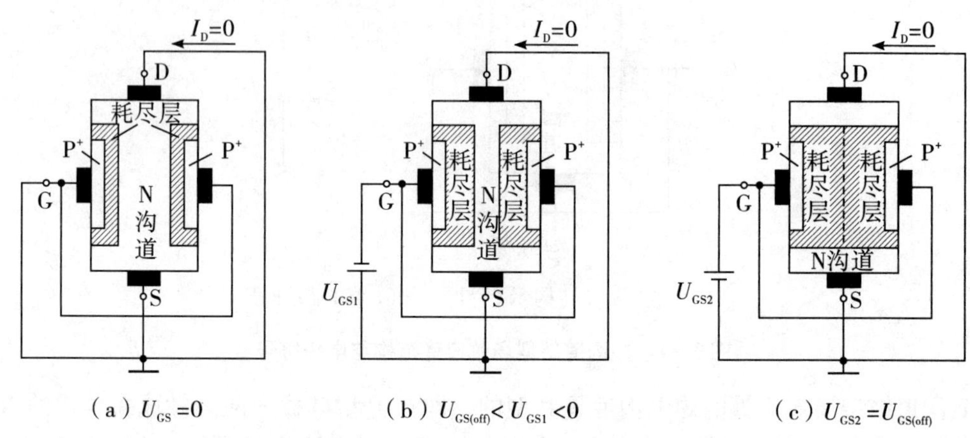

（a）$U_{GS}=0$　（b）$U_{GS(off)}<U_{GS1}<0$　（c）$U_{GS2}=U_{GS(off)}$

图 3－3　$U_{DS}=0$ 时，U_{GS}对导电沟道的影响

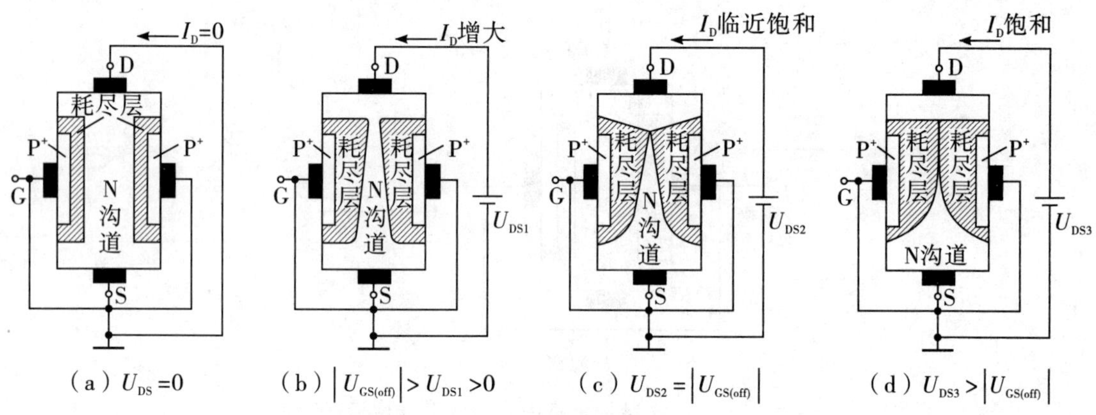

（a）$U_{DS}=0$　（b）$|U_{GS(off)}|>U_{DS1}>0$　（c）$U_{DS2}=|U_{GS(off)}|$　（d）$U_{DS3}>|U_{GS(off)}|$

图 3－4　$U_{GS}=0$ 时，U_{DS}对导电沟道和 I_D的影响

3.1.3　结型场效应管特性曲线

通常用转移特性曲线和漏极特性来描述场效应管的电流 I_D和电压（U_{GS}、U_{DS}）之间的关系。

测试场效应管特性曲线的电路如图 3－5 所示。

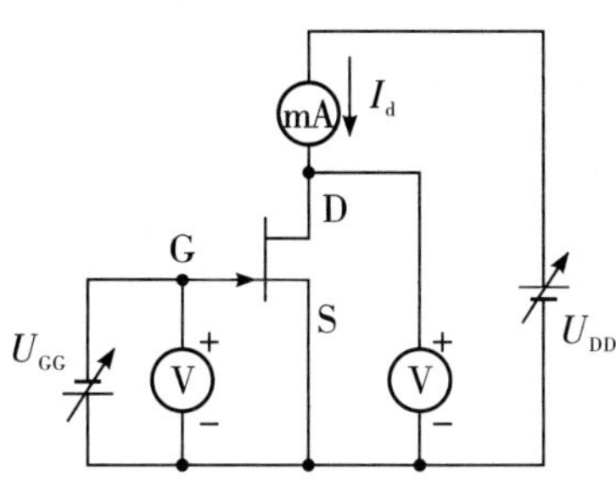

图 3－5　场效应管特性曲线测试图

1. 转移特性曲线

当场效应管的漏极与源极之间的电压 U_{DS}保持不变时，漏极 i_D与栅源之间电压 u_{GS}的关系称为转移特性，其表达式为：

$$i_D = f(u_{GS})\ \big|_{U_{DS}=\text{常数}}$$

转移特性描述场效应管栅源之间电压 u_{GS}对漏极电流 i_D的控制作用。N 沟道结型场效应管的转移特性曲线如图 3－6（a）所示。

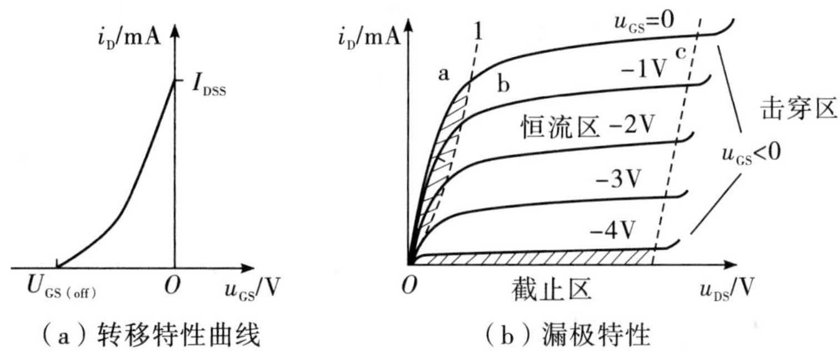

图 3－6　N 沟道结型场效应管特性曲线

2. 漏极特性

场效应管漏极特性表示当栅源之间的电压（u_{GS}）不变时，漏极电流 i_D与漏源之间电压 u_{DS}的关系，即：

$$i_D = f(u_{DS})\ \big|_{U_{GS}=\text{常数}}$$

N 沟道结型场效应管的漏极特性曲线如图 3－6（b）所示。

根据半导体物理中对场效应管内部载流子的分析，只要 $U_{GS(off)} < u_{GS} < 0$，恒流区中 i_D的近似表达式：

$$i_D = I_{DSS}\left(1 - \frac{u_{GS}}{U_{GS(off)}}\right)^2$$

式中，I_{DSS}为 $u_{GS}=0$ 时的 I_D，称为漏极饱和电流。

场效应管的转移特性曲线与漏极特性曲线之间相互关联，可以根据漏极特性曲线，利用作图法得到相应的转移特性曲线。因为转移特性曲线描述的是 U_{DS}不变时 i_D与 u_{GS}的关系，因此，只要在漏极特性曲线上，对应于 U_{DS}等于某一固定电压处作一垂直的直线，

该直线与 u_{GS}为不同值的各条漏极特性有一系列的交点，从而得到不同 u_{GS}时的 i_D值，即可画出转移特性曲线。作图过程如图 3－7 所示。

在结型场效应管中，由于栅极与导电沟道之间的 PN 结被反向偏置，所以，栅极基本上不取电流，其输入电阻很高，可达 10^7 以上。

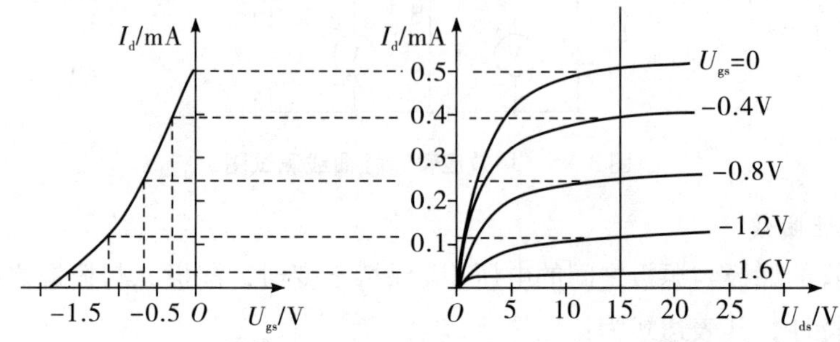

图 3－7　场效应管特性曲线测试图

为方便对比，N 沟道、P 沟道结型场效应管的漏极特性和转移特性汇入表 3－1。

表 3－1　结型场效应管的符号和特性曲线

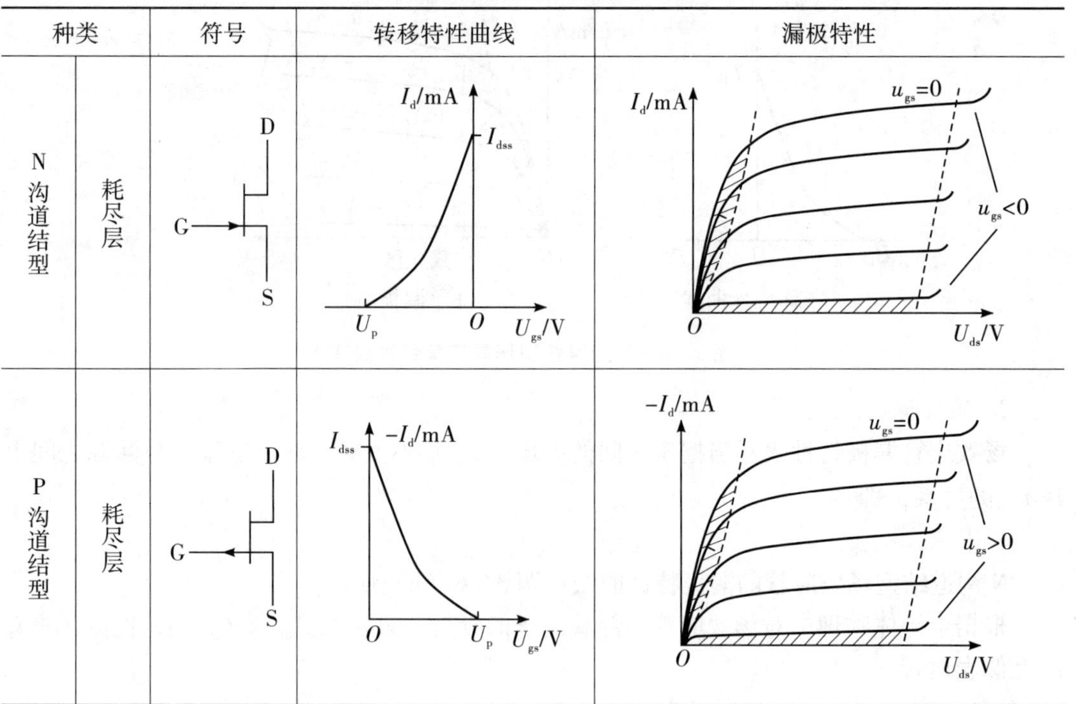

种类		符号	转移特性曲线	漏极特性
N 沟道结型	耗尽层	D, G, S	I_d/mA, I_{dss}, U_p, O, U_{gs}/V	I_d/mA, u_{gs}=0, u_{gs}<0, O, U_{ds}/V
P 沟道结型	耗尽层	D, G, S	I_{dss}, $-I_d$/mA, O, U_p, U_{gs}/V	$-I_d$/mA, u_{gs}=0, u_{gs}>0, O, U_{ds}/V

3.2　绝缘栅型场效应管

绝缘栅型场效应管是由金属、氧化物和半导体制成，所以称为金属—氧化物—半导体场效应管（MOSFET），简称 MOS 管。绝缘栅型场效应管的栅极与源极、栅极与漏极之

间均采用 SiO_2 绝缘层隔离。它的栅—源间电阻比结型场效应管的大得多，可达 $10^{10}\ \Omega$ 以上。其温度稳定性比结型场效应管好、集成化时工艺简单，所以，广泛用于大规模和超大规模集成电路中。

绝缘栅型场效应管有 N 沟道和 P 沟道两类，每一类又分为增强型和耗尽型两种，因此，绝缘栅型场效应管的四种类型为 N 沟道增强型、N 沟道耗尽型、P 沟道增强型、P 沟道耗尽型 4 类。

凡是 $u_{GS}=0$ 时漏极电流也为零的管子，均属于增强型管。凡是 $U_{GS}=0$ 时漏极电流不为零的管子均属于耗尽型管。

下面分别讨论它们的工作原理、特性和主要参数。

3.2.1　N 沟道增强型 MOS 管

1. 结构和符号

N 沟道增强型 MOSFET（简称增强型 NMOS 管）的结构与电路符号如图 3－8 所示。

用一块参杂浓度较低的 P 型硅片作为衬底，在其表面覆盖一层二氧化硅（SiO_2）的绝缘层，再在二氧化硅层上刻出两个“窗口”，利用扩散工艺形成两个高掺杂的 N 区（用 N^+ 表示），分别引出两个电极，作为源极 S 和漏极 D；然后在源极与漏极之间的绝缘层上引出一个极，作为栅极 G，栅极与源极、漏极均绝缘无电接触，故称绝缘栅极。另外，在衬底引出衬底引线 B（它通常在管内与源极 S 相连接）。

图 3－8（b）、图 3－9（b）所示为 N、P 沟道增强型 MOS 管电路符号。漏极与源极之间的三段短线，表示管子的原始导电沟道不存在，为增强型；垂直于沟道的箭头表示导电沟道的类型，箭头由 P 区指向 N 区，所以 N 沟道的箭头向里，而 P 沟道的箭头向外。

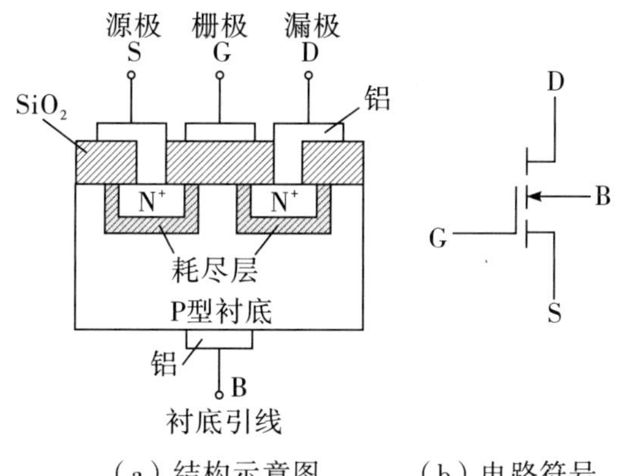

（a）结构示意图　　（b）电路符号

图 3－8　N 沟道增强型场效应管

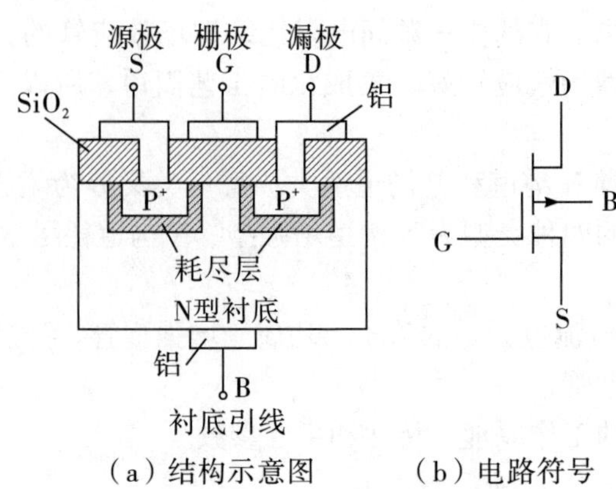

（a）结构示意图　　（b）电路符号

图 3－9　P 沟道增强型场效应管

2. 工作原理

当栅极—源极之间不加电压时，漏极—源极之间是两个背向的 PN 结，不存在导电沟道，因此，即使漏极—源极之间加电压也不会有漏极电流。

当 $u_{DS}=0$ 且 $u_{GS}>0$ 时，由于 SiO_2 的存在，栅极电流为零。但是，栅极金属层将聚集正电荷，它们排斥 P 型衬底靠近 SiO_2 一侧的空穴，使之剩下不能移动的负离子区形成耗尽层，如图 3－10（a）所示。当 u_{GS} 增大时，一方面耗尽层增宽，另一方面将衬底的自由电子吸引到耗尽层与绝缘层之间，形成一个 N 型薄层，称为反型层，如图 3－10（b）所示。这个反型层就构成了漏极—源极之间的导电沟道。使沟道刚刚形成的栅极—源极电压称为开启电压，记作 $U_{GS(th)}$。u_{GS} 越大，反型层越厚，导电沟道电阻越小。

当 $u_{GS}>U_{GS(th)}$ 的一个确定值时，若在漏极—源极之间加正向电压，则将产生一定的漏极电流。此时，u_{DS} 的变化对导电沟道的影响与结型场效应管相似。即当 u_{DS} 较小时，u_{DS} 的增大使 i_D 线性增大，沟道沿源极—漏极方向逐渐变窄，如图 3－11（a）所示。一旦 u_{DS} 增大到使 $u_{GD}=U_{GS(th)}$（即 $u_{DS}=u_{GS}-U_{GS(th)}$）时，沟道在漏极一侧出现夹断点，称为预夹断，如图 3－11（b）所示。如果 u_{DS} 继续增大，夹断区随之延长，如图 3－11（c）所示。而且，u_{DS} 的增大部分几乎全部用于克服夹断区对漏极电流的阻力。从外部看，i_D 几乎不因 u_{DS} 的增大而变化，管子进入恒流区，i_D 几乎仅取决于 u_{GS}。

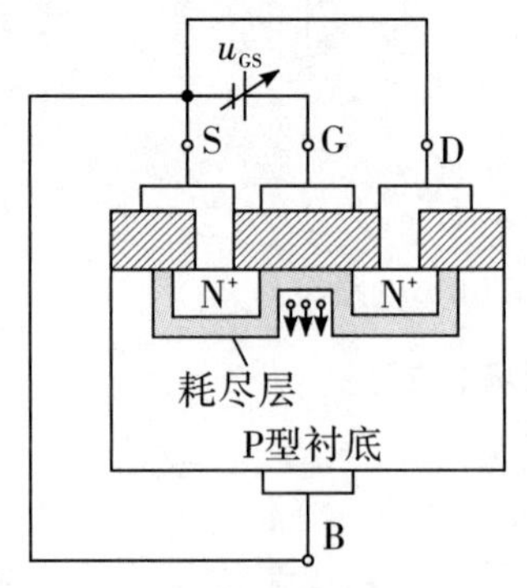

（a）耗尽层的形成

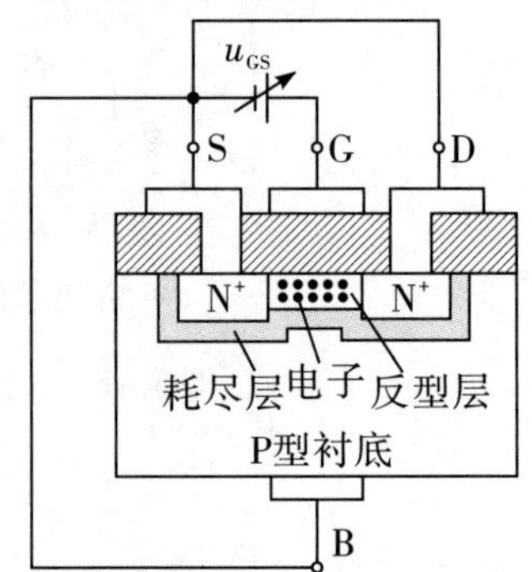

（b）导电沟道（反型层）的形成

图 3－10　$u_{DS}=0$ 时 u_{GS} 对导电沟道的影响

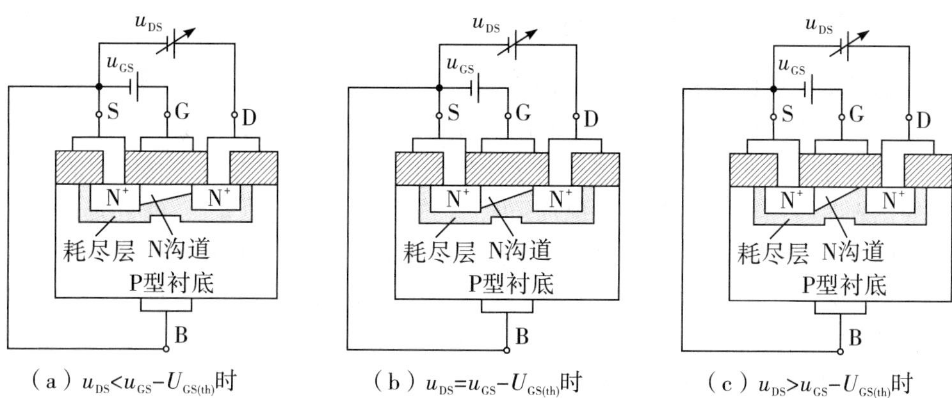

图 3－11　u_{GS}为大于 $U_{GS(th)}$ 的某一值时，u_{DS}对 i_D 的影响

在 $u_{DS} > u_{GS} - U_{GS(th)}$ 时，对应于每一个 u_{GS}就有一个确定的 i_D。此时，可将 i_D视为电压 u_{GS}控制的电流源。

3. 转移特性曲线

由于场效应管的输入电流近于零，故不讨论输入特性。

转移特性是指 u_{DS}保持不变，i_D与 u_{GS}的函数关系，即：

$$i_D = f(u_{GS}) \Big|_{U_{DS}=常数}$$

转移特性曲线如图 3－12（a）所示。当 $U_{GS} < U_{GS(th)}$ 时，因没有导电沟道，$i_D = 0$；当 $u_{GS} > U_{GS(th)}$ 时形成导电沟道，产生漏极电流 i_D；u_{GS}增大，i_D跟随增大。

与结型场效应管相类似，$u_{GS} > U_{GS(th)}$ 时，增强型 NMOS 管的 i_D近似表达式为：

$$i_D = I_{DO}\left(\frac{u_{GS}}{U_{GS(th)}} - 1\right)^2$$

式中，i_{DO}是 $u_{GS} = 2U_{GS(th)}$ 时对应的 i_D值。

4. 输出特性

输出特性是指 u_{GS}保持不变，i_D与 u_{DS}的函数关系，即：

$$i_D = f(u_{DS}) \Big|_{U_{GS}=常数}$$

输出特性曲线如图 3－12（b）所示，它可分为 4 个区域，分别是可变电阻区、恒流区、击穿区及夹断区。

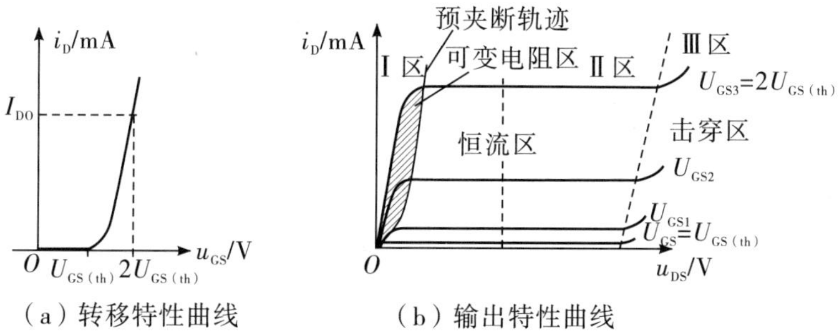

图 3－12　N 沟道增强型场效应管特性曲线

3.2.2 N沟道耗尽型MOS管

耗尽型NMOS管的结构示意图和电路符号如图3－13、图3－14所示。它的结构和增强型基本相同，主要区别是：这类管子在制造时，已在二氧化硅绝缘层掺入了大量的正离子。所以，在 $u_{GS}=0$ 时，在这些正离子产生的电场作用下，漏极、源极间的P型衬底表面已经出现了反型层（即N型导电沟道），只要加上正向电压 u_{DS}，就有 i_D 产生。如果加上了正的 u_{GS}，则加强了绝缘层中的电场，将吸引更多的电子至衬底表面，使沟道加宽，i_D 增大，反之，u_{GS} 为负时，则削弱了绝缘层中的电场，使沟道变窄，i_D 减小。当 u_{GS} 负向增加到某一数值时，导电沟道消失，$i_D\approx0$，管子截止，所对应的 u_{GS} 称为夹断电压，记作 $U_{GS(off)}$。由以上分析可知，这类管子在 $u_{GS}=0$ 时，导电沟道便已形成，当 u_{GS} 由零减小到 $U_{GS(off)}$ 时，沟道逐渐变窄而夹断，故称为"耗尽型"，耗尽型MOS管在 $u_{GS}<0$、$u_{GS}=0$ 和 $u_{GS}>0$ 的情况下都可以工作，这是它的一个重要特点。

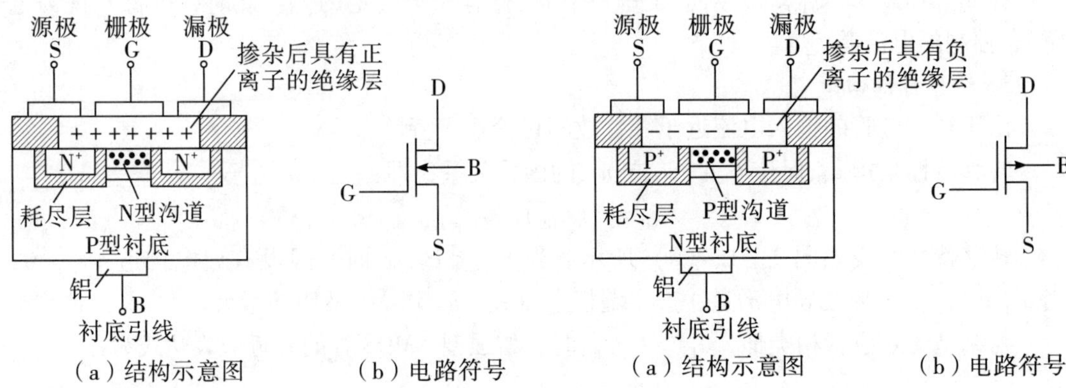

（a）结构示意图　（b）电路符号

图3－13　N沟道耗尽型场效应管

（a）结构示意图　（b）电路符号

图3－14　P沟道耗尽型场效应管

耗尽型NMOS管的转移特性曲线和输出特性曲线如图3－15所示。

在放大区内电流 i_D 近似表达式为：

$$i_D=I_{DSS}\left(1-\frac{u_{GS}}{U_{GS(off)}}\right)^2$$

上式中，I_{DSS} 为 $u_{GS}=0$ 时对应的 i_D 值（称为零偏漏极电流），u_{GS}（off）为夹断电压。

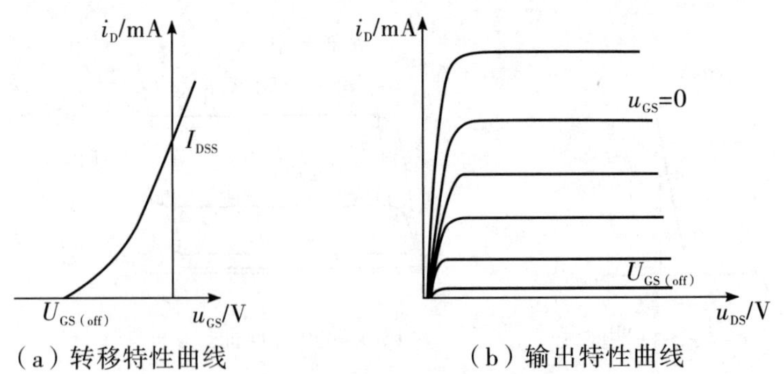

（a）转移特性曲线　（b）输出特性曲线

图3－15　N沟道耗尽型场效应管特性曲线

3.2.3　P 沟道 MOS 管简介

P 沟道 MOS 管和 N 沟道 MOS 管的主要区别在于作为衬底的半导体材料的类型，PMOS 管是以 N 型硅作为衬底，而漏极和源极是从 P^+ 区引出，形成的反型层为 P 型，相应沟道为 P 型沟道，对于耗尽型 PMOS 管，在二氧化硅绝缘层中掺入的负离子。耗尽型 PMOS 管的结构示意图和电路符号如图 3－14 所示。

与 N 沟道 MOS 管相对应 P 沟道增强型 MOS 管的开启电压 $U_{GS(th)}<0$，当 $u_{GS}<U_{GS(th)}$ 时，管子才导通，漏极—源极之间应加负电源电压；P 沟道耗尽型 MOS 管的夹断电压 $U_{GS(off)}>0$，u_{GS}可在正、负值的一定范围内控制 i_D，漏极—源极之间也应加负电压。

由于绝缘栅型场效应管的输入电阻极高，一般在 $10^9\sim10^{15}\,\Omega$，栅极感应到的电荷难以泄放，使绝缘层内的电场强度很高，场效应管即使有较高的 $U_{(BR)GS}$，仍会击穿二氧化硅绝缘层，使管子损坏。所以目前生产 MOS 管时，常制有过压保护电路。

为方便比较，绝缘栅型场效应管的符号和特性曲线列于表 3－2。

3.3　场效应管的主要参数

1. 直流参数

（1）开启电压 $U_{GS(th)}$：是增强型场效应管开始产生导电沟道所需的最小 $|u_{GS}|$ 值。NMOS 管 $U_{GS(th)}$ 为正值，PMOS 管 $U_{GS(th)}$ 为负值。它是增强型场效应管的一个重要参数。

（2）夹断电压 $U_{GS(off)}$：它表示当 u_{DS}一定时，使 i_D减小到某一个微小电流时所需的 u_{GS}值。是耗尽型 MOS 管和结型场效应管的一个重要参数。

（3）漏极饱和电流 I_{DSS}：也称零偏漏极电流。它是结型场效应管、耗尽型场效应管的一个重要参数。对于结型场效应管，在 $u_{GS}=0$ V 情况下，产生预夹断时的漏极电流定义为 I_{DSS}。

（4）直流输入电阻 $R_{GS(DC)}$：它是场效应管栅极和源极之间的等效电阻，等于栅源电压与栅源电流之比，一般为 $10^9\sim10^{12}\,\Omega$。

2. 交流参数

（1）低频跨导 g_m：用于描述栅极—源极之间电压 u_{GS}对漏极电流 i_D的控制作用。定义为当 u_{DS}一定时 i_D与 u_{GS}变化量之比。是反映管子放大性能的重要参数。

$$g_m=\left.\frac{\Delta i_D}{\Delta u_{GS}}\right|_{U_{DS}=\text{常数}}$$

若 i_D的单位是 mA，U_{GS}的单位是 V，则 g_m的单位是豪西门子（mS）。

（2）极间电容：是指场效应管 3 个电极之间的等效电容，包括 C_{GS}、C_{GD}、C_{DS}。极间电容愈小，则管子的高频性能愈好。极间电容一般为几个皮法。

表 3－2　绝缘栅型场效应管的符号和特性曲线

种类	符号	转移特性曲线	漏极特性
增强型N沟道	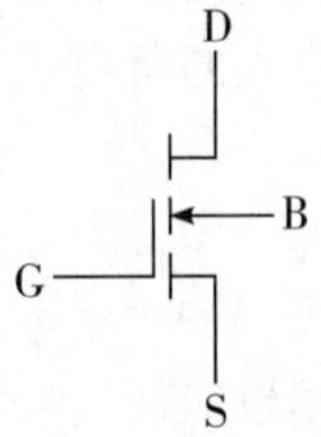 D B G S	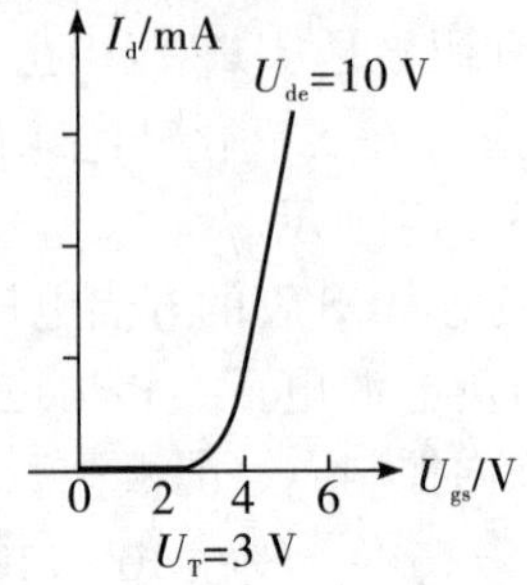 I_d/mA U_{de}=10 V 0 2 4 6 U_{gs}/V U_T=3 V	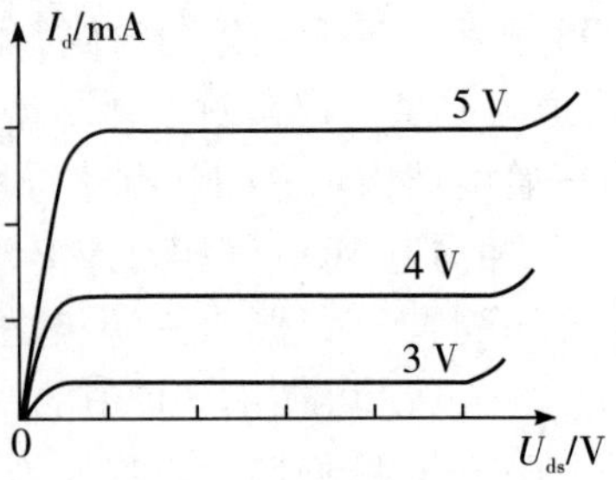 I_d/mA 5 V 4 V 3 V 0 U_{ds}/V
增强型P沟道	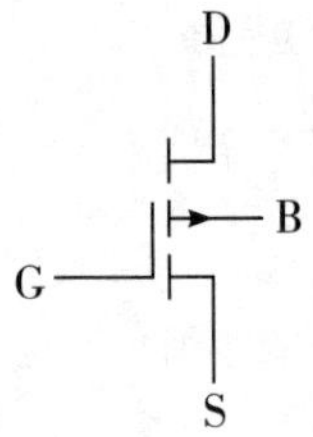 D B G S	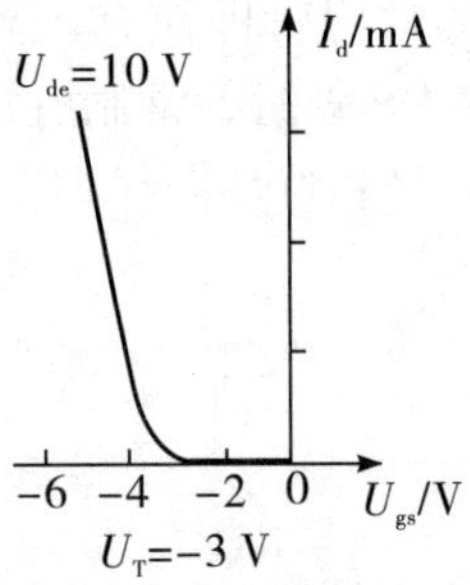 I_d/mA U_{de}=10 V −6 −4 −2 0 U_{gs}/V U_T=−3 V	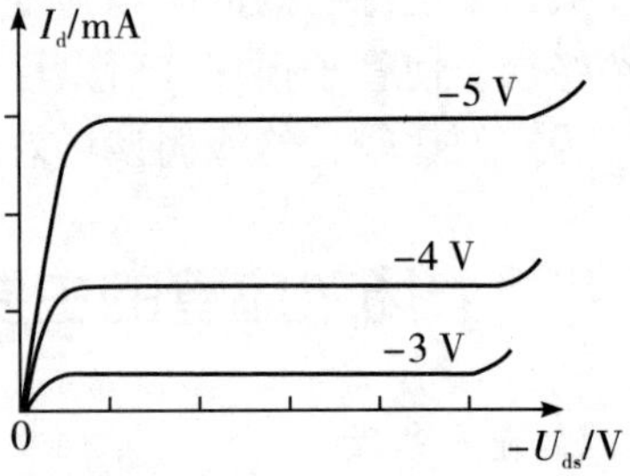 I_d/mA −5 V −4 V −3 V 0 $-U_{ds}$/V
耗散型N沟道	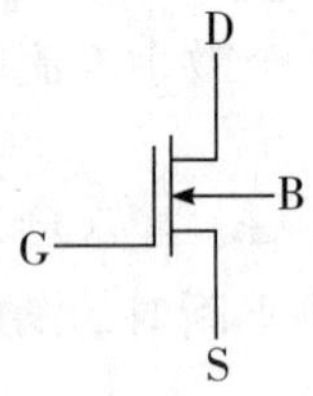 D B G S	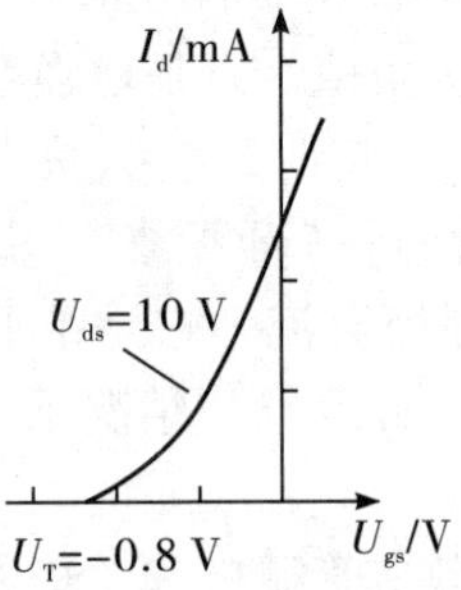 I_d/mA U_{ds}=10 V U_{gs}/V U_T=−0.8 V	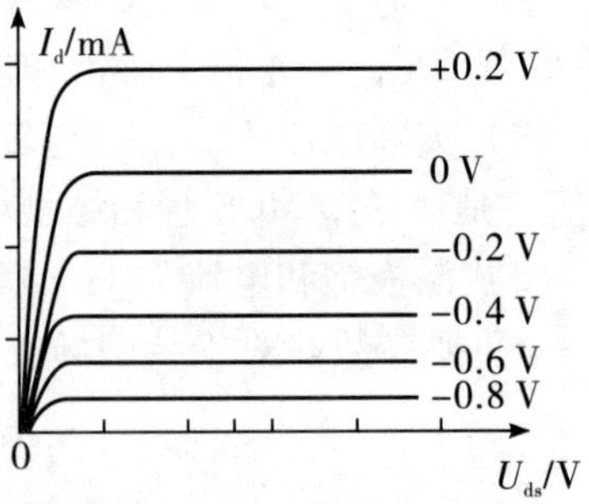 I_d/mA +0.2 V 0 V −0.2 V −0.4 V −0.6 V −0.8 V 0 U_{ds}/V
耗散型P沟道	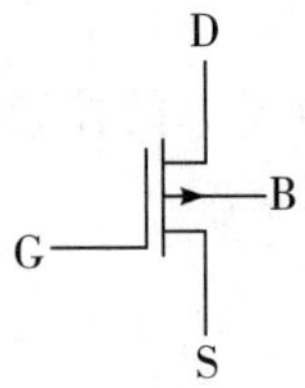 D B G S	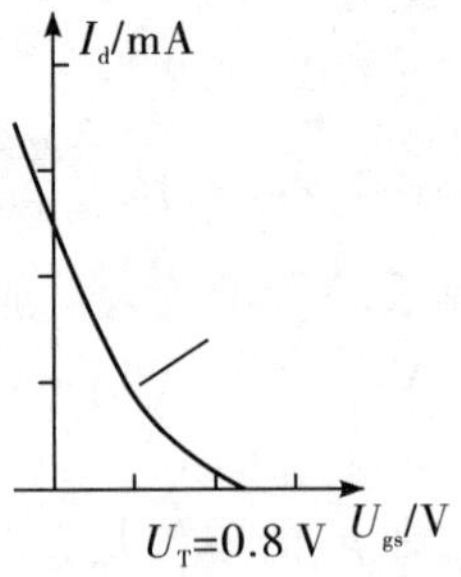 I_d/mA U_T=0.8 V U_{gs}/V	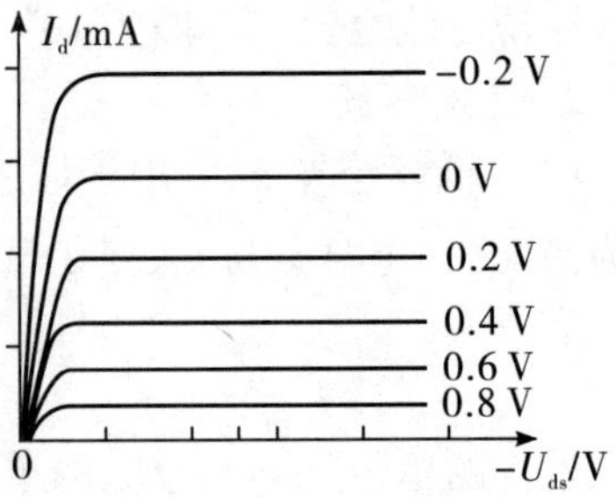 I_d/mA −0.2 V 0 V 0.2 V 0.4 V 0.6 V 0.8 V 0 $-U_{ds}$/V

3. 极限参数

（1）最大漏极电流（I_{Dmax}）：是指管子在正常工作时允许的最大漏极电流。

（2）击穿电压：管子进入恒流区后，使 i_D 骤然最大的 u_{DS} 称为漏—源击穿电压 $U_{(BR)DS}$，u_{DS}超过此值时会使管子损坏。对于结型场效应管，使栅极与沟道间 PN 结反向击穿的 u_{GS} 为栅—源击穿电压 $U_{(BR)GS}$。对绝缘栅型场效应管，使绝缘层击穿的 U_{GS} 为栅—源击穿电压 $U_{(BR)GS}$。

（3）最大允许耗散功率（P_{Dmax}）：最大允许耗散功率决定于场效应管允许的温升。耗散功率（P_D）等于漏极电流（i_D）与漏—源之间电压（u_{DS}）的乘积（即：$P_D = i_D \times u_{DS}$）。这部分功率将转化为热能，使管子的温度升高。

3.4　场效应管的特点及使用注意事项

1. 场效应管的特点与选用

（1）场效应管是电压控制元件，栅极基本上不向外索取电流。因此，在信号源输出电流较小的情况下，选用场效应管作为放大元件较为合适。

（2）场效应管为多子导电，其导电能力对环境温度、辐射等外界条件的反应远不如晶体管那样敏感。所以，在环境温度变化较大的场合，应采用场效应管。

（3）场效应管的噪声比三极管的噪声小。所以，对于低噪声、稳定性要求较高的线性放大电路，宜选用场效应管。

（4）MOS 管的制造工艺简单，所占用的芯片面积小，且功耗很小，在中、大规模集成电路中得到了广泛应用。分立的 MOS 管在大功率电路上应用越来越广。

（5）场效应管的源极和漏极若结构对称，其源极和漏极可以互换使用；但对于制造时已将源极和衬底连接在一起的 MOS 管，则源极和漏极不能互换。

2. 注意事项

（1）使用场效应管时，各级电源极性应按规定接入，切勿将结型场效应管的栅源电压极性接反，以免 PN 结因正偏过流而烧毁；绝对不能超过各极限参数规定的数值。

（2）由于 MOS 管的输入电阻极高，使得栅极的感应电荷不易泄放，导致在栅极产生很高的感应电压，造成管子的击穿。为此，应避免栅极悬空和减少外界感应。储存时，应将管子的三个电极短路，放在屏蔽的金属内；当把管子焊接到电路上或取下来时，应先用导线将各电极绕在一起；焊接管子所用的烙铁必须接地良好，最好断电用余热焊接。

（3）结型场效应管可以开路储存，可以用万用表检查管子的质量；MOS 管不能用万用表检查，必须用测试仪，而且要在接入测试仪后才能去掉各电极的短路线，取下时则应先将各电极短路。

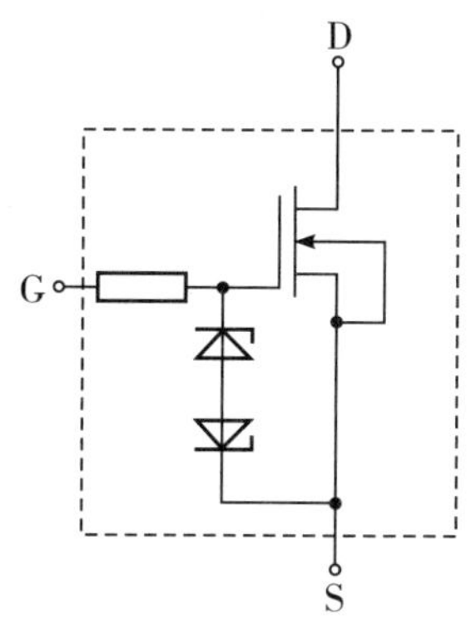

图 3－16　场效应管栅极过压保护

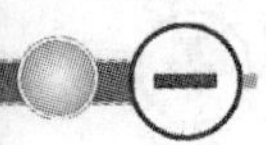

为保护 MOS 管免受过压损坏，有些 MOS 管制造时在栅极与源极之间接入两个背靠背的稳压管。如图 3－16 所示。正常工作时，两只稳压管截止；过压时，总有一只稳压管击穿，起到保护作用。但是，接入稳压管会使 MOS 管的输入电阻降低。

3.5 用万用表检测场效应管

1. 判断结型场效应管的电极

结型场效应管可以看成两个 PN 结的对称结构。N 沟道管为两 PN 结的 P 区连接在一起作为栅极，而 P 沟道管则是两 PN 结的 N 区连接在一起作为栅极。因场效应管的漏极和源极是对称的，所以只需判断出栅极即可。

与判断晶体管的基极方法一样，可假定场效应管任意一极为栅极 G，然后将万用表置于电阻挡“$R\times1$k”，用黑表笔接触该极，用红表笔分别触及剩余的两只管脚。若两次测得的阻值均很小，只在几十欧以内，则可初步判定该极为栅极 G，为进一步确认，再将红表笔接触假设的电极，用黑表笔分别触及另外两极，若两次测得的阻值均为无穷大，则由此可肯定该极为栅极 G，且为 N 沟道场效应管。与此相反，若用黑表笔接触假定为栅极的管脚，而用红表笔分别触及另外两只管脚测得的阻值均为无穷大，调换黑、红表笔的位置，两次测得的阻值均很小（几十欧），则可断定假设电极为栅极 G，且为 P 沟道场效应管。

若不出现上述两种结果，则可另设其余两管脚中的任意一个为栅极，按以上方法，反复调换黑、红表笔进行测试，直至判断出栅极为止。

若不论怎样假设，调换表笔测出的阻值均很小，不出现阻值为无穷大的情况，则说明管子已被击穿。反之，不论怎样假设，调换表笔测出的阻值很大，不出现几十欧的情况，则 PN 结烧断，管子报废。

上述方法仅适用结型场效应管的判断，对 MOS 管则不适用。

2. 估算场效应管的放大能力

估算场效应管的放大能力可用下述方法进行。将万用表置于“$R\times100\ \Omega$”电阻挡，黑表笔接触漏极，红表笔触及源极，这相当于给场效应管加上了 1.5 V 的漏源电压，这时表针指出的是栅源电压为 0 时的漏—源间电阻阻值。若将人体的感应电压加至栅极（用手指捏住栅极 G），相当于施加栅源电压 u_{GS}，漏极电流将发生变化，表针有较大摆动，摆动的幅度越大，说明 u_{GS}对漏极电流的控制作用越大，管子的放大能力越强；若指针摆动范围较小，放大能力较弱；若表针根本不动，则管子已失去放大能力。

值得注意的是，由于万用表内电源加于场效应管漏、源之间，管子的工作状态可能不同，极有可能工作在恒流区或非恒流区。而人体的感应电压中，50 Hz 的交流成分为主，所以用手指捏栅极时，万用表指针可能向右摆动，也可能向左摆动，无论向那个方向摆动，只要摆动幅度大，就足以说明管子具有较强的放大能力。

3.6　场效应管基本放大电路

场效应管是具有能量控制作用的器件，可利用场效应管构成信号放大电路，场效应管和三极管有着许多相似的外特性，也有各自的特点。它们最主要的共同点是具有放大作用（当输入回路中的电流或电压有一个微小的变化时，能够引起输出回路中的电流产生比较大的变化，即通过能量的控制实现放大作用），是放大电路中的核心器件。外在表征上场效应管和三极管都有 3 个电极，且有着明确的对应关系，即场效应管的栅极 G、源极 S 和漏极 D 分别一一对应与双极型三极管的基极 B、发射极 E 和集电极 C。另外，场效应管和三极管都是非线性元件，其组成的放大电路都可以利用图解法或微变等效电路法进行分析和定量计算。场效应管基本放大电路 3 种基态：共源极、共漏极和共栅极放大电路，分别与双极型三极管的共发射极、共集电极和共基极放大电路相对应。

它们主要的不同之处在于：场效应管是电压控制器件，三极管是电流控制器件。

3.6.1　场效应管的偏置及其电路的静态分析

场效应管在放大电路中的偏置通常有两种方式：自偏压式和分压式偏置。

1. 自偏压式

场效应管自偏压式电路如图 3-17（a）所示。

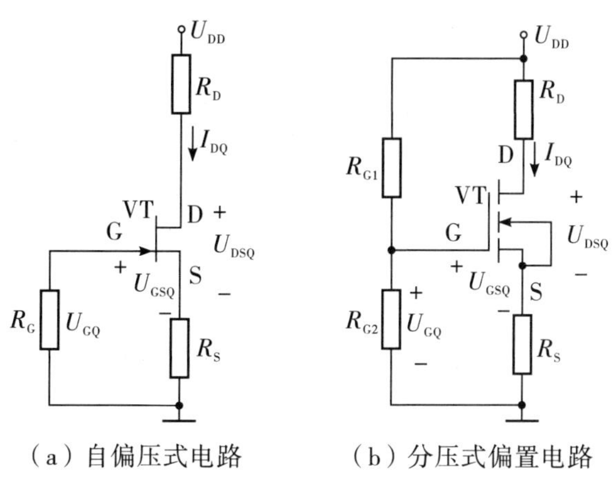

图 3-17　直流偏置电路

自偏压式偏置只适用于结型场效应管或耗尽型 MOS 管组成的电路。因为，结型场效应管和耗尽型 MOS 管均为耗尽型场效应管，即使是 $U_{GS}=0$，也有漏极电流 I_D 流过管子，所以场效应管的源极接入一只源极电阻 R_S 后，I_{DQ} 流过它时将产生一个大小等于 $I_{DQ}R_S$ 的电压降。由于电路中 $I_{GQ}\approx 0$，R_G 上没有电流，也没有电压降，因此，栅极的直流电位与“地”的电位相等，$U_{GSQ}=-I_{DQ}R_S$。这样，电路自身产生了一个负的偏置电压 U_{GSQ}，能满足电路中 N 沟道耗尽型场效应管工作于放大区时对 U_{GS} 的要求。而由于增强型 MOS 管场效应管在 $U_{GS}=0$ 时，$I_D=0$，只有当栅极与源极之间电压达到开启电压 $U_{GS(th)}$ 时，才有

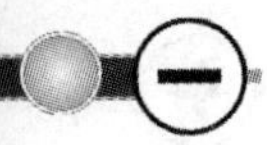

漏极电流，而漏极电流在 R_S 上产生的电压极性又刚好与管子的 $U_{GS(th)}$ 极性（即“正”、“负”）相反，所以，自偏式偏置方式不适用于增强型场效应管组成的放大电路。

2. 分压式偏置

分压式偏置电路如图 3－17（b）所示。这种偏置方式既适用于增强型场效应管，也适用于耗尽型场效应管。以 N 沟道场效应管为例，这种偏置电路由于有 RG_1 和 RG_2 的分压，提高了栅极电位，使 $U_{GQ}>0$，这样既有可能使 $I_{DQ}R_S>U_{GQ}$，满足 N 沟道结型场效应管对 U_{GSQ} 的要求（$U_{GSQ}<0$）；也有可能使 $I_{DQ}R_S<U_{GQ}$，满足 N 沟道增强型场效应管对 $U_{GSQ}>U_{GS(th)}>0$ 的要求。由于耗尽型 MOS 管的 U_{GSQ} 可“正”也可“负”，所以分压式偏置电路也适用。

场效应管放大电路的静态分析方法可用图解法和估算法，图解法作图过程较为烦琐，很少使用。下面以图 3－17（a）所示电路为例，讨论估算法如何求解自给偏压电路中场效应管的静态工作点。

当场效应管工作于放大区时，耗尽型场效应管的 i_D 与 u_{GS} 满足：

$$i_D=I_{DSS}\left(1-\frac{u_{GS}}{U_{GS(off)}}\right)^2$$

所以，耗尽型场效应管的 I_D、U_{GS} 和 U_{DSQ} 可通过下面的关系式来计算：

$$I_{DQ}=I_{DSS}\left(1-\frac{U_{GSQ}}{U_{GS(off)}}\right)^2$$

$$U_{GSQ}=-I_{DQ}R_S$$

$$U_{DSQ}=U_{DD}-I_{DQ}\ (R_S+R_D)$$

当用上面的公式计算求得的 Q 点值满足 $U_{DSQ}>U_{GSQ}-U_{GS(off)}$ 时，场效应管工作于放大区，否则表明电路中的场效应管没有工作在放大区，所求的 Q 点值没有意义。

【例 3－1】结型场效应管构成的放大电路如图 3－17（a）所示。其中 $R_D=3\ \text{k}\Omega$、$R_S=1\ \text{k}\Omega$、$R_G=1\ \text{M}\Omega$、$U_{DD}=30\ \text{V}$、场效应管的 $I_{DSS}=7\ \text{mA}$、$U_{GS(off)}=-8\ \text{V}$。试求 U_{GSQ}、I_{DQ} 和 U_{DSQ}。

解：由 $U_{GSQ}=-I_{DQ}R_S$ 和 $I_{DQ}=I_{DSS}\left(1-\frac{U_{GSQ}}{U_{GS(off)}}\right)^2$ 代入参数计算得：

$$I_{DQ}=2.9\ \text{mA}、U_{GSQ}=-2.9\ \text{V}$$

$$U_{DSQ}=U_{DD}-I_{DQ}\ (R_S+R_D)\ =30-2.9\times\ (1+3)\ =18.4\ \text{V}$$

3.6.2 场效应管的微变等效电路

由于场效应管输入电阻极高，输入电流几乎为零，它是通过改变栅极和源极之间的电压来控制漏极电流 I_D 的，所以它与双极型晶体管不一样，其伏安特性只用一簇转移特性（或输出特性）曲线即可表示其输入电压 u_{GS} 与输出电流 i_D 之间的关系，因此其微变等效电路也一定比双极型三极管简单。由场效应管的伏安特性可知：

$$i_D=f\ (u_{GS}、u_{DS})$$

取其全微分，得：

$$\partial i_{\mathrm{D}} = \left.\frac{\partial i_{\mathrm{D}}}{\partial u_{\mathrm{GS}}}\right|_{\Delta u_{\mathrm{DS}}=0} \mathrm{d}u_{\mathrm{GS}} + \left.\frac{\partial i_{\mathrm{D}}}{\partial u_{\mathrm{DS}}}\right|_{\Delta u_{\mathrm{GS}}=0} \mathrm{d}u_{\mathrm{DS}}$$

其中$\left.\frac{\partial i_{\mathrm{D}}}{\partial u_{\mathrm{GS}}}\right|_{\Delta u_{\mathrm{DS}}=0}$就是跨导 g_{m}，而$\left.\frac{\partial i_{\mathrm{D}}}{\partial u_{\mathrm{DS}}}\right|_{\Delta u_{\mathrm{GS}}=0}$为场效应管的共源极输出导纳（输出电阻的倒数即 $1/r_{\mathrm{DS}}$），所以

$$\mathrm{d}i_{\mathrm{D}} = g_{\mathrm{m}}\mathrm{d}u_{\mathrm{GS}} + \frac{1}{r_{\mathrm{DS}}}\mathrm{d}u_{\mathrm{DS}}$$

或者

$$i_{\mathrm{D}} = g_{\mathrm{m}}u_{\mathrm{GS}} + \frac{1}{r_{\mathrm{DS}}}u_{\mathrm{DS}}$$

可画出场效应管的微变等效电路，如图 3－18 所示。

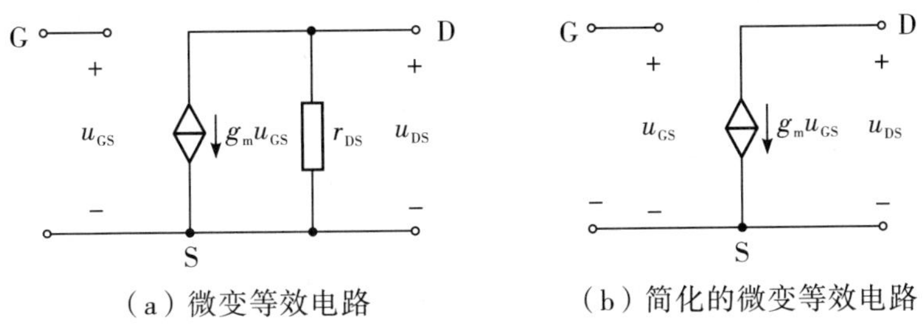

（a）微变等效电路　　（b）简化的微变等效电路

图 3－18　微变等效电路

在图 3－18 中，栅极与源极之间虽然有一个电压 u_{GS}，但是没有栅极电流，因此，栅极是悬空的。D、S 极之间的电流源 $g_{\mathrm{m}}u_{\mathrm{GS}}$也是一个受控源，体现了栅源电压对漏极电流的控制作用。

等效电路中电阻 r_{DS}是场效应管栅极—源极之间的动态电阻（与三极管的共射极输出电阻 r_{ce}对应）。V_{DS}的大小通常为几十千欧到几百千欧。在放大电路中，r_{DS}的数值往往远远大于等效的负载电阻 R'_{L}，常可将其视作开路。所以，可以使用如图 3－18（b）所示的场效应管简化微变等效电路来分析电路。跨导 g_{m}用来描述场效应管的放大作用，其单位是毫西门子（mS），其值除了取决于所用管子自身参数外，还与静态工作点紧密相关。

下面以 N 沟道增强型 MOS 场效应管组成的放大电路为例，介绍场效应管放大电路三种基本组态电路。

3.6.3　共源极放大电路

1. 电路的组成

N 沟道增强型 MOS 场效应管组成的共源极放大电路如图 3－19（a）所示，又称为分压—自偏压式共源极放大电路。输入电压 u_{i}加在场效应管的栅极与源极之间，输出电压 u_{o}从漏极与源极之间得到。可见，输入、输出回路的公共端为场效应管的源极，因此称为共源极放大电路。静态时，栅极电压由 U_{DD}经过电阻 R_1、R_2分压后获得，静态漏极电流 I_{DQ}流过电阻 R_{S}产生一个自偏压 $U_{\mathrm{SQ}} = I_{\mathrm{DQ}}R_{\mathrm{S}}$，则场效应管的静态偏置电压 U_{GSQ}由分压和自偏压的结果共同决定，即：$U_{\mathrm{GSQ}} = U_{\mathrm{GQ}} - U_{\mathrm{SQ}}$，因此该电路称为分压—自偏压式共源极放大电路。显然，与双极型三极管分压式偏置电路中的发射极电阻 R_{E}类似，引入的源极

电阻 R_S也有利于稳定静态工作点。同样为了避免因接入 R_S而引起电压放大倍数下降，在 R_S的两端并联上一个旁路电容。这个旁路电容 C_S的容量必须足够大，才能确保对交流信号短路。接入栅极电阻 R_G的作用是提高放大电路的输入电阻。

2. 静态分析

对分压—自偏压式共源极放大电路可以采用近似估算法进行分析。设 N 沟道增强型 MOS 场效应管的漏极电流为 I_D，则静态工作点处的漏极电流 I_{DQ}与 U_{DSQ}应符合 MOS 管的电流方程，即：

$$I_{DQ}=I_{DO}\left(\frac{U_{GSQ}}{U_{GS(th)}}-1\right)^2$$

I_{DQ}为 $U_{GS}=2U_{GS(th)}$漏极电流。

根据图 3－19（a）所示的输入回路可知：

$$U_{GQ}=\frac{R_1}{R_1+R_2}U_{DD}\quad U_{SQ}=I_{DQ}R_S$$

$$U_{GSQ}=U_{GQ}-U_{SQ}=\frac{R_1}{R_1+R_2}U_{DD}-I_{DQ}R_S$$

解以上各式组成的方程组，便可求出静态栅源电压 U_{GSQ}和漏极电流 I_{DQ}。再根据图 3－19（b）所示的输出回路可求得：

$$U_{DSQ}=U_{DD}-I_{DQ}\ (R_D+R_S)$$

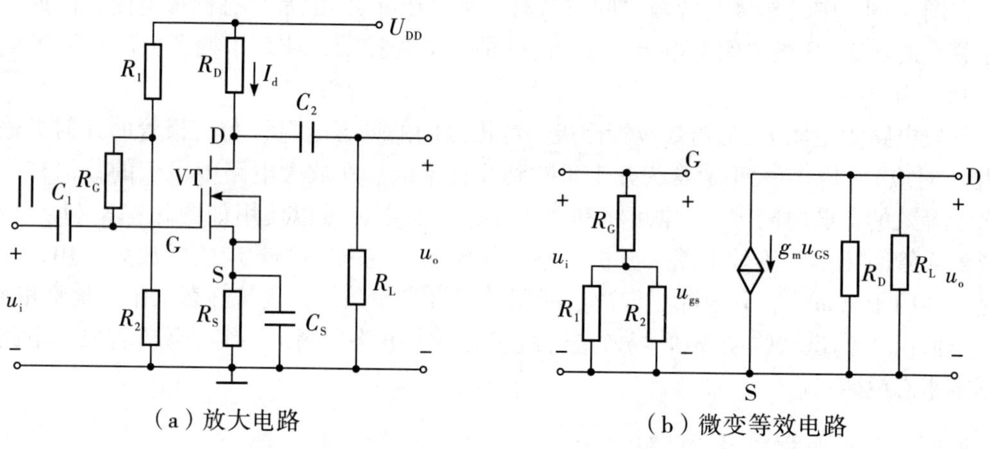

图 3－19　分压—自偏压式共源极放大电路

3. 动态分析

当图 3－19（a）所示电路中的隔直电容 C_1、C_2 和旁路电容 C_S足够大时，可画出相应的微变等效电路，如图 3－19（b）所示。

由图 3－19（b）可知：$U_i=U_{gs}$

$U_o=-I_dR'_D=-g_mU_{gs}R'_D$，其中 $R'_D=R_D/\!/R_L$

所以，电压放大倍数为：$A_u=\dfrac{U_o}{U_i}=-g_mR'_D$

输入电阻为：$R_i = R_G + (R_1 /\!/ R_2)$

输出电阻为：$R_o = R_D$

【例3－2】已知图3－19（a）所示放大电路中，$U_{DD} = 20\ \text{V}$，$R_D = 10\ \text{k}\Omega$，$R_S = 10\ \text{k}\Omega$、$R_G = 1\ \text{M}\Omega$、$R_1 = 51\ \text{k}\Omega$，$R_2 = 200\ \text{k}\Omega$、$R_L = 10\ \text{k}\Omega$，场效应管的 $I_{DSS} = 0.9\ \text{mA}$、$g_m = 1.5\ \text{mS}$，$U_T = -4\ \text{V}$。试估算：

（1）放大电路的静态工作点；

（2）电压放大倍数、输入电阻和输出电阻。

解：（1）$U_{GQ} = \dfrac{R_1}{R_1 + R_2} U_{DD} = 4\ \text{V}$

$U_{GSQ} = U_{GQ} - U_{SQ} = U_{GQ} - I_{DQ} R_S = 4 - 10 \times I_{DQ}$

$I_{DQ} = I_{DO}\left(\dfrac{U_{GSQ}}{U_{GS(th)}} - 1\right)^2 = 0.9 \times \left(\dfrac{U_{GSQ}}{4} - 1\right)^2$

解以上两方程得：

$U_{GSQ} = -1\ \text{V}$，$I_{DQ} = 0.5\ \text{mA}$

由此得：$U_{DSQ} = U_{DD} - I_{DQ}(R_D + R_S) = 10\ \text{V}$

（2）$A_u = -g_m R'_D = -g_m (R_D /\!/ R_L) = -7.5$

$R_i = R_G + (R_1 /\!/ R_2) \approx 1\ \text{M}\Omega$

$R_o = R_D = 10\ \text{k}\Omega$

3.6.4　共漏极放大电路

1. 电路的组成

共漏极放大电路如图3－20（a）所示。共源极放大电路又称为源极输出器或源极跟随器。由图可知，在交流通路中，该放大电路的输入回路和输出回路的公共端为场效应管的漏极，故称为共漏极放大电路。由于放大电路的输出信号从场效应管的源极引出，故该电路又称作源极输出器。

2. 静态分析

对共漏极放大电路的静态分析同样可采用近似估算法，具体方法与图3－19（a）所示共源放大电路的静态分析法类似，此不再赘述。

3. 动态分析

共漏极放大电路的微变等效电路，如图3－20（b）所示。

由图可知：$\dot{U}_o = \dot{I}_D R'_L = g_m \dot{u}_{gs} R'_L$，$\dot{U}_i = \dot{U}_{gs} + \dot{U}_o = \dot{U}_{gs}(1 + g_m R'_L)$，所以，共漏极放大电路的电压放大倍数为：

$$\dot{A}_u = \frac{\dot{U}_o}{\dot{U}_i} = \frac{g_m R'_L}{1 + g_m R'_L}$$

式中，$R'_L = R_S /\!/ R_L$。可见，共漏极放大电路的电压放大倍数 $A_u < 1$。当 $g_m R'_L >> 1$ 时，$A_u \approx 1$。即输入电压与输出电压幅值近似相等。由于输出电压的幅值与输入电压幅值接近，且二者同相位，所以共漏极放大电路又称作源极跟随器。

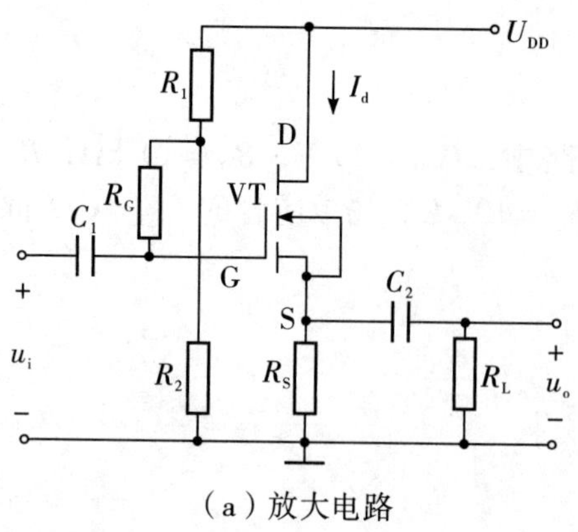

（a）放大电路

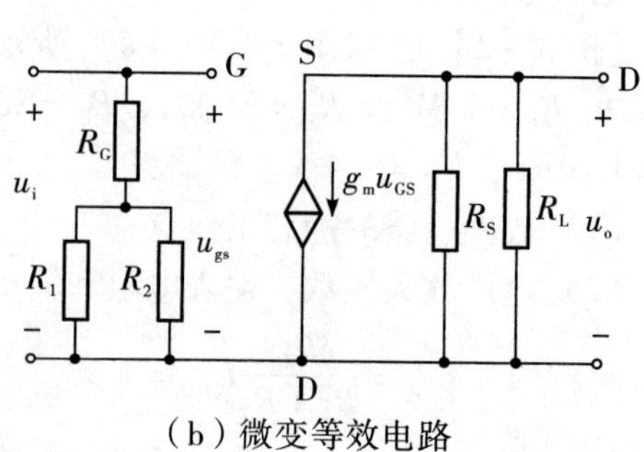

（b）微变等效电路

图 3－20　共漏极放大电路

由图可知，输入电阻为：$R_i = R_G +\ (R_1 /\!/ R_2)$

分析输出电阻时，将信号源短路，负载开路，然后外加输出电压 U_o，画出共漏极放大电路求输出电阻的等效电路，如图 3－21 所示。

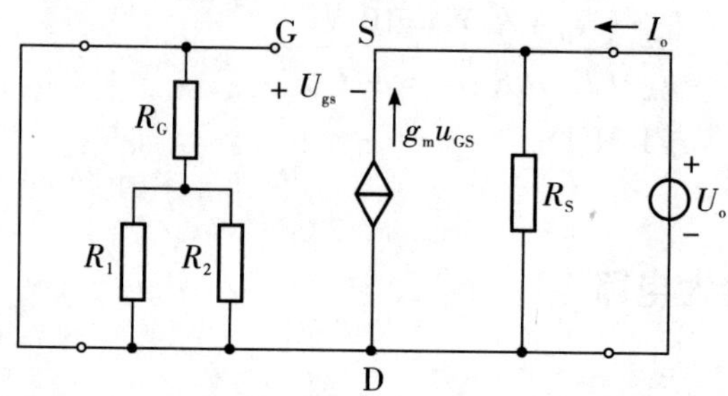

图 3－21　共漏极放大电路求输出电阻的等效电路

由图 3－21 可知，输出电流为：

$$\dot{I}_o = \frac{\dot{U}_o}{R_S} - g_m \dot{U}_{gs}$$

而 $\dot{U}_{gs} = -\dot{U}_o$，所以：

$$\dot{I}_o = \frac{\dot{U}_o}{R_S} + g_m \dot{U}_o = \left(\frac{1}{R_S} + g_m\right) \times \dot{U}_o$$

由输出电阻的定义可得：

$$R_o = \frac{\dot{U}_o}{\dot{I}_o} = \frac{1}{g_m + \frac{1}{R_S}} = \frac{1}{g_m} /\!/ R_S$$

【例 3－3】已知图 3－20（a）所示共漏极放大电路中，$U_{DD} = 12\ \text{V}$，$R_S = 12\ \text{k}\Omega$、$R_G = 12\ \text{M}\Omega$、$R_1 = 100\ \text{k}\Omega$，$R_2 = 300\ \text{k}\Omega$、$R_L = \infty$，场效应管为 N 沟道增强型 MOS 管，管子参数 $g_m = 0.9\ \text{mS}$。试估算：

（1）电压放大倍数和输出电阻；

（2） $R_L=12\ \text{k}\Omega$ 时的电压放大倍数。

解：（1） 由于 $R_L=\infty$，$R'_L=R_S/\!/R_L\approx R_S=12\ \text{k}\Omega$

$$A_u=\frac{g_m R'_L}{1+g_m R'_L}=\frac{0.9\times 12}{1+0.9\times 12}=0.915$$

$$R_o=\frac{1}{g_m}/\!/R_S=\frac{1}{0.9}/\!/12\approx 1\ \text{k}\Omega$$

$$R_i=R_G+(R_1/\!/R_2)\approx 12\ \text{M}\Omega$$

（2） 由于 $R_L=12\ \text{k}\Omega$，$R'_L=R_S/\!/R_L=12/\!/12=6\ \text{k}\Omega$

所以，$A_u=\dfrac{g_m R'_L}{1+g_m R'_L}=\dfrac{0.9\times 6}{1+0.9\times 6}=0.84$

3.6.5　共栅极放大电路

1. 电路的组成

场效应管共栅极放大电路如图 3－22（a）所示。

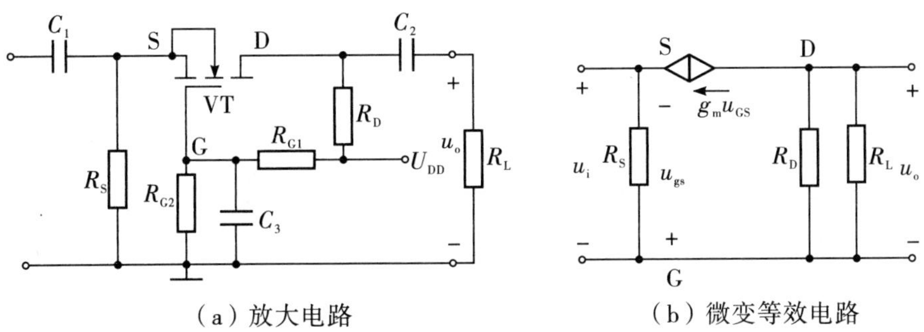

（a）放大电路　　（b）微变等效电路

图 3－22　共栅极放大电路

如图 3－22 可知，在交流通路中，放大电路的输入回路和输出回路的公共端为场效应管的栅极，故称为共栅极放大电路。

2. 静态分析

对共栅极放大电路的静态分析同样可采用近似估算法，具体方法与图 3－19（a）所示共源放大电路的静态分析法类似，此不再赘述。

3. 动态分析

共漏极放大电路的微变等效电路如图 3－22（b）所示。

由图可知：$U_o=I_d R'_L=g_m U_{gs} R'_L$，而 $U_i=U_{gs}$，所以，共栅极放大电路的电压放大倍数为：

$$A_u=\frac{U_o}{U_i}=g_m R'_L$$

式中，$R'_L=R_D/\!/R_L$。

共栅极放大电路输入电阻为：

$$R_i=R_S/\!/(1/g_m)$$

根据输出电阻的定义，可以求得共栅极放大电路输出电阻为：$R_o = R_D$。

本 章 小 结

（1）场效应管分为结型和绝缘栅型（又称为 MOS 场效应管）两大类。无论是结型还是绝缘栅型场效应管，都有 N 沟道和 P 沟道之分。绝缘栅型场效应管还有增强型和耗尽型两种类型，结型场效应管只有耗尽型。

（2）场效应管利用栅源之间电压的电场效应来控制漏极电流，是一种电压控制器件。

（3）跨导 $g_m = \Delta I_d / \Delta U_{gs}$ 是表征场效应管放大作用的重要参数，也可用转移特性和漏极特性来描述场效应管各极电流与电压之间的关系。

（4）场效应管的特点：输入电阻高，便于大规模集成。

实训项目　结型场效应管放大器

一、实训目标

（1）掌握场效应管性能和特点；

（2）熟悉场效应管放大电路的工作原理和静态及动态指标计算方法；

（3）学习场效应管放大电路主要技术指标的测试方法。

二、实训设备与器件

多媒体课室（安装 Proteus ISIS 仿真软件或其他仿真软件）。

三、实训内容与步骤

图 3－23 是结型场效应管放大器。该电路可用一个低阻抗的低电平信号源来驱动高阻抗耳机，随着耳机阻抗的不同，其增益大约为 5 倍至 10 倍。电路中装有音量控制器。

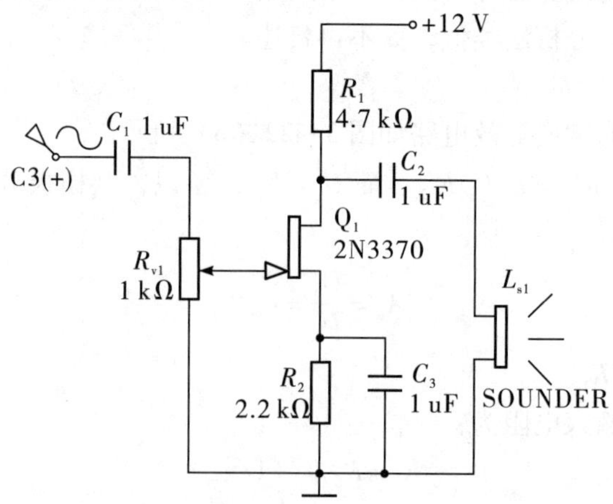

图 3－23　结型场效应管耳机放大器电路

（1）运行 Proteus ISIS 仿真软件或其他仿真软件。在 ISIS 主窗口编辑仿真电路。启动仿真。

（2）关闭输入信号（$u_i=0$），测量静态工作点 U_a、U_b、U_c 值。

（3）输入端输入 $f=600$ Hz 幅值 $u_i=300$ mV 的正弦波信号，观测输入与输出波形并测量输入、输出端信号电压，计算场效应管的放大倍数 A（$A=u_o/u_i$）。

（4）测试放大电路的输入电阻和输出电阻。

练　习　题

一、填空题

1. 场效应管是 1 个电压型控制器件是指______________________________。

2. 增强型 NMOS 管在导通状态下，其栅源电压 U_{GS}_________开启电压 U_T；增强型 PMOS 管在截止状态下，其栅源电压 U_{GS}_________开启电压 U_T。

3. 与双极型相比，MOS 管电路的主要优点是_________，所以_________，主要缺点是_________。

二、简答题

1. 场效应管分成哪几类？画出它们的电路符号。
2. 场效应管组成的放大电路有几种电路组态？各有什么特点。
3. 场效应管与晶体三极管作为放大器件最主要的共同点有哪些？

三、判断题（正确的在括号内画√，错误的在括号内画×）。

1. 同晶体三极管相比，场效应管的热稳定性比较好。（　　）
2. 场效应管是通过改变栅极电流来控制漏极电流的。（　　）
3. 增强型 PMOS 的开启电压 $U_{GS(th)}$ 大于零。（　　）
4. 耗尽型 MOS 管进行放大工作时，其栅源电压大于零。（　　）
5. 场效应管的 G、S 极之间电阻比晶体三极管的 B、E 极之间电阻要大。（　　）
6. 结型场效应管组成的放大电路不能采用自偏压式偏置电路。（　　）
7. 分压式偏置电路中的栅极电阻 R_G 一般阻值很大，这是为了提高输入电阻。（　　）
8. 结型场效应管发生预夹断后，管子进入可变电阻区。（　　）
9. 用于放大时，场效应管工作在恒流区。（　　）
10. 场效应管是一个电压控制电流的受控器件。（　　）

11．增强型 NMOS 管的反型层由自由电子和空穴组成。(　　)

12．共漏极放大电路的输出电阻跟源极电阻 R_S 和管子跨导 g_m 有关。(　　)

13．焊接场效应管时，电烙铁应有外接地线或先断电后再快速焊接，其原因是防止栅极感应电压过高而造成击穿，损坏管子。(　　)

四、计算应用题

1．已知结型场效应管构成的放大电路的直流通路如图 3－24 所示，其中，场效应管的 $I_{DSS}=8$ mA，$U_{GS(off)}=-4$ V，$U_{DD}=12$ V，$R_D=2$ kΩ，$R_S=1$ kΩ，$R_G=100$ kΩ。试求 I_{DQ} 及静态工作点处的 g_m 值。

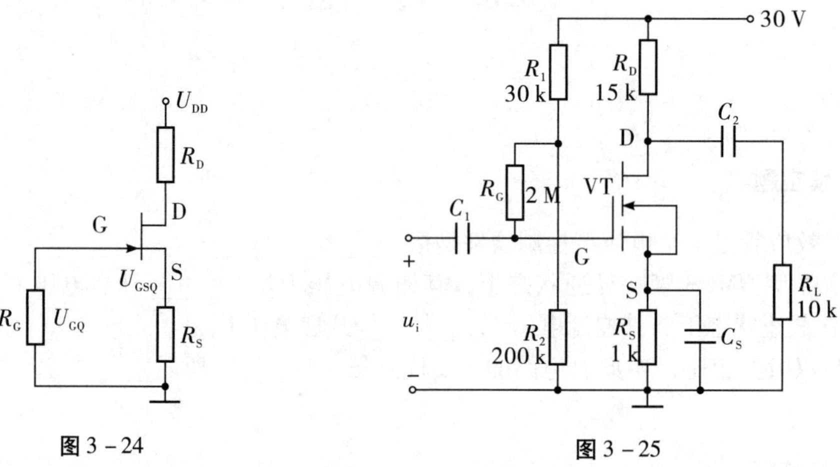

图 3－24　　　　图 3－25

2．如图 3－25 所示电路，场效应管参数 $g_m=1.5$ mS。试求：

(1) 估算电压放大倍数、输入电阻和输出电阻；

(2) 若不接 C_S，则电压放大倍数为多少？

3．如图 3－26 所示电路，N 沟道增强型 MOS 管的参数 $g_m=1.8$ ms，是估算电压放大倍数、输入电阻和输出电阻。

4．如图 3－27 所示电路，已知 N 沟道增强型 MOS 管的参数 g_m，电路中各电容的容量足够大，考虑 r_{ds} 的影响，试列出该电路输出电阻表达式。

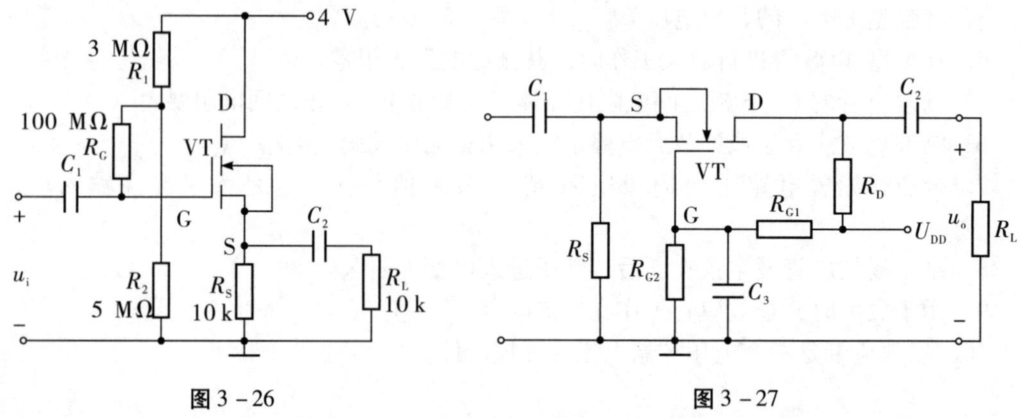

图 3－26　　　　图 3－27

5. 如图 3－28 所示电路，设所用 N 沟道增强型 MOS 管的参数 $g_m=1.38$ mS，试估算电压放大倍数、输出电阻和输入电阻。

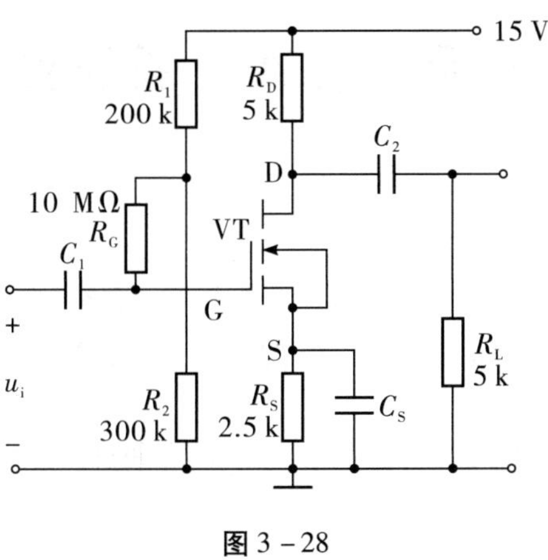

图 3－28

学习情境四　滤波器

滤波器，顾名思义，是对“波”进行“过滤”的器件。在电子技术应用中，滤波器可以对“无用”信号进行滤除，提高电路的品质。常见的滤波器有电源滤波器、高通滤波器、低通滤波器等。

本学习情景设置了实训项目“高通滤波器和低通滤波器”，引入了放大电路的频率响应的概念，进而探讨放大电路的频率特性。

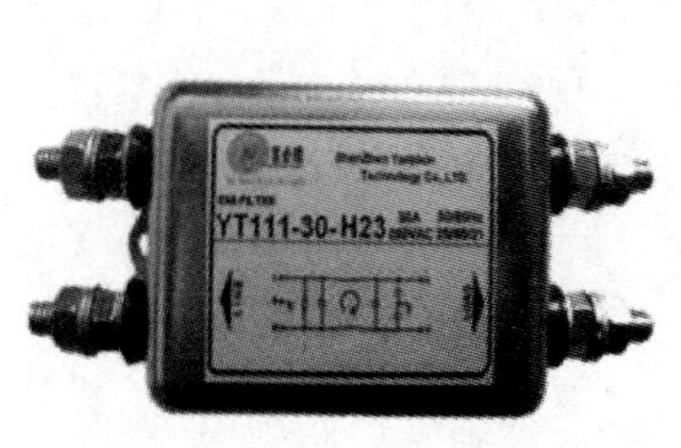

【教学任务】

（1）介绍放大电路幅频特性、相频特性、通频带、频率失真等频率响应的基本概念。

（2）介绍单级、多级放大电路及其应用。

【教学目标】

（1）掌握频率响应的基本概念。

（2）熟悉三极管的频率参数。

（3）掌握放大电路的频率响应。

（4）提高学生对频率响应的理解和应用能力。

【教学内容】

（1）频率响应的一般概念。

（2）三极管的频率参数。

（3）单管放大电路的频率响应。

（4）多级放大电路的频率响应。

【教学实施】

原理阐述、应用举例与多媒体课件相结合，仿真演示。

第四章　放大电路的频率响应

【基本概念】

频率失真、幅频失真、相频失真、中频增益、相角、上限频率、下限频率、通频带、增益带宽积、波特图、频率响应、特征角频率。

【基本电路】

低通电路、高通电路、RC 电路、单级共射放大电路、多级放大电路。

【基本方法】

波特图、等效电路、近似法。

在放大电路中电容元件和电感元件对电路存在影响，电抗元件对交流信号有阻碍作用，电抗元件的电抗大小除与电抗元件本身电容、电感大小有关，还决定于交流信号的频率，放大器的增益和相位都是频率的函数。

4.1　频率响应的一般概念

对放大器输入正弦小信号，则输出信号的稳态响应特性即放大器的频率响应。

在小信号条件下，且不计非线性失真时，输出信号仍为正弦信号。故可以用输出相量$\dot{X}_o$与输入相量$\dot{X}_i$之比，即放大器的增益的频率特性函数 A（jω）来分析放大器的频率响应的特性。

$$A(\mathrm{j}\omega)=\dot{X}_o/\dot{X}_i=A(\omega)\ \mathrm{e}^{\mathrm{j}\varphi_A(\omega)}$$

其中，A（ω）表示输出正弦信号与输入正弦信号的振幅之比，反映放大倍数与输入信号频率的关系，故称 A（ω）为增益的幅频特性；

φ_A（ω）是输出信号与输入信号的相位差，它反映了放大器的附加相移与输入信号频率的关系，故称 φ_A（ω）为增益的相频特性。

放大器的增益与频率之间的关系如图 4－1 所示。

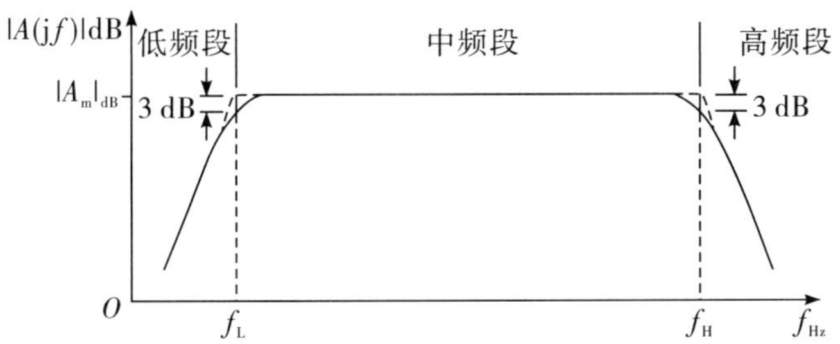

图 4－1　放大器的增益与频率之间的关系

其中f_L表示下限频率（也称下转折频率），f_H表示上限频率（也称上转折频率），则频带宽度$f_{BW}=f_H-f_L$。转折频率指的是增益下降到最大增益的0.707倍时所对应的频率。上限频率和下限频率之间的频率范围称为通频带f_{BW}：

$$f_{BW}=f_H-f_L$$

我们将图4-1中的函数分为三段，包括低频区、中频区和高频区。在低频区（$f<f_L$），增益随频率的降低而减小；在高频区（$f>f_H$），增益随频率的增大而减小；在中频区（$f_L<f<f_H$），增益近似与频率无关。

4.1.1 频率失真

幅频失真：是指因放大电路对不同频率成分信号的增益不同，从而使输出波形产生失真，称为幅度频率失真，简称幅频失真。幅频失真是幅频特性偏离中频值的现象。

相频失真：是指放大电路对不同频率成分信号的相移不同，从而使输出波形产生失真，称为相位频率失真，简称相频失真。相频失真是相频特性偏离中频值的现象。

幅频失真和相频失真均为线性失真。

产生频率失真的原因是：

（1）放大电路中存在电抗性元件。例如：耦合电容、旁路电容、分布电容、变压器、分布电感等。

（2）三极管的$\beta(\omega)$是频率的函数。在研究频率特性时，三极管的低频小信号模型不再适用，而要采用高频小信号模型。

4.1.2 表征放大电路频率响应的主要参数

主要频率响应参数有：

（1）中频增益A_M及相角φ_M。指放大器工作在中频区的增益与相位，它们与频率无关。

（2）上限频率f_H及下限频率f_L。它定义为当信号频率变化时，放大器增益的幅值下降到$0.707A_M$时所对应的频率。当频率升高时，增益下降到$0.707A_M$时所对应的频率称为上限频率f_H，即：

$$A(f_H)=\frac{A_M}{\sqrt{2}}$$

当频率下降时，增益下降到$0.707A_M$时所对应的频率称为下限频率f_L，即：

$$A(f_L)=\frac{A_M}{\sqrt{2}}$$

（3）通频带BW。它定义为上、下限频率之差值，即：

$$BW=f_H-f_L \tag{4-1}$$

当$f_H>>f_L$时，$BW\approx f_H$。

（4）增益带宽积GBW。它是放大器中频增益A_M与通频带BW的乘积，即：

$$GBW=|A_M\cdot BW| \tag{4-2}$$

4.1.3　波特图的表示方法

渐近波特图——放大电路对数频率特性曲线，是用来描绘放大器频率响应的一种重要方法，它是在半对数坐标系统中绘制放大器的增益及其相位与频率之间关系曲线的一种常用工程近似方法。从波特图上不仅可以确定放大器的频率响应的主要参数，而且在研究负反馈放大器的稳定性问题时也常用波特图来解决，因此，由传递函数写出 $A(\omega)$ 和 $\varphi(\omega)$ 的表达式，并作出相应的渐近波特图是必须掌握的。

1. 概念

波特图的频率轴按 $\lg\omega$ 定刻度位置，但仍标示频率 ω 的值。对数频率轴的特点是每10倍频程相差一个单位长度，且 $\omega=0$ 点在频率轴 $-\infty$ 处。

幅频波特图的纵坐标按 $A(\omega)$ 的分贝刻度，即所谓分贝线性刻度。

相频波特图的纵坐标仍按 $\varphi_A(\omega)$ 的角度刻度。

波特图的优点是易于用渐近线方法近似作频率特性曲线。

2. 渐近线波特图绘法

首先要判断 $A(\mathrm{j}\omega)$ 是低频段还是高频段的频率特性函数，全频段 $A(\mathrm{j}\omega)$ 另行讨论。$A(\mathrm{j}\omega)$ 的通式为：

$$A(\mathrm{j}\omega)=\frac{K(\mathrm{j}\omega-z_1)(\mathrm{j}\omega-z_2)\cdots(\mathrm{j}\omega-z_m)}{(\mathrm{j}\omega-P_1)(\mathrm{j}\omega-P_2)\cdots(\mathrm{j}\omega-P_n)}$$

若 $n=m$，则为 $A_L(\mathrm{j}\omega)$；若 $n>m$，则为 $A_H(\mathrm{j}\omega)$。

（1）低频波特图的画法。将每个极零点因子化成以下形式

$$A_L(\mathrm{j}\omega)=\frac{A_0\left(1-\frac{z_1}{\mathrm{j}\omega}\right)\left(1-\frac{z_2}{\mathrm{j}\omega}\right)\cdots\left(1-\frac{z_m}{\mathrm{j}\omega}\right)}{\left(1-\frac{P_1}{\mathrm{j}\omega}\right)\left(1-\frac{P_2}{\mathrm{j}\omega}\right)\cdots\left(1-\frac{P_n}{\mathrm{j}\omega}\right)}\quad(n=m,\ P_i<0)\qquad(4-3)$$

①画幅频波特图：在幅频特性平面上画出每个因子（包括中频增益 A_0）的幅频渐近线波特图，然后相加。每个因子对幅频波特图的贡献如下：

A_0 的贡献为 $20\lg|A_0|$，即一条与 ω 无关的水平线；

极点因子 $\left(1-\frac{P_i}{\mathrm{j}\omega}\right)$ 在极点频率 P_i 左侧贡献负分贝，斜率为 20 dB/dec。

零点因子 $\left(1-\frac{z_i}{\mathrm{j}\omega}\right)$ 在零点频率 z_i 右侧贡献正分贝，斜率为 −20 dB/dec。

②画相频波特图：在相频特性平面上画出每个因子（包括 A_0）的相频渐近线波特图，然后相加。每个因子的贡献如下：

$A_0>0$，则对相频波特图贡献为0°。

$A_0<0$，则对相频波特图贡献为±180°。

极点因子 $\left(1-\frac{P_i}{\mathrm{j}\omega}\right)$，在 $10|P_i|$ 频点的左侧贡献正角度。

在 $10|P_i|\sim0.1|P_i|$ 区间斜率为45°/dec。$|P_i|$ 频点为45°，小于 $0.1|P_i|$ 处

保持 90°。

零点因子 $(1-\frac{z_i}{j\omega})$ 在 $10|z_i|$ 左侧贡献角度，在 $0.1|z_i| \sim 10|z_i|$ 区间斜率为 ±45°/dec；

在 $|z_i|$ 频点处为 45°（或 -45°），在 $0.1|z_i|$ 处为 90°（或 -90°），小于 $0.1|z_i|$ 时保持 90°（或 -90°），角度的符号与零点因子幅角的符号一致。

（2）高频波特图的画法。将 $A_H(j\omega)$ 中每个极零点因子化成以下形式：

$$A_H(j\omega)=\frac{A_0(1-\frac{j\omega}{z_1})(1-\frac{j\omega}{z_2})\cdots(1-\frac{j\omega}{z_m})}{(1-\frac{j\omega}{P_1})(1-\frac{j\omega}{P_2})\cdots(1-\frac{j\omega}{P_3})} \quad (n>m,\ P_i<0) \qquad (4-4)$$

①画幅频波特图。

画出每个因子（包括 A_0）对幅频波特图的贡献，然后相加，其规律如下：

A_0 贡献的分贝为 $20\lg|A_0|$，即一条与 ω 无关的水平线。

极点因子 $(1-\frac{P_i}{j\omega})$ 在 $|P_i|$ 右侧贡献负分贝，斜率是 -20 dB/dec。

零点因子 $(1-\frac{z_i}{j\omega})$ 在 $|z_i|$ 右侧贡献正分贝，斜率是 20 dB/dec。

②画出相频波特图。

画出每个因子对相频波特图的贡献，然后相加。其规律如下：

A_0 的贡献是 0°（$A_0>0$）或 180°（$A_0<0$）。

极点因子 $\frac{1}{1-\frac{j\omega}{P_i}}$ 在 $0.1|P_i|$ 右侧贡献负角度，斜率 -45°/dec；在 $\geqslant 10|P_i|$ 时，贡献达到 -90°。

零点因子 $(1-\frac{j\omega}{z_i})$ 在 $0.1|z_i|$ 右侧贡献角度，斜率为 45°/dec（或 -45°/dec）。在 $\geqslant 10|z_i|$ 时，贡献达到并保持 90°（或 -90°）。角度符号与零点因子幅角的符号相同。

（3）全频段 $A(j\omega)$ 波特图的绘制。首先要识别 $A(j\omega)$ 中的高、低频极点和零点，然后将极、零点因子分别写成绘波图所需形式，再按前面两节的方法绘出波特图。具有实数极零点时若干传递函数因子的频率特性渐近波特图见表 4-1。

一个电子系统的波特图可以分解为各因子的组合，画出了各因子的波特图，就可以通过叠加，十分方便地获得系统的波特图。这种波特图可以用几段折线来近似描绘，而不必逐点描绘，作图方便，而且误差也不大，所以获得了广泛的应用。

4.1.4 放大电路频率响应的分析方法

1. 放大电路在不同频段内的等效电路

若考虑电抗元件的影响，放大器的增益应为频率的复函数：$A(j\omega)=$

$A(\omega)\ e^{j\varphi_A(\omega)}$。放大器的频率特性可分为三个频段：中频段、低频段、高频段。对不同频段内的放大器进行分析，应建立不同的等效电路。

（1）中频段：通频带 BW 以内的区域。由于耦合电容及旁路电容的容量较大，在中频区呈现的容抗 $\frac{1}{\omega C}$ 较小，故可视为短路；而三极管的极间电容的容量较小，在中频区呈现的容抗较大，故可视为开路。因此，在中频段范围内，电路中所有电抗的影响均可忽略不计。

在中频段，放大器的增益、相角均为常数，不随频率而变化。

表 4－1　若干传递函数因子的渐近波特图

传递函数	频率特性	幅频特性波特图	相频特性波特图
$A_1(s)=A_I$	$A_1(j\omega)=A_I$ $A_1(\omega)=20\lg A_I$ $\varphi_1(\omega)=0$	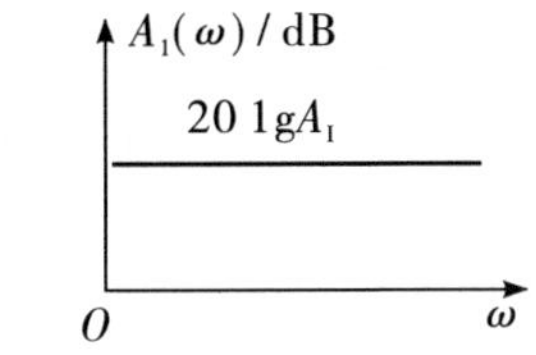 $A_1(\omega)$/dB $20\lg A_1$ O　ω	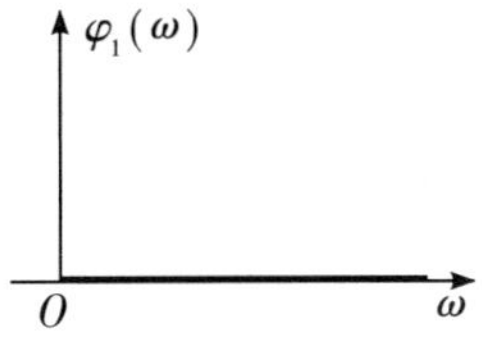 $\varphi_1(\omega)$ O　ω
$A_2(s)=s$	$A_2(j\omega)=j\omega$ $A_2(\omega)=20\lg\omega$ $\varphi_2(\omega)=90°$	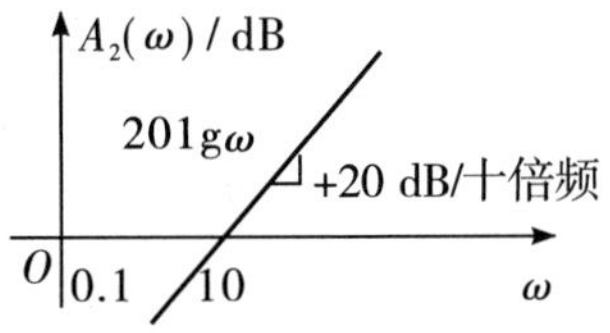 $A_2(\omega)$/dB $20\lg\omega$ +20 dB/十倍频 O　0.1　10　ω	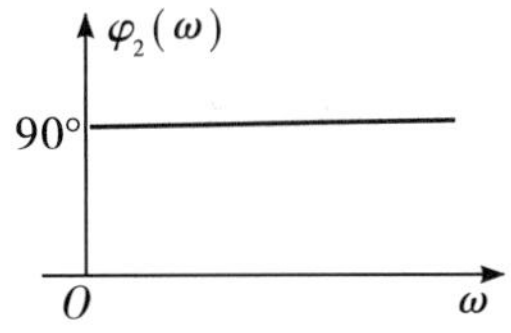 $\varphi_2(\omega)$ 90° O　ω
$A_3(s)=\dfrac{1}{1+\dfrac{s}{\omega_P}}$	$A_3(j\omega)=\dfrac{1}{1+\dfrac{j\omega}{\omega_P}}$ $A_3(\omega)=20\lg\dfrac{1}{\sqrt{1+(\dfrac{\omega}{\omega_P})^2}}$ $\varphi_3(\omega)=-\arctan\dfrac{\omega}{\omega_P}$	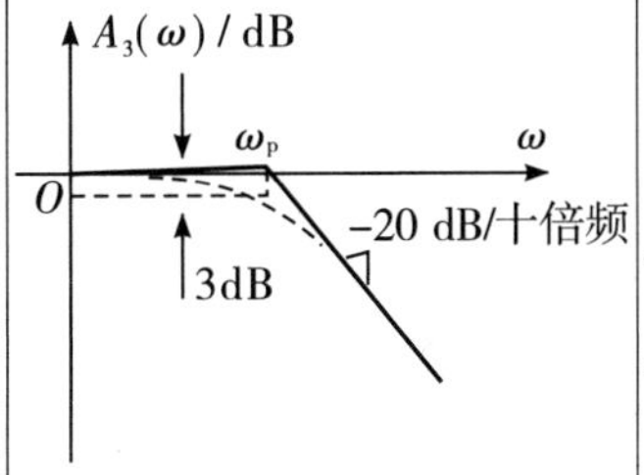 $A_3(\omega)$/dB ω_P　ω O −20 dB/十倍频 3dB	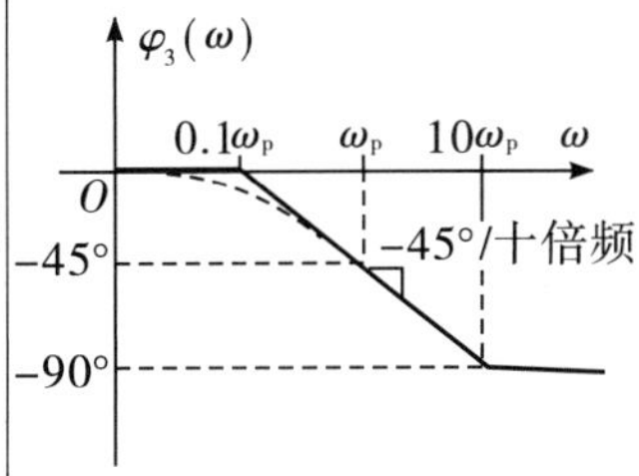 $\varphi_3(\omega)$ $0.1\omega_P$　ω_P　$10\omega_P$　ω O −45°　−45°/十倍频 −90°
$A_4(s)=1+\dfrac{s}{\omega_z}$	$A_4(j\omega)=1+j\dfrac{\omega}{\omega_z}$ $A_4(\omega)=20\lg\sqrt{1+(\dfrac{\omega}{\omega_z})^2}$ $\varphi_4(\omega)=-\arctan\dfrac{\omega}{\omega_z}$	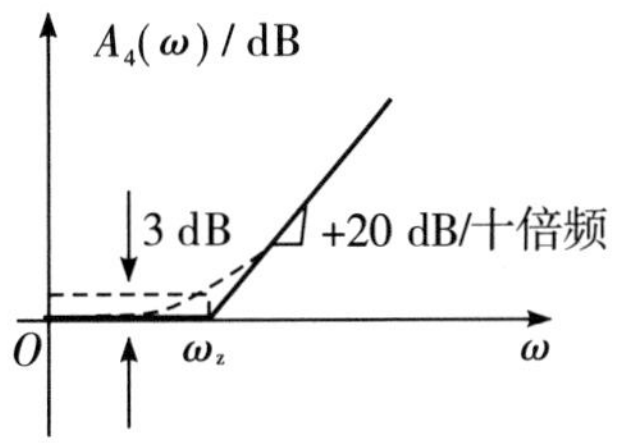 $A_4(\omega)$/dB 3 dB　+20 dB/十倍频 O　ω_z　ω	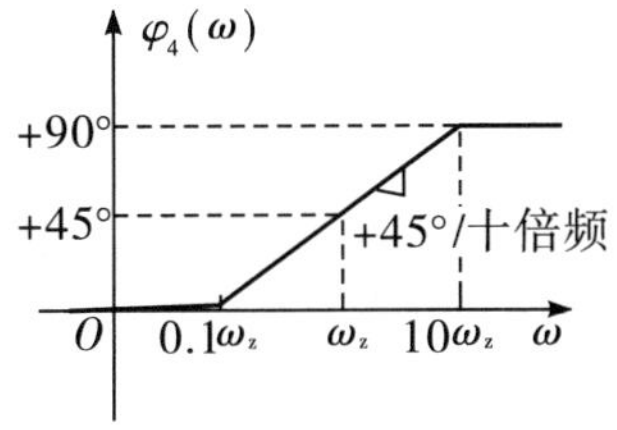 $\varphi_4(\omega)$ +90° +45°　+45°/十倍频 O　$0.1\omega_z$　ω_z　$10\omega_z$　ω

（2）低频段：$f<f_L$的区域。在低频段，随着频率的减小，耦合电容及旁路电容的容抗增大，分压作用明显，不可再视为短路；而三极管的极间电容呈现的容抗比中频时更大，仍可视为开路。因此，影响低频响应的主要因素是耦合电容及旁路电容。

在低频段，放大器的增益比中频时减小并产生附加相移。

（3）高频段：$f>f_H$的区域。在高频段，随着频率的增大，耦合电容及旁路电容的容抗比中频时更小，仍可视为短路；而三极管的极间电容呈现的容抗比中频时减小，分流作用加大，不可再视为开路。因此，影响高频响应的主要因素是晶体管的极间电容。

在高频段，放大器的增益比中频时减小并产生附加相移。

2. *RC* 电路的频率响应

在放大电路中，只要包含电容元件的回路，都可概括为 *RC* 低通或高通电路，如 *RC* 低通电路可用来模拟晶体管极间电容对放大器高频响应的影响，而 *RC* 高通电路可用来模拟耦合及旁路电容对放大器低频响应的影响。因此，熟练掌握 *RC* 电路的频率特性对学习放大器的频率响应十分有帮助。*RC* 电路的频率响应见表 4－2，表中列出了 *RC* 低通和高通电路的频率特性。

通常，将 *RC* 电路中并接在电容两端的电阻称为节点电阻。在 *C* 一定时，节点电阻对电路的频率特性有很大的影响。

对于 *RC* 低通电路，节点电阻越小，电容越小，上限频率 f_H 越高；对于 *RC* 高通电路，节点电阻越大，电容越大，下限频率 f_L 越低。在集成电路中，由于采用直接耦合方式，则 $f_L\approx0$，因此，扩展通频带的关键是扩展上限频率 f_H。

表 4－2　*RC* 电路的频率响应

类别	低通电路	高通电路
电路图	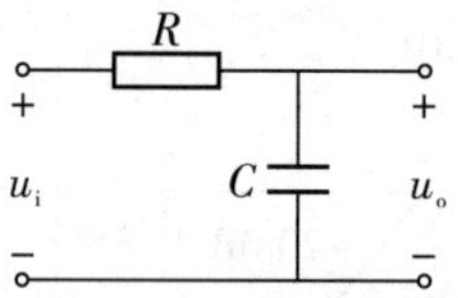	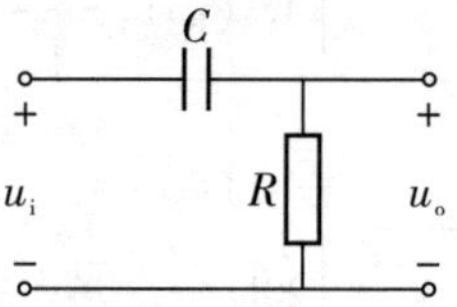
频率响应	$A_V(j\omega)=\dfrac{1}{1+\dfrac{j\omega}{\omega_P}}$	$A_V(j\omega)=\dfrac{1}{1-\dfrac{j\omega_P}{\omega}}$
转折频率	上限角频率 $\omega_H=\omega_P=\dfrac{1}{RC}$	下限角频率 $\omega_L=\omega_P=\dfrac{1}{RC}$
幅频特性	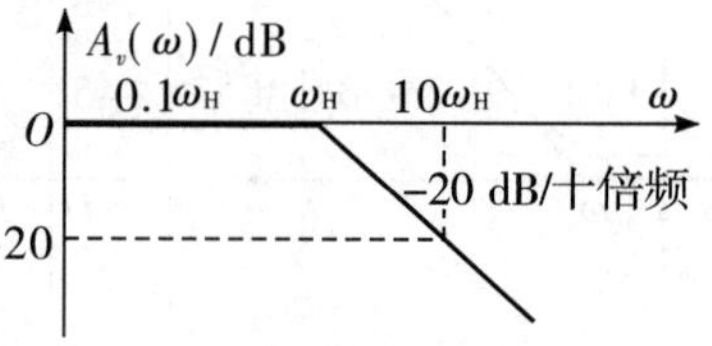	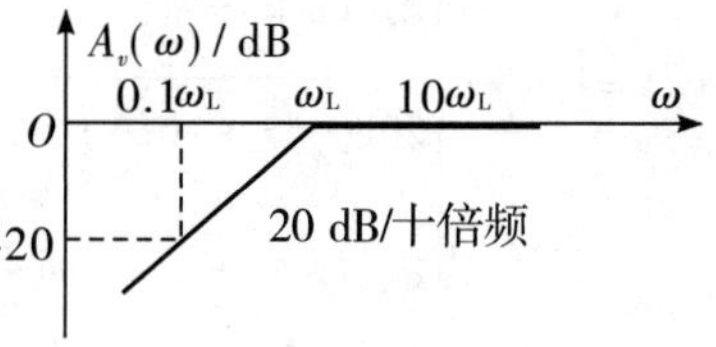

续上表

类别	低通电路	高通电路
相频特性	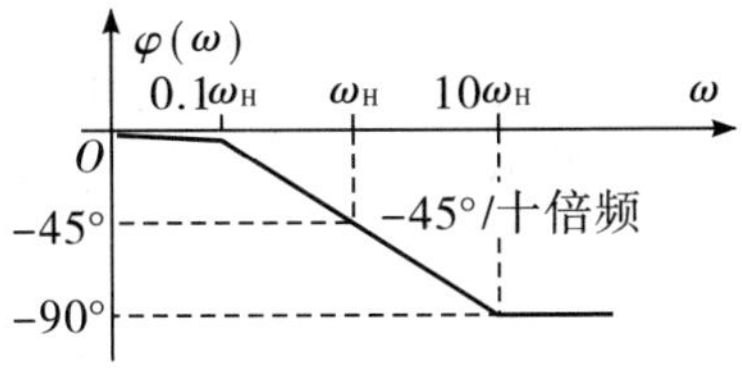 $\varphi(\omega)$；$0.1\omega_H$；ω_H；$10\omega_H$；ω；O；$-45°$；$-90°$；$-45°$/十倍频	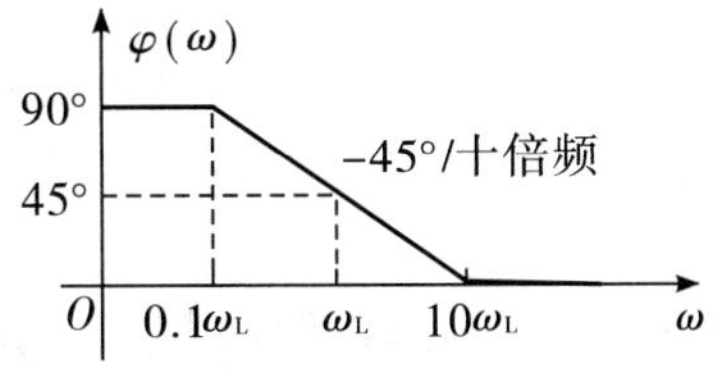 $\varphi(\omega)$；$90°$；$45°$；$-45°$/十倍频；O；$0.1\omega_L$；ω_L；$10\omega_L$；ω

3. 频率响应的分析方法

它是以传递函数与相应的拉氏变换为基础，从放大器的交流等效电路出发，将其电容 C 用 $1/sC$ 表示，电感 L 用 sL 表示，导出电路的传递函数表达式，确定其极点与零点，并由此确定有关放大器的频率特性参数，具体步骤如下：

（1）写出电路传递函数的表达式 $A(s)$。

在复频域内，无零多极系统传递函数的一般表达式为：

$$A(s)=\frac{A_M}{\left(1-\frac{s}{p_1}\right)\left(1-\frac{s}{p_2}\right)\cdots\left(1-\frac{s}{p_n}\right)} \tag{4-5}$$

其中，A_M为电路的中频增益，p 为极点。极点数值应为负实数或实部为负值的共轭复数，极点数目等于电路中独立电容的数目。

（2）令 $s=j\omega$，写出频率特性表达式 $A(j\omega)$。

设极点均为负实数（$p=-\omega_p$），则：

$$A(j\omega)=\frac{A_M}{\left(1+\frac{j\omega}{\omega_{p1}}\right)\left(1+\frac{j\omega}{\omega_{p2}}\right)\cdots\left(1+\frac{j\omega}{\omega_{pn}}\right)} \tag{4-6}$$

（3）确定上限角频率 ω_H。

$$\omega_H\approx\frac{1}{\sqrt{\frac{1}{\omega_{p1}^2}+\frac{1}{\omega_{p2}^2}+\cdots\frac{1}{\omega_{pn}^2}}} \tag{4-7}$$

若 $\omega_{p1}<\omega_{p2}<\cdots<\omega_{pn}$，且 $\omega_{p2}\geqslant 4\omega_{p1}$，则 $\omega_H\approx\omega_{p1}$。称 ω_{p1} 为主极点角频率。

（4）绘制渐近波特图。

由 $A(j\omega)$ →{写出幅频 $A(\omega)$ 的表达式→画各因子的渐近波特图→合成。
写出相频 $\varphi_A(\omega)$ 的表达式→画各因子的渐近波特图→合成。}

（5）使用开路时常数法近似计算系统的上限角频率 ω_H。

这种方法是 1969 年由 Gray and Searly 提出的。当难以用简单的方法确定等效电路的极点和零点时，通常可采用此方法，具体步骤如下：

首先，分别求出高频等效电路中每一个电容元件确定的开路时间常数 $\tau=R_{io}C_i$，C_i是电路中的一个电容元件，此时除 C_i外的其他电容元件均开路，并将电压源短路，电流源开路，画出等效电路，求出与 C_i并接的等效电阻 R_{io}。按此法求出所有电容的开路时间常

数 τ 并相加，这样就可确定电路的上限频率为：

$$\omega_H = \frac{1}{\sum_{i=1}^{n} R_{io} C_i}$$

这种方法的突出优点是可以看到电路中的每个电容元件对高频响应的影响程度，从而为设计好的高频响应电路提供简捷的方法，但不适用于含有电感的系统。

4.2 三极管的频率参数

三极管有三个频率参数，其定义及表达式如表 4－3 所示。

表 4－3　三极管的频率参数

类别	共射电路的截止角频率 ω_β	特征角频率 ω_T	共基电路的截止角频率 ω_α
定义	β（ω）下降到中频 β_0 的 $\frac{1}{\sqrt{2}}$ 倍时对应的角频率	β（ω）下降到 1（0 dB）时对应的角频率	α（ω）下降到中频 α_0 的 $\frac{1}{\sqrt{2}}$ 倍时对应的角频率
表达式	$\omega_\beta = \frac{1}{r_{b'e}(C_{b'e}+C_{b'c})}$	$\omega_T = \frac{g_m}{C_{b'e}+C_{b'c}}$	$\omega_\alpha = (1+\beta_0)\omega_\beta$
相互关系	$\omega_\alpha > \omega_T >> \omega_\beta$，其中应用最广、最具代表性的是 ω_T，通常，ω_T 越高，BJT 的高频性能越好，构成的放大器上限频率越高。		

4.2.1 单级共射放大电路的高频响应

1. 根据高频区工作特点画出高频小信号等效电路

高频区考虑 $C'_{b'e}$ 的作用，而耦合电容 C 仍可视为短路，高频小信号等效电路如图 4－2 所示。

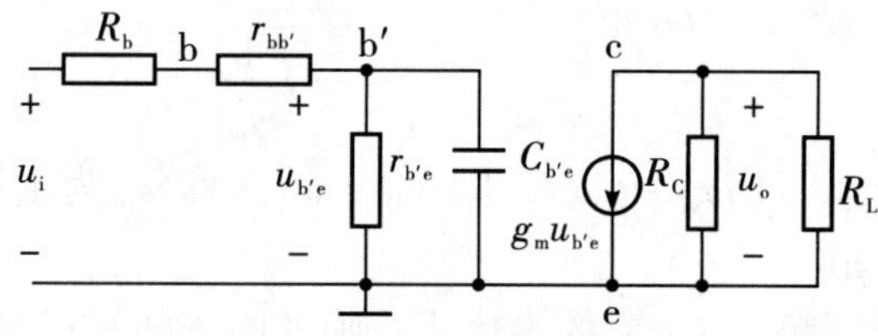

图 4－2　高频小信号等效电路

2. 频响分析

高频电压放大倍数用 $\dot{A}_{vh}$ 表示：

$$\dot{A}_{vh} = \frac{\dot{A}_{vm}}{1+j\frac{\omega}{\omega_H}} = \frac{\dot{A}_{vm}}{1+j\frac{f}{f_H}}$$

$$20\ \lg|\dot{A}_{vh}| = +20\ \lg\left(-\frac{|A_{vm}|}{\sqrt{1+\left(\frac{f}{f_H}\right)^2}}\right)$$

$$\varphi = -180° - \text{tg}^{-1}\left(\frac{f}{f_H}\right)$$

电路高频响应与 *RC* 低通电路的频率响应相似，可按以前的方法画出相类似的波特图。

4.2.2　单级共射放大电路的低频响应

1. 画出低频小信号等效电路在低频区应将 $C'_{b'e}$ 开路，而考虑 C 的作用，可画出低频小信号等效电路，如图 4－3 所示。

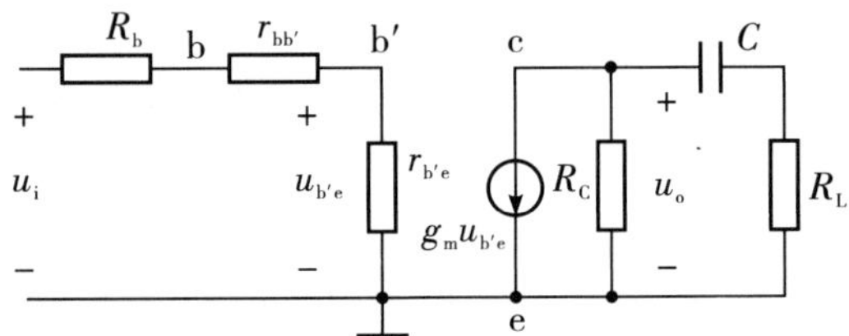

图 4－3　低频小信号等效电路

2. 频响分析

低频电压放大倍数用 $\dot{A}_{vL}$ 表示：

$$\dot{A}_{vL} = A_{vm} \times \frac{j\frac{\omega}{\omega_L}}{1+j\frac{\omega}{\omega_L}} = A_{vm} \times \frac{j\frac{f}{f_L}}{1+j\frac{f}{f_L}}$$

$$20\lg|\dot{A}_{vL}| = 20\lg\ |A_{vm}|\ + 20\lg\frac{\frac{f}{f_L}}{\sqrt{1+\left(\frac{f}{f_L}\right)^2}}$$

$$\varphi = -180° + \left[90° - \text{tg}^{-1}\left(\frac{f}{f_L}\right)\right] = -90° - \text{tg}^{-1}\left(\frac{f}{f_L}\right)$$

放大电路的低频响应与 *RC* 高通频响形式一样，只差一个常数倍。所以它的波特图形式与 *RC* 高通类似。

单级共射放大电路的全频域响应：综合前面我们已分别讨论了电压放大倍数在中频段、低频段和高频段的频率响应，现在把它们加以综合，就可得到完整的单级共射电路电压放大倍数的全频域响应。

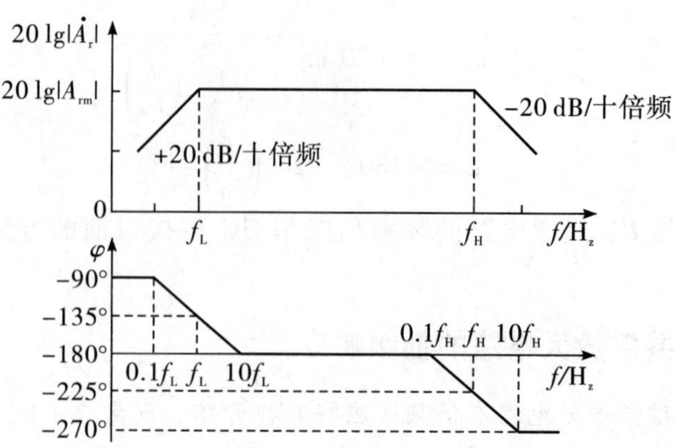

图 4－4　单级共射放大电路的全频域响应

将放大倍数的三个频区的频率响应表达式综合，可写出放大倍数 $\dot{A}_v$ 的近似式：

$$\dot{A}_v \approx A_{vm}\frac{j\dfrac{f}{f_L}}{\left(1+j\dfrac{f}{f_L}\right)\left(1+j\dfrac{f}{f_H}\right)}$$

当 $f_L \ll f \ll f_H$ 时，则上式变为 $\dot{A}_v = A_{vm}$。

单级放大电路的带宽—增益积：为了使带宽增加，可设法提高上限频率，即减小 $C'_{b'e}$ 及其回路电阻。减小 $C'_{b'e}$，需减小 $g_m R'_L$，则 $|\dot{A}_{vm}|$ 减小。可见，f_H 的提高与 $|\dot{A}_{vm}|$ 相矛盾。

为了综合考察这两方面的性能，引入一个新的参数——增益带宽积。

增益带宽积的定义：放大电路电压增益（$\dot{A}_{vm}$）与通频带（f_{bw}）的乘积。

$$|\dot{A}_{vm} f_{bw}| \approx \frac{1}{2\pi\ (r_{bb'}+R_s)\ C_{b'c}}$$

上式表明，为了改善电路的高频特性，扩展宽频带，首先应选用 r_{bb} 和 C_{ob} 均小的高频管，与此同时，尽量减小 $C'_{b'e}$ 所在回路的总等效电阻。

4.3　多级放大电路的频率响应

1. 多级放大器的上限频率 f_H

多级放大器上限频率 f_H 的近似表达式为：

$$f_H \approx \frac{1}{\sqrt{\dfrac{1}{f_{H1}{}^2}+\dfrac{1}{f_{H2}{}^2}+\cdots\dfrac{1}{f_{Hn}{}^2}}} \qquad (4-9)$$

上式中，f_{H1}、f_{H2}…f_{Hn} 分别为各级放大器的上限频率。

若各级上限频率相等，即 $f_{H1} = f_{H2} = \cdots = f_{Hn}$，则根据式（4－1）并结合式

（4-6）有：

$$f_H \approx \sqrt{2^{\frac{1}{n}}-1} \times f_{H1} \tag{4-10}$$

多级放大器总的上限频率f_H比其中任何一级的上限频率f_{Hk}都要低。

2. 多级放大器的下限频率f_L

多级放大器下限频率f_L的近似表达式为：

$$f_L \approx \sqrt{f_{L1}^2 + f_{L2}^2 + \cdots f_{Ln}^2} \tag{4-11}$$

式中，f_{L1}、$f_{L2}\cdots f_{Ln}$分别为各级放大器的下限频率。

若各级下限频率相等，若$f_{L1}=f_{L2}=\cdots=f_{Ln}$，则类似于式（4-10）的推导，可得：

$$f_L \approx \frac{f_{L1}}{\sqrt{2^{\frac{1}{n}}-1}} \tag{4-12}$$

多级放大器总的下限频率f_L比其中任何一级的下限频率f_{Lk}都要高。多级放大器总的增益增大了，但总的通频带变窄了。

本章小结

（1）放大器的频率响应是指对放大器输入正弦小信号时输出信号的稳态响应特性。

（2）晶体管的频率参数主要包括共发电路的截止角频率、特征角频率、共基电路的截止角频率。

（3）放大电路幅频特性和相频特性渐近波特图的作图主要是确定出零点和极点。

（4）熟悉多级放大电路的频率特性；了解放大电路的瞬态响应特性。

实训项目　三极管放大电路的频率特性

一、实训目标

（1）通过实训，加深理解放大电路频率响应的基本概念。

（2）熟悉三极管的频率参数和放大电路的频率响应。

二、实训设备与器件

多媒体课室（安装 Proteus ISIS 或其他仿真软件）。

三、实训内容与步骤

实训电路如图 4-5 所示。运行 Proteus ISIS 仿真软件，在 ISIS 主窗口编辑电路。

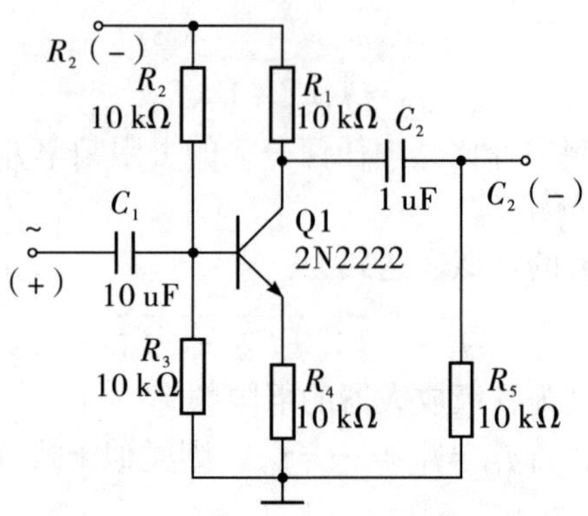

图 4－5　晶体三极管单级放大电路的频率特性测试图

在放大器输出端放置电压探针，在 ISIS 主窗口放置频率分析图表。

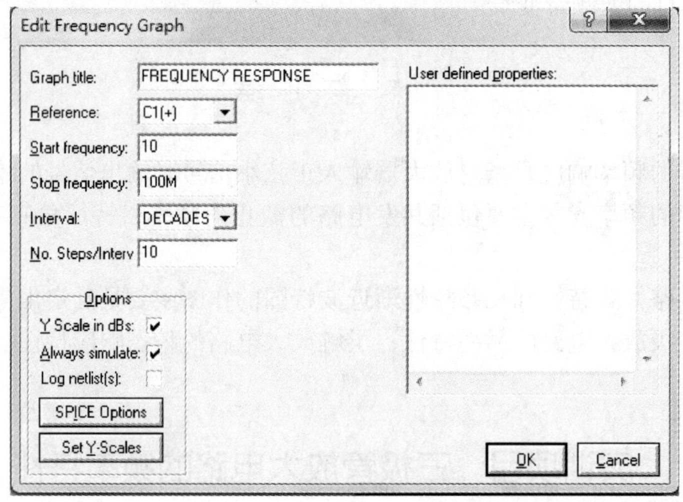

图 4－6　频率分析表对话框

双击频率分析图表的表头，使频率分析图表最大化，单击左下角 ，弹出图 4－6 对话框，Reference（参考源）必须指定。然后按“OK”按钮，放大器频率响应曲线显示出来。

放大器输出端电压探针拖到频率分析表左边的纵坐标。显示放大电路频率响应曲线，如图 4－7 所示。

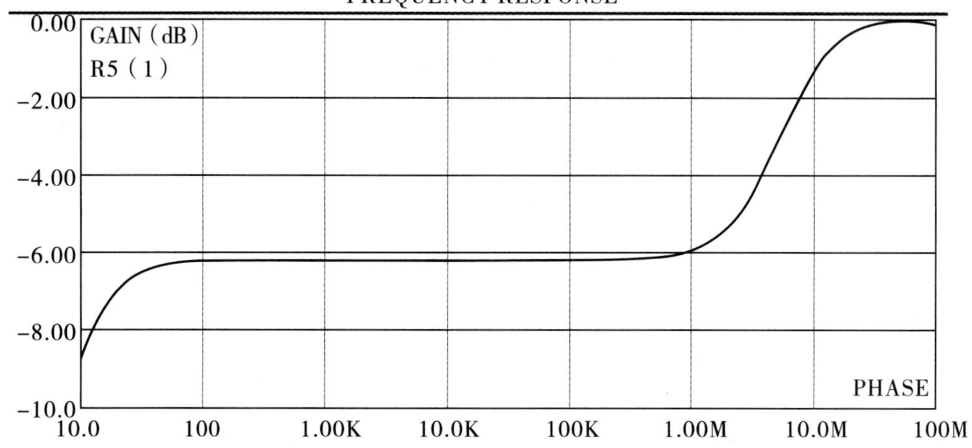

图 4-7　晶体三极管单级放大电路的频率特性曲线

分析放大电路频率响应曲线图，分析结果：____。

练　习　题

一、填空题

1. 阻容耦合放大电路的下限频率主要由____________决定。
2. 放大电路的上限频率主要由____________决定。

二、计算应用题

1. 某放大器增益函数为：

$$A\ (S)\ =\frac{-5\times10^{5}\ (S-10^{10})\ (S-10^{12})}{(S+10^{7})\ (S+10^{8})\ (S+5\times10^{8})}$$

指出 $A\ (S)$ 的极点和零点，并求中频段增益 A_0（dB）。

2. 放大器电压增益函数为：

$$A\ (S)\ =\frac{-10^{5}S\ (S+10)}{(S+100)\ (S+1000)}$$

（1）试求中频电压增益 A_0；

（2）绘出该放大器的幅频特性和相频特性波特图；

（3）确定在 $\omega = 100$ rad/s 和 $\omega = 10$ rad/s 时电压增益的分贝数。

3. 若放大器中频电压增益是 100 dB，高频电压增益函数具有两个极点 P_1 和 P_2，无有限零点，且 $|P_2| = 4|P_1|$。试画出幅频特性和相频特性渐近线波特图。

4. 某级联放大电路的电压增益函数为：

$$A_V(S) = \frac{-100 \times 10^{23}}{(S + 10^6)(S + 10^7)(S + 10^8)}$$

试画出它的渐近线幅频波特图。

5. 若两个放大器完全相同，输入电阻 $R_i \to \infty$，并且在高频段 $A_{VS}(S)$ 为单极点，$f_{H1} = 1$ MHz。求两放大器级联后的 f_H 为多少？

6. 已知某放大电路的幅频特性如图 4－8 所示，讨论下列问题：

（1）该放大电路的耦合方式？

（2）该放大电路为几级放大电路？

（3）在 $f = 10^4$ Hz 时，增益下降多少？附加相移 φ' 为多少？

（4）在 $f = 10^5$ Hz 时，附加相移 φ' 约为多少？

（5）f_H 为多少？

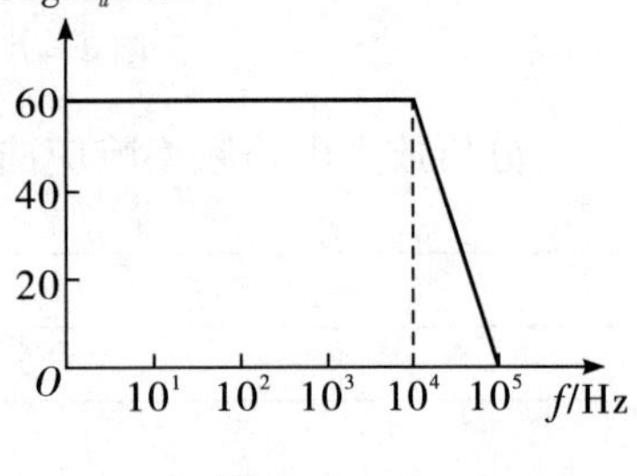

图 4－8

学习情境五　电压跟随器

电压跟随器，顾名思义，输出电压与输入电压几乎相同，就是说，电压跟随器的电压放大倍数恒小于且接近1。

电压跟随器的显著特点是，输入阻抗高，而输出阻抗低。一般来说，输入阻抗可以达到几兆欧姆，而输出阻抗低，通常只有几欧姆，甚至更低。

在电路中，电压跟随器起缓冲、隔离、提高带载能力的作用。

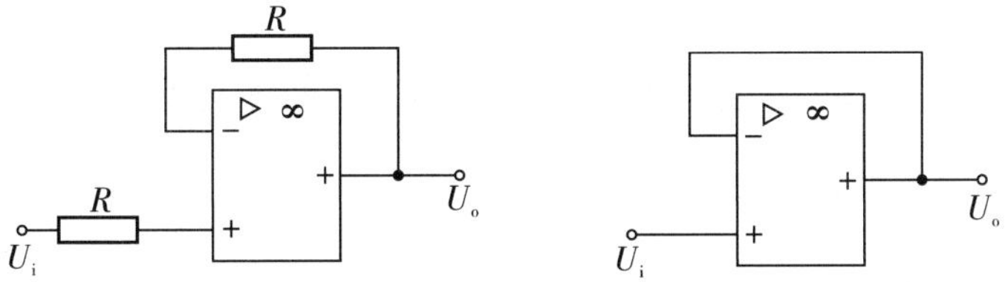

【教学任务】

（1）介绍集成电路、集成运放、差分放大电路。

（2）信号运算电路及其应用。

（3）介绍电压比较器电路。

【教学目标】

（1）掌握集成电路和集成运放的组成、特点和基本应用。

（2）掌握差分放大电路的电路结构及工作原理。

（3）熟悉信号运算电路及其应用，掌握电压比较器的组成和应用。

（4）提高学生对集成电路的识图能力和应用能力，培养学生通过研究各种电路来提高分析电路问题和解决电路问题的能力。

【教学内容】

（1）集成电路和集成运放的概念、组成以及应用分析。

（2）差分放大电路的电路结构、放大差模、抑制共模的能力分析及应用。

（3）加法、减法、积分、微分信号运算放大电路的组成及应用。

（4）电压比较器的组成及工作原理。

【教学实施】

实物展示、电路推导和分析、原理阐述、应用举例与多媒体课件相结合，辅以组织学生小组探讨运算放大电路对比分析，总结讨论结果，比较评优。

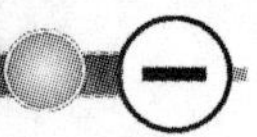

第五章 集成运算放大器及其应用

【基本概念】

放大、放大倍数、输入电阻、输出电阻、差模信号和共模信号、差模放大倍数、共模放大倍数、共模抑制比、电压传输特性、理想运放、集成运放、开环差模电压增益、差模输入阻抗、上限截止频率、输入失调电流、输入失调电压、温度漂移、输入失调电流温漂、输入失调电压流温漂、最大差模输入电压、最大共模输入电压、输入偏置电流、单位增益带宽、开环带宽、转换速率、最大输出电压、零点漂移、共模抑制比。

【基本电路】

运算放大电路、电压比较器、加法器、减法器、积分电路、微分电路、差动放大电路。

【基本方法】

运算电路运算关系的分析方法，差动放大电路分析。

在半导体制造工艺的基础上，把整个电路中的元器件制作在一块硅基片上，构成具有特定功能的电子电路，称为集成电路。

集成电路具有体积小、重量轻、引出线和焊接点少、寿命长、可靠性高、性能好等优点，同时成本低，便于大规模生产，因此其发展速度极为惊人。目前集成电路的应用几乎遍及所有产业的各种产品中。在军事设备、工业设备、通信设备、计算机和家用电器等中都采用了集成电路。

集成电路按其功能来分，有数字集成电路和模拟集成电路。模拟集成电路种类繁多，有运算放大器、宽频带放大器、功率放大器、模拟乘法器、模拟锁相环、模/数和数/模转换器、稳压电源和音像设备中常用的其他模拟集成电路等。

在模拟集成电路中，集成运算放大器（简称“集成运放”）是应用极为广泛的一种，也是其他各类模拟集成电路应用的基础，因此这里首先给予介绍。

5.1　集成运算放大器简介

5.1.1　集成运算放大器概述

集成运放是模拟集成电路中应用最为广泛的一种，它实际上是一种高增益、高输入电阻和低输出电阻的多级直接耦合放大器。之所以被称为运算放大器，是因为该器件最初主要用于模拟计算机中实现数值运算的缘故。实际上，目前集成运放的应用早已远远超出了模拟运算的范围，但仍沿用了运算放大器（简称运放）的名称。

集成运放的发展十分迅速。通用型产品经历了四代更替，各项技术指标不断改进。同时，发展了适应特殊需要的各种专用型集成运放。

第一代集成运放以 μA709（我国的 FC3）为代表，特点是采用了微电流的恒流源、共模负反馈等电路，它的性能指标比一般的分立元件要高。主要缺点是内部缺乏过电流保护，输出短路容易损坏。

第二代集成运放以 20 世纪 60 年代的 μA741 型高增益运放为代表，它的特点是普遍采用了有源负载，因而在不增加放大级的情况下可获得很高的开环增益。电路中还有过流保护措施。但是输入失调参数和共模抑制比指标不理想。

第三代集成运放以 20 世纪 70 年代的 AD508 为代表，其特点是输入级采用了“超 β 管”，且工作电流很低。从而使输入失调电流和温漂等项参数值大大下降。

第四代集成运放以 20 世纪 80 年代的 HA2900 为代表，它的特点是制造工艺达到大规模集成电路的水平。将场效应管和双极型管兼容在同一块硅片上，输入级采用 MOS 场效应管，输入电阻达 100 MΩ 以上，而且采取调制和解调措施，成为自稳零运算放大器，使失调电压和温漂进一步降低，一般无须调零即可使用。

目前，集成运放和其他模拟集成电路正向高速、高压、低功耗、低零漂、低噪声、大功率、大规模集成、专业化等方向发展。

除了通用型集成运放外，有些特殊需要的场合要求使用某一特定指标相对比较突出的运放，即专用型运放。常见的专用型运放有高速型、高阻型、低漂移型、低功耗型、高压型、大功率型、高精度型、跨导型、低噪声型等。

5.1.2　模拟集成电路的特点

由于受制造工艺的限制，模拟集成电路与分立元件电路相比具有如下特点。

1. 采用有源器件

由于制造工艺的原因，在集成电路中制造有源器件比制造大电阻容易实现。因此大电阻多用有源器件构成的恒流源电路代替，以获得稳定的偏置电流。BJT 比二极管更易制作，一般用集—基短路的 BJT 代替二极管。

2. 采用直接耦合作为级间耦合方式

由于集成工艺不易制造大电容，集成电路中电容量一般不超过 100 pF，至于电感，只能限于极小的数值（1 μH 以下）。因此，在集成电路中，级间不能采用阻容耦合方式，

均采用直接耦合方式。

3. 采用多管复合或组合电路

集成电路制造工艺的特点是晶体管特别是 BJT 或 FET 最容易制作，而复合和组合结构的电路性能较好，因此，在集成电路中多采用复合管（一般为两管复合）和组合（共射—共基、共集—共基组合等）电路。

5.1.3 集成运放的基本组成

集成运放的组成框图如图 5 - 1 所示。

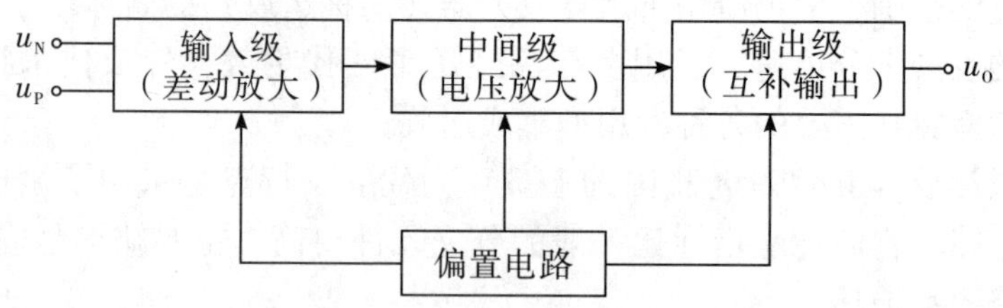

图 5 - 1 集成运放的组成框图

集成运放的类型很多，电路也不尽相同，但结构具有共同之处，其一般的内部组成原理框图如图 5 - 1 所示，它主要由输入级、中间级和输出级和偏置电路四个主要环节组成。输入级主要由差动放大电路构成，以减小运放的零漂和其他方面的性能，它的两个输入端分别构成整个电路的同相输入端和反相输入端。中间级的主要作用是获得高的电压增益，一般由一级或多级放大器构成。输出级一般由电压跟随器（电压缓冲放大器）或互补电压跟随器组成，以降低输出电阻，提高运放的带负载能力和输出功率。偏置电路则是为各级提供合适的工作点及能源的。此外，为获得电路性能的优化，集成运放内部还增加了一些辅助环节，如电平移动电路、过载保护电路和频率补偿电路等。

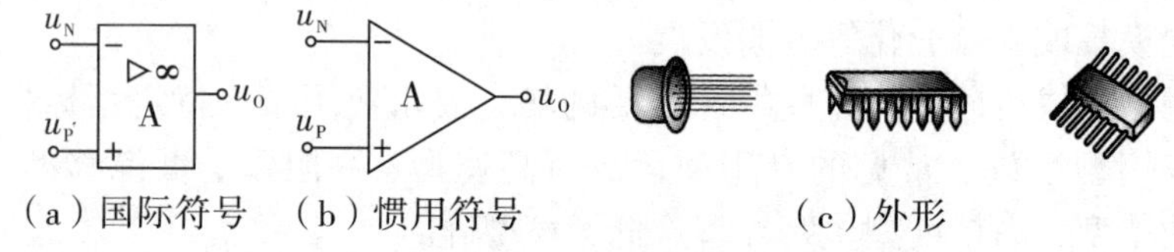

（a）国际符号 （b）惯用符号 （c）外形

图 5 - 2 集成运放的电路符号和外形图

集成运放的电路符号如图 5 - 2 所示。集成运放有两个输入端分别称为同相输入端 u_P 和反相输入端 u_N；一个输出端 u_o。其中的“−”“+”分别表示反相输入端 u_N 和同相输入端 u_P。在实际应用时，需要了解集成运放外部各引出端的功能及相应的接法，但一般不需要画出其内部电路。

5.1.4 集成运放的主要参数

集成运放的参数是否正确、合理选择是使用运放的基本依据，因此了解其各性能参数及其意义是十分必要的。集成运放的主要参数有以下几种。

1. 开环差模电压增益 A_{od}

开环差模电压增益是指运放在开环、线性放大区并在规定的测试负载和输出电压幅度的条件下的直流差模电压增益（绝对值）。一般运放的 A_{od} 为 60～120 dB，性能较好的运放 $A_{od}>140$ dB。

值得注意的是，一般希望 A_{od} 越大越好，实际的 A_{od} 与工作频率有关，当频率大于一定值后，A_{od} 随频率升高而迅速下降。

2. 差模输入阻抗

差模输入阻抗有时也称为输入阻抗，是指集成运放工作于线性区时，两输入端的电压变化量对应电流变化量之比。输入阻抗包括输入电阻和输入电容，在低频时仅指输入电阻 R_d。一般集成运放的参数表中给出的数据均指输入电阻。双极型晶体管的集成运放，其输入电阻一般在几十千欧至几兆欧的范围内变化；场效应管的集成运放，其输入电阻通常大于 $10^9\ \Omega$，一般在 $10^{12}\sim10^{14}\ \Omega$。

3. 上限截止频率

信号频率上升到一定程度，放大倍数数值也将减小，使放大倍数数值等于 $0.707|A_m|$ 的频率称为上限截止频率 f_H。放大电路超过截止频率肯定就会产生放大失真。截止频率是电路输出信号功率超出或低于传导频率时输出信号功率的频率。通常截止频率时输出功率为传导频率的一半。

4. 输入失调电流 I

当运算放大器直流输出为零时，两输入端输入偏置电流之差称为输入失调电流。它一般为几百纳安至几微安。

5. 输入失调电压 U_{IO}

理想的运算放大器，当输入电压 $U_+=U_-=0$ 时，输出电压 $U_o=0$。但对于实际的运算放大器，由于种种原因，当 $U_+=U_-=0$ 时，$U_o\neq0$。反过来讲，如果要想使 $U_o=0$，则必须在输入端加上一个很小的补偿电压 U_{IO}，这个电压就称为输入失调电压。显然，这个电压越小，表示运算放大器的性能越好。

6. 温度漂移

放大器的零点漂移的主要来源是温度漂移，而温度漂移对输出的影响可以折合为等效输入失调电压 U_{IO} 和输入失调电流 I_{IO}，因此，可以用以下指标来表示放大器的温度稳定性，即温漂指标：

（1）输入失调电流温漂 $\frac{dI_{IO}}{dT}$。该参数代表输入失调电流在温度变化时产生的变化量，通常以皮安每摄氏度（pA/℃）为单位表示。它代表输入失调电流的温度系数。一般为每度几纳安，高质量的只有每度几十皮安。

（2）输入失调电压流温漂 $\frac{dU_{IO}}{dT}$。在规定的温度范围内，输入失调电压的变化量 ΔU_{IO} 与引起 U_{IO} 变化的温度变化量 ΔT 之比，称为输入失调电压/温度系数 $\Delta U_{IO}/\Delta T$。$\Delta U_{IO}/\Delta T$ 越小越好，一般为 ±（10～20）μV/℃。

7. 最大差模输入电压 U_{idmax}

最大差模输入电压是指集成运放的两个输入端之间所允许的最大输入电压值。若输入电压超过该值，则可能使运放输入级 BJT 的其中一个发射结产生反向击穿。显然这是不允许的。U_{idmax} 大一些好，一般为几到几十伏。

8. 最大共模输入电压 U_{icmax}

最大共模输入电压是指运放输入端所允许的最大共模输入电压。若共模输入电压超过该值，则可能造成运放工作不正常，其共模抑制比 K_{CMR} 将明显下降。显然，U_{icmax} 大一些好，高质量运放最大共模输入电压可达十几伏。

9. 输入偏置电流

当运算放大器直流输出为零时，两个输入端静态偏置电流的平均值称为输入偏置电流，即：

$$I_{IB} = \frac{I_{IB1} + I_{IB2}}{2}$$

这是衡量分对管输入电流绝对值大小的指标，它的值主要决定于集成运放输入级的静态集电极电流及输入级放大管的 β 值。一般集成运放的集电极电流或 β 值越大其输入偏置电流越大。其输入偏置电流约为几十纳安至 1 μA，场效应管输入级的集成运放输入偏置电流在 1 nA 以下。

10. 单位增益带宽 f_T

单位增益带宽是指使运放开环差模电压增益 A_{od} 下降到 0 dB（即 $A_{od}=1$）时的信号频率，它与三极管的特征频率 f_T 相类似，是集成运放的重要参数。

11. 开环带宽 f_H

开环带宽是指使运放开环差模电压增益 A_{od} 下降为直流增益的 $\frac{1}{\sqrt{2}}$ 倍（相当于–3 dB）时的信号频率。由于运放的增益很高，因此 f_H 一般较低，约几赫兹至几百赫兹左右（宽带高速运放除外）。

12. 转换速率 S_R

转换速率是指运放在闭环状态下，输入为大信号（如矩形波信号等）时，其输出电压对时间的最大变化速率，即：

$$S_R = \left| \frac{\mathrm{d}u_o(t)}{\mathrm{d}t} \right|_{max}$$

转换速率 S_R 反映运放对高速变化的输入信号的响应情况，主要与补偿电容、运放内部各管的极间电容、杂散电容等因素有关。S_R 大一些好，S_R 越大，则说明运放的高频性能越好。一般运放 S_R 小于 1 V/μs，高速运放可达 65 V/μs 以上。

需要指出的是，转换速率 S_R 是由运放瞬态响应情况得到的参数，而单位增益带宽 f_T 和开环带宽 f_H 是由运放频率响应（即稳态响应）情况得到的参数，它们均反映了运放的高频性能，从这一点来看，它们的本质是一致的。但它们分别是在大信号和小信号的条件下得到的，从结果看，它们之间有较大的差别。

13. 最大输出电压 U_{omax}

最大输出电压是指在一定的电源电压下，集成运放的最大不失真输出电压的峰—峰值。

除上述指标外，集成运放的参数还有共模抑制比 K_{CMR}、差模输入电阻 R_{id}、共模输入电阻 R_{ic}、输出电阻 R_o、电源参数、静态功耗 P_C 等，其含义可查阅相关手册，这里不再赘述。

5.2　差动放大电路

5.2.1　零点漂移

集成运放电路各级之间由于均采用直接耦合方式，直接耦合放大电路具有良好的低频频率特性，可以放大缓慢变化甚至接近于直流的信号（如温度、湿度等缓慢变化的传感信号），但却有一个致命的缺点，即当温度变化或电路参数等因素稍有变化时，电路工作点将随之变化，输出端电压偏离静态值（相当于交流信号零点）而上下漂动，这种现象称为“零点漂移”，简称“零漂”。

由于存在零漂，即使输入信号为零，也会在输出端产生电压变化从而造成电路误动作，显然这是不允许的。当然，如果漂移电压与输入电压相比很小，则影响不大，但如果输入端等效漂移电压与输入电压相比很接近或差别很大，即漂移严重时，则有用信号就会被漂移信号严重干扰，结果使电路无法正常工作。容易理解，多级放大器中第一级放大器零漂的影响最为严重。如放大器第一级的静态工作点由于温度的变化，使电压稍有偏移时，第一级的输出电压就将发生微小的变化，这种缓慢微小的变化经过多级放大器逐步放大后，输出端就会产生较大的漂移电压。显然，直流放大器的级数越多，放大倍数越高，输出的漂移现象越严重。

因此，直接耦合放大电路必须采取措施来抑制零漂。抑制零点漂移的措施通常采用以下几种：(1) 第一是采用质量好的硅管。硅管受温度的影响比锗管小得多，所以目前要求较高的直流放大器的前置放大级几乎都采用硅管。(2) 第二是采用热敏元件进行补偿。就是利用温度对非线性元件（晶体管二极管、热敏电阻等）的影响，来抵消温度对放大电路中三极管参数的影响所产生的漂移。(3) 第三是采用差动式放大电路。这是一种广泛应用的电路，它利用特性相同的晶体管进行温度补偿来抑制零点漂移，将在下面介绍。

5.2.2　简单差动放大电路

差动放大电路又称为差分放大器。这种电路能有效的减少三极管的参数随温度变化所引起的漂移，较好地解决在直流放大器中放大倍数和零点漂移的矛盾，因而在分立元件和集成电路中获得了十分广泛的应用。

1. 电路组成和工作原理

简单差动放大电路如图 5－3 所示，它由两个完全对称的单管放大电路构成，有两个输入端和两个输出端。其中三极管 VT_1，VT_2 的参数和特性完全相同（如$\beta_1=\beta_2=\beta$等），$R_{B1}=R_{B2}=R_B$，$R_{C1}=R_{C2}=R_C$。显然，两个单管放大电路的静态工作点和电压增益等均相同。当然，实际电路总存在一定的差异，不可能完全对称，但在集成电路中，这种差异很小。

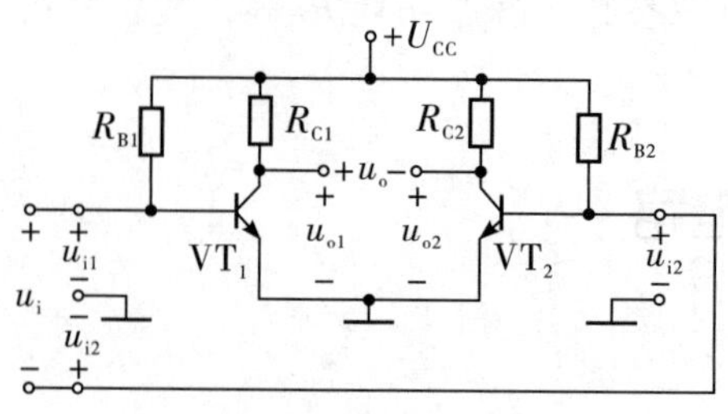

图 5-3　简单差动放大电路

由于两管电路完全对称，因此，静态（$u_i=0$）时，直流工作点 $U_{C1}=U_{C2}$，此时电路的输出 $u_o=U_{C1}-U_{C2}=0$（这种情况称为零输入时零输出）。当温度变化引起管子参数变化时，每一单管放大器的工作点必然随之改变（存在零漂），但由于电路的对称性，U_{C1} 和 U_{C2}同时增大或减小，并保持 $U_{C1}=U_{C2}$，即始终有输出电压 $u_o=0$，或者说零漂被抑制了。这就是差动放大电路抑制零漂的原理。

设每个单管放大电路的放大倍数为 A_{u1}，在电路完全对称的情况下，有：

$$A_{u1}=\frac{u_{o1}}{u_{i1}}=\frac{u_{o2}}{u_{i2}}\approx-\frac{\beta R_c}{r_{be}} \tag{5-1}$$

显然 $u_{o1}=A_{u1}u_{i1}$，$u_{o2}=A_{u1}u_{i2}$，而差动放大电路的输出取自两个对称单管放大电路的两个输出端之间（称为平衡输出或双端输出），其输出电压：

$$u_o=u_{o1}-u_{o2}=A_{u1}\ (u_{i1}-u_{i2}) \tag{5-2}$$

由式（5-2）可知，差动放大电路输出电压与两单管放大电路的输入电压之差成正比，“差动”的概念由此而来。

实际的输入信号（即有用信号）电压通常加到两个输入端之间（称为平衡输入或双端输入），由于电路对称，因此两管的发射结电流大小相等、方向相反，此时若一管的输出电压升高，另一管则降低，且有 $u_{o1}=-u_{o2}$，所以 $u_o=u_{o1}-u_{o2}=2u_{o1}$，因此输出电压不但不会为零，反而比单管输出大一倍。这就是差动放大电路可以有效放大有用输入信号的原理。

设有用信号输入时，两管各自的输入电压（参考方向均为 b 极指向 e 极）分别用 u_{id1} 和 u_{id2}表示，则有：$u_{id1}=\frac{u_i}{2}$，$u_{id2}=-\frac{u_i}{2}$，$u_{id1}=-u_{id2}$。

显然，u_{id1}与 u_{id2}大小相等、极性相反，通常称它们为一对差模输入信号或差模信号。而电路的差动输入信号则为两管差模输入信号之差，即 $u_{id}=u_{id1}-u_{id2}=2u_{id1}=u_i$。在只有差模输入电压 u_{id}作用时，差动放大电路的输出电压就是差动输出电压 u_{od}。通常把输入差模信号时的放大器增益称为差模增益，用 A_{ud}表示，即：

$$A_{ud}=\frac{u_{od}}{u_{id}} \tag{5-3}$$

显然，差模增益就是通常的放大器的电压增益，对于简单差动放大电路，有：

$$A_{ud}=A_u=A_{u1}\approx-\frac{\beta R_c}{r_{be}} \tag{5-4}$$

差模增益 A_{ud} 表示电路放大有用信号的能力。一般情况下要求 $|A_{ud}|$ 尽可能大。

以上讨论的是差动放大电路如何放大有用信号的。下面介绍它是如何抑制零漂信号（即共模信号）的原理。

设在一定的温度变化值ΔT 的情况下，两个单管放大器的输出漂移电压分别为 u_{oc1} 和 u_{oc2}，u_{oc1} 和 u_{oc2} 折合到各自输入端的等效输入漂移电压分别为 u_{ic1} 和 u_{ic2}，显然有：

$$u_{oc1}=u_{oc2},\ u_{ic1}=u_{ic2}$$

将 u_{ic1} 与 u_{ic2} 分别加到差动放大电路的两个输入端，它们大小相等，极性相同，通常称它们为一对共模输入信号或共模信号。共模信号可以表示为 $u_{ic1}=u_{ic2}=u_{ic}$。显然，共模信号并不是实际的有用信号，而是温度等因素变化所产生的漂移或干扰信号，因此需要进行抑制。

当只有共模输入电压 u_{ic} 作用时，差动放大电路的输出电压就是共模输出电压 u_{oc}，通常把输入共模信号时的放大器增益称为共模增益，用 A_{uc} 表示，则：

$$A_{uc}=\frac{u_{oc}}{u_{ic}} \tag{5-5}$$

在电路完全对称的情况下，差动放大电路双端输出时的 $u_{oc}=0$，则 $A_{uc}=0$ 共模增益 A_{uc} 表示电路抑制共模信号的能力。$|A_{uc}|$ 越小，电路抑制共模信号的能力也越强。当然，实际差动放大电路的两个单管放大器不可能做到完全对称，因此，A_{uc} 不可能完全等于0。

需要指出的是，差动放大电路实际工作时，总是既存在差模信号，也存在共模信号，因此，实际的 u_{i1} 和 u_{i2} 可表示为：

$$u_{i1}=u_{ic}+u_{id1}$$

$$u_{i2}=u_{ic}+u_{id2}=u_{ic}-u_{id1}$$

由上述二式容易得到：

$$u_{ic}=\frac{u_{i1}+u_{i2}}{2} \tag{5-6}$$

$$u_{id1}=-u_{id2}=\frac{u_{i1}-u_{i2}}{2}$$

电路的差模输入电压：

$$u_{id}=2u_{id1}=u_{i1}-u_{i2}=u_i \tag{5-7}$$

2. 共模抑制比

在差模信号和共模信号同时存在的情况下，若电路基本对称，则对输出起主要作用的是差模信号，而共模信号对输出的作用要尽可能被抑制。为定量反映放大器放大有用的差模信号和抑制有害的共模信号的能力，通常引入参数共模抑制比，用 K_{CMR} 表示。它定义为：

$$K_{CMR}=\left|\frac{A_{ud}}{A_{uc}}\right| \tag{5-8a}$$

共模抑制比用分贝表示则为：

$$K_{CMR}=20\lg\left|\frac{A_{ud}}{A_{uc}}\right|\ (dB) \tag{5-8b}$$

显然，K_{CMR}越大，输出信号中的共模成分相对越少，电路对共模信号的抑制能力就越强。

5.2.3　射极耦合差动放大电路

前面所讨论的简单差动放大电路在实际应用中存在以下不足。

（1）即使电路完全对称，每一单管放大电路仍存在较大的零漂，在单端输出（非对称输出，即输出取自任一单管放大电路的输出）的情况下，该电路和普通放大电路一样，没有任何抑制零漂的能力。但在电路不完全对称时，抑制零漂的作用明显变差。

（2）每一单管放大电路存在的零漂（即工作点的漂移）可能使它们均工作于饱和区，从而使整个放大器无法正常工作。

采用射极耦合差动放大电路可以较好地克服简单差动放大电路的不足，一种实用的射极耦合差动放大电路如图5－4（a）所示，电路中接入$-V_{EE}$的目的是为了保证输入端在未接信号时基本为零输入（I_B，R_B均很小），同时又给 BJT 发射结提供了正偏。其中，$R_{C1}=R_{C2}=R_C$，$R_{B1}=R_{B2}=R_B$。

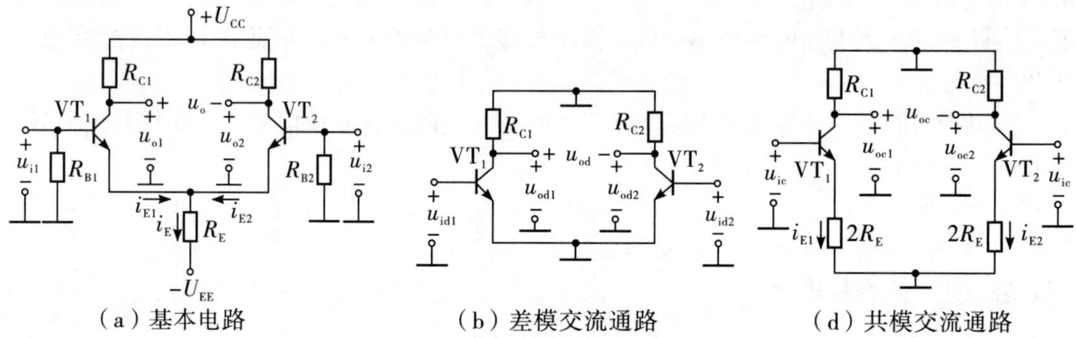

图5－4　射极耦合差动放大电路

由图5－4（a）可以看出，射极耦合差动放大电路与简单差动放大电路的关键不同之处在于两管的发射极串联了一个公共电阻R_E（因此也称为电阻长尾式差动放大电路），而正是R_E的接入使得电路的性能发生了明显变化。

当输入信号为差模信号时，则$u_{i1}=-u_{i2}=\frac{u_{id}}{2}$，因此两管的发射极电流$i_{E1}$和$i_{E2}$将一个增大、另一个同量减小，即流过$R_E$的电流$i_E=i_{E1}+i_{E2}$保持不变，$R_E$两端的电压也保持不变（相当于交流$i_E=0$，$u_E=0$），也就是说，$R_E$对差模信号可视为短路，由此可得该电路的差模交流通路如图5－4（b）所示。显然，R_E的接入对差模信号的放大没有任何影响。

当输入（等效输入）信号为共模信号时，则 $u_{ic1}=u_{ic2}=u_{ic}$，因此，两管的发射极电流 i_{E1} 和 i_{E2} 将同时同量增大或减小，相当于交流 $i_{E1}=i_{E2}$，即 $i_E=i_{E1}+i_{E2}=2i_{E1}$，$u_E=i_ER_E=2i_{E1}R_E$。容易看出，此时 R_E 对每一单管放大电路所呈现的等效电阻为 $2R_E$，由此可得该电路的共模交流通路如图 5－4（c）所示。显然，R_E 的接入对共模信号产生了明显影响，这个影响就是每一单管放大电路相当于引入了反馈电阻为 $2R_E$ 的电流串联负反馈。当 R_E 较大时，单端输出的共模增益也很低，有效地抑制了零漂，并稳定了静态工作点。

由图 5－4（c）可以看出，R_E 越大，共模负反馈越深，可以有效地提高差动放大电路的共模抑制比。但由于集成电路制造工艺的限制，R_E 不可能很大。另外，R_E 太大，则要求负电源电压也很高（以产生一定的直流偏置电流），这一点对电路的实现是不利的。针对上述问题，可以考虑将 R_E 用直流恒流源来代替。

5.3　集成运算放大器的应用

集成运放应用十分广泛，电路的接法不同，集成运放电路所处的工作状态也不同，电路也就呈现出不同的特点。因此，可以把集成运放的应用分为两类：线性应用和非线性应用。

5.3.1　集成运放的线性应用

在集成运放的线性应用电路中，集成运放与外部电阻、电容和半导体器件等一起构成深度负反馈电路或兼有正反馈而以负反馈为主。此时，集成运放本身处于线性工作状态，即其输出量和净输入量成线性关系，但整个应用电路的输出和输入也可能是非线性关系。

需要说明的是，在实际的电路设计或分析过程中常常把集成运放理想化。集成运放具有以下理想参数。

（1）开环电压增益 $A_{od}\to\infty$。

（2）差模输入电阻 $r_{id}\to\infty$。

（3）输出电阻 $r_{od}=0$。

（4）共模抑制比 $K_{CMR}\to\infty$，即没有温度漂移。

（5）开环带宽 $f_H\to\infty$。

（6）转换速率 $S_R\to\infty$。

（7）输入端的偏置电流 $I_{BN}=I_{BP}=0$。

（8）干扰和噪声均不存在。

在一定的工作参数和运算精度要求范围内，采用理想运放进行设计或分析的结果与实际情况相差很小，误差可以忽略，但却大大简化了设计或分析过程。

集成运放实际是一种高增益的电压放大器，其电压增益可达 $10^4\sim10^6$。另外其输入阻抗很高，BJT 型运放达几百千欧以上，MOS 型运放则更高；而输出电阻较小，一般在几十欧左右，并具有一定的输出电流驱动能力，最大可达几十到几百毫安。

由于集成运放的开环增益很高，且通频带很低（几赫兹至几百赫兹，宽带高速运放

除外)，因此当集成运放工作在线性放大状态时，均引入外部负反馈，而且通常为深度负反馈。由前面关于深度负反馈放大器计算的讨论可知，运放两个输入端之间的实际输入(净输入)电压可以近似看成为0，相当于短路，即：

$$u_P = u_N \tag{5-9}$$

但由于两输入端之间不是真正的短路，故称为“虚短”。

另外，由于集成运放的输入电阻很高，而净输入电压又近似为0，因此，流经运放两输入端的电流可以近似看成为0，即：

$$i_{IN} = i_{IP} = 0 \tag{5.10}$$

(以后 i_{IN} 和 i_{IP} 都用 i_I 表示，$i_I = 0$)，相当于开路。但由于两输入端间不是真正的开路，故称为“虚断”。

利用“虚短”和“虚断”的概念，可以十分方便地对集成运放的线性应用电路进行快速简捷地分析。

集成运放的线性应用主要有模拟信号的产生、运算、放大、滤波等。下面首先从基本运算电路开始讨论。

1. 比例运算电路

比例运算电路是运算电路中最简单的电路，其输出电压与输入电压成比例关系。比例运算电路有反相输入和同相输入两种。

(1) 反相输入比例运算电路。图5-5所示为反相输入比例运算电路，该电路输入信号加在反相输入端上，输出电压与输入电压的相位相反，故得名。在实际电路中，为减小温漂提高运算精度，同相端必须加接平衡电阻 R_P 接地，R_P 的作用是保持运放输入级差分放大电路具有良好的对称性，减小温漂提高运算精度，其阻值应为 $R_P = R_1 // R_f$。后面电路同理。

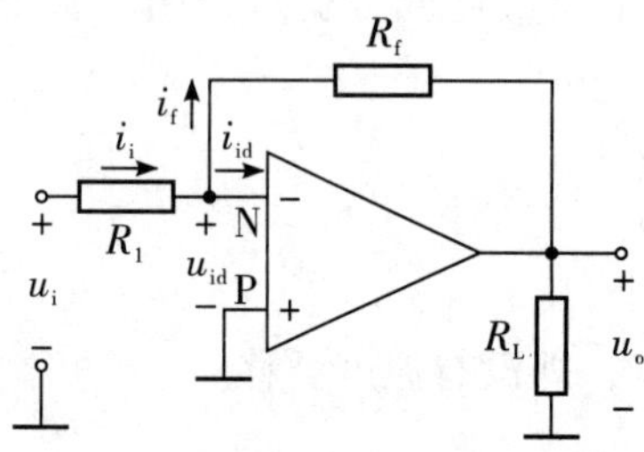

图5-5 反相输入比例运算电路

由于运放工作在线性区，净输入电压和净输入电流都为零。

由“虚短”的概念可知，在P端接地时，$u_P = u_N = 0$，称N端为“虚地”。

由“虚断”的概念可知 $i_i = i_f$ 有：

$$\frac{u_i}{R_1} = \frac{-u_o}{R_f}$$

该电路的电压增益：

$$A_{uf} = \frac{u_o}{u_i} = -\frac{R_f}{R_1}$$

即：
$$u_o = -\frac{R_f}{R_1}u_i \qquad (5-11)$$

输出电压 u_o 与输入电压 u_i 之间成比例（负值）关系。

该电路引入了电压并联深度负反馈，电路输入阻抗（为 R_1）较小，但由于出现虚地，放大电路不存在共模信号，对运放的共模抑制比要求也不高，因此该电路应用场合较多。

值得注意的是，虽然电压增益只和 R_f 和 R_1 的比值有关，但是电路中电阻 R_1、R_P、R_f 的取值应有一定的范围。若 R_1、R_P、R_f 的取值太小，由于一般运算放大器的输出电流一般为几十毫安，若 R_1、R_P、R_f 的取值为几欧姆的话，输出电压最大只有几百毫伏。若 R_1、R_P、R_f 的取值太大，虽然能满足输出电压的要求，但同时又会带来饱和失真和电阻热噪声的问题。通常取 R_1 的值为几百欧姆至几千欧姆，取 R_f 的值为几千至几百千欧姆。后面电路同理。

（2）同相输入比例运算电路。图 5－6 所示为同相输入比例运算电路，由于输入信号加在同相输入端，输出电压和输入电压的相位相同，因此将它称为同相放大器。

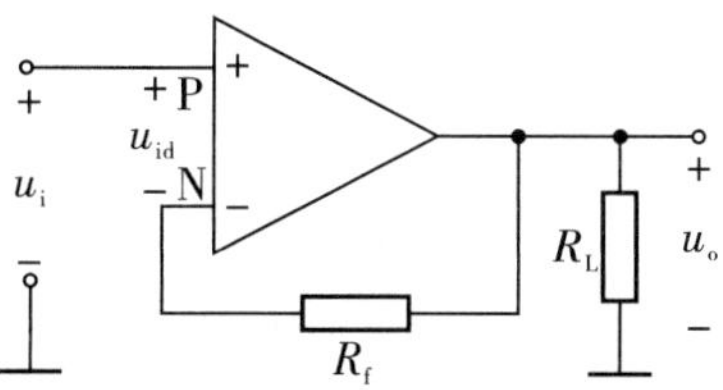

图 5－6　同相输入比例运算电路

由“虚断”的概念可知 $i_P = i_N = 0$，由“虚短”的概念可知 $u_i = u_p = u_N$，其电压增益：

$$A_{uf} = \frac{u_o}{u_i} = \frac{u_o}{u_f} = 1 + \frac{R_f}{R_1}$$

即：
$$u_o = \left(1 + \frac{R_f}{R_1}\right)u_i \qquad (5-12)$$

同相输入电路为电压串联负反馈电路，其输入阻抗极高，但由于两个输入端均不能接地，放大电路中存在共模信号，不允许输入信号中包含有较大的共模电压，且对运放的共模抑制比要求较高，否则很难保证运算精度。

图 5－6 所示为同相输入比例运算电路中，若 R_1 不接，或 R_f 短路，组成如图 5－7 所示电路。此电路是同相比例运算的特殊情况，此时的同相比例运算电路称为电压跟随器。电路的输出完全跟随输入变化。$u_i = u_P = u_N = u_o$，$A_u = 1$，具有输入阻抗大，输出阻抗小的特点。在电路中作用与分立元件的射极输出器相同，但是电压跟随性能好。常用于多级放大器的输入级和输出级。

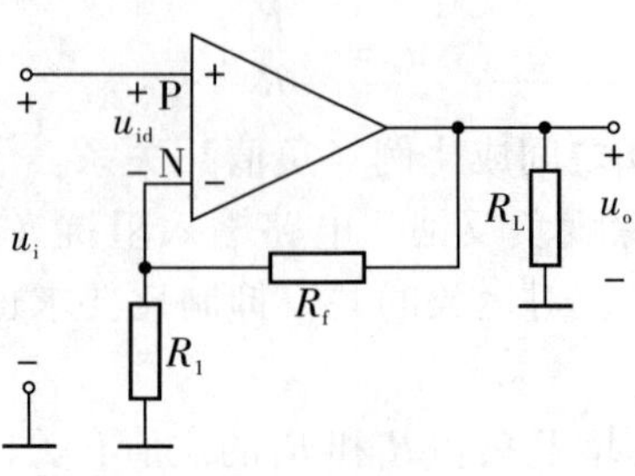

图 5－7　电压跟随器

2. 加法电路

若多个输入电压同时作用于运放的反相输入端或同相输入端，则实现加法运算；若多个输入电压有的作用于反相输入端，有的作用于同相输入端，则实现减法运算。

图 5－8 所示为加法电路，该电路可实现两个电压 u_{S1} 与 u_{S2} 相加。输入信号从反相端

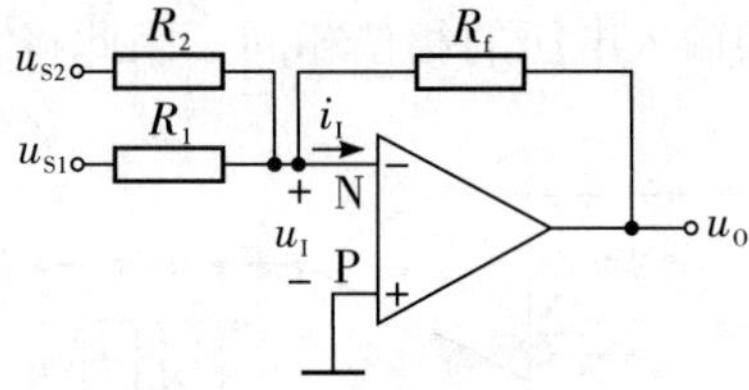

图 5－8　加法电路

输入，同相端虚地。则有：$u_P = u_N = 0$；又由“虚断”的概念可知 $i_I = 0$，因此，在反相输入节点 N 可得节点电流方程：

$$\frac{u_{S1} - u_N}{R_1} + \frac{u_{S2} - u_N}{R_2} = \frac{u_N - u_O}{R_f}$$

即：

$$\frac{u_{S1}}{R_1} + \frac{u_{S2}}{R_2} = \frac{-u_O}{R_f}$$

整理可得：

$$u_O = -\left(\frac{R_f}{R_1}u_{S1} + \frac{R_f}{R_2}u_{S2}\right)$$

若 $R_1 = R_2 = R_f$，则上式变为：

$$u_O = -(u_{S1} + u_{S2}) \tag{5-13}$$

实现了真正意义的反相求和。

图 5－8 所示的加法电路也可以扩展到实现多个输入电压相加的电路。利用同相放大电路也可以组成加法电路。

3. 减法电路

（1）减法电路（一）。图 5－9 所示电路第一级为反相比例放大电路，第二级为反相加法电路，设 $R_{f1} = R_1$，则 $u_{O1} = -u_{S1}$。

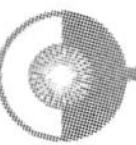

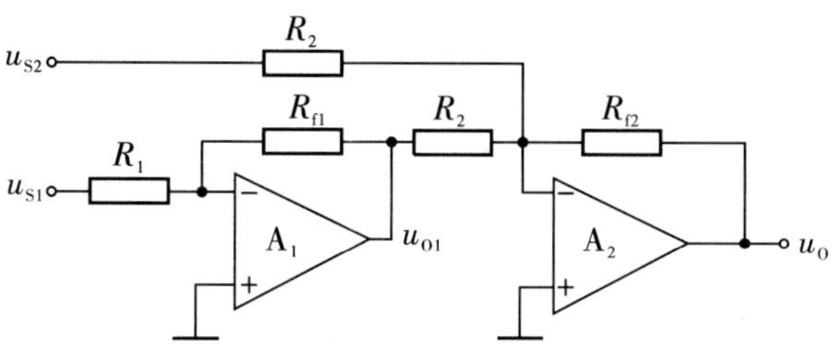

图 5 - 9　减法电路（一）

由图 5 - 9 可导出：

$$u_O = -\frac{R_{f2}}{R_2}(u_{O1} + u_{S2}) \tag{5-14}$$

$$u_O = \frac{R_{f2}}{R_2}(u_{S1} - u_{S2})$$

若 $R_2 = R_{f2}$，则式（5 - 14）变为：

$$u_O = u_{S1} - u_{S2} \tag{5-15}$$

即实现了两信号 u_{S1} 与 u_{S2} 的相减。

此电路优点：调节比较灵活方便。由于反相输入端与同相输入端“虚地”，因此在选用集成运放时，对其最大共模输入电压的指标要求不高，此电路应用比较广泛。

（2）减法电路（二）。电路如图 5 - 10 所示。该电路是反相输入和同相输入相结合的放大电路。

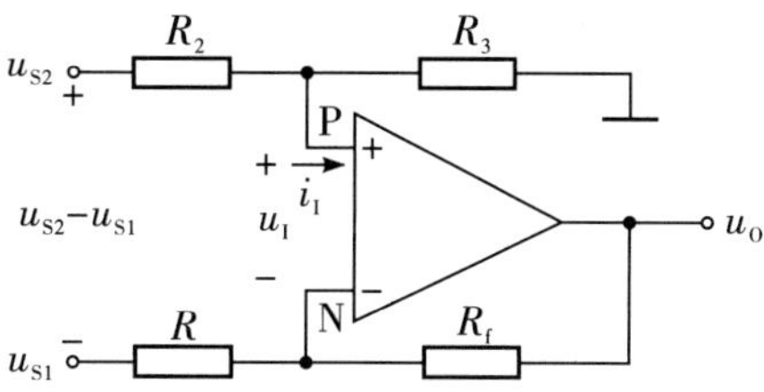

图 5 - 10　减法电路（二）

根据“虚短”和“虚断”的概念可知：

$$u_P = u_N,\ u_I = 0,\ i_I = 0$$

并可得下列方程式：

$$\frac{u_{S1} - u_N}{R} = \frac{u_N - u_O}{R_f} \tag{5-16}$$

$$\frac{u_{S2} - u_P}{R_2} = \frac{u_P}{R_3} \tag{5-17}$$

利用 $u_N = u_P$，并联解式（5 - 16）和式（5 - 17）可得：

$$u_O = \left(\frac{R + R_f}{R}\right)\left(\frac{R_3}{R_2 + R_3}\right)u_{S2} - \frac{R_f}{R}u_{S1}$$

在上式中，若满足$\frac{R_f}{R}=\frac{R_3}{R_2}$，则该式可简化为：

$$u_O=\frac{R_f}{R}(u_{S2}-u_{S1}) \tag{5-18}$$

当$R_f=R$，有：

$$u_O=u_{S2}-u_{S1} \tag{5-19}$$

式（5-19）表明，输出电压u_O与两输入电压之差$u_{S2}-u_{S1}$成比例，实现了两信号u_{S2}与u_{S1}的相减。

从原理上说，求和电路也可以采用双端输入（或称差动输入）方式，此时只用一个集成运放，即可同时实现加法和减法运算。但由于电路系数的调整非常麻烦，所以实际上很少采用。如需同时进行加法，通常宁可多用一个集成运放，而仍采用反相求和电路的结构形式。

4. 积分电路

在电子电路中，常用积分运算电路和微分运算电路作为调节环节，此外，积分运算电路还用于延时、定时和非正弦波发生电路中。积分电路有简单积分电路、同相积分电路、求和积分电路等。下面重点介绍一下简单积分电路。

简单积分电路如图5-11所示。反相比例运算电路中的反馈电阻由电容阻所取代，便构成了积分电路。

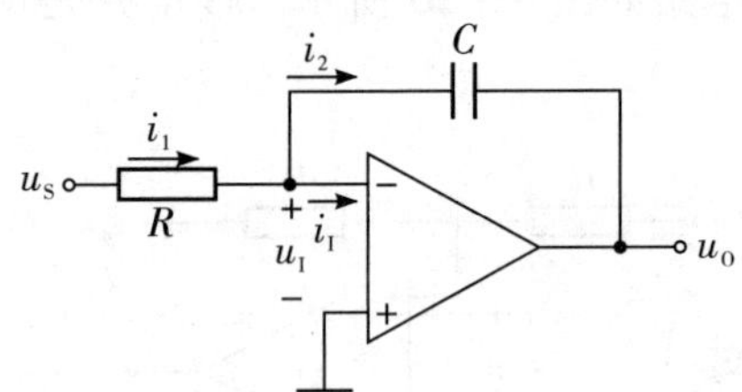

图5-11 积分电路

根据“虚短”和“虚断”的概念有：$u_I=0$，$i_I=0$，$i_1=i_2=\frac{u_S}{R}$。

电流i_2对电容C进行充电，且为恒流充电（充电电流与电容C及电容上的电压无关）。假设电容C初始电压为0，则：$u_O=-\frac{1}{C}\int i_2\mathrm{d}t=-\frac{1}{C}\int i_1\mathrm{d}t$

$$u_O=-\frac{1}{C}\int\frac{u_S}{R}=-\frac{1}{RC}\int u_S\mathrm{d}t \tag{5-20}$$

式（5-20）表明，输出电压与输入电压的关系满足积分运算要求，负号表示它们在相位上是相反的。RC称为积分时间常数，记为τ。

实际的积分器因集成运算放大器不是理想特性和电容有漏电等原因而产生积分误差，严重时甚至使积分电路不能正常工作。最简便的解决措施是，在电容两端并联一个电阻R_f，引入直流负反馈来抑制上述各种原因引起的积分漂移现象，但R_fC的数值应远大于积分时间。通常在精度要求不高、信号变化速度适中的情况下，只要积分电路功能正常，

对积分误差可不加考虑。若要提高精度，则可采用高性能集成运放和高质量积分电容器。

利用积分运算电路能够将输入的正弦电压，变换为输出的余弦电压，实现了波形的移相；将输入的方波电压变换为输出的三角波电压，实现了波形的变换；对低频信号增益大，对高频信号增益小，当信号频率趋于无穷大时增益为零，实现了滤波功能。

5. 微分电路

微分是积分的逆运算。将图 5－12 所示积分电路的电阻和电容元件互换位置，即构成微分电路，微分电路如图 5－12 所示。微分电路选取相对较小的时间常数 RC。

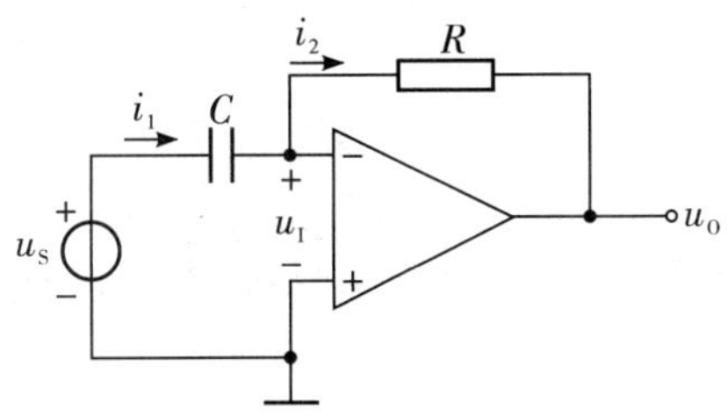

图 5－12　微分电路

同样根据“虚地”和“虚断”的概念有：$u_I=0$，$i_I=0$，$i_1=i_2$。

设 $t=0$ 时，电容 C 上的初始电压为 0，则接入信号电压 u_S 时有：

$$i_1=C\frac{\mathrm{d}u_S}{\mathrm{d}t}$$

$$u_O=-i_2R=-RC\frac{\mathrm{d}u_S}{\mathrm{d}t} \tag{5-21}$$

式（5－21）表明，输出电压与输入电压的关系满足微分运算的要求。因此微分电路对高频噪声和突然出现的干扰（如雷电）等非常敏感，故它的抗干扰能力较差，限制了其应用。

6. 有源滤波器

允许某一部分频率的信号顺利通过，而使另一部分频率的信号被急剧衰减（即被滤掉）的电子器件称为滤波器。

滤波器按照功能，可以分为低通、带通、高通、带阻滤波器。图 5－13 所示为四种滤波器的幅频特性。图中 f_H 为上限截止频率；f_L 为下限截止频率；f_0 为中心频率，即通带和阻带的中点。

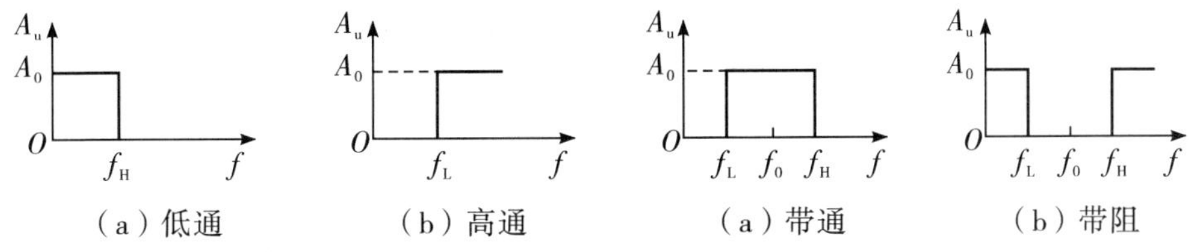

图 5－13　四种滤波器的幅频特性

滤波器具有“选频”的功能。在电子通信、电子测试及自动控制系统中，常常利用滤波器具有“选频”的功能来进行模拟信号的处理（用于数据传送、抑制干扰等）。此外，滤波器在无线电通信、信号检测和自动控制中对信号处理、数据传输和干扰抑制等方面也获得了广泛应用。

滤波器可分为有源滤波器和无源滤波器两种。一般主要采用无源元件 R，L 和 C 组成的模拟滤波器称为无源滤波器；由集成运放和 R，C 组成的滤波器称为有源滤波器。有源滤波器具有不用电感、体积小、重量轻等优点。此外，由于集成运放的开环电压增益和输入阻抗均很高，输出阻抗又很低，构成有源滤波电路后还具有一定的电压放大和缓冲作用。不过，有源滤波器的工作频率不高，一般在几千赫兹以下。在频率较高的场合，常采用 LC 无源滤波器或固态滤波器。

无源滤波器一般不存在噪声问题，而有源滤波器由于使用了放大器滤波器的噪声性能就比较突出，信噪比很差的有源滤波器也很常见。因此，使用有源滤波器时要注意以下几点：一是滤波器的电阻尽可能小一些，电容则要大一些；二是反馈量尽可能大一些，以减小增益；三是放大器的开环频率特性应该比滤波器的通频带要宽。

如图 5－14 所示为一简单的一阶 RC 有源低通滤波电路。该电路在一级无源 RC 低通滤波电路的输出端再加上一个同相比例放大器，使之与负载很好地隔离开来，由于同相比例放大器的输入阻抗很高，输出阻抗很低，因此，其带负载能力很强，同时该电路还具有电压放大作用。

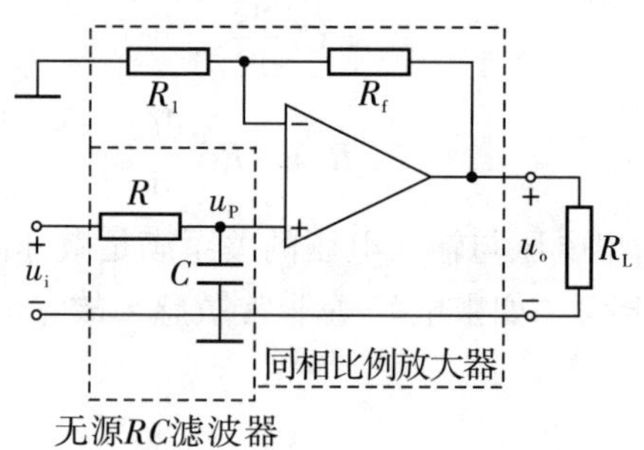

图 5－14　一阶 RC 有源低通滤波电路

5.3.2　集成运放的非线性应用

在集成运放的非线性应用电路中，运放一般工作在开环或仅正反馈状态，而运放的增益很高，在非负反馈状态下，其线性区的工作状态是极不稳定的，因此主要工作在非线性区，实际上这正是非线性应用电路所需要的工作区。

电压比较电路是用来比较两个电压大小的电路。在自动控制、越限报警、波形变换等电路中得到应用。

由集成运放所构成的比较电路，其重要特点是运放工作于非线性状态。开环工作时，由于其开环电压放大倍数很高，因此，在两个输入端之间有微小的电压差异时，其输出电压就偏向于饱和值；当运放电路引入适时的正反馈时，更加速了输出状态的变化，即输出电压不是处于正饱和状态（接近正电源电压 $+U_{CC}$），就是处于负饱和状态（接近负电源电压$-U_{EE}$)。处于运放电压传输特性的非线性区。由此可见，分析比较电路时应注意：

（1）比较器中的运放，“虚短”的概念不再成立，而“虚断”的概念依然成立。

（2）应着重抓住输出发生跳变时的输入电压值来分析其输入/输出关系，画出电压传输特性。

电压比较器简称比较器，它常用来比较两个电压的大小，比较的结果（大或小）通常由输出的高电平U_{OH}或低电平U_{OL}来表示。

1. 简单电压比较器

简单电压比较器的基本电路如图5－15（a）所示，它将一个模拟量的电压信号u_I和一个参考电压U_{REF}相比较。模拟量信号可以从同相端输入，也可从反相端输入。图5－15（a）所示的信号为反相端输入，参考电压接于同相端。

当输入信号$u_I < U_{REF}$，输出即为高电平，$u_O = U_{OH}$（$+V_{CC}$）。

当输入信号$u_I > U_{REF}$，输出即为高电平，$u_O = U_{OL}$（$-V_{EE}$）。

显然，当比较器输出为高电平时，表示输入电压u_I比参考电压U_{REF}小；反之当输出为低电平时，则表示输入电压u_I比参考电压U_{REF}大。

根据上述分析，可得到该比较器的传输特性如图5－15（b）中实线所示。可以看出，传输特性中的线性放大区（MN段）输入电压变化范围极小，因此可近似认为MN与横轴垂直。

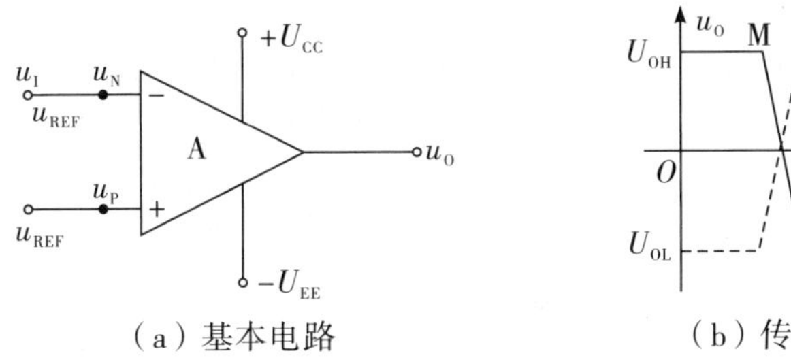

（a）基本电路　　（b）传输特性

图5－15　简单电压比较器的基本电路与传输特性

通常把比较器的输出电压从一个电平跳变到另一个电平时对应的临界输入电压称为阀值电压或门限电压，简称为阀值，用符号U_{TH}表示。对这里所讨论的简单比较器，有$U_{TH} = U_{REF}$。

也可以将图5－15（a）所示电路中的U_{REF}和u_I的接入位置互换，即u_I接同相输入端，U_{REF}接反相输入端，则得到同相输入电压比较器。不难理解，同相输入电压比较器的阀值仍为U_{REF}，其传输特性如图5－15（b）中虚线所示。

作为上述两种电路的一个特例，如果参考电压$U_{REF}=0$（该端接地），则输入电压超过零时，输出电压将产生跃变，这种比较器称为过零比较电路。

2. 迟滞电压比较器

当基本电压比较电路的输入电压若正好在参考电压附近上下波动时，不管这种波动是信号本身引起的还是干扰引起的，输出电平必然会跟着变化翻转。这表明虽然简单电

压比较器结构简单，灵敏度高，但抗干扰能力差。在实际运用中，有的电路过分灵敏会对执行机构产生不利的影响，甚至使之不能正常工作。实际电路希望输入电压在一定的范围内，输出电压保持原状不变。滞回比较电路就具有这一特点。迟滞比较器电路如图 5－16（a）所示。

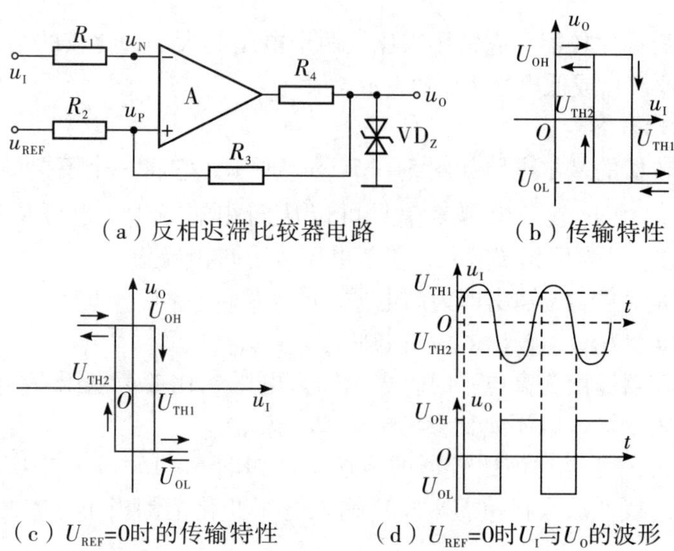

（a）反相迟滞比较器电路　（b）传输特性

（c）U_{REF}=0时的传输特性　（d）U_{REF}=0时U_I与U_O的波形

图 5－16　迟滞比较器

由于输入信号由反相端加入，因此为反相迟滞比较器。为限制和稳定输出电压幅值，在电路的输出端并接了两个互为串联反向连接的稳压二极管。同时通过 R_3 将输出信号引到同相输入端即引入了正反馈。正反馈的引入可加速比较电路的转换过程。由运放的特性可知，外接正反馈时，滞回比较电路工作于非线性区，即输出电压不是正饱和电压（高电平 U_{OH}），就是负饱和电压（低电平 U_{OL}），二者大小不一定相等。设稳压二极管的稳压值为 U_Z，忽略正向导通电压，则比较器的输出高电平 $U_{OH}\approx U_Z$，输出低电平 $U_{OL}\approx -U_Z$。

当运放输出高电平时（$u_O=U_{OH}\approx U_Z$），根据“虚断”，有 $u_N=u_P$，运放同相端输入电压为参考电压 U_{REF} 和输出电压 U_Z 共同作用的结果，利用叠加定理有：

$$u_P=\frac{R_2u_O}{R_2+R_3}+\frac{R_3U_{REF}}{R_2+R_3}=\frac{R_3U_{REF}+R_2u_O}{R_2+R_3}=\frac{R_3U_{REF}+R_2U_Z}{R_2+R_3}$$

又因为输入信号 $u_I=u_N$，所以此时的输入电压和 u_P 比较，令 $u_P=U_{TH1}$ 称为上阀值电压：

$$U_{TH1}=\frac{R_3U_{REF}+R_2U_Z}{R_2+R_3} \tag{5-22}$$

当运放输出低电平时（$u_O=U_{OL}\approx -U_Z$），根据“虚断”，有 $u_N=u_P$，同理可得：

$$u_P=\frac{R_2u_O}{R_2+R_3}+\frac{R_3U_{REF}}{R_2+R_3}=\frac{R_3U_{REF}+R_2u_O}{R_2+R_3}=\frac{R_3U_{REF}-R_2U_Z}{R_2+R_3}$$

令 $u_P=U_{TH2}$ 称为下阀值电压：

$$U_{\text{TH2}} = \frac{R_3 U_{\text{REF}} - R_2 U_Z}{R_2 + R_3} \tag{5-23}$$

得到了两个阈值电压，显然有 $U_{\text{TH1}} > U_{\text{TH2}}$。

当输入信号 $u_I = u_N$ 很小，$u_N < u_P$，则比较器输出高电平 $u_O = U_{OH}$，此时比较器的阈值为 U_{TH1}；当增大 u_I 直到 $u_I = u_N > U_{\text{TH1}}$ 时，才有 $u_O = U_{OL}$，输出高电平翻转为低电平，此时比较器的阈值变为 U_{TH2}；若 u_I 反过来又由较大值（$>U_{\text{TH1}}$）开始减小，在略小于 U_{TH1} 时，输出电平并不翻转，而是减小 u_I 直到 $u_I = u_N < U_{\text{TH2}}$ 时，才有 $u_O = U_{OH}$，输出低电平翻转为高电平，此时比较器的阈值又变为 U_{TH1}。以上过程可以简单概括为，输出高电平翻转为低电平的阈值为 U_{TH1}，输出低电平翻转为高电平的阈值为 U_{TH2}。

由上述分析可得到迟滞比较器的传输特性，如图 5-16（b）所示。可见该比较器的传输特性与磁滞回线类似，故称为迟滞（或滞回）比较器。

特别是当 $U_{\text{REF}} = 0$ 时，相应的传输特性如图 5-16（c）所示，两个阈值则为：

$$U_{\text{TH1}} = \frac{R_2 U_Z}{R_2 + R_3} \tag{5-24}$$

$$U_{\text{TH2}} = \frac{-R_2 U_Z}{R_2 + R_3} \tag{5-25}$$

显然有：

$$U_{\text{TH2}} = -U_{\text{TH1}}$$

如图 5-16（d）所示为 $U_{\text{REF}} = 0$ 的迟滞比较器在 u_I 为正弦电压时的输入和输出电压波形。显然，其输出的方波较过零比较器延迟了一段时间。

由于迟滞比较器输出高、低电平相互翻转的阈值不同，因此具有一定的抗干扰能力。当输入信号值在某一阈值附近时，只要干扰量不超过两个阈值之差的范围，输出电压就可保持高电平或低电平不变。

令两个阈值之差为：

$$\Delta U = U_{\text{TH1}} - U_{\text{TH2}} = \frac{2R_2 U_Z}{R_2 + R_3}$$

它被称为回差电压。回差电压是表明滞回比较器抗干扰能力的一个参数。

另外，由于迟滞比较器输出高、低电平相互翻转的过程是在瞬间完成的，即具有触发器的特点，因此又称为施密特触发器。

电压比较器将输入的模拟信号转换成输出的高低点平，输入模拟电压可能是温度、压力、流量、液面等通过传感器采集的信号，因而它首先广泛用于各种报警电路；其次，在自动控制、电子测试、模数转换、各种非正弦波的产生和变换电路中也得到广泛的应用。

3. 集成电压比较器

随着集成技术的不断发展，根据比较器的工作特点和要求，集成电压比较器得到了广泛应用，现在市场上用得比较多的产品有 LM293/LM393 系列、LM239/LM339 系列和 LM111/LM211/LM311 系列。LM293/LM393 系列为双电压比较器；LM239/LM339 系列为四电压比较器；LM111/LM211/LM311 系列为单电压比较器。它们都是集电极开路输出，均可采用双电源或单电源方式供电，供电电压从 +5 V 到 ±15 V。LM111/LM211/LM311

的不同在于工作温度分别为 -55 ℃到 +125 ℃、 -25 ℃到 +85 ℃、0 ℃ to 到 70 ℃。如图 5 - 17 所示为 LM311 的引脚图。

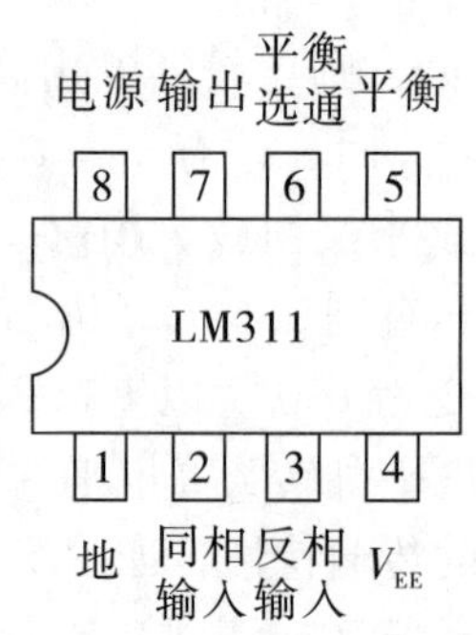

图 5 - 17　LM311 的引脚图

图 5 - 18 所示为 LM311 在超声波接收器中的应用电路图。JSQ 为超声波接收器，接收发射器发射过来的超声波信号，TL082 为双集成运放，由于信号比较微弱，经过两级放大后至 LM311 电压比较器的反相输入端，调节电位器，使当没有超声波时 LM311 输出为零，当有超声波信号时，电压比较器有输出，由于是集电极开路门，输出端通过一个上拉电阻至 +5 V，以便和单片机电源相匹配。

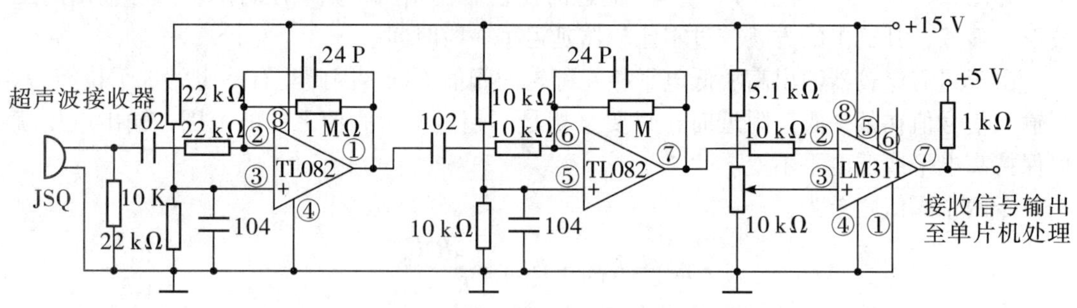

图 5 - 18　LM311 的应用电路

集成电压比较器除了用作比较器功能外，通过不同的接法，可以组成不同用途的电路，如继电器驱动电路、振荡器、电平检测电路等。

5.4　集成运放的种类及使用注意事项

集成运算放大器应用很广，为了达到应用要求并避免损坏元器件，在使用中应注意如下问题。

5.4.1　集成运算放大器的型号选择

集成运算放大器按不同标准有多种分类，按其内部电路可分为双极型、单极型和双极—单极兼容型；按集成芯片中运算放大器的数量可分为单运算放大器、双运算放大器和四运算放大器；按其技术指标又可分为通用型、高输入阻抗型、低漂移型、低功耗型、

高速型、高压型、大功率型等。在实际应用中，应结合使用要求和性能指标选择合适的运算放大器。

1. 高输入阻抗型

主要用作测量放大器、模拟调节器、有源滤波器及采样—保持电路等，以减轻信号源负载，国产典型器件有5G28等。

2. 低漂移型

一般用于精密检测、精密模拟计算、自控仪表、人体信息检测等。其信号常为毫伏或微伏级的微弱信号，典型器件有5G7650。

3. 高速型

一般用于快速模/数和数/模转换器、有源滤波器、锁相环、精密比较器、高速采样保持电路和视频放大器等，要求输出对输入有快速响应。

4. 低功耗型

一般用于遥测、遥感、生物医学和空间技术研究等对能源消耗有限制的场合，其电源电压可低至1.5 V。

5. 大功率型

主要用于要求输出功率大的场合，典型器件如MCELI65，在电源电压18 V下，最大输出电流大3.5 A。而一般集成运算放大器最大输出电流仅为5～10 mA。

在实际应用中，除了满足主要性能指标外，还要考虑经济性。一般性能指标高的运算放大器，价格也相应较高，故无特殊要求的场合，可选用通用型、多运放型运算放大器。

目前运算放大器的类型很多，而每一种集成运算放大器的管脚数，每个管脚的功能和作用均不相同，因此，需在查阅该型号的资料后，了解其指标参数和使用方法。

5.4.2　运算放大器的调零及消振

（1）输入信号选用交、直流量均可，但在选取信号的频率和幅度时，应考虑运放的频响特性和输出幅度的限制。

（2）调零。为提高运算精度，在运算前，应首先对直流输出电位进行调零，即保证输入为零时，输出也为零。当运放有外接调零端子时，可按组件要求接入调零电位器R_W，调零时，将输入端接地，调零端接入电位器R_P，用直流电压表测量输出电压U_0，细心调节R_P，使U_0为零（即失调电压为零）。

如运放没有调零端子，若要调零，可按图5－19所示电路进行调零。

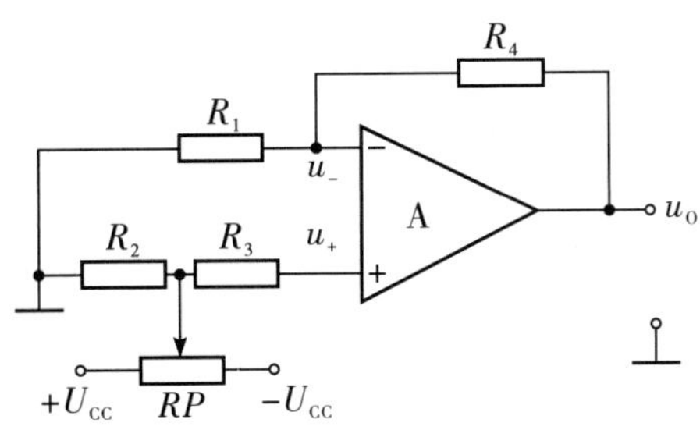

图5－19

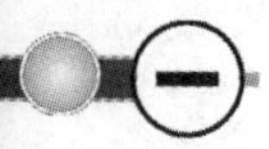

一个运放如不能调零，大致有如下原因：①组件正常，接线有错误。②组件正常，但负反馈不够强（R_F/R_1 太大），为此可将 R_F 短路，观察是否能调零。③组件正常，但由于它所允许的共模输入电压太低，可能出现自锁现象，因而不能调零。为此可将电源断开后，再重新接通，如能恢复正常，则属于这种情况。④组件正常，但电路有自激现象，应进行消振。⑤组件内部损坏，应更换好的集成块。

（3）消振。一个集成运放自激时，表现为即使输入信号为零，亦会有输出，使各种运算功能无法实现，严重时还会损坏器件。在实验中，可用示波器监视输出波形。为消除运放的自激，常采用如下措施：①若运放有相位补偿端子，可利用外接 R_C 补偿电路，产品手册中有补偿电路及元件参数提供。②电路布线、元器件布局应尽量减少分布电容。③在正、负电源进线与“地”之间接上几十皮法的电解电容和 0.01 ~ 0.1μF 的陶瓷电容相并联以减小电源引线的影响。

5.4.3 集成运算放大器的保护措施

集成电路在使用中若不注意，可能会使它损坏。比如：电源电压极性接反或电压太高；输出端对地短路或接到另一电源造成电流过大；输入信号过大，超过额定值等。针对以上情况，通常可采取下面的保护措施。

1. 输入保护

输入级的损坏是因为输入的差模或共模信号过大而造成的。可采取如图 5 - 20 所示的利用二极管和电阻构成的限幅电路来进行保护。

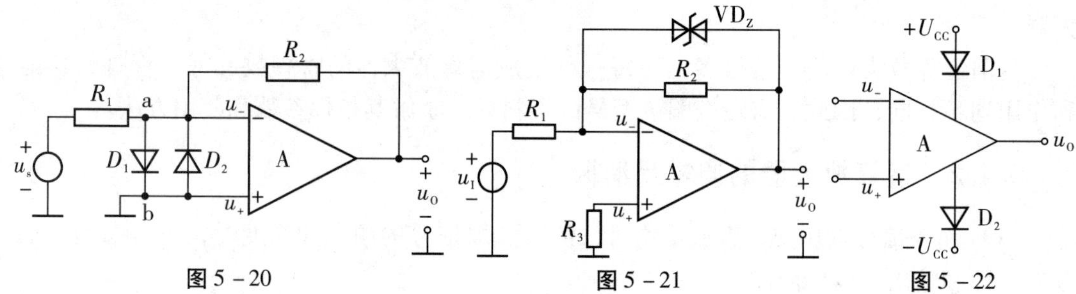

图 5 - 20　　图 5 - 21　　图 5 - 22

2. 输出保护

对于输出端对地短路的保护，采取了限制电源电流的方法，如图 5 - 21 所示。当电路正常工作在额定的 I_B 和 I_C 值时，使 T_1、T_3 工作在饱和区，U_{CES}很小，则集成电路相当于直接连在电源端。当 I_B 不变而 I_C 增大超过额定值时，T_1、T_3 将进入放大区，处于恒流状态，则保护了集成电路。

针对输出端可能接到外部电压而过流或击穿的情况，可在输出端接上稳压管，如图所示。这样输出电压值不但不会超过稳压值，而且还起到了保护作用。

3. 电源端保护

为了防止电源极性接反，可利用二极管单向导电性，在电源连接线中串接二极管来实现保护，如图 5 - 22 所示。

本章小结

（1）集成运算放大器是用集成工艺制成的、具有高增益的直接耦合多级放大器。它一般由输入级、中间级、输出级和偏置电路四部分组成。为了抑制温漂和提高共模抑制比，常采用差动式放大电路作为输入级；中间为电压增益级；互补对称电压跟随电路常用于输出级。

（2）差动式放大电路是集成运算放大器的重要组成单元，它既能放大直流信号，又能放大交流信号；它对差模信号具有很强的放大能力，而对共模信号却具有很强的抑制能力。

（3）集成运放是模拟集成电路的典型组件。对于它的内部电路只要求定性了解，目的在于掌握它的主要技术指标，能根据电路系统的要求正确选用。

（4）集成运放工作在线性工作区时，运放接成负反馈的电路形式，此时电路可实现加、减、积分和微分等多种模拟信号的运算。分析这类电路可利用“虚短”和“虚断”这两个重要概念，以求出输出与输入之间的关系。

（5）有源滤波电路通常是由运放和 R_C 反馈网络构成的，根据幅频响应不同，可分为低通、高通、带通、带阻和全通滤波电路。

（6）集成运放工作在非线性工作区时，运放接成开环或正反馈的电路形式，此时电路的输出电压受电源电压限制，且通常为二值电平（非高即低）。

（7）电压比较器常用于比较信号大小、开关控制、波形整形和非正弦波信号发生器等电路中。集成电压比较器由于电路简单，使用方便而得到广泛应用。

实训项目一　运算放大器基本应用

一、实训目标

（1）研究由集成运算放大器组成的比例、加法、减法和积分等基本运算电路的功能。
（2）了解由集成运算放大器电路构成的电压比较器电路的应用。
（3）了解运算放大器在实际应用时应考虑的一些问题。

二、实训设备与器件

多媒体实验室（安装 Proteus ISIS 仿真软件或其他仿真软件）。

三、实训内容与步骤

1. 实验内容

（1）反向比例运算电路。如图 5－23。输入端输入 $f=100$ Hz，$U_i=0.5$ V 的正弦交流信号，测量其输出交流电压 U_o，观察输出波形与输入波形的相位关系，结果记录在表 5－1 中。

表 5－1

（U_i＝0.5 V　f＝100 Hz）

U_i/V		
U_o/V		
U_i 波形		
U_o 波形		
A_v	实测值	
	计算值	

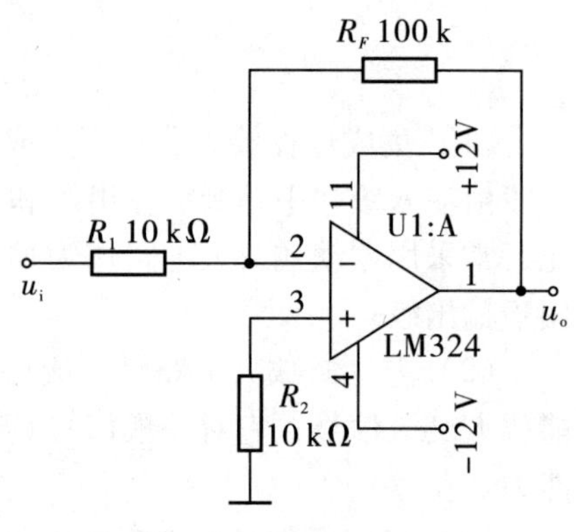

图 5－23　反向比例运算电路

（2）同相比例运算电路。如图 5－24（a）（b），输入端输入 f＝100 Hz，U_i＝0.5 V 的正弦交流信号，测量其输出交流电压 U_o，观察输出波形与输入波形的相位关系，结果记录在表 5－2 中。

表 5－2

（U_i＝0.5 V　f＝100 Hz）

电路	U_i/V	U_o/V	U_i 波形	U_o 波形	A_v	
					实测值	计算值
(a)						
(b)						

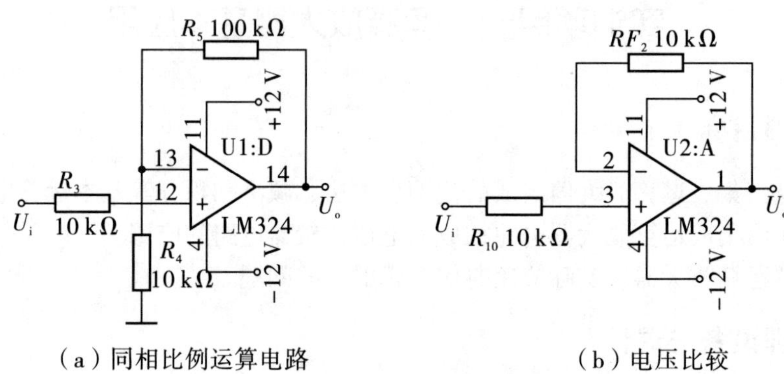

（a）同相比例运算电路　　（b）电压比较

图 5－24　同相比例运算电路与电压比较图

（3）反向加法运算电路。如图 5－25，在输入端 U_{i1}、U_{i2} 分别输入直流电压（输入的直流信号幅值应确保集成运算放大器工作在线性区），分别测量输入电压（U_{i1}、U_{i2}）、输出电压（U_o）值，结果记录在表 5－3 中。

表 5－3　反向加法运算测试结果

U_{i1}	0.2	0.3					
U_{i2}	0.3	0.5					
U_o							

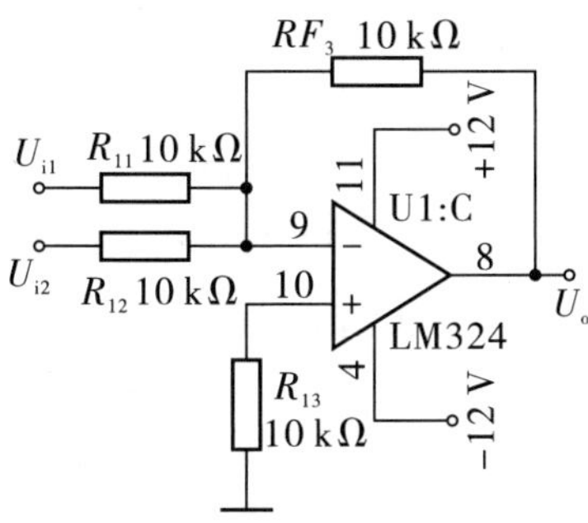

图 5－25　反向加法运算电路

（4）减法运算电路。如图 5－26，在输入端 U_{i1}、U_{i2}分别输入直流电压（输入的直流信号幅值应确保集成运算放大器工作在线性区），分别测量输入电压（U_{i1}、U_{i2}）、输出电压（U_o）值，结果记录在表 5－4 中。

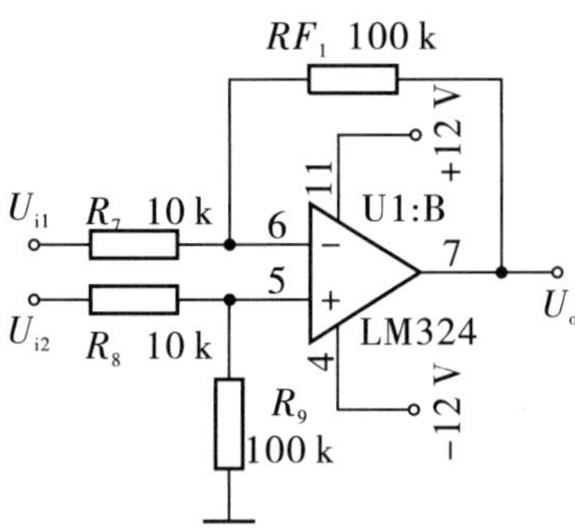

图 5－26　减法运算电路

表 5－4　减法运算电路测试结果

U_{i1}	0.5	0.2					
U_{i2}	0.2	0.5					
U_o							

（5）电压比较器电路。如图 5－27 所示，12 V 电压经 R_6、R_7 分压，运算放大器⑨脚电压为6 V，运算放大器⑩脚电压由 R_{12}、R_{11} 和 R_{V1} 分压电路确定，调节 R_{V1} 改变运算放大器⑩脚的电压，测量 5 组运算放大器⑩、⑧脚的电压值，记录下来。

电压比较器的工作过程描述为：____。

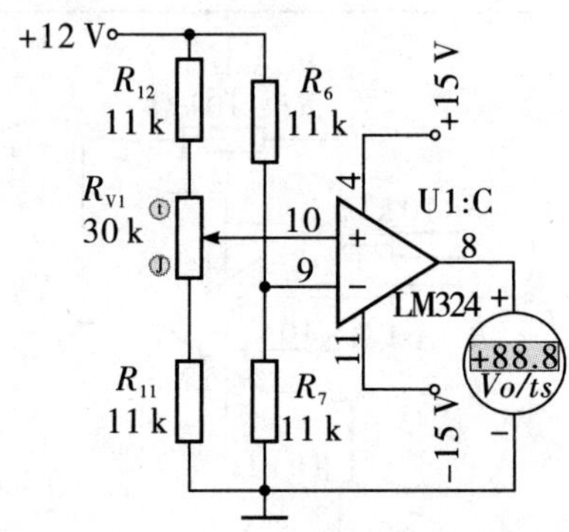

图 5－27 电压比较器电路

2. 实训步骤

（1）仿真实训。

①运行仿真软件 Proteus ISIS，在 ISIS 主窗口编辑实训电路图。

②启动仿真，按照实训内容逐项测量、记录测量数据、计算。

（2）拓展实训。

用仿真软件进行集成运算放大器积分、微分运算电路测试。

仿真实训图如图 5－28 所示。请画出输入、输出波形。

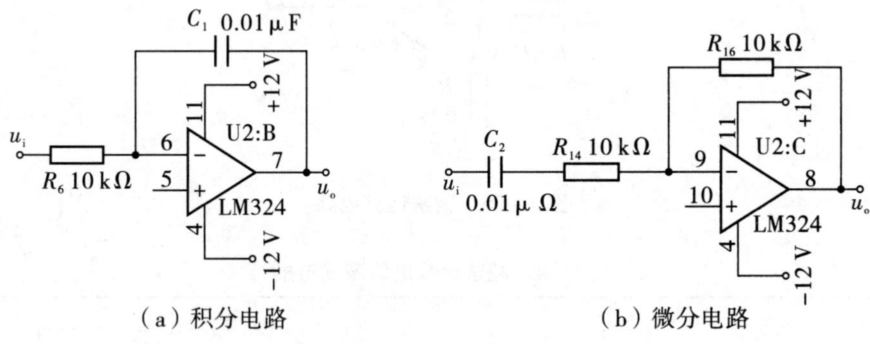

图 5－28 集成运算放大器积分、微分电路

四、电路分析，编制实训报告

实训报告内容包括：

（1）实训目的。

（2）实训仪器设备。

（3）电路工作原理。
（4）元器件清单。
（5）主要收获与体会。
（6）对实训课的意见、建议。

实训项目二　集成运算放大器指标测试

一、实训目标

（1）掌握集成运算放大器主要指标的测试方法。

（2）通过对运算放大器 LM324 指标测试，了解集成运算放大器组件的主要参数的定义和表达方法。

二、实训设备与器件

（1）多媒体实验室（安装 Proteus ISIS 仿真软件或其他仿真软件）。

（2）+12 V 直流电源、交流毫伏表、数字万用表、信号发生器、示波器各一台，万用电路板一块。

（3）集成运算放大器 LM324 一块、电阻器、电容器若干。

三、实训内容与步骤

1. 实训内容

（1）输入失调电压 U_{os}、输入失调电流 I_{os}的测量如图 5－29 所示。

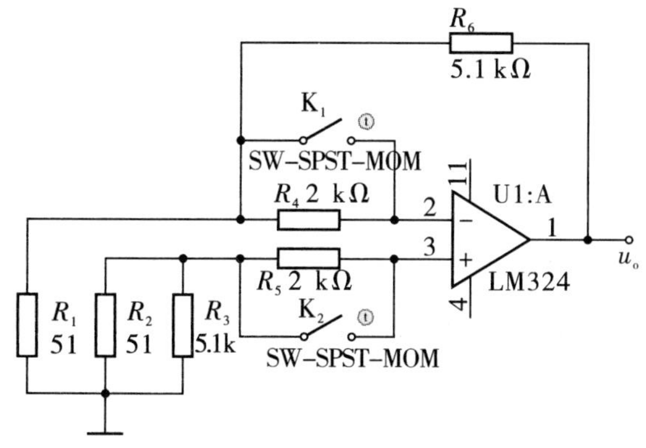

图 5－29　U_{os}、I_{os}指标测试电路

①闭合开关 K_1、K_2，测量输出端的直流电压 U_{o1}，结果记录在表 5－5，并计算出 U_{os}值。

计算公式：U_{os} = ___________

②打开开关 K_1、K_2，测量输出端的直流电压 U_{o2}，结果记录表5－6，并计算出 I_{os} 值。

计算公式：I_{os} = ________

表5－5　测量结果

U_{o1}/mV	U_{os}/mV	典型值	U_{o2}/mV	I_{os}/mA	I_{os}典型值
		2～10			50～100

（2）开环差模电压放大倍数 A_{ud} 的测量。

如图5－30所示，输入端输入 f＝100 Hz，幅值30～50 mV的正弦波信号，用示波器观察输出波形。测量输出端和输入端的交流电压（U_o、U_i），结果记录在表5－6，并计算出 A_{ud} 值。

计算公式：A_{ud} = ________

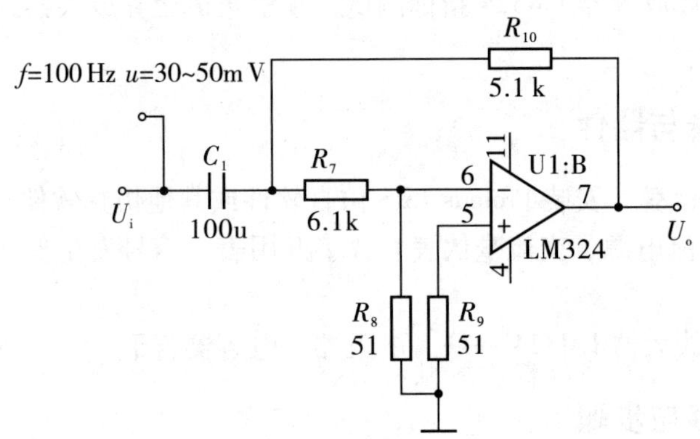

图5－30　A_{ud} 指标测试电路

表5－6

（f＝100 Hz，U_i＝30～50 mV）

U_o/mV	U_i/mV	A_{ud}/db	A_{ud}典型值
			50～100

（3）共模抑制比 C_{MRR} 的测量。

如图5－31所示，输入端输入 f＝100 Hz，幅值大约1～2 V的正弦波信号，用示波器观察输出波形。测量输出端和输入端的交流电压（U_o、U_i），结果记录在表5－7，并计算出 A 和 C_{MRR} 值。

计算公式：

A =	
C_{MRR} =	

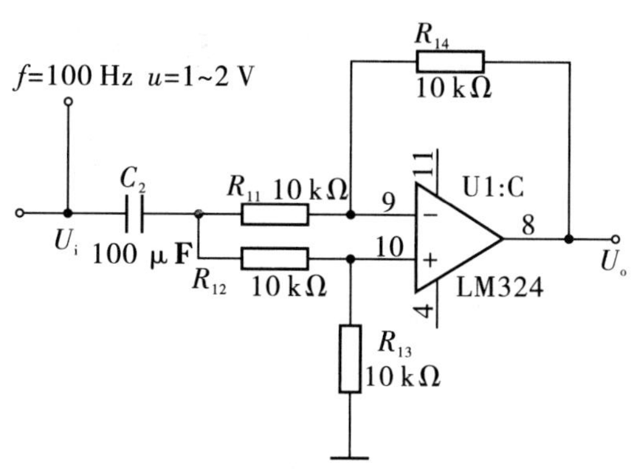

图 5－31　共模抑制比 C_{MRR} 的测量

表 5－7

（单位：$f=100$ Hz，$U_i=1\sim2$ V）

U_o/V	U_i/V	C_{MRR}/db	C_{MRR}典型值
			80～86

2. 实训步骤

（1）仿真测试。

①运行 Proteus ISIS 仿真软件（或其他仿真软件），在 ISIS 主窗口编辑各实训电路图。

②启动仿真，按照实训内容（1）～(3）进行测试、记录、计算。

（2）实际电路测试。

①在万用电路板上连接实训电路。

②按实训内容（1）～(3）进行测试、记录、计算。

四、电路分析，编制实训报告

实训报告内容包括：

（1）实训目的。

（2）实训仪器设备。

（3）测量值与典型值比较分析。

（4）元器件清单。

（5）主要收获与体会。

（6）对实训课的意见、建议。

实训项目三　音调控制电路制作与调试

一、实训目标

（1）加强对运算放大器电路理论知识的理解。

（2）初步掌握音调控制技术和电路调试方法。

二、实训设备与器件

（1）多媒体实验室（安装 Proteus ISIS 仿真软件或其他仿真软件）。

（2）±15 V 电源、示波器、数字万用表、交流毫伏表、信号发生器各一台。

（3）集成电路 LM324 一块，电阻电容等元器件一批。

三、实训内容与步骤

实训如图 5－32 所示。音调控制电路由信号缓冲电路和负反馈混合式音调控制两部分组成。

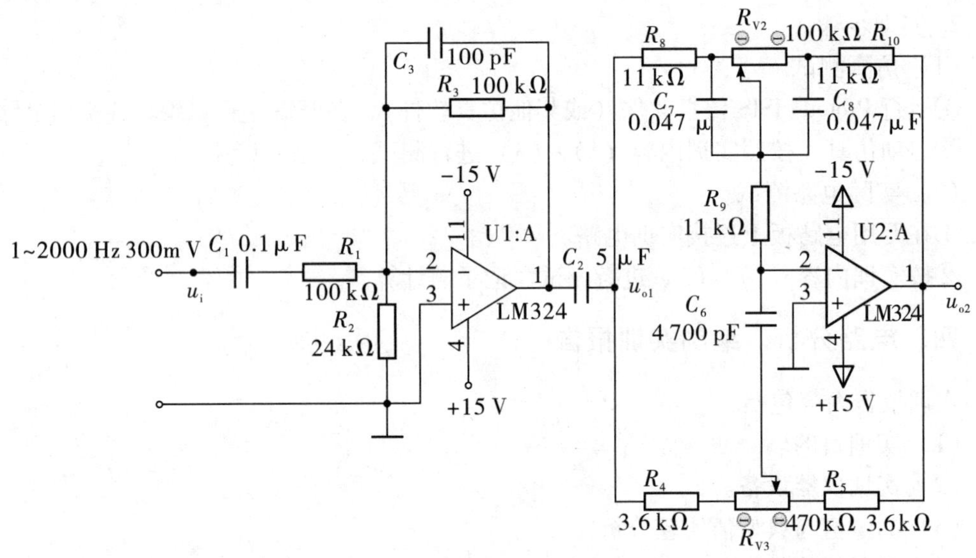

图 5－32　实用音调控制器电路图

1. 仿真测试

（1）运行 Proteus ISIS，在 ISIS 主窗口编辑仿真图。

（2）调节 R_{V2}，置 R_{V2} 触点至左边、中部、右边三种位置状态，每种状态分别输入 1～6 kHz、300 mV 正弦波信号（按一定间隔选取 10 个频率点），结果记录下来。

（3）调节 R_{V3}，置 R_{V2} 触点至左边、中部、右边三种位置状态，每种状态分别输入 1～6 kHz、300 mV 正弦波信号（按一定间隔选取 10 个频率点），结果记录下来。

（4）分析、比较，描述 R_{V2}、R_{V3} 的作用：____。

2. 制作与调试

按照图 5－32 电路制作电路板，安装元器件，通电测试，编制实训报告。

四、电路分析，编制实训报告

实训报告内容包括：

（1）实训目的。

（2）实训仪器设备。

（3）电路工作原理。

（4）元器件清单。

（5）主要收获与体会。

（6）对实训课的意见、建议。

练　习　题

一、填空题

1. 集成运放的内部一般包括 4 个组成部分，它们是________、________、________和________。

2. 由理想集成运放组成的基本运算电路工作时，运算放大器的反相输入端与同相输入端之间的电压关系是________，俗称________；而两个输入端之间的电流关系是________，俗称________。

3. 电压比较器的功能是比较两个电压的________，将比较结果反映在________端。

4. 电压比较器的输入信号是连续变化的模拟信号，其输出信号是__________。

5. 在差动放大电路的输入信号中，________信号是有用信号，________信号则是要设法抑制的信号。

6. 长尾式差动放大电路中的 R_e 对________信号有负反馈作用，对________信号无负反馈作用，R_e 愈大负反馈作用________。

二、简答题

1. 集成运放电路结构有什么特点？

2. 集成运算放大电路实际上是一个高增益的多级直接耦合放大电路，直接耦合放大电路存在零点漂移问题，怎样衡量放大电路的零点漂移？

3. 什么是差动放大电路的差模放大作用和共模抑制作用？

4. 什么是共模抑制比 K_{CMR}？K_{CMR} 值代表什么物理意义？如何计算？

5. 图 5－4 所示差动式放大电路能抑制零点漂移的原因是什么？电阻 R_E 在电路中起什么作用？该电路为什么要采用双电源供电模式？

6. 集成运放的输入级为什么采用差分式放大电路？对集成运放的中间级和输出级各有什么要求？一般采用什么样的电路形式？

7. 集成运放的温度漂移能否外接调零装置来补偿？

8. 电路结构由 BiFET 和全 MOSFET 组成的集成运放的输入阻抗范围各为多少？一般用于什么场合？

9. 高精度、低漂移型，高速型，低功耗型和高压型等专用型集成电路，它们的主要性能指标是什么？请从有关集成运放手册查找出器件型号，并列出主要参数值。

10. 比例运算电路有哪些？其计算放大倍数的关键是什么？

11. 在反相求和电路中，集成运放的反相输入端是如何形成虚地的？该电路属于何种反馈类型？

12. 说明在差分式减法电路中，运放的两输入端存在共模电压。为提高运算精度，应选用何种运放？

三、计算应用题

1. 双端输入、双端输出差分式放大电路如图 5－4（a）所示。在理想条件下，当 $u_{i1}=25$ mV，$u_{i2}=10$ mV，$A_{ud}=100$，$A_{uc}=0$ 时，求差模输入电压 u_{id}、共模输入电压 u_{ic} 和输出电压 $u_o=u_{o1}-u_{o2}$ 各是多少？

2. 差动放大电路中一管输入电压 $u_{i1}=3$ mV，试求下列不同情况下的差模分量与共模分量：（1）$u_{i2}=3$ mV；（2）$u_{i2}=-3$ mV；（3）$u_{i2}=5$ mV；（4）$u_{i2}=-5$ mV。

3. 若差动放大电路输出表达式为 $u_o=1\,000\,u_{i2}-999\,u_{i1}$。求：（1）共模放大倍数 A_{uc}，（2）差模放大倍数 A_{ud}，（3）共模抑制比 K_{CMR}。

4. 求图 5－33 所示电路的输出电压 u_O，设各运放均为理想运放。

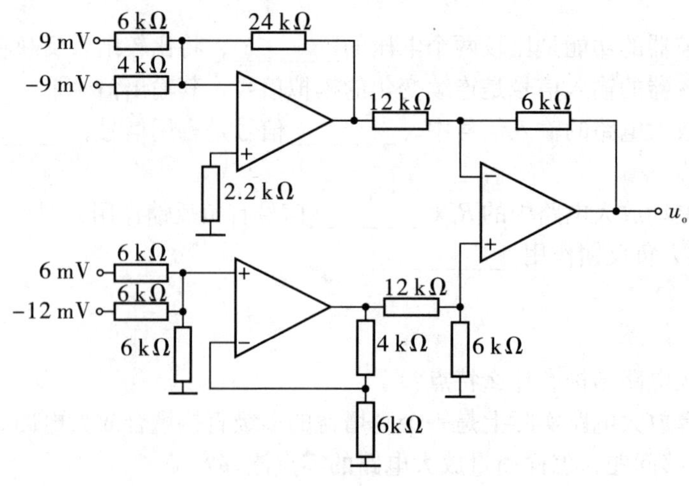

图 5－33

5. 求图 5－34 所示电路的输出电压 u_O，设运放是理想的。

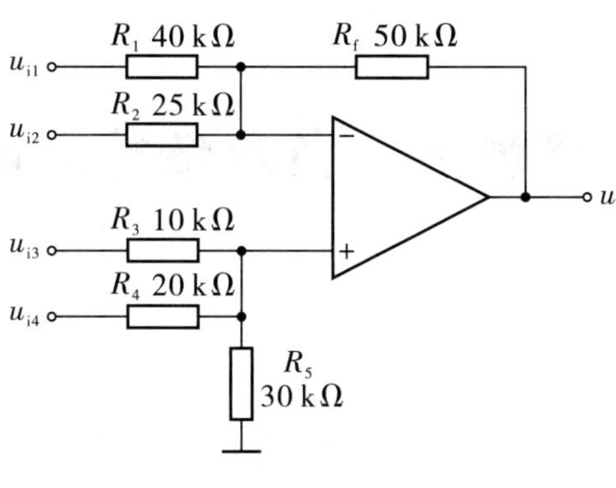

图 5－34

6. 画出实现下述运算的电路：$u_o = 2u_{i1} - 6u_{i2} + 3u_{i3} - 0.8u_{i4}$。

7. 图 5－35 所示为积分求和运算电路，设运放是理想运放，试推导输出电压与各输入电压的关系式。

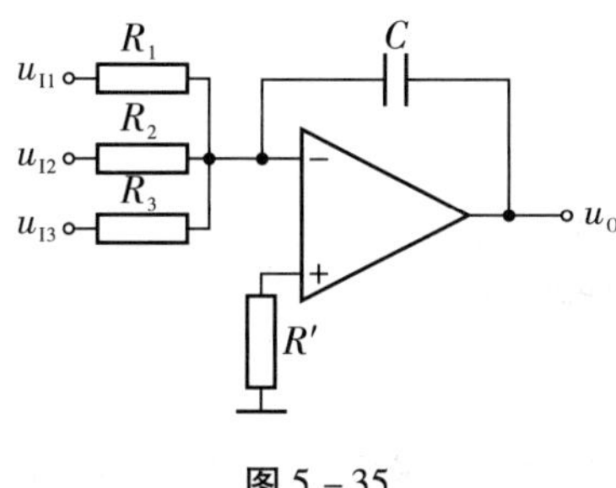

图 5－35

8. 求图 5－36（a）所示比较器的阈值，画出传输特性。若输入电压 u_I 波形如图 5－36（b）所示时，画出 u_o 波形（在时间上必须与 u_I 对应）。

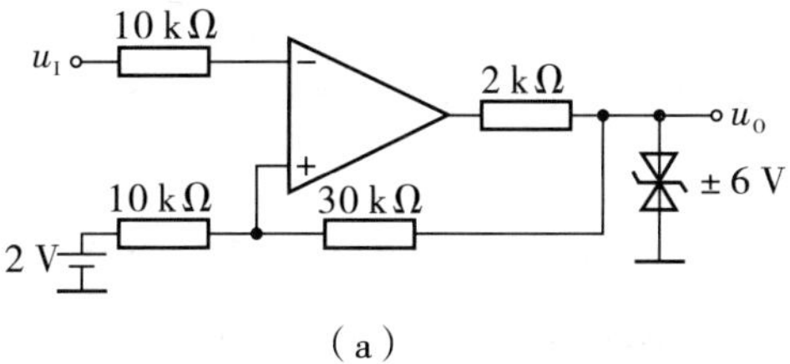

（a）

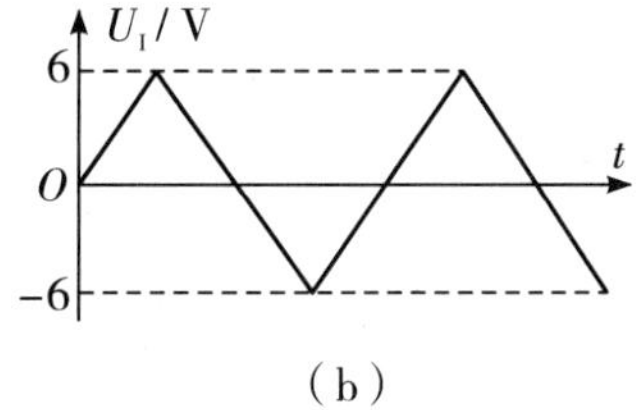

（b）

图 5－36

学习情境六　负反馈放大电路

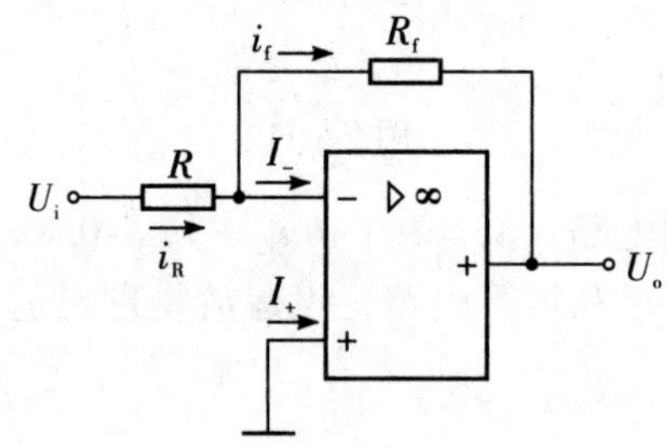

【教学任务】

（1）介绍电路的反馈。

（2）介绍负反馈电路的类型。

（3）介绍负反馈对放大器性能的影响。

【教学目标】

（1）掌握各种反馈的基本概念、电路特点、瞬时极性法的应用。

（2）掌握负反馈的四种基本组态的分析方法。

（3）熟悉负反馈对放大器性能的影响。

（4）培养学生提高分析和判断负反馈电路的能力；培养学生利用负反馈来改善放大器性能指标的能力。

（5）培养学生从小处着眼、认真、严谨、不怕困难的职业素质。

【教学内容】

（1）有、无反馈，正、负反馈，交、直流反馈判断方法分析，瞬时极性法的应用。

（2）电压串联、电压并联、电流串联、电流并联负反馈的判断方法分析。

（3）负反馈对放大器性能的影响和分析。

（4）深度负反馈放大电路的特点及计算。

【教学实施】

基本概念分析、电路原理阐述相结合，辅以多媒体课件展示，应用实例举例。

第六章　放大电路中的反馈

【基本概念】

反馈，负反馈和正反馈，直流反馈和交流反馈，电压负反馈和电流负反馈，串联负反馈和并联负反馈，负反馈放大电路的方框图，反馈系数和负反馈放大电路的放大倍数。

【基本电路】

四种组态交流负反馈放大电路的方框图，用集成运放组成的四种组态的负反馈放大电路。

【基本方法】

电路是否引入反馈的判断方法，反馈极性的判断方法，直流反馈和交流反馈的判断方法，负反馈组态的判断方法；反馈系数的求解方法，深度负反馈条件下电压放大倍数的求解方法；根据需求引入反馈的方法；负反馈放大电路稳定性的判别方法，消除自激振荡的方法。

在各种电子电路中，为了改善放大电路各方面的性能，普遍引入不同形式的负反馈。所以，掌握负反馈的基本概念及其判别方法是研究实用电子电路的基础。本章主要介绍反馈的概念，常用的四种负反馈组态形式，以及负反馈极性的判断方法，还讨论了负反馈对放大电路性能的改善等问题。

6.1　反馈的基本概念及判断方法

6.1.1　反馈的基本概念

1. 什么是反馈

反馈是指将放大电路的输出量（输出电压或电流）的一部分或全部，通过一定的方式或路径回送到放大电路的输入端，对输入量（输入电压或电流）产生影响，从而控制该输出量的变化，起到自动调节的作用，这个过程称为反馈。反馈的效果有两种：一种是使输出信号增强，称为正反馈；另一种是使输出信号减弱，称为负反馈。

根据反馈放大电路各部分电路的主要功能特性，可将其分成基本放大电路和反馈网络两部分，如图 6－1 所示。整个放大电路的输入信号称为输入量，输出信号称为输出量；反馈网络的输入信号是电路的输入量，其输出信号称为反馈量；基本放大电路的输入信号称为净输入量，它是输入量和反馈量叠加的结果。

2. 正反馈和负反馈

根据反馈信号在输入端产生的效果大小不同，可将反馈分为正反馈和负反馈。为了判断引入的是正反馈还是负反馈，可以采用瞬时极性法：先假定输入信号为某一个瞬时极性，然后逐级推出电路其他有关各点信号瞬时的极性，最后判断反馈到输入端信号的瞬时极性是增强还是削弱了原来的输入信号。净输入量的变化必然带来输出量的相应变化。因此，反馈的结果使放大电路的净输入量增大的称为正反馈，使放大电路的净输入量减小的称为负反馈。

放大电路中引入正反馈或负反馈其目的和作用是不同的。引入负反馈可以改善放大电路的性能，例如扩展通频带、减小非线性失真、提高输入电阻、减小输出电阻等等；而引入正反馈则不仅不能使放大电路稳定地输出信号，而且还会产生自激振荡，甚至会破坏放大电路的正常工作。但是，有意在放大电路中引入正反馈，使之产生自激振荡，可以获取正弦波或其他波形信号。

3. 直流反馈和交流反馈

反馈量为直流量的称为直流反馈，反馈量为交流量的称为交流反馈。或者说，在直流通路中引入的反馈为直流反馈，在交流通路中引入的反馈为交流反馈。本章重点讨论交流反馈。

4. 电压反馈和电流反馈

如果反馈信号取自输出电压，或者说与输出电压成正比，则称为电压反馈；如果反馈信号取自输出电流，或者说与输出电流成正比，则称为电流反馈。

5. 串联反馈和并联反馈

若反馈信号与输入信号在输入回路中以电压形式相加减（即反馈信号与输入信号是串联连接），则称为串联反馈。如果反馈信号与输入信号在输入回路中以电流形式相加减（即反馈信号与输入信号并联连接），则称为并联反馈。

6. 级间反馈和本级反馈

通常，在多级放大电路中每级电路各自的反馈称为本级反馈或局部反馈，从多级放大电路的输出引回输入的反馈称为级间反馈。

6.1.2　反馈的判断方法

1. 有无反馈的判断

在放大电路中，若其输出回路与输入回路存在有由电阻、电容等元件构成的通路，则说明电路中引入了反馈，否则无反馈。

如图 6－1 所示的放大电路中，R_E将放大电路的输出端和输入端“联系”起来，构成反馈通路，使输出电压 u_o通过 u_f影响输入量 u_{id} （$u_{id}=u_i-u_f$）。电阻 R_E既在输入回路，又在输出回路，将输出回路的电压变化通过 R_E反馈到输入端，以电压 u_f （$u_f=u_o$） 的形式对净输入量 u_{id}产生影响。

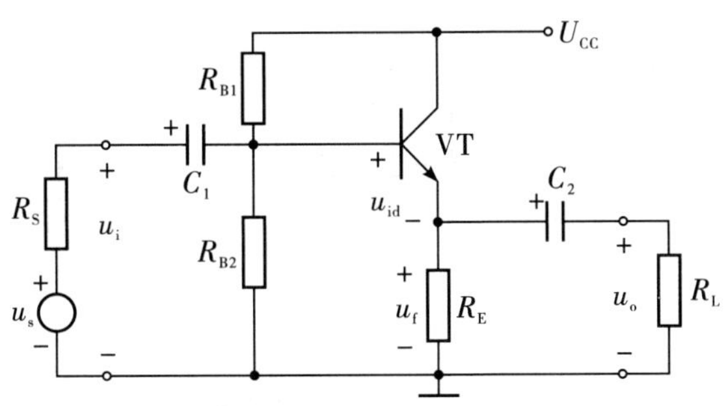

图 6－1　共集电极放大电路

综上可知，根据反馈放大电路各部分电路的主要功能，可将其分成基本放大电路和反馈网络两大部分，如图 6－2 所示。

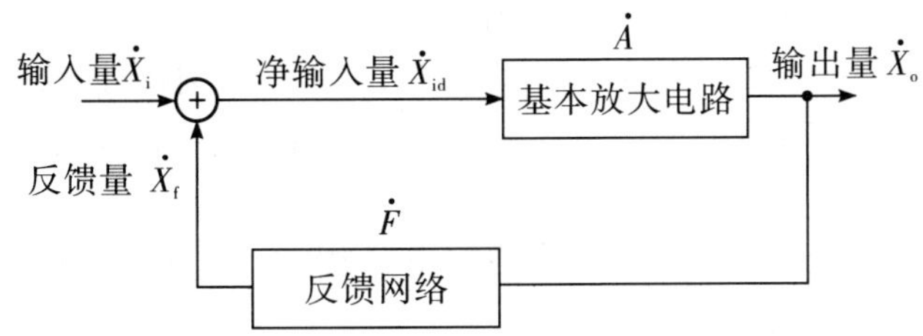

图 6－2　反馈放大电路的组成框图

通常将连接输入回路与输出回路的反馈元件，称为反馈网络；把没有引入反馈的放大电路，称为基本放大电路或开环放大电路；而把引入反馈的放大电路称为反馈放大电路或闭环放大电路。

输入信号（输入量 $\dot{X}_i$）、反馈网络的输出信号（反馈量 $\dot{X}_f$）经求和电路输入到基本放大电路的信号 $\dot{X}_{id}$称为净输入量。

按反馈信号在输入端产生的效果不同，可分为正反馈和负反馈；按反馈信号在放大电路输出端不同的采样方式，可分为电压反馈和电流反馈；按反馈信号的交、直流性质，可分为直流反馈和交流反馈；按反馈信号在放大电路输入端的输入方式不同，可分为串联反馈和并联反馈。

2. 直流反馈和交流反馈的判断

根据直流反馈和交流反馈的概念判断。

【例 6－1】判断如图 6－3 所示电路中引入的直流反馈、交流反馈，设电路中各电容对交流信号均视为短路。

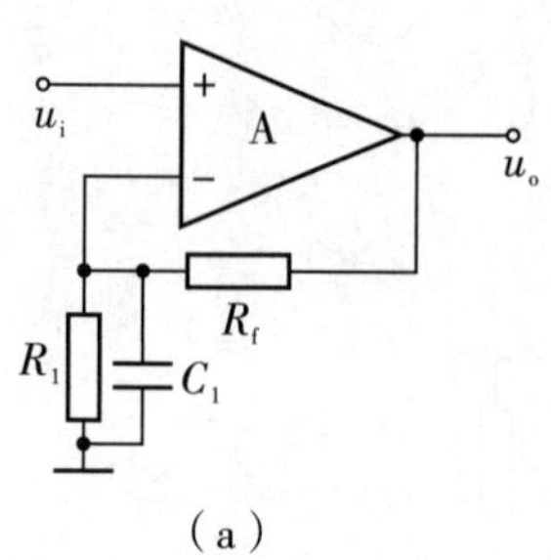

（a）

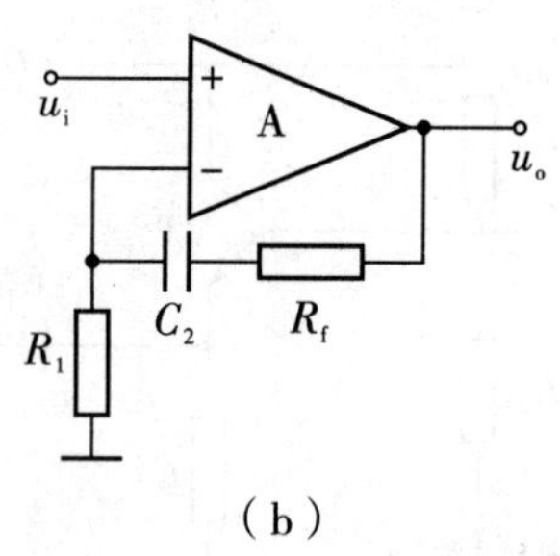

（b）

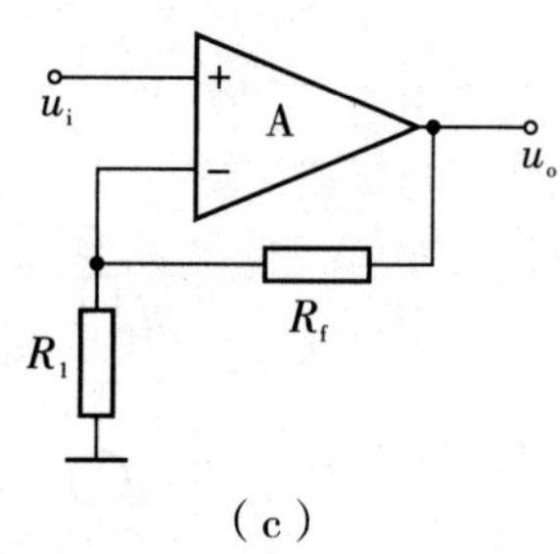

（c）

图 6－3　例 6－1 电路图

解：根据直流反馈、交流反馈的概念，判断如下。

图 6－3（a）的直流通路如图 6－4（a）所示，可见，R_f 形成反馈通路，故电路引入了直流反馈。图 6－3（a）的交流通路如图 6－4（b）所示，可见，R_1 被电容 C_1 短路，使得 R_f 成为电路的负载，故电路中没有交流反馈。

图 6－3（b）的直流通路如图 6－4（c）所示，可见，输出回路与输入回路没有反馈通路，因此该电路没有直流反馈。图 6－3（b）的交流通路如图 6－4（a）所示，可见，R_f形成反馈通路，故电路引入了交流反馈。

图 6－3（c）的直流通路、交流通路与原电路相同，可见，R_f形成反馈通路，电路中既引入了直流反馈又引入交流反馈。

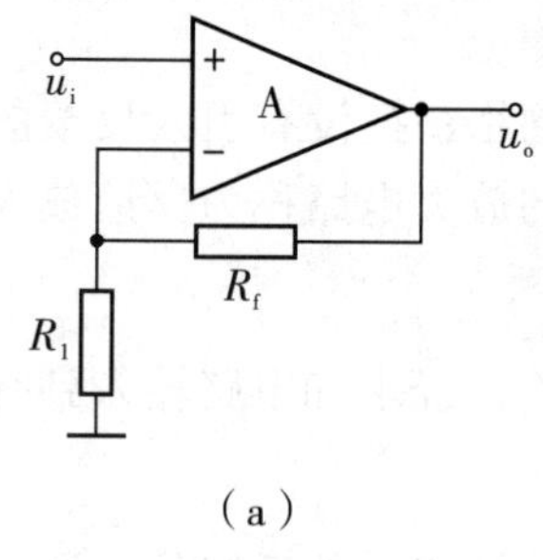

（a）

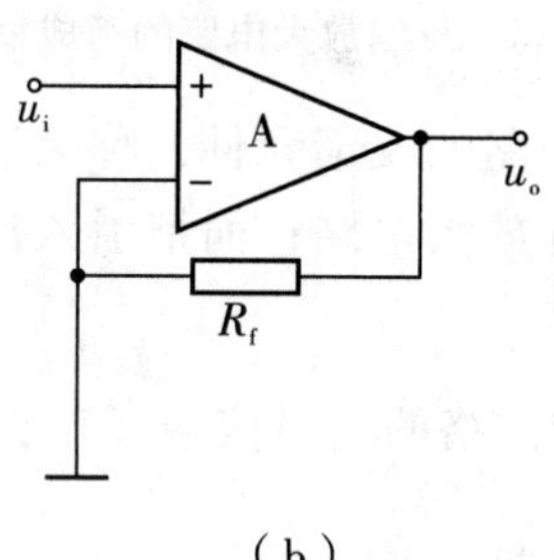

（b）

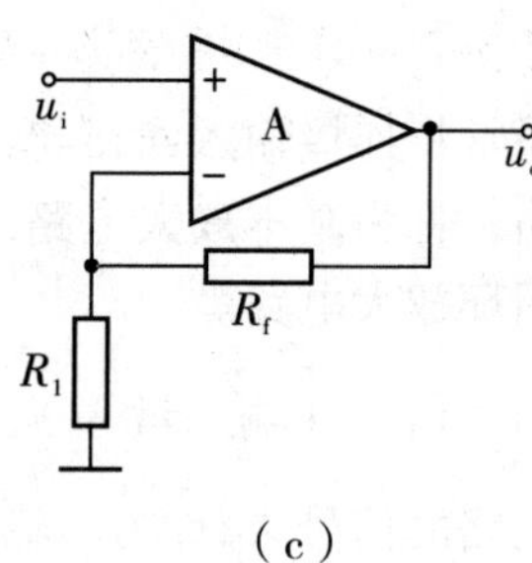

（c）

图 6－4　例 6－1 电路交流通路图

3. 正、负反馈的判断

通常采用瞬时极性法判别放大电路中引入的是正反馈还是负反馈。先假定输入信号为某一瞬时极性，然后逐级推出其他相关各点的瞬时极性，最后判断反馈到输入端的信号是增强了还是减弱了净输入信号。为了便于说明问题，在电路中用符号“＋”和“－”分别表示瞬时极性的正和负。

【例 6－2】判断图 6－5 各电路引入的交流反馈的极性。

解：根据正反馈、负反馈的概念，用瞬时极性法判断如下。

在图 6－5（a）中，假设输入信号 u_i在某一瞬时极性为“＋”，由于输入信号加在集成运放的反相输入端，故输出电压 u_o的瞬时极性为“－”，而反馈电压 u_f是 u_o经电阻分压后得到的，因此反馈电压 u_f的瞬时极性也为“－”，并且加在了集成运放的同相输入端。集成运放的净输入电压（即差模输入电压）为 $u_{id} = u_i - u_f$，因 u_f 的瞬时极性为

“-”，表示电位下降，则 u_{id} 增大，所以引入的反馈是正反馈。

在图6-5（b）中，假设输入信号 u_i 在某一瞬时极性为“+”，由于输入信号加在集成运放的同相输入端，故输出电压 u_o 的瞬时极性为“+”，则 u_o 经电阻分压后得到的反馈电压 u_f 的瞬时极性也为“+”，表示电位上升，此时集成运放的净输入电压 $u_{id}=u_i-u_f$ 减小，因此引入的反馈是负反馈。

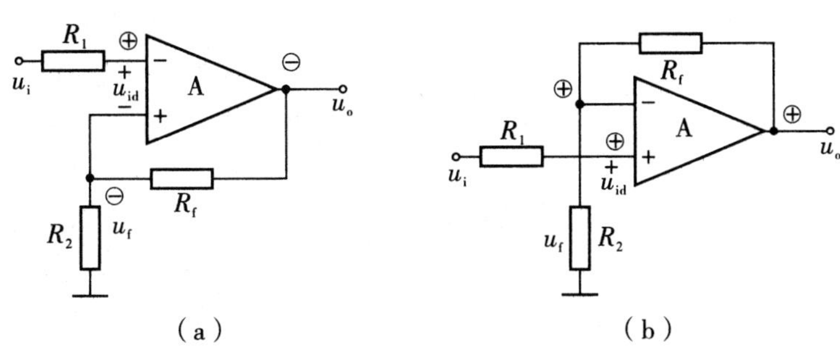

图6-5　例6-2电路图

4. 电压反馈和电流反馈的判断

判断是电压反馈还是电流反馈，可采用负载短路法。假设将放大电路的负载 R_L 交流短路，此时输出电压为零（$u_o=0$），若反馈信号也为零（$u_f=0$），则属于电压反馈；反之，如果反馈信号依然存在，则属于电流反馈。

【例6-3】判断图6-6各电路是电压反馈还是电流反馈电路?

解：用负载电路法判断如下。

图6-6（a）电路，假设输出端负载 R_L 短接，即 $u_o=0$，则反馈电阻 R_f 相当于接在集成运放的同相输入端和地之间，反馈通路消失，反馈信号不存在，故该反馈是电压反馈。

图6-6（b）电路，如果将负载 R_L 短接，反馈信号 u_f 依然存在，则是电流反馈。

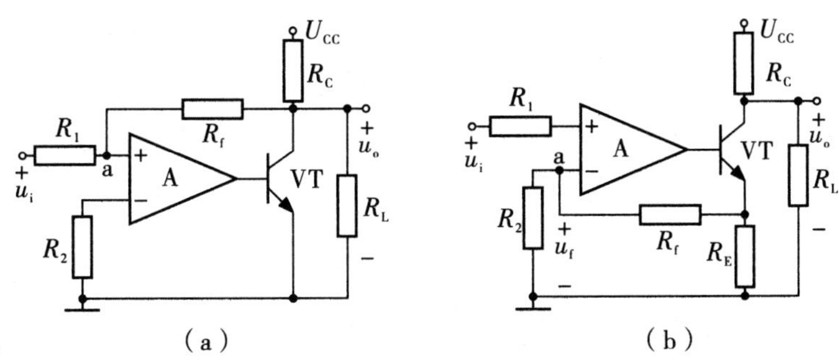

图6-6　例6-3电路图

5. 串联反馈和并联反馈的判断

判断是串联反馈还是并联反馈，可采用输入回路的反馈节点对地交流短路法。若反馈节点对地交流短路，输入信号作用仍存在，则说明反馈信号和输入信号相串联，故所引入的反馈是串联反馈。若反馈节点对地交流短路，输入信号作用消失，则说明反馈信号和输入信号相并联，故所引入的反馈是并联反馈。

【例6－4】判断图6－6所示各电路是串联反馈还是并联反馈？

解：用输入回路的反馈节点对地交流短路法，判断如下。

图6－6（a），假设将输入回路反馈节点a交流接地，则输入信号 u_i 无法进入放大电路，而只是加在电阻 R_1 上，故所引入的反馈为并联反馈。

图6－6（b），如果将反馈节点a交流接地，输入信号 u_i 仍然能够加到放大电路中，即加在集成运放的同相输入端，由图可见输入电压 u_i 与反馈电压 u_f 进行电压比较，其差值为集成运放的差模输入电压，故所引入的反馈为串联反馈。

6. 级间反馈和本级反馈

【例6－5】在图6－7所示电路中是否引入了反馈？若引入了反馈，试判断其反馈极性和反馈类型。

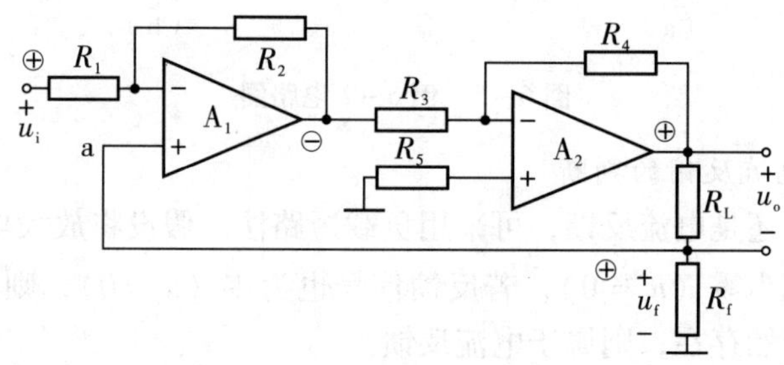

图6－7 例6－5电路图

解：该电路是两级放大电路，电阻 R_2 和 R_4 引入的是局部反馈，即对于第一级集成运放 A_1 由 R_2 引入了电压并联负反馈，对于第二级 A_2 由 R_4 引入的也是电压并联负反馈。另外，一条导线将输出回路和输入回路连接了起来，因此整个电路也引入了反馈，故将此称为级间反馈。

通常主要讨论的是级间反馈。根据瞬时极性法，假设输入信号 u_i 的瞬时极性为，经过集成运放 A_1 和 A_2 后，输出电压 u_o 的瞬时极性为“＋”，反馈电压 u_f 的瞬时极性也为“＋”，由此可判断出反馈电压增大，则净输入电压 $u_{id}=u_i-u_f$ 减小，所以，该反馈是负反馈；将输入端反馈节点a对地交流短路，输入信号仍可从反相端输入，故是串联反馈；将输出端 R_L 短接，反馈电压 u_f 依然存在，所以是电流反馈，由此可得该电路所引入的反馈是电流串联负反馈。

综上可见，放大电路中的反馈有正反馈、负反馈、电压反馈、电流反馈、串联反馈和并联反馈等，总之，放大电路中的反馈形式多种多样，正反馈会使放大电路不稳定，而负反馈可以改善放大电路的许多性能。直流负反馈主要用于稳定放大电路的静态工作点，而交流负反馈可改善放大电路的各项动态指标。通过上面的分析还可以发现，若是串联反馈，反馈信号以电压的形式存在；若是并联反馈，反馈信号以电流的形式存在。

反馈电路有如下特点：

（1）电压负反馈具有稳定输出电压和减小输出电阻的作用。

（2）电流负反馈具有稳定输出电流和增大输出电阻的作用。

（3）并联负反馈具有降低输入电阻的作用，串联负反馈具有提高输入电阻的作用。

6.1.3　反馈的一般表达式

由反馈放大电路组成框图6－2可知，基本放大电路的放大倍数（开环增益）为：

$$\dot{A}=\frac{\dot{X}_o}{\dot{X}_{id}}$$

反馈网络的反馈系数为：

$$\dot{F}=\frac{\dot{X}_f}{\dot{X}_o}$$

反馈放大电路的闭环放大倍数（闭环增益）为：

$$\dot{A}_f=\frac{\dot{X}_o}{\dot{X}_i}$$

净输入信号：$\dot{X}_{id}=\dot{X}_i-\dot{X}_f$

反馈信号为：$\dot{X}_f=\dot{F}\dot{X}_o=\dot{F}\dot{A}\dot{X}_{id}$

可得：

$$\dot{A}_f=\frac{\dot{A}}{1+\dot{A}\dot{F}}$$

式中$\dot{A}\dot{F}$称为环路增益，即：

$$\dot{A}\dot{F}=\frac{\dot{X}_f}{\dot{X}_{id}}$$

上式表示：$\dot{X}_{id}$经基本放大电路和反馈网络这个环路后，获得反馈信号$\dot{X}_f$的大小，$\dot{A}\dot{F}$越大，反馈越强。

$1+\dot{A}\dot{F}$称为反馈深度，放大电路引入反馈后的放大倍数$\dot{A}_f$，与反馈深度有关。

当$(1+\dot{A}\dot{F})>1$时，$\dot{A}_f<\dot{A}$，即引入反馈后，放大倍数减小了，说明放大电路引入的是负反馈；

当$(1+\dot{A}\dot{F})<1$时，$\dot{A}_f>\dot{A}$，即引入反馈后，放大倍数比原来增大了，说明放大电路引入的是正反馈；

当$(1+\dot{A}\dot{F})=0$，即$\dot{A}\dot{F}=-1$时，$\dot{A}_f\to\infty$，说明放大电路在没有输入信号时，也有输出信号，放大电路产生了自激振荡，这种情况应避免发生。

当$(1+\dot{A}\dot{F})>>1$时，电路引入深度负反馈，此时，$\dot{A}_f\approx\frac{1}{\dot{F}}$，可见在深度负反馈闭环放大倍数$\dot{A}_f$与开环放大倍数$\dot{A}$无关，只取决于反馈系数$\dot{F}$。由于反馈网络常常是无源网络，受环境温度等外界因素的影响极小，因此，放大倍数可以保持很高的稳定性。

6.1.4　四种反馈组态

将输入端和输出端的连接方式综合起来，负反馈放大电路可以有四种基本组态：电压串联负反馈、电压并联负反馈、电流串联负反馈、电流并联负反馈。

1. 电压串联负反馈

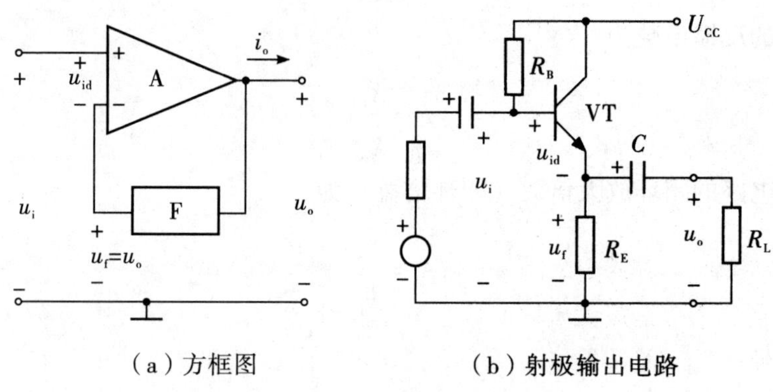

（a）方框图　　　　（b）射极输出电路

图 6-8　电压串联负反馈

电压串联负反馈组态的方框图如图 6-8（a）所示，由图可见，基本放大电路的净输入信号是 u_{id}，输出信号是 u_o，因此基本放大电路的电压放大倍数 A_{uu} 为：

$$A_{uu}=\frac{u_o}{u_{id}}$$

因为反馈网络的输入信号是 u_o，输出信号是 u_f，所以反馈网络的反馈系数 F_{uu} 为：

$$F_{uu}=\frac{u_f}{u_o}$$

式中，F_{uu} 称为电压反馈系数。

对于闭环放大电路，输入信号是 u_i，输出信号是 u_o，因此闭环电压放大倍数 A_{uuf} 为：

$$A_{uuf}=\frac{u_o}{u_i}$$

由上式可知，电压串联负反馈是输入电压 u_i 控制输出电压 u_o 进行电压放大，其中，A_{uuf} 也称为闭环电压增益。

图 6-8（b）为射极输出器，是典型的电压串联负反馈放大电路。由图可以看出，R_E 是输出回路与输入回路共同元件，通过 R_E 将输出信号反馈回输入回路，即有反馈网络。当输入信号 u_i 为"+"时，输出信号 u_o 也为"+"，因而使净输入信号电压 u_{id}（u_i-u_f）减小，即该反馈为负反馈。若使负载 R_L 交流短路（即 $u_o=0$），这时，u_f 也等于零（$u_f=0$），说明是电压反馈。由于输入信号与反馈信号在输入回路是以电压形式求和，属于串联反馈。故图 6-8（b）是电压串联负反馈放大电路。

电压串联负反馈具有稳定输出电压、减小输出电阻的作用和提高输入电阻的作用。

2. 电压并联负反馈

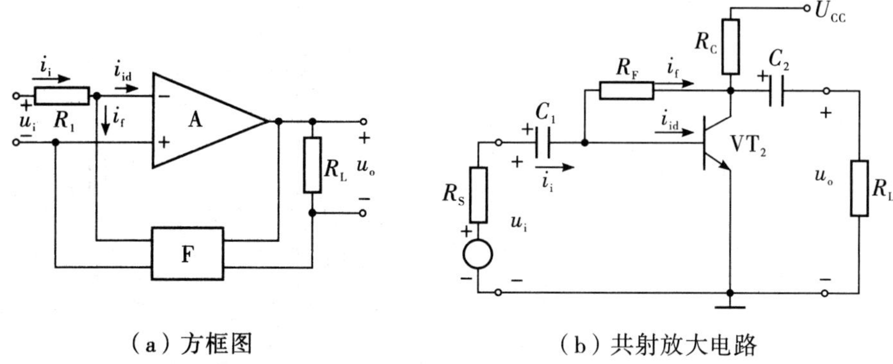

（a）方框图　　　　（b）共射放大电路

图 6－9　电压并联负反馈

电压并联负反馈的方框图如图 6－9（a）所示。图中基本放大电路的输入信号是净输入电流 i_{id}，输出信号是放大电路的输出电压 u_o，因此，它的放大倍数 A_{ui} 为：

$$A_{ui} = \frac{u_o}{i_{id}}$$

由上式可知，该放大倍数 A_{ui} 是互阻放大倍数（或称为互阻增益）。

由于反馈网络的输入信号是 u_o，输出信号是 i_f，因此反馈网络的反馈系数 F_{iu} 为：

$$F_{iu} = \frac{i_f}{u_o}$$

式中，F_{iu} 称为互导反馈系数。

对于闭环放大电路，其输入信号是 i_i，输出信号是 u_o，因此，放大倍数 A_{uif} 为：

$$A_{uif} = \frac{u_o}{i_i}$$

由上式可知，电压并联负反馈是输入电流 i_i 控制输出电压 u_o，将电流转换成电压，其中，A_{uif} 也称为闭环互阻增益。

在图 6－9（b）为共射放大电路，是典型的电压并联负反馈电路。电阻 R_F 从输出回路（三极管的集电极）连接到输入回路（三极管基极）使输出信号反馈到输入回路，即电路有反馈网络。当输入信号对地电压 u_i 为“＋”，输出信号对地电压 u_o 为“－”时，所以，电路中的电流方向如图所标示，于是使净输入电流 i_{id}（$i_i - i_f$）减小，即为负反馈。若将负载 R_L 交流短路（$u_o = 0$），这时没有输出电压反馈到输入回路，即反馈作用消失，说明电路是电压反馈。由于反馈信号与输入信号在输入回路中以电流形式求和，因此电路是并联反馈。故图 6－9（b）的共射放大电路是电压并联负反馈放大电路。

电压并联负反馈具有稳定输出电压、减小输出电阻的作用和降低输入电阻的作用。

3. 电流串联负反馈

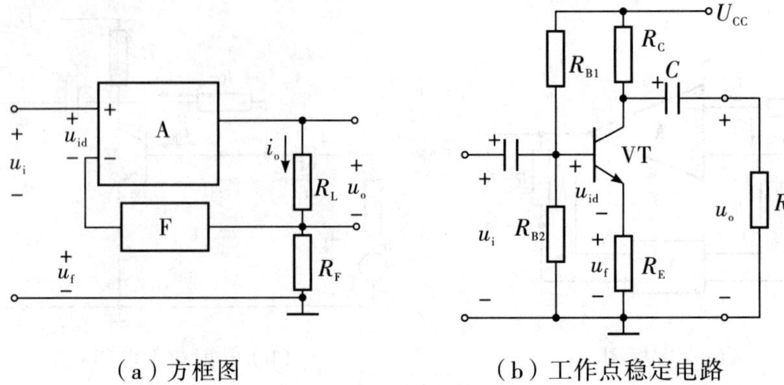

（a）方框图　　（b）工作点稳定电路

图 6 – 10　电流串联负反馈

电流串联负反馈的方框图如图 6 – 10（a）所示。由图可见，基本放大电路的输入信号是 u_{id}，输出信号是 i_o，因此，基本放大电路的放大倍数 A_{iu} 为：

$$A_{iu} = \frac{i_o}{u_{id}}$$

式中，A_{iu} 称为转移电导。

反馈网络的输入信号是 i_o，输出信号是 u_f，因此反馈网络的反馈系数 F_{ui} 为：

$$F_{ui} = \frac{u_f}{i_o}$$

式中，F_{ui} 称为互阻反馈系数。

对于闭环放大电路，输入信号是 u_i，输出信号是 i_o，因此闭环互导放大倍数 A_{iuf} 为：

$$A_{iuf} = \frac{i_o}{u_i}$$

由上式可知，电流串联负反馈是输入电压 u_i 控制输出电流 i_o，将电压转换为电流，其中，A_{iuf} 也称为闭环互导增益。

在图 6 – 10（b）的电路中，由图可知，R_E 是反馈电阻，引入一个反馈电压 u_f，u_f 与输出电流成正比。在放大电路输入回路中，净输入信号电压 $u_{id} = u_i - u_f$，反馈电压将使净输入信号电压减小，说明电路是负反馈。若使负载 R_L 交流短路（即 $u_o = 0$），这时，u_f 仍然存在，说明是电流反馈。输入信号与反馈信号在输入回路是以电压形式求和，属于串联反馈。故图 6 – 10（b）是电流串联负反馈放大电路。

电流串联负反馈具有稳定输出电流、增大输出电阻和提高输入电阻的作用。

4. 电流并联负反馈

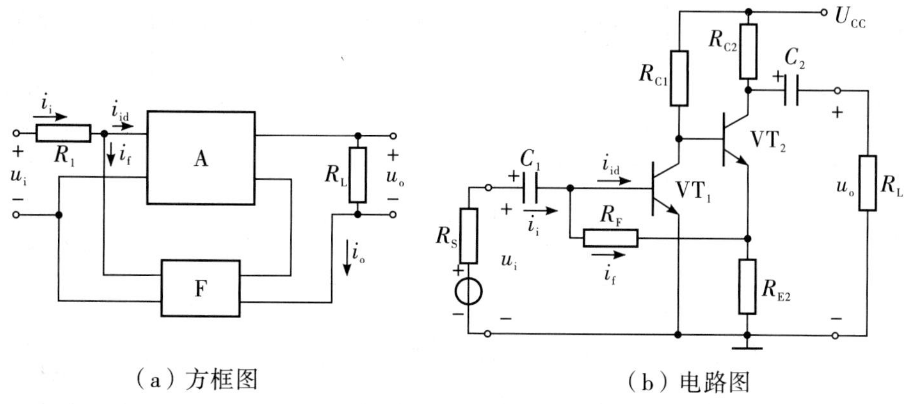

（a）方框图　　　　（b）电路图

图 6－11　电流并联负反馈

电流并联负反馈的方框图如图 6－11（a）所示。由图可见，基本放大电路的输入信号是 i_{id}，输出信号是 i_o，因此基本放大电路的放大倍数 A_{ii} 为：

$$A_{ii}=\frac{i_o}{i_{id}}$$

式中，A_{ii}也称为电流增益。

由于反馈网络的输入信号是 i_o，输出信号是 i_f，因此反馈网络的反馈系数 F_{ii} 为：

$$F_{ii}=\frac{i_f}{i_o}$$

式中，F_{ii}称为电流反馈系数。

对于闭环放大电路，输入信号是 i_i，输出信号是 i_o，因此闭环电流放大倍数 A_{iif} 为：

$$A_{iif}=\frac{i_o}{i_i}$$

由上式可知，电流并联负反馈是输入电流 i_i 控制输出电流 i_o 进行电流放大，其中，A_{iif}也称为闭环电流增益。

图 6－11（b）放大电路的第二级的输出回路（VT$_2$ 的发射极）到第一级的输入回路（VT$_1$ 的基极）通过反馈电阻 R_F引入一个反馈信号。由瞬时极性判断法可知，电路中的电流如图中所标示的方向，于是净输入电流等于输入电流与反馈电流之差，说明电路是负反馈，电路中输入信号支路与反馈支路接在同一节点上，故电路是并联负反馈。若输出端交流短路，反馈仍然存在，所以电路属于电流反馈。故图 6－11（b）放大电路是电流并联负反馈放大电路。

电流并联负反馈具有稳定输出电流、增大输出电阻和减小输入电阻的作用。

四种组态负反馈放大电路的比较见表 6－1。

表 6-1　四种组态负反馈放大电路的比较

反馈组态	输出信号	反馈信号	放大倍数	反馈系数	功能特点
电压串联	$\dot{U}_o$	$\dot{U}_f$	$\dot{A}=\frac{\dot{U}_o}{\dot{U}_{id}}$	$\dot{F}=\frac{\dot{U}_f}{\dot{U}_o}$	$\dot{U}_i$ 控制 $\dot{U}_o$ 电压放大
电压并联	$\dot{U}_o$	$\dot{I}_f$	$\dot{A}=\frac{\dot{U}_o}{\dot{I}_{id}}$	$\dot{F}=\frac{\dot{I}_f}{\dot{U}_o}$	$\dot{I}_i$ 控制 $\dot{U}_o$ 电流转换成电压
电流串联	$\dot{I}_o$	$\dot{U}_f$	$\dot{A}=\frac{\dot{I}_o}{\dot{U}_{id}}$	$\dot{F}=\frac{\dot{U}_f}{\dot{I}_o}$	$\dot{U}_i$ 控制 $\dot{I}_o$ 电压转换成电流
电流并联	$\dot{I}_o$	$\dot{I}_f$	$\dot{A}=\frac{\dot{I}_o}{\dot{I}_{id}}$	$\dot{F}=\frac{\dot{I}_f}{\dot{I}_o}$	$\dot{I}_i$ 控制 $\dot{I}_o$ 电流放大

【例 6-6】试判断图 6-12 所示电路的极性和组态，假设电路中的电容足够大。

解：

图 6-12 是两个由分立元件组成的反馈放大电路。连接输入输出回路的反馈元件是 R_f。

在图 6-12（a）中，假设加在 VT_1 管基极的输入信号 $\dot{U}_i$ 在某一瞬时极性为"+"，由于第一级是共射电路，输出电压与输入电压反相，因此 VT_1 管集电极瞬时电位为"-"，经第二级后 VT_2 管集电极瞬时电位为"+"，则反馈电压的瞬时极性也为"+"，表示反馈电压 $\dot{U}_f$ 增大，则净输入电压 $\dot{U}_{id}=\dot{U}_i-\dot{U}_f$ 减小，可见引入的反馈是负反馈。在放大电路的输入端，将反馈节点对地短接，则 $\dot{U}_f=0$，$\dot{U}_{id}\approx\dot{U}_i$，输入信号还能加到放大电路中去，说明是串联反馈。在放大电路的输出端，将负载短路后，反馈电压 $\dot{U}_f=0$，因此是电压反馈。由以上分析可得所引反馈是电压串联负反馈。

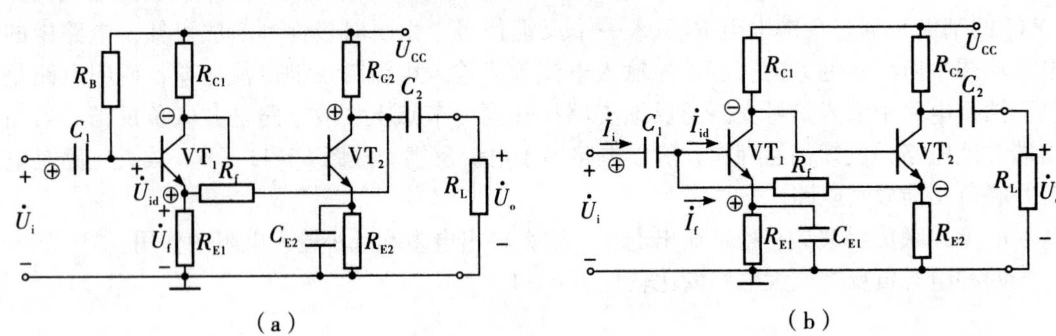

图 6-12　例 6-6 电路图

在图 6－12（b）中，假设加在 VT_1 管基极的输入信号在某一瞬时极性为"＋"，则 VT_1 管集电极瞬时电位为"－"，由于第二级发射极电位与基极电位相位相同，因此 VT_2 管发射极瞬时电位为"－"，亦即电位下降，通过 R_f 反馈通路的反馈电流增大，导致了净输入电流 $\dot{I}_{id}=\dot{I}_i-\dot{I}_f$ 减小，可见引入的反馈是负反馈。在放大电路的输入端，将反馈节点对地短接，输入信号作用消失，可见是并联反馈。在放大电路的输出端，将负载短路后，VT_2 管射极电流经反馈电阻 R_f 进到放大电路的输入端，使得反馈信号依然存在，故是电流反馈。由以上分析可得所引入的反馈是电流并联负反馈。

6.2　负反馈对放大电路性能的影响

为了改善放大电路的某些性能指标，达到某种预期的目的，常在放大电路中引入某种负反馈组态。放大电路一旦引入某种组态的负反馈，它的许多性能指标都将被影响，影响的程度均与反馈深度 $1+\dot{A}\dot{F}$ 的大小有关。

6.2.1　提高放大电路放大倍数的稳定性

放大电路的放大倍数取决于电路元器件参数，当环境温度的变化、器件老化、电源电压波动以及负载变化时，都可能导致放大倍数发生变化。在实际应用中，通常引入负反馈，以提高放大电路放大倍数的稳定性。

为了从数量上表示放大倍数的稳定程度，常用有无反馈两种情况下放大倍数的相对变化量的比值来衡定（开环 $\frac{dA}{A}$、闭环 $\frac{dA_f}{A_f}$）。

对放大电路的闭环放大倍数 $A_f=\frac{A}{1+AF}$ 对 A 取导数得：

$$\frac{dA_f}{dA}=\frac{(1+AF)-AF}{(1+AF)^2}=\frac{1}{(1+AF)^2}$$

$$dA_f=\frac{dA}{(1+AF)^2}$$

将上式等号两边分别除以 $A_f=\frac{A}{1+AF}$ 左右两边，可得：

$$\frac{dA_f}{A_f}=\frac{1}{1+AF}\times\frac{dA}{A}$$

上式表明，引入负反馈后，A_f 的相对变化量 $\frac{dA_f}{A_f}$ 仅为其基本放大电路放大倍数 A 的相对变化量 $\frac{dA}{A}$ 的（$1+A_f$）分之一。

因此，可以得出：

（1）$A_f<A$。即引入负反馈后，放大电路放大倍数变小了。

（2）A_f 的稳定性是 A 的 $1+A_f$ 倍。即引入负反馈后放大倍数的稳定性提高了。

【例 6－7】一个放大电路在未加反馈时，电压放大倍数 $A=10^5$，因环境温度原因电压放大倍数 A 的相对变化量为 ±10%，加负反馈后（$F=0.1$），此时闭环电压放大倍数 A_f 的相对变化量是多少？

解：反馈深度为：$1+A_f=1+10^5\times0.1\approx10^4$，而闭环电压放大倍数 A_f 为：

$$A_f=\frac{A}{1+A_f}=\frac{10^5}{1+10^5\times0.1}\approx10$$

$$\frac{dA_f}{A_f}=\frac{1}{1+A_f}\times\frac{dA}{A}\approx\frac{1}{10^4}\times(\pm10\%)=\pm0.001\%$$

计算结果显示，当引入反馈深度为 10^4 的负反馈时，放大倍数的稳定性提高了 10^4 倍。

6.2.2 减小放大电路非线性失真

由于放大器件特性曲线为非线性，输出信号波形可能会发生非线性失真。

图 6－13（a）所示是放大器非线性失真过程示意图。当输入信号 u_i 是一个标准的正弦波信号（它的正半周信号和负半周信号幅度一样大），由于放大器本身存在非线性失真，则 u_i 经过放大器（A）放大后输出信号 u_o 产生了失真，是一个正半周幅度大负半周幅度小的失真信号（注：也可能是负半周信号幅度大于正半周信号幅度）。它的正半周信号幅度大于负半周信号幅度，说明放大器对正半周信号的放大量大于对负半周信号的放大量（这是放大器的非线性失真的一种）。

在放大器中加入负反馈电路之后，负反馈电路能够减小放大器非线性失真，减小放大器非线性失真过程如图 6－13（b）所示。

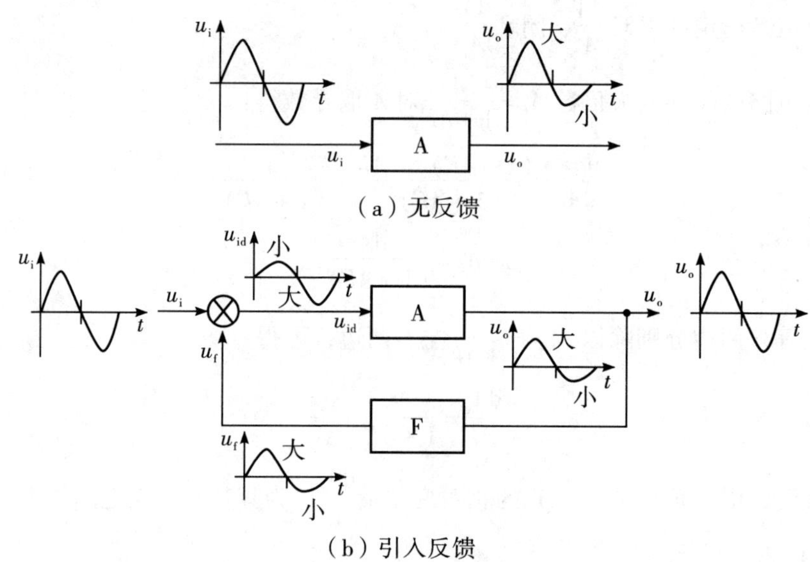

图 6－13 利用负反馈减小非线性失真

（1）负反馈信号也失真。由于输出信号存在正半周信号幅度大、负半周信号幅度小的失真，所以通过负反馈电路后的负反馈信号（u_f）也存在这种正半周信号幅度大、负

半周信号幅度小的失真。

（2）净输入信号也失真。由于是负反馈电路，所以输入信号 u_i 与负反馈信号 u_f 之间是相减的关系。因为负反馈信号 u_f 的正半周幄度大、负半周幅度小，所以与输入信号 u_i 相减后的净输入信号 u_{id} 是一正半周幅度小、负半周幅度大的信号（与原放大器输出信号的失真方向相反）。

（3）失真量减小。由于放大器本身存在非线性失真，即对正半周信号的放大量大于对负半周信号的放大量，这样，净输入信号的正半周信号幅度小，得到的放大量大，而净输入信号的负半周信号幅度大，得到的放大量小，所以经过负反馈后放大器输出信号正、负半周信号幅度相差的量减小，达到减小失真的目的。

6.2.3　展宽通频带

由于放大电路中电抗性元件的存在，以及三极管本身结电容的存在，使放大电路的放大倍数随频率而变化，即中频段放大倍数较大，高频段和低频段放大倍数随频率的升高和降低而减小，因此，放大电路的通频带就比较窄，如图 6－14 中的 BW。

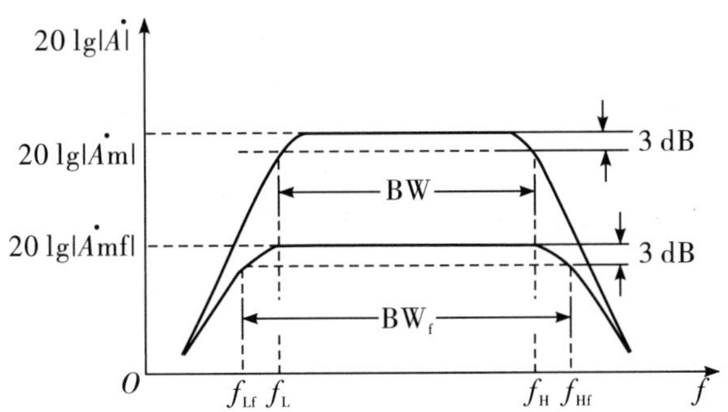

图 6－14　利用负反馈展宽通频带

引入负反馈后，就可以利用负反馈的自身调整作用将通频带展宽。即在中频段由于放大倍数大，输出信号大，反馈信号也大，使净输入信号减小幅度也大，所以，中频段放大倍数有明显的降低。但在高频段和低频段，放大倍数较小，输出信号小，在反馈系数不变的情况下，其反馈信号也小，使净输入信号减小的程度比中频段要小，所以，高频段和低频段放大倍数降低得少。这样，使得幅频特性变得平坦，上限频率升高，下限频率下降，通频带得到展宽。如图 6－14 中的 BW_f 所示。

为了简化问题，设反馈网络为纯电阻网络，基本放大电路的中频放大倍数为 $\dot{A}_m$，上限频率为 f_H，下限频率为 f_L，因此无反馈时放大电路在高频段的放大倍数为：

$$\dot{A}_H = \frac{\dot{A}_m}{1 + j\dfrac{f}{f_H}}$$

引入反馈后，设反馈系数为 $\dot{F}$，则高频段的放大倍数为：

$$\dot{A}_{\mathrm{Hf}}=\frac{\dot{A}_{\mathrm{H}}}{1+\dot{A}_{\mathrm{H}}\dot{F}}=\frac{\dfrac{\dot{A}_{\mathrm{m}}}{1+\mathrm{j}\dfrac{f}{f_{\mathrm{H}}}}}{1+\dfrac{\dot{A}_{\mathrm{m}}}{\mathrm{j}\dfrac{f}{f_{\mathrm{H}}}}\dot{F}}=\frac{\dot{A}_{\mathrm{m}}}{1+\dot{A}_{\mathrm{m}}\dot{F}+\mathrm{j}\dfrac{f}{f_{\mathrm{H}}}} \tag{6-1}$$

将分子分母同除以 $1+\dot{A}_{\mathrm{m}}\dot{F}$，可得：

$$\dot{A}_{\mathrm{Hf}}=\frac{\dfrac{\dot{A}_{\mathrm{m}}}{1+\dot{A}_{\mathrm{m}}\dot{F}}}{1+\mathrm{j}\dfrac{f}{(1+\dot{A}_{\mathrm{m}}\dot{F})f_{\mathrm{H}}}}=\frac{\dot{A}_{\mathrm{mf}}}{1+\mathrm{j}\dfrac{f}{f_{\mathrm{Hf}}}} \tag{6-2}$$

比较式（6－1）和（6－2）可知，引入负反馈后的中频放大倍数和上限频率分别为：

$$\dot{A}_{\mathrm{mf}}=\frac{\dot{A}_{\mathrm{m}}}{1+\dot{A}_{\mathrm{m}}\dot{F}}$$

$$f_{\mathrm{Hf}}=(1+\dot{A}_{\mathrm{m}}\dot{F})f_{\mathrm{H}} \tag{6-3}$$

可见，引入负反馈后，放大电路的中频放大倍数减小了 $1+\dot{A}_{\mathrm{m}}\dot{F}$ 倍，而上限频率却提高了 $1+\dot{A}_{\mathrm{m}}\dot{F}$ 倍。

同理可以推导出引入负反馈后的下限频率为：

$$f_{\mathrm{Lf}}=\frac{f_{\mathrm{L}}}{1+\dot{A}_{\mathrm{m}}\dot{F}}$$

可见，引入负反馈后下限频率下降了 $1+\dot{A}_{\mathrm{m}}\dot{F}$ 倍。通过以上分析可以得知放大电路引入负反馈后，通频带展宽了。

通常情况下对于阻容耦合的放大电路，$F_{\mathrm{H}}>>f_{\mathrm{L}}$，而对于直接耦合的放大电路，$f_{\mathrm{L}}=0$，所以，通频带可以近似地用上限频率来表示，即认为放大电路未引入反馈时的通频带为：

$$f_{\mathrm{BW}}=f_{\mathrm{H}}-f_{\mathrm{L}}\approx f_{\mathrm{H}}$$

放大电路引入反馈后的通频带为：

$$f_{\mathrm{BWf}}=f_{\mathrm{Hf}}-f_{\mathrm{Lf}}\approx f_{\mathrm{Hf}}$$

而由式（6－3）可知 $f_{\mathrm{Hf}}=(1+\dot{A}_{\mathrm{m}}\dot{F})f_{\mathrm{H}}$，则：

$$f_{\mathrm{BWf}}=(1+\dot{A}_{\mathrm{m}}\dot{F})f_{\mathrm{BW}}$$

由于引入负反馈后，放大电路的通频带展宽了 $1+\dot{A}_{\mathrm{m}}\dot{F}$ 倍，但放大倍数却减小了 $1+\dot{A}_{\mathrm{m}}\dot{F}$ 倍，因此放大电路引入负反馈后放大倍数与通频带的乘积和放大电路未引入反馈情

况下（即开环状态下）放大倍数与通频带的乘积相等，即：

$$\dot{A}_{mf} \cdot f_{BWf} = \dot{A}_{m} \cdot f_{BW} = 常数$$

放大电路的放大倍数与通频带的乘积是它的一项重要指标，通常称为增益带宽积。

6.2.4　改变输入电阻和输出电阻

在实际应用中，通常利用各种形式的负反馈来改变放大电路输入、输出电阻的大小，放大电路中引入不同组态的负反馈对输入和输出电阻的影响是不同的。

1. 负反馈对输入电阻的影响

负反馈放大电路对输入电阻的影响主要取决于引入的串、并联反馈类型，与输出端的取样方式无关。

（1）串联负反馈使输入电阻增大。

串联负反馈放大电路方框图如图 6－15 所示。

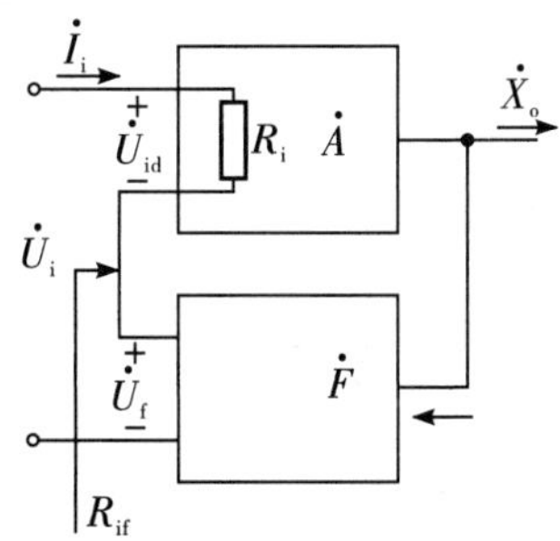

图 6－15　串联负反馈对输入电阻的影响

根据输入电阻的定义，基本放大电路的输入电阻为：

$$R_i = \frac{\dot{U}_{id}}{\dot{I}_i}$$

而闭环放大电路的输入电阻为：

$$R_{if} = \frac{\dot{U}_i}{\dot{I}_i} = \frac{\dot{U}_{id} + \dot{U}_f}{\dot{I}_i} \tag{6-4}$$

上式中反馈电压$\dot{U}_f$是净输入电压经基本放大电路放大后，再经反馈网络后得到的，所以：

$$\dot{U}_f = \dot{A}\dot{F}\dot{U}_{id} \tag{6-5}$$

将式（6－5）代入式（6－4）可得：

$$R_{if} = \frac{\dot{U}_{id} + \dot{A}\dot{F}\dot{U}_{id}}{\dot{I}_i} = (1 + \dot{A}\dot{F}) R_i$$

上式表明引入串联负反馈后，将使输入电阻增大，并等于基本放大电路输入电阻的

$1+\dot{A}\dot{F}$ 倍。

（2）并联负反馈使输入电阻减小。并联负反馈放大电路的方框图如图 6－16 所示。

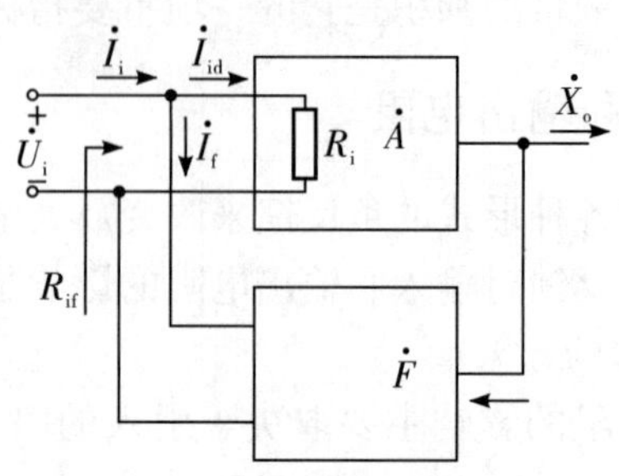

图 6－16　并联负反馈对输入电阻的影响

根据输入电阻的定义，基本放大电路的输入电阻为：

$$R_i=\frac{\dot{U}_i}{\dot{I}_{id}}$$

而闭环放大电路的输入电阻为：

$$R_{if}=\frac{\dot{U}_i}{\dot{I}_i}=\frac{\dot{U}_i}{\dot{I}_{id}+\dot{I}_f}$$

上式中 $\dot{I}_f$ 是净输入电流经基本放大电路和反馈网络后得到的，即：

$$\dot{I}_f=\dot{A}\dot{F}\dot{I}_{id}$$

则：

$$R_{if}=\frac{\dot{U}_i}{\dot{I}_{id}+\dot{A}\dot{F}\dot{I}_{id}}=\frac{R_i}{1+\dot{A}\dot{F}}$$

上式表明引入并联负反馈后，将使输入电阻减小，并等于基本放大电路输入电阻的 $\frac{1}{1+\dot{A}\dot{F}}$。

2. 负反馈对输出电阻的影响

负反馈对放大电路输出电阻的影响仅取决于反馈信号在输出端的取样方式有关，即取决于所引入的反馈是电压负反馈还是电流负反馈，而与输入端连接方式无关。

（1）电压负反馈稳定输出电压，并使输出电阻减小。电压负反馈放大电路的方框图如图 6－17 所示。

假设输入信号不变，由于某种原因使输出电压增大，因为是电压反馈，反馈信号和输出电压成正比，因此反馈信号也将增大，则净输入信号减小，输出电压随之减小。可见，引入电压负反馈后，通过负反馈的自动调节作用，使输出电压趋于稳定，因此电压负反馈稳定了输出电压。

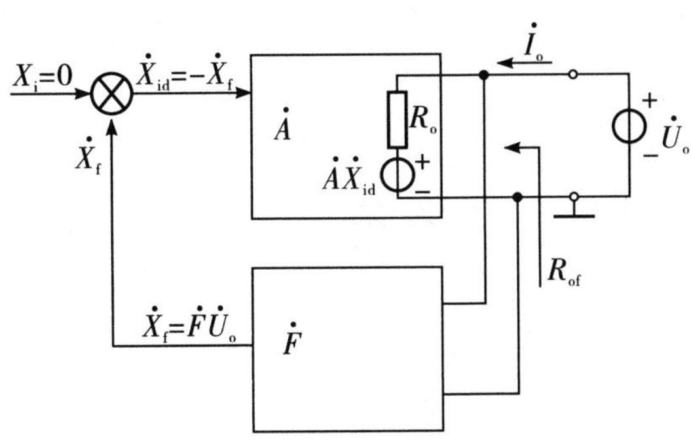

图 6－17　电压负反馈对输出电阻的影响

引入电压负反馈后，放大电路的输出电阻 R_{of} 比没有引入反馈时的输出电阻 R_o 小，可以证明引入电压负反馈后闭环放大电路的输出电阻为：

$$R_{of}=\frac{\dot{U}_o}{\dot{I}_o}=\frac{\dot{R}_o}{1+\dot{A}\dot{F}}$$

上式表明引入电压负反馈后，将使输出电阻减小，并等于基本放大电路输出电阻的 $\frac{1}{1+\dot{A}\dot{F}}$。

（2）电流负反馈稳定输出电流，并使输出电阻增大。电流负反馈放大电路方框图如图 6－18 所示。假设输入信号不变，由于某种原因使输出电流减小，因为是电流反馈，反馈信号和输出电流成正比，所以反馈信号也将减小，则净输入信号就增大，经基本放大电路放大后，输出电流跟着增大。可见，引入电流负反馈后，通过负反馈的自动调节作用，最终使输出电流趋于稳定，因此电流负反馈稳定输出电流。

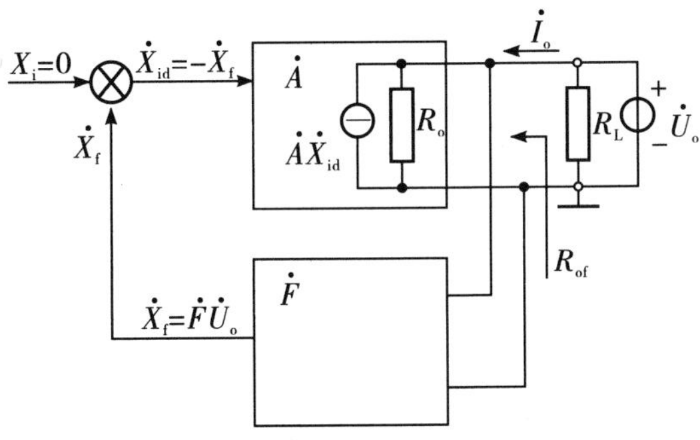

图 6－18　电流负反馈对输出电阻的影响

引入电流负反馈后，放大电路的输出电阻 R_{of} 比没有引入反馈时的输出电阻 R_o 大，可以证明引入电流负反馈后闭环放大电路的输出电阻为：

$$\dot{R}_{of}=\frac{\dot{U}_o}{\dot{I}_o}=（1+\dot{A}\dot{F}）R_o$$

可见，引入电流负反馈后，放大电路的输出电阻和无反馈时的输出电阻相比增大了 $1+\dot{A}\dot{F}$ 倍。

综上，负反馈对放大电路性能的影响可归纳为表 6-2。

表 6-2　负反馈对放大电路性能的影响

负反馈类型	对放大电路性能的影响
电压串联	稳定输出电压，增大输入电阻，减小输出电阻，电压放大倍数减小
电压并联	稳定输出电压，减小输入电阻，减小输出电阻，使电压放大倍数减小
电流串联	稳定输出电流，增大输出电阻，增大输入电阻，电流放大倍数减小
电流并联	稳定输出电流，增大输出电阻，减小输入电阻，电流放大倍数减小
直流反馈	稳定静态工作点
交流反馈	改善放大器的性能指标

6.3　深度负反馈放大电路的分析计算

6.3.1　深度负反馈的实质

前面的讨论可知，若反馈深度 $|1+\dot{A}\dot{F}| \gg 1$，则负反馈放大电路的闭环放大倍数：

$$\dot{A}_f \approx \frac{1}{\dot{F}} \tag{6-6}$$

根据 $\dot{A}_f$ 和 $\dot{F}$ 的定义

$$\dot{A}_f = \frac{\dot{X}_o}{\dot{X}_i},\quad \dot{F} = \frac{\dot{X}_f}{\dot{X}_o}$$

则：$\dfrac{\dot{X}_o}{\dot{X}_i} \approx \dfrac{\dot{X}_o}{\dot{X}_f}$

所以：

$$\dot{X}_i \approx \dot{X}_f \tag{6-7}$$

上式表明，深度负反馈放大电路的反馈信号 X_f 与外加输入信号 X_i 近似相等。即：

在深度负反馈条件下，若引入串联负反馈，反馈信号在输入端是以电压形式存在，与输入电压进行比较，则：

$$\dot{U}_i \approx \dot{U}_f,\quad \dot{U}_{id} \approx 0 \tag{6-8}$$

在深度负反馈条件下，若引入并联负反馈，反馈信号在输入端是以电流形式存在，与输入电流进行比较，则：

$$\dot{I}_i \approx \dot{I}_f, \quad \mathrm{I}_{id} \approx 0 \tag{6-9}$$

因此，根据式（6－6）～（6－9）可以估算出深度负反馈条件下四种不同组态负反馈放大电路的放大倍数。

6.3.2　深度负反馈条件下放大倍数的估算

1. 电压串联负反馈电路

由表6－1可知，电压串联负反馈的反馈系数为：

$$\dot{F}_{uu} = \frac{\dot{U}_f}{\dot{U}_o}$$

在深度负反馈条件下，$\dot{U}_i \approx \dot{U}_f$，则电压串联负反馈放大电路的闭环放大倍数为：

$$\dot{A}_{uuf} = \frac{\dot{U}_o}{\dot{U}_i} \approx \frac{\dot{U}_o}{\dot{U}_f} = \frac{1}{\dot{F}_{uu}} \tag{6-10}$$

【例6－8】分析图6－19所示电路反馈组态，若电路满足深度负反馈的条件，计算负反馈放大电路的闭环放大倍数。

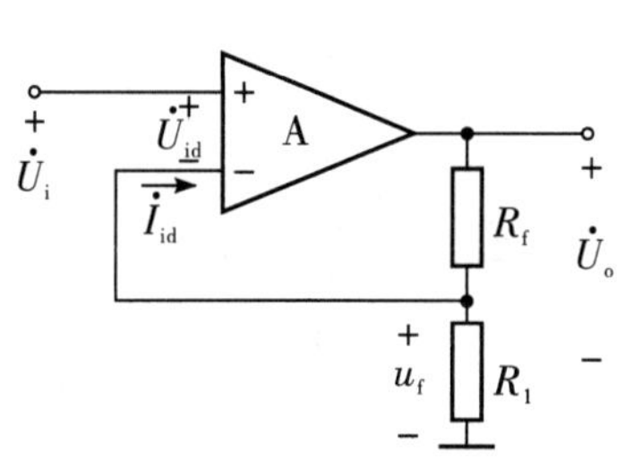

（a）集成运放构成的电路

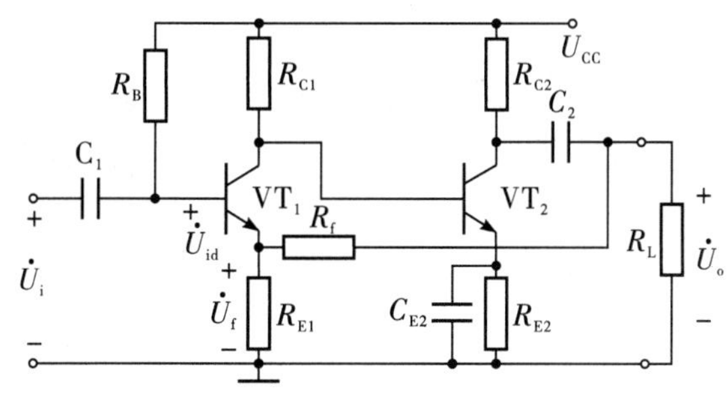

（b）分立元件构成的电路

图6－19　电压串联负反馈放大电路

解：由图6－19（a），根据分压原理求得反馈电压为：

$$\dot{U}_f = \frac{R_1}{R_1 + R_f}\dot{U}_o$$

又由于是串联负反馈，在深度负反馈条件下，$\dot{U}_i \approx \dot{U}_f$，$\dot{U}_{id} \approx 0$，因此，闭环放大倍数为：

$$\dot{A}_{uuf} \approx \frac{1}{\dot{F}_{uu}} = \frac{\dot{U}_o}{\dot{U}_f} = 1 + \frac{R_f}{R_1}$$

在图6－19（b）中，由电阻R_f引入了一个电压串联负反馈，在深度负反馈条件下$\dot{U}_i \approx \dot{U}_f$，$\dot{U}_{id} \approx 0$，则射极电流$I_{E1f} \approx 0$，所以：

$$\dot{U}_f \approx \frac{R_{E1}}{R_{E1} + R_f}\dot{U}_o$$

由式（6－10）可得深度负反馈条件下闭环放大倍数为：

$$\dot{A}_{uuf}=\dot{A}_{uf}\approx\frac{1}{\dot{F}_{uu}}=\frac{\dot{U}_o}{\dot{U}_f}=1+\frac{R_f}{R_{E1}}$$

2. 电压并联负反馈电路

由表6－1可知，电压并联负反馈的反馈系数为：

$$\dot{F}_{iu}=\frac{\dot{I}_f}{\dot{U}_o}$$

在深度负反馈条件下，由式（6－9）知$\dot{I}_i\approx\dot{I}_f$，$\dot{I}_{id}\approx 0$，则电压并联负反馈放大电路的闭环互阻放大倍数为：

$$\dot{A}_{uif}=\frac{\dot{U}_o}{\dot{I}_i}\approx\frac{\dot{U}_o}{\dot{I}_f}=\frac{1}{\dot{F}_{iu}} \tag{6－11}$$

【例6－9】图6－20所示电路分别是理想集成运放和分立元件构成的电压并联负反馈放大电路，电路满足深度负反馈的条件。计算放大电路的闭环放大倍数。

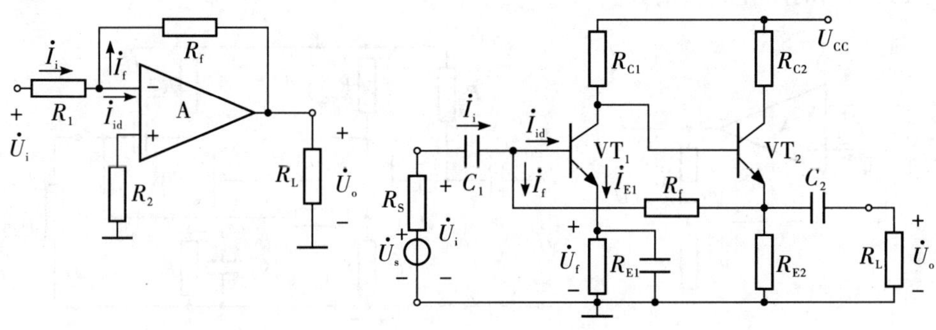

（a）集成运放构成的电路　　（b）分立元件构成的电路

图6－20　电压并联负反馈放大电路

解：在图6－20（a）中，根据理想集成运放工作在线性区时“虚短路”和“虚断路”的特点，可认为反相输入端是“虚地”。在深度负反馈条件下，$\dot{I}_{id}\approx 0$，由电路可分别求得

$$\dot{I}_i=\frac{\dot{U}_i}{R_1},\ \dot{I}_f=\frac{-\dot{U}_o}{R_f}$$

由式（6－11）可得深度负反馈条件下闭环互阻放大倍数为：

$$\dot{A}_{uif}=\frac{\dot{U}_o}{\dot{I}_i}\approx\frac{\dot{U}_o}{\dot{I}_f}=-R_f$$

在图6－20（b）中，电阻R_f引入了一个电压并联负反馈。根据深度负反馈条件下$\dot{I}_{id}\approx 0$，可得$\dot{I}_{B1}\approx\dot{I}_{id}\approx 0$，$U_{BE1}\approx 0$，因此：

$$\dot{I}_i=\frac{\dot{U}_s}{R_s},\ \dot{I}_f=\frac{-\dot{U}_o}{R_f}$$

则深度负反馈下闭环互阻放大倍数为：

$$\dot{A}_{uif}=\frac{\dot{U}_o}{\dot{I}_i}\approx\frac{\dot{U}_o}{\dot{I}_f}=-R_f$$

3. 电流串联负反馈电路

由表6-1可知，电流串联负反馈的反馈系数为：

$$\dot{F}_{ui}=\frac{\dot{U}_f}{\dot{I}_o}$$

根据式（6-8），在深度负反馈条件下，$\dot{U}_i\approx\dot{U}_f$，则电流串联负反馈放大电路的闭环互导放大倍数为：

$$\dot{A}_{iuf}=\frac{\dot{I}_o}{\dot{U}_i}\approx\frac{\dot{I}_o}{\dot{U}_f}=\frac{1}{\dot{F}_{ui}} \tag{6-12}$$

【例6-10】计算图6-21所示电流串联负反馈放大电路的闭环放大倍数（电路满足深度负反馈的条件）。

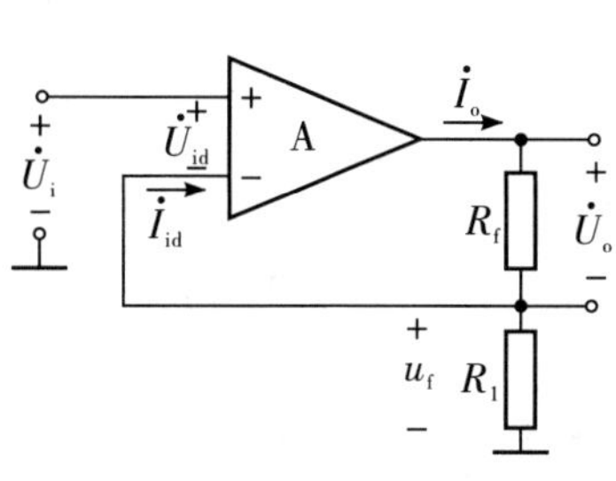

（a）集成运放构成的电路

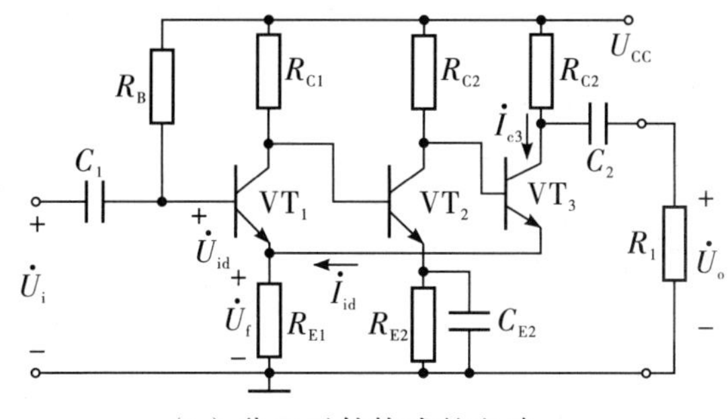

（b）分立元件构成的电路

图6-21　电流串联负反馈放大电路

解：在图6-21（a）中，反馈电压$\dot{U}_f$取自输出电流$\dot{I}_o$，由于$\dot{I}_{id}\approx 0$，故求得反馈电压为：

$$\dot{U}_f=R_1\dot{I}_o$$

则互阻反馈系数为：

$$\dot{F}_{ui}=\frac{\dot{U}_f}{\dot{I}_o}=R_1$$

由式（6-12）可得深度负反馈条件下闭环互导放大倍数为：

$$\dot{A}_{iuf}\approx\frac{1}{\dot{F}_{ui}}=\frac{1}{R_1}$$

在图 6－21（b）中，由电阻 R_{E1} 引入了一个电流串联负反馈，在深度负反馈条件下 $\dot{U}_i \approx \dot{U}_f$，$\dot{U}_{id} \approx 0$，则 VT_1 管射极电流近似为零（即 $I_{E1} \approx 0$），所以：

$$\dot{U}_f \approx R_{E1} \dot{I}_{c3} = \frac{-\dot{U}_o}{R_{C3} /\!/ R_L} R_{E1}$$

闭环电压放大倍数为：

$$\dot{A}_{uuf} = \frac{\dot{U}_o}{\dot{U}_i} \approx \frac{\dot{U}_o}{\dot{U}_f} = -\frac{R_{C3} /\!/ R_L}{R_{E1}}$$

4. 电流并联负反馈电路

由表 6－1 可知，电流并联负反馈的反馈系数为：

$$\dot{F}_{ii} = \frac{\dot{I}_f}{\dot{I}_o}$$

在深度负反馈条件下，$\dot{I}_i \approx \dot{I}_f$，则深度负反馈下电压并联负反馈放大电路的闭环电流放大倍数为：

$$\dot{A}_{iif} = \frac{\dot{I}_o}{\dot{I}_i} \approx \frac{\dot{I}_o}{\dot{I}_f} = \frac{1}{\dot{F}_{ii}} \tag{6-13}$$

【例 6－11】计算图 6－22 所示电流并联负反馈放大电路的闭环放大倍数，电路满足深度负反馈的条件。

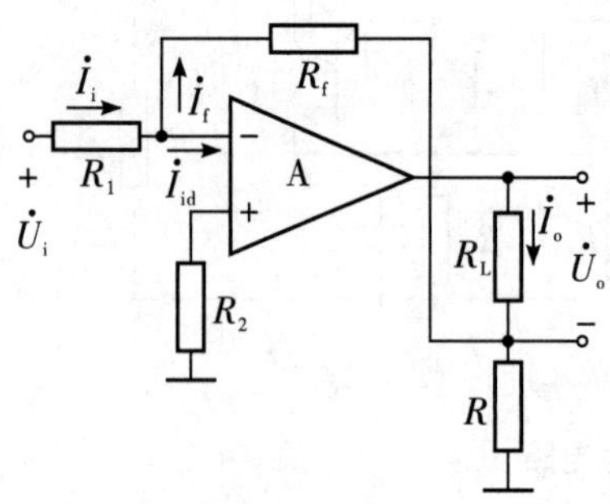

（a）集成运放构成的电路

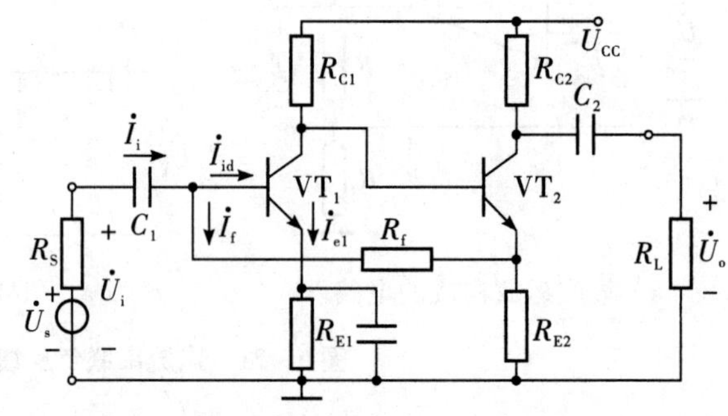

（b）分立元件构成的电路

图 6－22　电流并联负反馈放大电路

解：在图 6－22（a）中，根据理想集成运放工作在线性区时“虚短路”和“虚断路”的特点，可认为反相输入端“虚地”。在深度负反馈条件下，$\dot{I}_{id} \approx 0$，由电路可求得：

$$\dot{I}_f = -\frac{R}{R + R_f} \dot{I}_o$$

所以，电流反馈系数为：

$$\dot{F}_{ii}=\frac{\dot{I}_f}{\dot{I}_o}=-\frac{R}{R+R_f}$$

由式（6-13）可得深度负反馈条件下闭环电流放大倍数为：

$$\dot{A}_{iif}\approx\frac{1}{\dot{F}_{ii}}=-\left(1+\frac{R_f}{R}\right)$$

在图6-22（b）中，电阻R_f引入了一个电流并联负反馈。根据深度负反馈条件下$\dot{I}_{id}\approx0$，可得$\dot{I}_{B1}=\dot{I}_{id}\approx0$，$\dot{U}_{BE}\approx0$，所以：

$$\dot{I}_i=\frac{\dot{U}_s}{R_s},\quad \dot{I}_f\approx-\frac{R_{E2}}{R_{E2}+R_f}\dot{I}_{C2}$$

而

$$\dot{I}_{C2}=-\frac{\dot{U}_o}{R_{E2}/\!/R_L}$$

在深度负反馈条件下，$\dot{I}_i\approx\dot{I}_f$，因此，闭环源电压放大倍数：

$$A_{usf}=\frac{\dot{U}_o}{\dot{U}_s}=\frac{\dot{U}_o}{\dot{I}_iR_s}\approx\frac{\dot{U}_o}{\dot{I}_fR_s}=\frac{(R_{C2}/\!/R_L)(R_{E2}+R_f)}{R_{E2}R_s}$$

【例6-12】放大电路如图6-23所示，已知$R_{E1}=2\ \text{k}\Omega$，$R_f=50\ \text{k}\Omega$，试判断放大电路的反馈类型，并估算深度负反馈条件下的电压放大倍数。

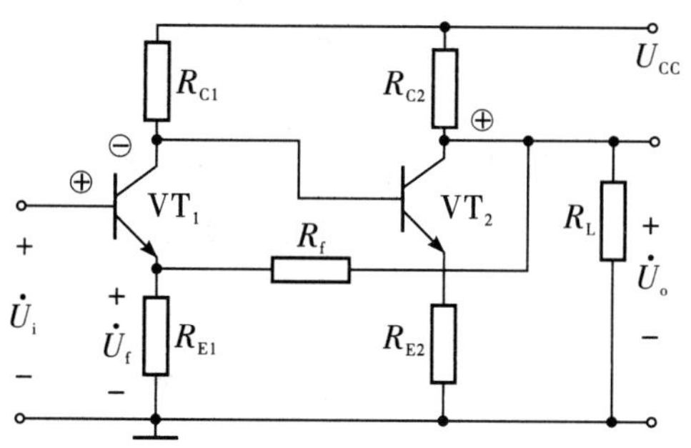

图6-23　例6-12电路图

解：在输入端，输入信号从VT_1管基极加入，而反馈信号引至VT_1管E极，因此，将反馈节点对地短接后，即$\dot{U}_f=0$，输入信号$\dot{U}_{id}=\dot{U}_i-\dot{U}_f=\dot{U}_i$，仍然能够进入放大电路，所以是串联反馈；在输出端，将负载短接，反馈信号消失，所以是电压反馈；采用瞬时极性法，假设VT_1管基极瞬时极性为"+"，则VT_1管的集电极瞬时极性为"-"，VT_2管的集电极瞬时极性为"+"，那么反馈电压的瞬时极性为"+"，净输入电压减小，可判断是负反馈。通过上述分析可判断该电路所引入的反馈为电压串联负反馈。

在深度负反馈条件下，$\dot{U}_i\approx\dot{U}_f$，$\dot{U}_{id}\approx0$，则$\dot{I}_{id}=\dot{I}_{b1}\approx0$，所以反馈电压为：

$$\dot{U}_f\approx\frac{R_{E1}}{R_{E1}+R_f}\dot{U}_o$$

由此可得闭环电压放大倍数为：

$$\dot{A}_{uuf}=\frac{\dot{U}_o}{\dot{U}_i}\approx\frac{\dot{U}_o}{\dot{U}_f}=1+\frac{R_f}{R_{E1}}=1+\frac{50}{2}=26$$

6.4 负反馈放大电路的自激振荡和消除方法

放大电路引入负反馈后，可以使电路的许多性能得到改善，并且反馈深度越深，改善效果越好。但是，对于多级放大电路而言，反馈深度过深，即使放大电路的输入信号为零，输出端也会出现具有一定频率和幅值的输出信号，这种现象称为放大电路的自激振荡，它使放大电路不能正常工作，失去了电路的稳定性。应该尽量避免并设法消除。

本节先分析负反馈放大电路产生自激振荡的原因，然后介绍几种常用的校正措施。

6.4.1 负反馈放大电路产生自激振荡的原因和条件

1. 自激振荡产生的原因

由前面的分析可知，负反馈放大电路的闭环放大倍数为：

$$\dot{A}_f=\frac{\dot{A}}{1+\dot{A}\dot{F}}$$

前面讨论负反馈时都是假定信号工作频率在通频带范围内，不存在附加相移，从第四章频率特性的分析可知，单级放大电路在低频或高频时，会产生附加相移0～±90°，两级放大电路的附加相移可达0～±180°，当附加相移达到±180°时，但这是放大电路的放大倍数近似为零，不满足幅度条件，因此，两级负反馈电路是稳定的。三级放大电路的大附加相移可以达到0～±270°，级数越多附加相移越大。当放大电路的附加相移达到±180°，同时反馈信号的幅值等于或大于净输入信号幅值时，即：$|\dot{A}\dot{F}|\geqslant1$ 负反馈电路就会产生自激振荡。可见，负反馈放大电路产生自激振荡的根本原因之一是 $\dot{A}\dot{F}$ 的附加相移。

2. 产生自激振荡的条件

如果 $1+\dot{A}\dot{F}=0$，则 $\dot{A}_f=\infty$，此时，即使没有输入信号放大电路仍然有一定的输出信号说明放大电路产生了自激振荡。因此，负反馈放大电路产生自激振荡的条件是 $1+\dot{A}\dot{F}=0$，即：

$$\dot{A}\dot{F}=-1$$

用模和相角表示为：

$$|\dot{A}\dot{F}|=1$$

$$\varphi_{AF}=\varphi_A+\varphi_F=(2n+1)\pi\quad(n=1,2,3\cdots\cdots)$$

上式分别称为自激振荡的幅值条件和相位条件。φ_{AF} 为环路附加相移，φ_A 为基本放

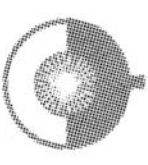

大电路的附加相移，φ_F 为反馈网络的附加相移。当反馈网络为纯电阻时，$\varphi_F=0°$，这时，总的附加相移 φ_{AF} 等于基本放大电路的附件相移 φ_A。从自激振荡的相位条件可知，负反馈放大电路产生自激振荡时，在原有负反馈放大电路有 180°相移基础上环路又产生了 ±180°（或奇数倍的 180°）的附加相移，而使反馈信号 $\dot{X}_f$ 的极性发生了 ±180°的变化，即负反馈变成了正反馈，而环路增益又满足 $|\dot{A}\dot{F}|=1$，这就是自激振荡的实质。

放大电路只有同时满足上述两个条件，才会产生自激振荡。电路在起振过程中，$|\dot{X}_o|$ 有一个从小到大的过程，故起振条件为：

$$|\dot{A}\dot{F}|>1$$

6.4.2　负反馈放大电路稳定性的判定

从自激振荡的两个条件看，一般来说相位条件是主要的。当相位条件得到满足之后，在绝大多数情况下，只要 $|\dot{A}\dot{F}|\geqslant 1$，放大电路就产生自激振荡。

判断负反馈放大电路是否振荡，可以利用回路增益 $\dot{A}\dot{F}$ 的波特图，综合考察 $\dot{A}\dot{F}$ 的幅频特性和相频特性，分析是否同时满足自激振荡的幅频条件和相频条件。

【例 6－13】某负反馈放大电路 a 和 b 的 $\dot{A}\dot{F}$ 的波特图如图 6－24（a）（b）所示。判断电路 a 和电路 b 是否产生自激振荡。

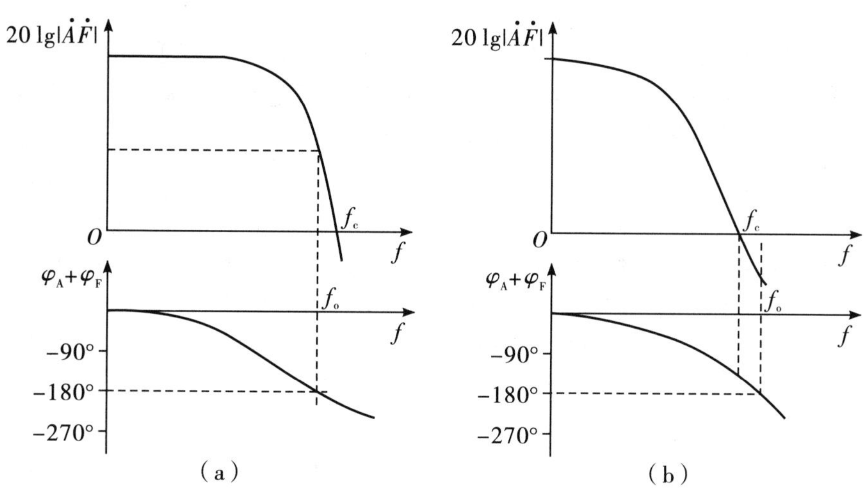

图 6－24　利用频率特性判断自激振荡

解：对电路 a，由图 6－24（a）的相频特性可见，当 $f=f_o$ 时，$\dot{A}\dot{F}$ 的相位移 $\varphi_{AF}=-180°$，相应的 $|\dot{A}\dot{F}|>1$，说明当 $f=f_o$ 时的电路同时满足自激振荡的相位条件和幅度条件，所以，该负反馈放大电路将产生自激振荡。

对电路 b，由图 6－24（b）的相频特性可见，当 $f=f_o$ 时，$\varphi_{AF}=-180°$，相应的对数幅频特性位于横坐标轴之下，即 $|\dot{A}\dot{F}|<1$，说明这个负反馈放大电路不会产生自激

振荡并能稳定工作。

6.4.3 负反馈放大电路自激振荡的消除方法

为使负反馈放大电路稳定工作，必须消除自激振荡，即破坏电路自激振荡的相位条件或幅度条件。通常是在相位条件满足时，破坏振幅条件，使反馈信号幅值不满足原输入量；或者在振幅条件满足，反馈量足够大时，破坏相位条件，使反馈无法构成正反馈。根据这两个原则，克服自激振荡常用的方法有下面几种。

1. 减小反馈环内放大电路的级数

因为级数越多，由于耦合电容和半导体器件的极间电容所引起的附加相移越大，负反馈越容易过渡成正反馈。一般来说，单级放大电路在低频或高频时会产生附加相移，最大的附加相移可达 ±90°，故两级以下的负反馈放大电路产生自激的可能性较小，因为其附加相移的极限值为 ±180°，当达到此极限值时，相应的放大倍数已趋于零，振幅条件不满足。所以实际使用的负反馈放大电路的级数一般不超过两级，最多三级。

2. 减小反馈深度

当负反馈放大电路的附加相移达到 ±180°，满足自激振荡的相位条件时，能够防止电路自激的唯一方法是减小其反馈系数或放大倍数的大小，使 $\varphi_{AF}=180°$时，$|\dot{A}\dot{F}|<1$。即限制反馈深度，使它不再满足振幅条件，不能大于或等于 1，这就限制了中频时的反馈深度不能太大。显然，这种方法会影响放大电路性能的改善，是一种消极的想法。

3. 补偿电路

为了克服自激振荡，又不使放大电路的性能改善受到影响，通常在负反馈放大电路中接入由 C 或 R、C 构成的各种校正补偿电路，来破坏电路的自激条件，以保证电路稳定工作。补偿的指导思想是在放大电路的适当位置加补偿电路。

（1）电容滞后补偿。

电容滞后补偿（校正）电路如图 6－25（a）所示。在极点频率最低的 f_{H1} 那级电路接入一个补偿电容，接入补偿电容后，由于容抗大，所以对中、低频段影响不大，而对高频段，由于容抗小，使其放大倍数降低，从而破坏自激振荡的条件。分析如下：

接入补偿电容后，其高频等效电路如图 6－25（b）所示。R_{o1} 为前级输出电阻，R_{i2} 为后级输入电阻，C_{i2} 为后级输入电容，则加补偿电容前的上限频率为：

$$f_{H1}=\frac{1}{2\pi(R_{o1}//R_{i2})C_{i2}}$$

加补偿电容后的上限频率为：

$$f'_{H1}=\frac{1}{2\pi(R_{o1}//R_{i2})(C_{i2}+C)}$$

若补偿后使 $f=f_{H2}$ 时，$20\lg|\dot{A}\dot{F}|=0$（dB），并且 $f_{H2}>10f'_{H1}$，则补偿后的幅频特性和相频特性如图 6－26 中实线所示。由图可以看出，采用简单电容补偿后，当 $f=f_c$ 时，$(\varphi_A+\varphi_F)$ 趋于 －135°，即 $f_o>f_c$，并具有 45°的相位裕度，因此电路不会产生自激振荡。

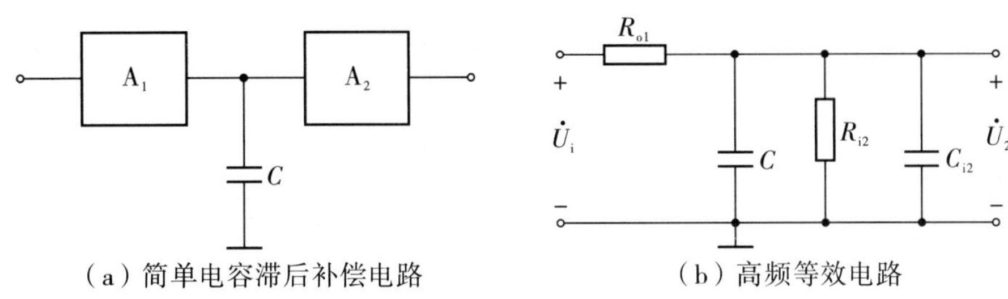

图 6－25　放大电路中的简单电容滞后补偿

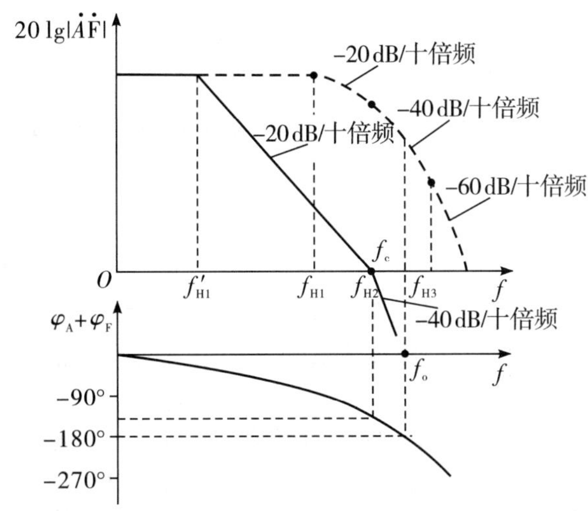

图 6－26　简单电容滞后补偿的幅频特性和相频特性

（2）*RC* 滞后补偿。

除电容滞后补偿可以消除自激振荡外，还可以采用 *R*、*C* 滞后补偿方法消除自激振荡。*RC* 滞后补偿是以频带变窄为代价换来的，而 *R*、*C* 滞后补偿不仅可以消除自激振荡，而且可以使频带的宽度得到改善，其校正电路如图 6－27 所示。

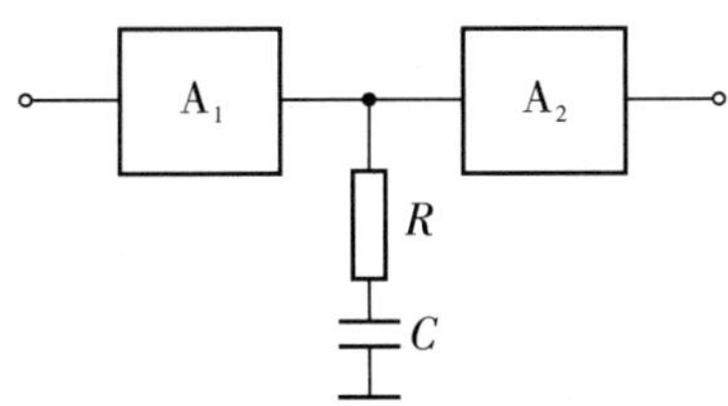

图 6－27　*RC* 滞后补偿电路

RC 滞后补偿（校正）电路应加在时间常数最大，即极点频率最低的放大级，由于电阻 *R* 与电容 *C* 串联后并接在电路中，*R*、*C* 网络对高频电压放大倍数的影响较单个电容的影响要小些，因此，采用 *R*、*C* 滞后补偿，在消除自激振荡的同时，高频响应的损失比仅用电容补偿要轻。采用 *RC* 滞后补偿前后放大电路的幅频特性如图 6－28 所示。图中

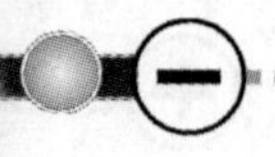

f''_{H1}为 *RC* 滞后补偿后的上限频率，f'_{H1}为简单电容补偿后的上限频率，可见带宽有所改善，并且补偿后，环路增益幅频特性中只有两个拐点，因而电路不会产生自激振荡。

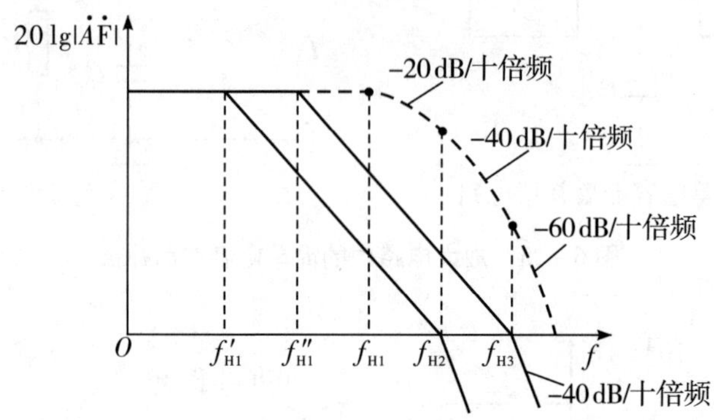

图 6-28　*RC* 滞后补偿前、后基本放大电路的幅频特性

本章小结

（1）在放大电路中，将输出量（输出电压或输出电流）的一部分或全部，通过一定的方式，送回到放大电路的输入回路成为反馈。利用反馈的方法（如：引入负反馈）可以改善放大电路的各项性能指标。

（2）按反馈信号的极性可分为正反馈和负反馈；按反馈信号为直流量还是交流量可分为直流反馈和交流反馈；按反馈信号为电压还是电流可分为电压反馈和电流反馈；按反馈信号与输入信号在输入回路中以电压形式相加减还是以电流形式相加减可分为串联反馈和并联反馈。

（3）直流负反馈的作用是稳定静态工作点，不影响放大电路的动态性能；交流负反馈使放大电路的放大倍数减小，而且可以改善放大电路的各项动态性能指标；电压负反馈具有稳定输出电压的作用，因而降低了放大电路的输出电阻；电流负反馈具有稳定输出电流的作用，因而提高了输出电阻；串联负反馈提高放大电路的输入电阻；并联负反馈降低放大电路的输入电阻。

（4）在实际负反馈放大电路中，有四种反馈组态：电压串联负反馈、电压并联负反馈、电流串联负反馈和电流并联负反馈。

电压串联负反馈具有稳定输出电压、减小输出电阻的作用和提高输入电阻的作用。电压并联负反馈具有稳定输出电压、减小输出电阻的作用和降低输入电阻的作用。电流串联负反馈具有稳定输出电流、增大输出电阻和提高输入电阻的作用。电流并联负反馈具有稳定输出电流、增大输出电阻和减小输入电阻的作用。

（5）反馈放大电路不论哪种组态，其闭环放大倍数均可写成 $\dot{A}_f \frac{\dot{A}}{1+\dot{A}\dot{F}}$。

放大电路中引入负反馈可以改善放大电路的各项性能指标，如：提高放大电路放大倍数的稳定性；减小放大电路非线性失真；展宽通频带；改变输入电阻和输出电阻等。

改善程度取决于反馈深度 $|1+\dot{A}\dot{F}|$。反馈越深，即 $|1+\dot{A}\dot{F}|$ 越大，则放大倍数降低越多，但放大电路各项性能指标改善越明显。

（6）深度负反馈放大电路通常用 $\dot{X}_f \approx \dot{U}_i$ 估算闭环电压放大倍数。不同反馈组态具体为：

串联负反馈：$\dot{X}_f \approx \dot{U}_i$，

并联负反馈：$\dot{I}_f \approx \dot{I}_i$。

（7）负反馈放大电路不稳定的原因是由于 $\dot{A}\dot{F}$ 的附加相移达到 108°时，且 $|\dot{A}\dot{F}| \geq 1$，电路产生自激振荡，负反馈变成了正反馈。消除方法可采用电容或 RC 进行校正。

实训项目　负反馈放大电路

一、实训目标

加深理解放大电路中引入负反馈的方法和负反馈对放大电路各项性能指标的影响。

二、实训设备与器件

（1）多媒体课室、多媒体实验室（安装 Proteus ISIS 或其他仿真软件）。

（2）+12 V 电源、示波器、交流毫伏表、频率计、信号发生器、数字万用表各一台。

（3）晶体三极管 3DG6 或 9012 两个，电阻、电容若干。

三、实训内容与步骤

实训电路如图 6－29 所示。

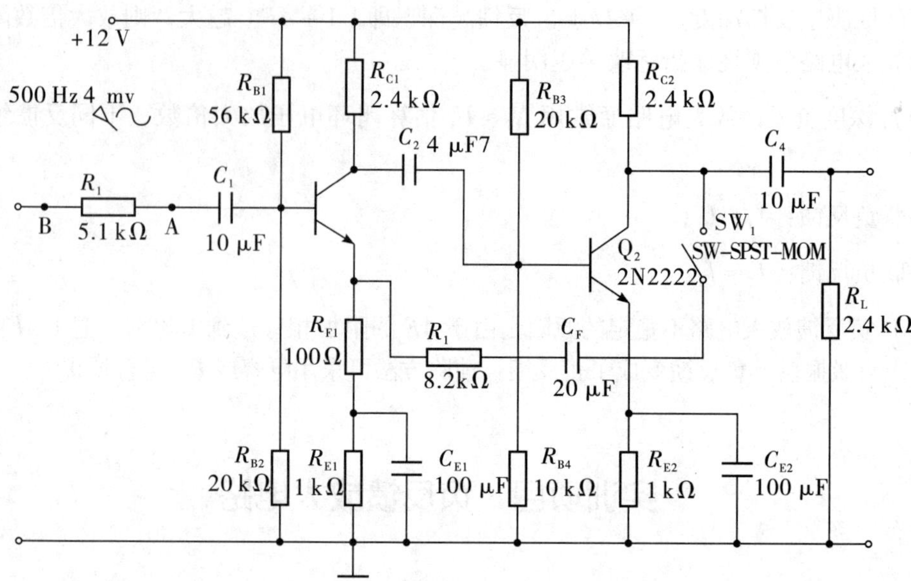

图 6－29　负反馈放大电路实训图

1. 仿真

（1）运行 Proteus ISIS（或其他仿真软件）在 ISIS 主窗口编辑电路图。

（2）启动仿真。

（3）测量静态工作点。$U_{cc}=+12$ V，$U_i=0$，开关 K 断开（开环状态），测量第一级、第二级放大电路的静态工作点（适当调整使 $U_{ce}=5$ V 左右），结果记入表 6－3 中。

表 6－3　（$U_{cc}=+12$ V，$U_i=0$，开关 K 断开）

	U_b/V	U_b/V	U_b/V	I/mA
第一级				
第二级				

（4）测量电压放大倍数。给 A 端输入 $f=500$ Hz，$U_A=4$ mV 的正弦波信号。分别测量开关 K 断开和 K 闭合两种状态下放大电路带负载 R_L 和不带负载 R_L 的输出端电压 U_O 值。将结果和输出波形记入表 6－4 中。

表 6－4　（输入正弦波信号：$f=500$ Hz，$U_A=4$ mV）

测试条件		测试值		计算值	U_O波形
		U_A/V	U_O/V		
开环（K 断开）	不带 R_L				
	带 R_L				
闭环（K 闭合）	不带 R_L				
	带 R_L				

（5）测量输入电阻 r_i 值。给 B 端输入 $f=500$ Hz，$U_B=4$ mV 的正弦波信号。分别测量开关 K 断开和 K 闭合二种状态下 A 端的电压 U_A 值。结果记入表 6－5 中，并计算出输入电阻值。

表 6－5　（输入 $f=500$ Hz，$U_B=4$ mV 的正弦波信号）

测试条件		测量值		计算值	
		U_B/mV	U_A/mV	$I=(U_B-U_A)/R$	输入电阻
接 R_L	开环				$r_i=$
	闭环				$r_{if}=$

（6）测试输出电阻 r_o 值。给 B 端输入 $f=500$ Hz，$U_B=4$ mV 的正弦波信号。分别测量开关 K 断开和 K 闭合二种状态下放大电路带负载 R_L 和不带负载 R_L 的输出端电压 U_O 值。将结果和输出波形记入表 6－6 中。

计算公式：$R_o=(E_O/U_{SC}-1)R_L$。

表 6－6　（输入 $f=500$ Hz，$U_B=4$ mV 的正弦波信号，$R_L=2.4$ kΩ）

测试条件		测试值		r_o 计算值
		E_O/V	U_{SC}/V	
开环（K 断开）	不带 R_L		/	$r_o=$
	带 R_L	/		
闭环（K 闭合）	不带 R_L		/	$r_{of}=$
	带 R_L	/		

（7）观测负反馈对非线性失真的改善。

①放大器处于开环状态，输入端加入 $f=1$ kHz 的正弦波信号，输出端接入示波器，逐步增大输入信号的幅值，使输出波形出现失真，记录此时的波形和输出电压幅值 u_{o1}。

②再将放大器处于闭环状态，逐步增大输入信号的幅值，使输出电压幅值 $u_{o2}=u_{o1}$，比较有负反馈时输出波形的变化。

2. 拓展训练

（1）将图 6－29 电路制作电路板，焊接、安装，按照前述完成表 6－3～表 6－6 各项测试、计算。

（2）描述电压反馈、电流反馈、串联反馈、并联反馈、正反馈和负反馈的判别规则。

电压反馈：________________________________。

电流反馈：________________________________。

串联反馈：________________________________。

并联反馈：________________________________。

正反馈：________________________________。

负反馈：________________________________。

四、电路分析，编制实训报告

实训报告内容包括:

(1) 实训目的。

(2) 实训仪器设备。

(3) 电路工作原理。

(4) 元器件清单。

(5) 主要收获与体会。

(6) 对实训课的意见、建议。

练　习　题

一、简答题

1. 解释下列各名称概念。

(1) 反馈、正反馈、负反馈;

(2) 电压反馈、电流反馈;

(3) 串联反馈、并联反馈。

2. 简述正、负反馈的判别方法。

3. 简述电压反馈、电流反馈的判别方法。

4. 简述串联反馈、并联反馈的判别方法。

二、应用题

1. 判别图 6－30 所示各电路是否有反馈，属于何种反馈（正、负；电压、电流；串联、并联）?

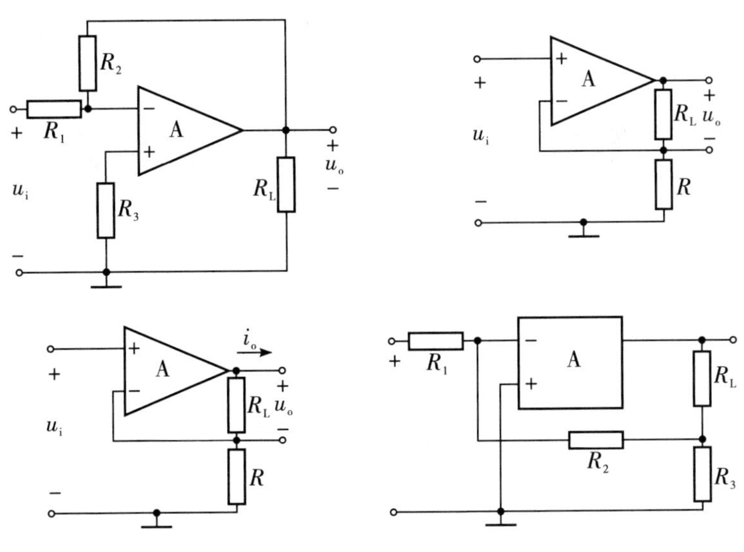

图 6－30

2. 反馈放大电路自激振荡的条件是什么?

3. 分别写出引入串联、并联负反馈后放大电路输入电阻的估算表达式，并简述引入串联、并联负反馈前后放大电路输入电阻的变化关系。

4. 分别写出引入电压、电流负反馈后放大电路输出电阻的估算表达式，并简述引入电压、电流负反馈前后放大电路输入电阻的变化关系。

5. 分析图 6－31 所示电路各电路的反馈组态，若电路满足深度负反馈的条件，计算负反馈电路的闭环电压放大倍数。

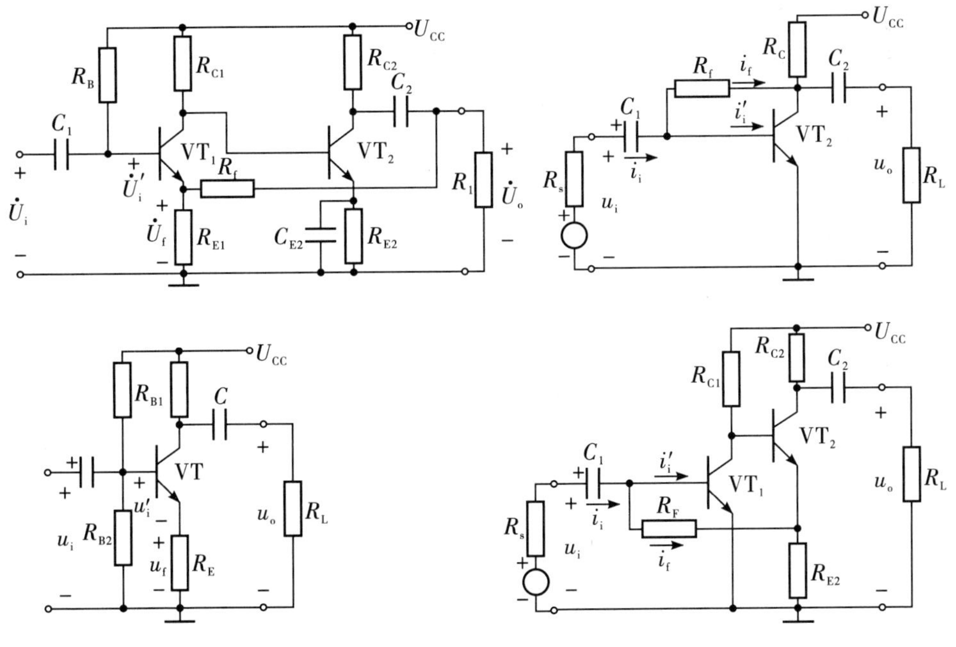

图 6－31

学习情境七　函数信号发生器

函数信号发生器是能够输出正弦波、方波和三角波等波形的常用电子仪器，是科研、教学、制造业中一种最常用的通用仪器。

从信号发生器的实现看可以简单分为以硬件为核心的电路实现方式和以计算机技术为核心的实现方式。随着大规模集成电路和计算机技术的迅速发展，以及人工智能向测控技术的移植和应用，智能仪器仪表技术发展迅速，智能型信号发生器被普遍使用。

【教学任务】

（1）介绍 *LC* 正弦波振荡电路。

（2）介绍 *RC* 正弦波振荡电路。

（3）介绍石英晶体振荡电路。

【教学目标】

（1）掌握正弦波振荡电路的基本工作原理。

（2）熟悉 *LC* 正弦波振荡电路的电路结构。

（3）了解 *RC* 正弦波振荡电路的电路组成。

（4）了解石英晶体振荡器的特点及应用。

（5）掌握非正弦波信号产生电路的结构、特点和应用。

（6）培养学生具有判断、分析和应用信号产生电路的能力。

【教学内容】

（1）正弦波振荡电路的基本概念、特点、电路组成、工作过程分析。

（2）*LC* 正弦波振荡电路的种类、结构特征、工作原理及应用。

（3）*RC* 正弦波振荡电路的电路组成工作原理及应用。

（4）石英晶体振荡器的特点、原理和应用。

【教学实施】

基于电路结构分析的工作原理讨论，阐述振荡电路的特征，结合多媒体课件讲解，应用举例、分组讨论。

第七章　信号发生电路

【基本概念】

信号发生器、正弦波振荡、起振条件、选频网络、振荡频率（周期）、振荡幅值、压控振荡。

【基本电路】

RC 桥式正弦波振荡电路，变压器反馈式、电感三点式、电容三点式、*LC* 正弦波振荡电路，石英晶体正弦波振荡电路；矩形波发生电路，三角波发生电路，锯齿波发生电路，压控振荡电路。

【基本方法】

电路是否可能产生正弦波振荡的判断方法；*RC* 桥式正弦波振荡电路振荡频率的计算方法；非正弦波发生电路的波形分析方法、振荡频率（周期）和幅值的估算方法。

不需要外加激励信号，电路就能产生输出信号的电路称为信号发生电路（或波形振荡器）。信号发生电路也称为信号发生器，它用于产生被测电路所需特定参数的测试信号。在测试、研究或调试电子电路及设备时，为测定电路的一些电参量（如测量频率响应、噪声系数，为电压表定度等），都要求提供特定技术条件所需要的电信号，以模拟在实际工作中使用的待测设备的激励信号。当要求进行系统的稳态特性测量时，需使用振幅、频率已知的正弦信号源。当测试系统的瞬态发生特性时，又需使用前沿时间、脉冲宽度和重复周期已知的矩形脉冲源，并且要求信号源输出信号的参数（如频率、波形、输出电压或功率等）能在一定范围内进行精确调整，有很好的稳定性，有输出指示。信号源可以根据输出波形的不同，划分为正弦波信号发生器和非正弦信号两大类。正弦波和非正弦波信号发生电路常常作为信号源得到广泛的应用。

本章介绍正弦波信号、非正弦波信号发生电路、工作原理及其主要参数。

7.1 正弦波信号发生电路

能产生正弦波输出信号的电路称为正弦波发生电路（或称正弦振荡器）。它是各类波形发生器和信号源的核心电路。电子技术实验中经常使用的低频信号发生器就是一种正弦波振荡电路，大功率的振荡电路还可以直接为工业生产提供能源，例如，高频加热炉的高频电源。此外，超声波探伤、无线电、广播电视信号的发送和接受、通信设备等都离不开正弦波振荡电路。总之，正弦波振荡电路在测量、通信、自动控制和热处理等技术领域中都有着广泛的应用。

7.1.1 正弦波振荡电路的基本组成

正弦波发生电路是在放大电路的基础上加上正反馈而形成的，正弦波振荡电路结构框图如图 7－1 所示。

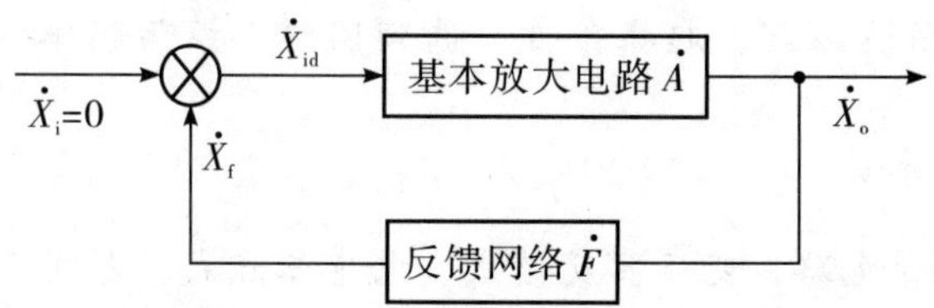

图 7－1　正弦波振荡电路结构框图

在放大电路的反馈中可知，放大电路引入反馈后，在一定的条件下，放大电路可能产生自激振荡，使电路不能正常工作，因而要设法消除这种振荡。但是，利用放大电路的这种自激振荡现象，使放大电路变成振荡电路，用于产生各种低频或高频的正弦波信号。

1. 振荡电路的组成

正弦波振荡电路主要由放大电路、反馈网络组成。同时，振荡电路还应具有选频网络和稳幅环节。放大电路和反馈网络是利用其自激振荡获得正弦波信号；选频网络和稳幅电路是为获得单一频率正弦波和幅度稳定的振荡。选频网络可以与放大电路或反馈网络结合一起，构成选频放大或选频反馈网络。

选频网络若由 R、C 元件组成，则该振荡电路称为 RC 正弦波振荡电路，这种电路的选频网络一般是在反馈网络中，RC 正弦波振荡电路用于产生 1 MHz 以下的低频正弦波信号；若选频网络由 L、C 元件组成，则该振荡电路称为 LC 正弦波振荡电路。这种振荡电路用于产生高频正弦波信号。

2. 产生正弦波振荡的条件

在图 7－1 中，振荡电路无输入信号，即 $\dot{X}_i=0$，因此，放大电路的输入 $\dot{X}_{id}=\dot{X}_f$。该信号经放大电路放大后，输出为 $\dot{X}_o$。如果能使 $\dot{X}_f$ 和 $\dot{X}_{id}$ 大小相等，极性相同，构成正反馈电路，那么，该电路就能维持稳定输出。

由图 7－1 有：基本放大电路输出为 $\dot{X}_0=\dot{A}\dot{X}_i$，反馈网络输出 $\dot{X}_f=\dot{F}\dot{X}_0$。当 $\dot{X}_{id}=\dot{X}_f$ 时，则：

$$\dot{A}\dot{F}=1 \tag{7-1}$$

式 7－1 就是振荡电路的自激振荡条件。这个条件实质上包含了下列两个条件。

（1）幅度平衡条件：

$$|\dot{A}\dot{F}|=1 \tag{7-2}$$

即放大倍数 $\dot{A}$ 和反馈系数 $\dot{F}$ 乘积的模等于 1。

（2）相位平衡条件：

$$\arg\dot{A}\dot{F}=\varphi A+\varphi F=\pm 2n\pi\ (n=0,\ 1,\ 2,\ \cdots) \tag{7-3}$$

即放大电路的相移与反馈网络的相移之和为 $2n\pi$。其中 n 为整数，这也就说明必须为正反馈的条件。

式（7－1）自激振荡条件实质上与负反馈放大电路中自激振荡条件 $\dot{A}\dot{F}=-1$ 是一致的，这是因为负反馈放大电路在低频或高频时，若有附加相移 $\pm\pi$，负反馈变成正反馈，就能产生自激振荡。故负反馈和正反馈放大电路两者的自激振荡条件相差一个符号。

3. 正弦波振荡电路的起振条件

幅度平衡条件 $\dot{A}\dot{F}=1$ 是表示振荡电路达到稳幅振荡时的情形，如果要使电路能够自行起振，那么开始时必须满足 $|\dot{A}\dot{F}|>1$ 的幅度条件，随着输出信号振幅的逐渐增大，由于电路中非线性元件的作用，使 $|\dot{A}\dot{F}|$ 值逐步下降，最后达到 $|\dot{A}\dot{F}|=1$，振荡电路处于稳幅振荡状态，输出电压的幅度维持稳定的等幅振荡。

7.1.2　正弦波振荡电路的分析方法

对于正弦波振荡电路，通常可以采用以下步骤来分析其工作原理，一是从电路的组成来判断电路能否产生正弦波振荡；二是从幅度平衡条件和相位平衡条件估算振荡频率和起振条件。

1. 判断电路能否产生正弦波振荡

（1）检查电路是否具有如下四个基本组成部分。

①放大电路：将电源的直流电能转换成交变的振荡能量。

②反馈网络：具有正反馈的作用，保证电路具有一定幅值的稳定电压输出。

③选频网络：用于获得单一振荡频率的正弦波，用 RC、LC 或石英晶体等电路组成。选频网络可以单独存在，也可与反馈网络或放大电路结合在一起。

④稳幅电路：用于改善波形或使振幅稳定，可以由器件的非线性或外加稳幅电路来实现。

（2）检查放大电路的静态工作点是否合适保证放大电路正常放大。

（3）分析放大电路是否满足振荡条件。即是否引入正反馈，满足幅度平衡条件

$|\dot{A}\dot{F}|>1$ 和相位平衡条件 $\arg\dot{A}\dot{F}=\varphi A+\varphi F=\pm 2n\pi$（$n=0, 1, 2, 3, \cdots$）

2. 估算振荡频率和起振条件

振荡频率由相位平衡条件所决定，起振条件可由幅度平衡条件 $|\dot{A}\dot{F}|>1$ 的关系式求得。

（1）画出断开反馈信号的输入端点后的交流等效电路。

（2）写出回路增益 $\dot{A}\dot{F}$ 的表达式。

（3）令 $\varphi_A+\varphi_F=\pm 2n\pi$，求得满足该条件的频率 f_o，即为振荡频率。令 $f=f_o$ 时的 $|\dot{A}\dot{F}|$ 值大于1，即得起振条件。

7.2 RC 正弦波振荡电路

RC 串并联网络振荡电路用于产生低频正弦波信号。常用的 *RC* 正弦波振荡电路有 *RC* 串并联正弦波振荡电路、移相式正弦波振荡电路、双 T 型选频网络正弦波振荡电路三种。

7.2.1 RC 串并联正弦波振荡电路

RC 串并联网络用于产生低频正弦波信号。该电路具有失真小、振幅稳定、频率调节方便，是一种使用十分广泛的 *RC* 振荡电路。

RC 串并联正弦波振荡电路如图 7－2 所示。其中，运算放大器 A 为放大电路，采用 *RC* 串并联网络构成选频和反馈网络。

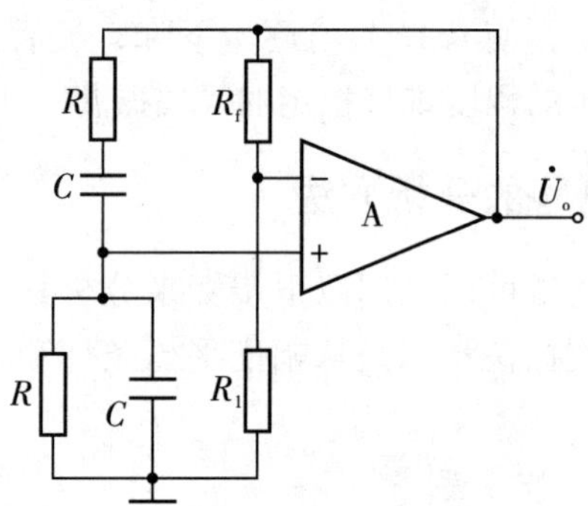

图 7－2　*RC* 串并联正弦波振荡电路

1. *RC* 串并联网络的选频特性

RC 串并联网络如图 7－3 所示。图 7－3（a）是 *RC* 串并联电路，图 7－3（b）是低频等效电路，图 7－3（c）为高频等效电路。

假设输入一个幅值恒定电压 $\dot{U}$、频率为 f 的正弦波信号，则输出 $\dot{U}_f$ 的大小和与 $\dot{U}$ 的相位差将随输入信号的频率 f 而变化。

在图 7－3（a）中，电路的频率特性可表示为：

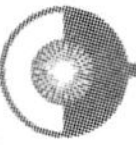

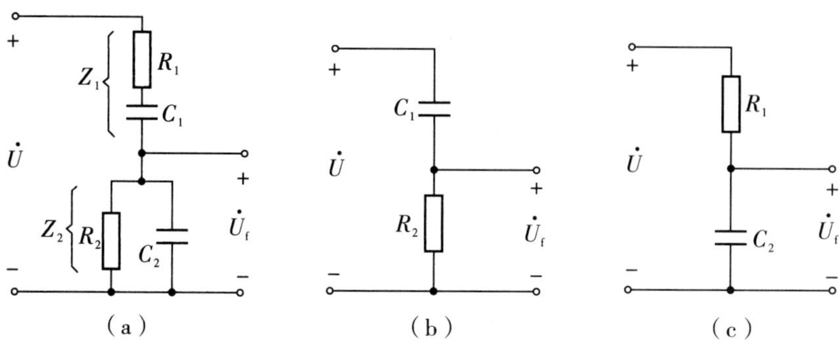

图 7－3　*RC* 串并联网络

$$\dot{F}=\frac{\dot{U}_f}{\dot{U}}=\frac{Z_2}{Z_1+Z_2}=\frac{\dfrac{R_2}{1+j\omega R_2C_2}}{R_1+\dfrac{1}{j\omega C_1}+\dfrac{R_2}{1+j\omega R_2C_2}} \tag{7-4}$$

为了调节振荡频率的方便，通常 *RC* 串并联网络中的 *R* 和 *C* 值分别取相同的值。所以式（7－4）简化为：

$$\dot{F}=\frac{1}{3+j\left(\dfrac{\omega}{\omega_o}-\dfrac{\omega_o}{\omega}\right)} \tag{7-5}$$

令 $\omega_o=\dfrac{1}{RC}\left(\omega_o\text{是电路固有角频率，即固有频率，}f_o=\dfrac{1}{2\pi RC}\right)$，则式（7－5）简化为

$$\dot{F}=\frac{1}{3+j\left(\dfrac{f}{f_o}-\dfrac{f_o}{f}\right)} \tag{7-6}$$

其幅频特性为：

$$|\dot{F}|=\frac{1}{\sqrt{3^2+\left(\dfrac{\omega}{\omega_o}-\dfrac{\omega_o}{\omega}\right)^2}}=\frac{1}{\sqrt{3+\left(\dfrac{f}{f_o}-\dfrac{f_o}{f}\right)^2}} \tag{7-7}$$

相频特性为：

$$\varphi_F=-\arctan\left(\frac{\dfrac{\omega}{\omega_o}-\dfrac{\omega_o}{\omega}}{3}\right)=-\arctan\left(\frac{\dfrac{f}{f_o}-\dfrac{f_o}{f}}{3}\right) \tag{7-8}$$

可见，当 $f=f_o$ 时，$\dot{F}$ 的幅值最大，此时，$|\dot{F}|_{max}=\dfrac{1}{3}$，而 $\dot{F}$ 的相位角为零，即 $\varphi_F=0$；当 $f\ll f_o$ 时，$|\dot{F}|\to 0$，$\varphi_F\to -90°$；当 $f\gg f_o$ 时，$|\dot{F}|\to 0$，$\varphi_F\to -90°$。*RC* 串并联网络的幅频特性和相频特性如图 7－4 所示。由幅频特性图可以看出，*RC* 网络具有选频作用。

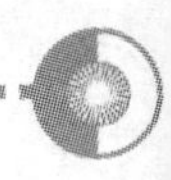

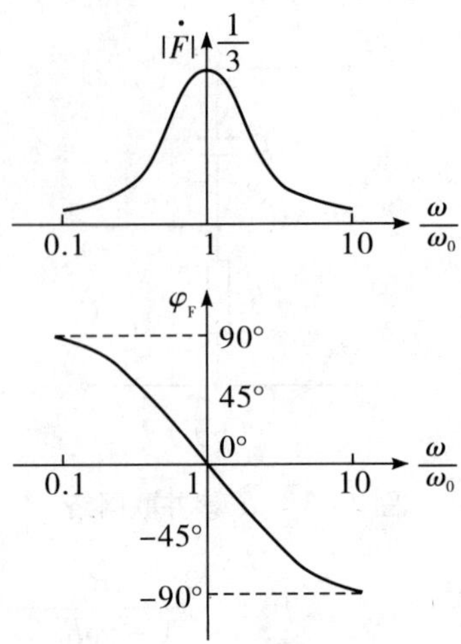

图 7-4 *RC* 串并联的频率特性

2. 振荡频率与起振条件

（1）振荡频率。由于 *RC* 串并联网络在 $f=f_o$ 时，输出最大，相位 $\varphi_F=0$，同时，放大电路 A 采用同相输入，所以 $\varphi_F+\varphi_A=0$，而对于其他频率不能满足振荡电路的相位平衡条件，所以，电路的振荡频率为：

$$f_o=\frac{1}{2\pi RC} \tag{7-9}$$

（2）起振条件。前面讨论已知，当 $f=f_o$ 时 $|\dot{F}|=\frac{1}{3}$。根据起振条件 $|\dot{A}\dot{F}|>1$，可以求得起振条件为：

$$|\dot{A}|\geqslant 3$$

因同相比例运算放大电路的电压放大倍数为 $A_{uf}=1+\frac{R_f}{R_1}$，可得：

$$R_f>2R_1 \tag{7-10}$$

所以，振荡电路的起振条件为 R_f 值应稍微大于 2 倍 R_1 的值。若 R_f 值小于 $2R_1$，则电路不能起振；若 R_f 值远大于 $2R_1$，则电路输出波形变为方波。

3. 稳幅措施

稳幅电路的作用是限制放大电路的放大倍数，达到放大电路输出波形不失真、输出电压稳定。稳幅电路是根据振荡幅度的大小自动改变放大电路负反馈的强弱，实现自动稳幅。在实际电路中，最常用的稳幅措施有热敏电阻自动稳幅和二极管自动稳幅电路。

（1）热敏电阻自动稳幅。热敏电阻自动稳幅是在负反馈电路中采用热敏电阻 R_T 替代原来的反馈电阻 R_f，利用 R_T 具有负温度系数的特性来实现自动稳幅，如图 7-5 所示。其稳幅原理：当振幅增大时，流过 R_T 的电流也增大，于是 R_T 的温度升高，导致 R_T 阻值减小，则负反馈系数 *F* 增大，即负反馈得到加强，使放大电路的电压放大倍数变小，结果抑制了输出幅度的增长；反之，当振幅减小时，则流过 R_T 的电流也变小，温度就降低，使 R_T 的电阻增大，则放大电路的放大系数 F 减小，即负反馈被削弱，使电压放大倍数升高，阻止输出幅度继续减小，从而达到稳幅的效果。

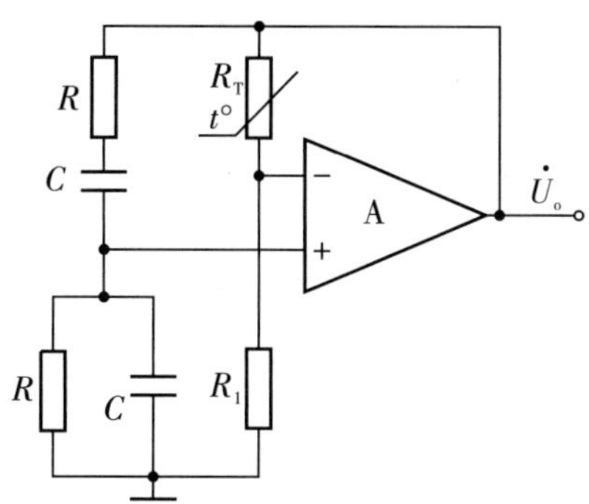

图 7－5　采用热敏电阻稳幅的 RC 串并联网络振荡电路

（2）二极管自动稳幅电路。二极管自动稳幅电路是利用二极管的非线性特性来完成自动稳幅。二极管自动稳幅电路如图 7－6（a）所示。

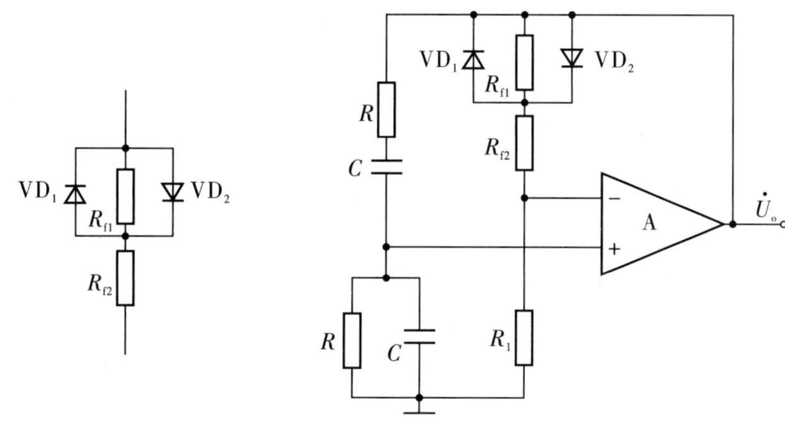

图 7－6　采用二极管稳幅的 RC 串并联正弦波振荡电路

在负反馈电路中，用二极管自动稳幅电路替代原来的反馈电阻 R_f，二极管稳幅 RC 串并联正弦波振荡电路如图 7－6（b）所示。图中 VD_1、VD_2 与电阻 R_{f1} 并联，所以，输出信号正、负半周总有一个二极管正向导通。设两个二极管参数一致，其正向交流电阻为 r_d，则电压放大倍数 $A_{uf}=1+\dfrac{R_{f2}+R_{f1}/\!/r_d}{R_1}$。其稳幅原理：当振幅增大时，流过二极管的电流增大，这时，二极管交流电阻 r_d 值减小，电压放大倍数 A_{uf} 变小，结果抑制了输出幅度的增长；反之，当振幅减小时，流过二极管的电流变小，使二极管的交流电阻 r_d 变大，放大电路的电压放大倍数 A_{uf} 变大，阻止输出幅度继续减小，从而达到稳幅的效果。二极管自动稳幅电路另一个特点是有利于电路起振，这是因为刚起振时输出幅度小，二极管交流电阻 rd 较大，于是，放大电路的放大倍数 A_{uf} 较大。

4. 振荡频率的调节

振荡频率调节电路如图 7 -7 所示。只要改变电阻 R_p 或电容 C 的值即可调节振荡频率。振荡频率调节电路中 RC 串并联网络中对应等值电容和等值电阻，可以利用双双联开关（波段开关）来换接不同容量的电容对振荡频率粗调，利用同轴电位器（R_p）对振荡频率细调。振荡频率调节电路可以使电路获得更宽频率范围的正弦波信号。

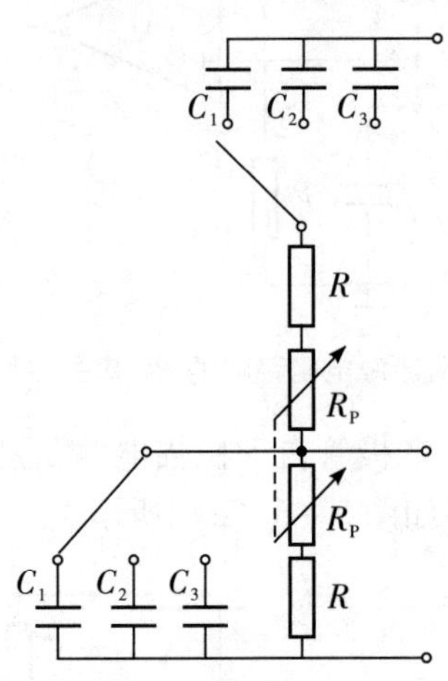

图 7 -7　振荡频率的调节电路

7.2.2　移相式正弦波振荡电路

移相式振荡电路用于产生低频正弦波信号，频率范围为几赫兹到几十千赫兹。具有电路结构简单、经济实惠等优点，但频率调节不方便、输出幅度不够稳定，输出波形较差，一般用于振荡频率固定且稳定性要求不高的场合。

移相式振荡电路由一个反相输入比例放大电路 A 和三节 RC 移相电路组成。如图 7 -8（a）所示。

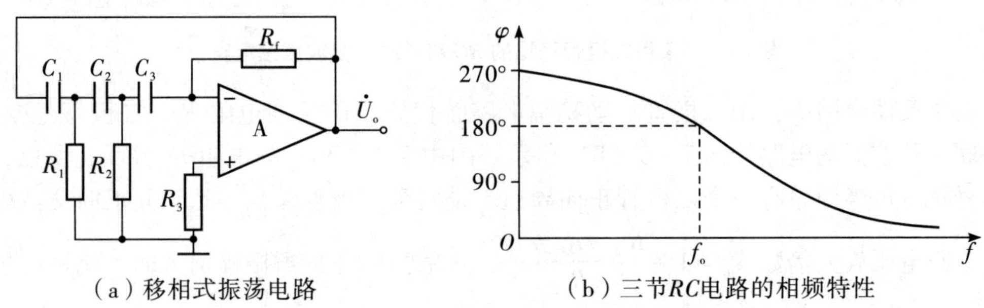

（a）移相式振荡电路　　（b）三节RC电路的相频特性

图 7 -8　移相式振荡电路及相频特性

由于放大电路 A 采用反相输入方式，因此，放大电路的相移 $\varphi_F = 180°$，如果反馈网络在移相 180°，那么，电路就可以满足产生正弦波振荡的相位平衡条件。我们知道，一节 RC 电路的移相范围为 0 ~ 90°，不能满足振荡的相位平衡条件；两节 RC 电路的移相范围在0~180°，但在接近180°时，其输出电压接近为零，无法同时满足振荡的幅度平衡条件和相位平衡条件。三节 RC 电路的移相范围为0~270°，当 $f \to 0$ 时，$\varphi_F = 270°$；当 $f \to \infty$ 时，$\varphi_F \to 0$，其移相特性如图7-8（b）所示，可见，其中必定有一个频率 f_o，其相移 $\varphi_F = 180°$，此时，电路满足相位平衡条件。

上述分析可以得出：移相式振荡电路至少需要三节 RC 电路（RC 超前移相或滞后移相）才能满足振荡的相位平衡条件。图7-8（a）中三节 RC 超前移相电路的第三节是 C_3 和放大电路的输入电阻组成。通常，电路中的 $C_1 = C_2 = C_3$，$R_1 = R_2 = R$。

根据振荡电路相位平衡条件和幅度平衡条件，电路的振荡频率为：

$$f_o = \frac{1}{2\sqrt{3}\pi RC} \tag{7-11}$$

起振条件为：

$$R_f > 12R \tag{7-12}$$

7.2.3　双T型选频网络正弦波振荡电路

双T型网络振荡电路也是用于产生低频正弦波信号。由于双T型网络本身比 RC 串并联网络具有更好的选频特性，因此，双T型网络振荡电路输出信号的频率稳定性较高，输出波形的非线性失真较小。其缺点是频率调节比较困难，适用于产生单一频率的正弦波信号。

双T型选频网络正弦波振荡电路是利用 RC 元件组成的双T型网络的选频特性构成的振荡电路，如图7-9所示。两个电阻 R 之间的电容的容值为 $2C$，两个电容 C 之间的电阻为 R_1，R_1 的阻值应略小于电阻 $R/2$。此时，该电路的振荡频率为

$$f_o \approx \frac{1}{5RC} \tag{7-13}$$

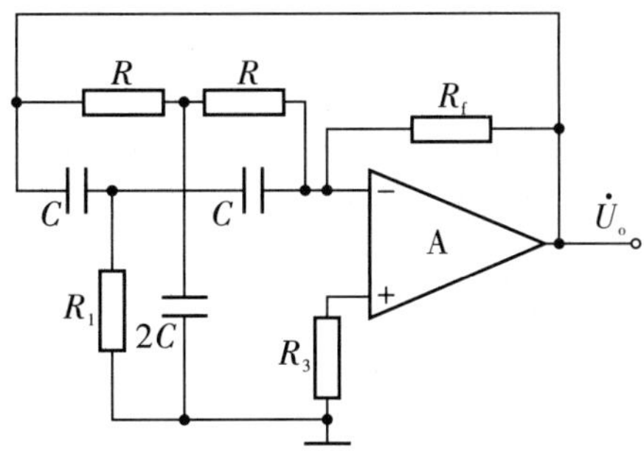

图7-9　双T型网络振荡电路

当 $f = f_o$ 时，双T型网络的相移 $\varphi_F = 180°$，而反向输入比例放大电路的相移 $\varphi_A = 180°$，因此，电路满足相位平衡条件。但此时选频网络的幅频特性的值很低，所以，为了同时满足幅度平衡条件，放大电路的放大倍数必须足够大，达到 $|\dot{A}\dot{F}| > 1$。

表7-1是三种 RC 正弦波振荡电路特点的比较。由表可见，各种 RC 振荡电路的振荡频率均与 R、C 的乘积成反比，如果需要产生振荡频率很高的正弦波信号，势必要求

电阻或电容的值很小，这在制造上和电路实现上将有比较大的困难，因此 *RC* 振荡器一般用来产生几赫至几百千赫的低频信号，若要产生更高频率的信号，可以考虑采用 *LC* 正弦波振荡器。

表 7－1　三种 *RC* 正弦波振荡电路的比较

名称	*RC* 串并联网络振荡电路	移相式振荡电路	双 T 型选频网络振荡电路
电路形式			
振荡频率	$f_o = \frac{1}{2\pi RC}$	$f_o = \frac{1}{2\sqrt{3}\pi RC}$	$f_o \approx \frac{1}{5RC}$
起振条件	$R_f > 2R_1$ $\lvert \dot{A} \rvert > 3$	$R_f > 12R$	$R_1 < \frac{R}{2}$　$\lvert \dot{A}\dot{F} \rvert > 1$
电路特点及应用场合	可连续调节振荡频率；便于加负反馈稳幅电路；容易得到良好的波形	电路简单，经济实惠，适用于对波形要求不高的场合	选频特性好，适用于产生单一频率的振荡波形

7.3　*LC* 正弦波振荡电路

常见的 *LC* 正弦波振荡电路有：变压器反馈式正弦波振荡电路、电感三点式正弦波振荡电路和电容三点式正弦波振荡电路。*LC* 振荡电路主要用于产生高频正弦波信号。

7.3.1　*LC* 并联电路的特性

由于 *LC* 振荡电路都是以电感、电容的并联回路构成选频网络，故首先来分析 *LC* 并联电路的特性。

LC 并联电路如图 7－10（a）所示。电路中 *R* 是回路本身和回路负载的等效总损耗电阻（通常较小）。

1. *LC* 并联谐振频率（f_o）

由图 7－10（a）所示电路中，*LC* 并联电路的复阻抗 *Z* 为：

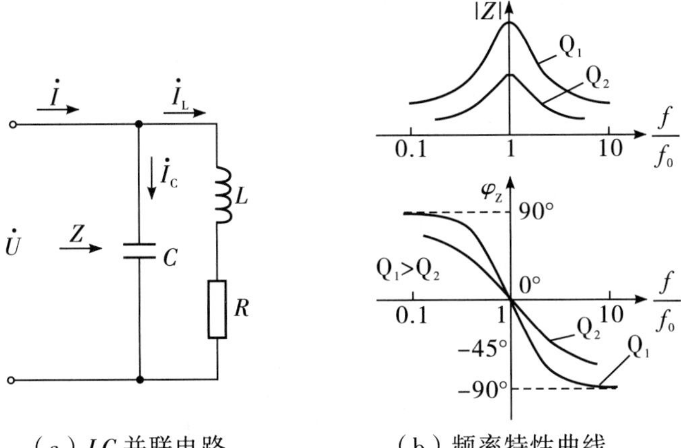

（a）*LC* 并联电路　　（b）频率特性曲线

图 7－10　*LC* 并联电路及其频率特性曲线

$$Z = Z_C // (Z_L + R) = \frac{\frac{1}{j\omega C} \times (R + j\omega L)}{\frac{1}{j\omega L} + (R + j\omega L)}$$

通常 $\omega L >> R$，则：

$$Z \approx \frac{\frac{L}{C}}{R + j\left(\omega L - \frac{1}{\omega C}\right)} \quad (7-14)$$

当 $\omega L = \frac{1}{\sqrt{\omega C}}$时，$Z$ 为实数，即 *LC* 并联电路呈纯电阻性，此时回路的电流、电压同相，发生并联谐振。

令 *LC* 并联谐振时角频率为 ω_o，则：

$$\omega_o = \frac{1}{\sqrt{LC}} 或 f_o = \frac{1}{2\pi\sqrt{LC}} \quad (7-15)$$

2. *LC* 并联谐振时阻抗（Z_o）

由于谐振时 $\omega_o L = \frac{1}{\omega_o C}$，则式（7－14）可得谐振时的阻抗为：

$$Z_o = \frac{L}{RC} \quad (7-16)$$

令：$Q = \frac{\omega_o L}{R}$，即：

$$Q = \frac{\omega_o L}{R} = \frac{1}{R\omega_0 C} = \frac{1}{R}\sqrt{\frac{L}{C}} \quad (7-17)$$

则谐振阻抗为：

$$Z_o = Q\sqrt{\frac{L}{C}} \quad (7-18)$$

Q 称为谐振回路的品质因数，是 LC 振荡电路的重要指标，其值一般约为几十到几百。

3. LC 并联回路的频率特性

由式（7－14）和式（7－17）可推得：

$$Z=\frac{Z_o}{1+jQ\left(\frac{\omega}{\omega_o}-\frac{\omega_o}{\omega}\right)}=\frac{Z_o}{1+jQ\left(\frac{f}{f_o}-\frac{f_o}{f}\right)} \tag{7-19}$$

其幅频特性为：

$$|Z|=\frac{Z_o}{\sqrt{1+\left[Q\left(\frac{f}{f_o}-\frac{f_o}{f}\right)\right]^2}} \tag{7-20}$$

相频特性为：

$$\varphi_Z=-\arctan\left[Q\left(\frac{f}{f_o}-\frac{f_o}{f}\right)\right] \tag{7-21}$$

画出它们的幅频特性曲线和相频特性曲线如图 7－10（b）所示。

由上分析可知：

（1）LC 并联电路具有选频特性。当 $f=f_o$ 时，LC 并联电路呈纯电阻性。当 $f<f_o$ 时，LC 并联电路呈电感性，当 $f>f_o$ 时，LC 并联电路呈电容性。

（2）Q 值越大，Z_o 也越大，选频特性越好，频率稳定度越高。

（3）当 L、C 一定时，R 越小，LC 回路谐振时能量损耗越小。

7.3.2 变压器反馈式正弦波振荡电路

变压器反馈式正弦波振荡电路如图 7－11 所示，由放大、选频和反馈电路等组成。选频网络由变压器原边（N_1）等效电感 L 与电容 C 组成，并为三极管共射放大电路集电极负载，共同构成选频放大电路。反馈由变压器副边（N_2）将感应电压 U_f 加入到放大器输入端，也因此称为变压器反馈式振荡电路。

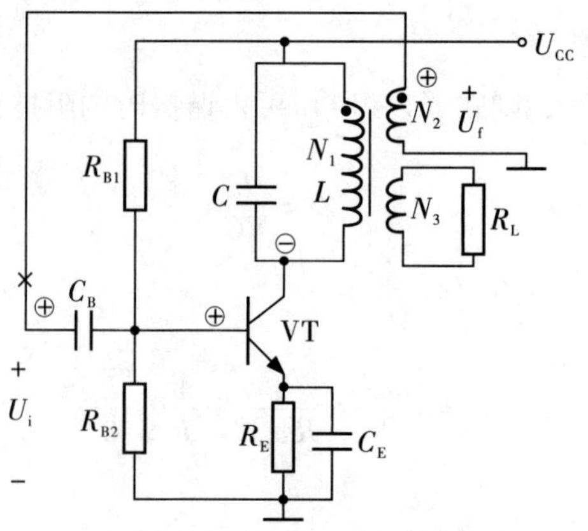

图 7－11　变压器反馈式正弦波振荡电路

1. 相位平衡条件

假设断开反馈回路，并在放大电路输入端加一频率（f）为 LC 谐振频率（f_o）的信号$\dot{U}_i$，此时，放大电路集电极等效负载为一纯电阻，通常 C_B、C_E足够大，对交流信号可以视为短路，所以集电极的输出电压与输入电压$\dot{U}_i$ 反相，由变压器同名端可知，变压器副边（N_2）上的感应电压$\dot{U}_f$ 与输入电压同相，即构成正反馈，满足振荡电路相位平衡条件。

2. 起振条件

为了满足振荡电路的起振条件 $|\dot{A}\dot{F}|>1$，一方面适当选择变压器的变比（N_1/N_2），使得到较大反馈电压，从而得到一定的反馈系数。另一方面，选择适当的三极管 β 值、合适的工作点电压等。变压器反馈式振荡电路中三极管的电流放大系数 β 应满足

$$\beta > \frac{r_{be}R'C}{M} \tag{7-22}$$

式中，M 是变压器 N_1和 N_2之间的互感，r_{be}是三极管 b、e 之间的等效电阻，R′是折合到谐振回路中的等效总损耗电阻。

实际上，对三极管 β 值的要求并不高，一般情况比较容易满足，值得注意的是变压器同名端接线一定不能错，电路是很容易起振的。

3. 振荡频率

LC 振荡电路的振荡频率是由 LC 谐振回路参数决定。从前面相位平衡条件分析中可知，只有在 $f=f_o$时，电路才满足相位平衡条件。所以，振荡频率就是 LC 回路的谐振频率，即：

$$f_o \approx \frac{1}{2\pi\sqrt{LC}} \tag{7-23}$$

可见，改变变压器原边绕组数 N_1（即改变 L 值）或改变电容值便可改变振荡电路的振荡频率。

变压器反馈式正弦波振荡电路的特点是：(1) 频率调节方便，输出电压大、易起振；(2) 变压器的阻抗变换特性便于满足阻抗匹配。但该电路频率稳定性和输出波形不理想，同时，由于变压器本身的漏感和寄生电容等分布参数的影响，振荡频率限制在几兆赫兹以下。

7.3.3　电感三点式正弦波振荡电路

电感三点式正弦波振荡电路如图 7-12（a）所示。电感线圈采用带中间抽头的自耦变压器，这样可避免同名端的麻烦，绕制方便，L_1、L_2耦合紧密。它的谐振回路仍然是电感和电容组成。图 7-12（b）是交流通路，从交流通路看，电感线圈三个端分别连接三极管的三个极，也因此称它为电感三点式振荡电路。下面分析它的相位平衡条件和起振条件。

1. 相位平衡条件

假设断开反馈回路，并加入输入信号$\dot{U}_i$。由于谐振时 LC 并联回路的阻抗为纯电阻性，因此，三极管集电极电压与$\dot{U}_i$反相，即 $\varphi_A = 180°$。而取自 L_2上的反馈电压$\dot{U}_f$与三极管集电极电压也反相，即 $\varphi_F = 180°$，则$\dot{U}_f$与$\dot{U}_i$同相，形成正反馈，所以，电路满足相位平衡条件。

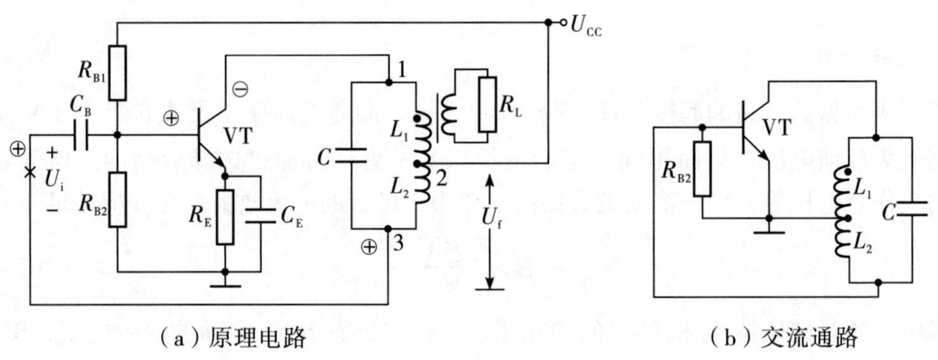

（a）原理电路　　（b）交流通路

图 7-12　电感三点式振荡电路

2. 起振条件

根据幅度平衡条件，可以证明电感三点式正弦波振荡电路起振条件为：

$$\beta > \frac{L_1 + M}{L_2 + M} \times \frac{r_{be}}{R'} \tag{7-24}$$

其中，R'是折合到三极管集电极和发射极之间的等效并联总损耗电阻。

3. 振荡频率

如前所述，振荡频率等于 LC 回路的谐振频率，即：

$$f_o \approx \frac{1}{2\pi\sqrt{LC}} = \frac{1}{2\pi\sqrt{(L_1 + L_2 + 2M)\ C}} \tag{7-25}$$

其中，$L = L_1 + L_2 + 2M$。L 为回路总电感，M 是 L_1与 L_2之间的互感。

电感三点式正弦波振荡电路具有容易起振、调节频率方便等优点。由于电感 L_1、L_2 耦合紧密，改变 L_1、L_2中心抽头位置即可改变 L_1/L_2的比值，获得较好的正弦波输出且振幅较大；采用可变电容可以很方便获得一个较宽的频率调节范围，一般产生几十兆赫兹以下振荡频率。但是，由于其高次谐波不能很好滤除，反馈电压又取自电感 L_2，所以，输出波形较差，且频率稳定度不高。

7.3.4　电容三点式正弦波振荡电路

电容三点式正弦波振荡电路如图 7-13（a）所示。电路结构与电感三点式类似，其谐振回路依然是电感和电容组成，不同的是 LC 并联谐振回路中的电感与电容互换。图 7-13（b）是交流通路图，从交流通路看，三极管的三个极直接与两个电容的三个点相连，故称电容三点式正弦波振荡电路。下面分析电路的相位平衡条件和起振条件。

1. 相位平衡条件

假设断开反馈回路，并从输入端输入信号$\dot{U}_i$，由于谐振时LC并联回路的阻抗为纯电阻性，因此，三极管集电极输出电压与$\dot{U}_i$反相，即$\varphi_A = 180°$。而取自C_2上的反馈电压$\dot{U}_f$与三极管集电极输出电压也反相，即$\varphi_F = 180°$，则$\dot{U}_f$与$\dot{U}_i$同相，形成正反馈，所以，电路满足相位平衡条件。

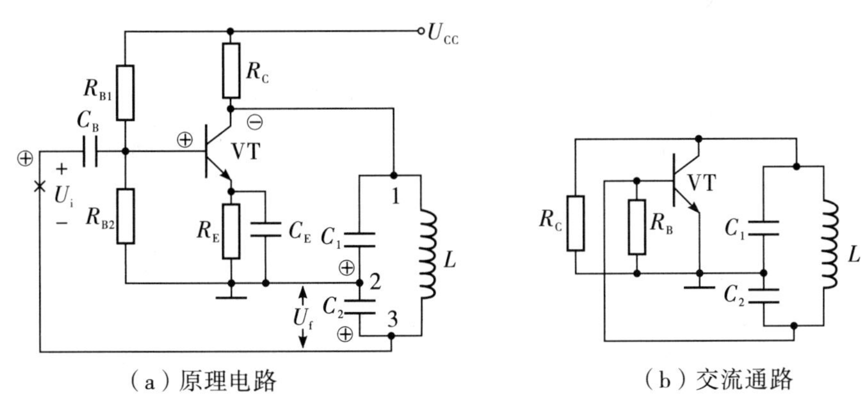

图 7－13　电容三点式振荡电路

2. 起振条件

由图 7－13 可知，适当选择C_1、C_2的比值，可以获得足够大的反馈量，同时使放大电路具有足够大的放大倍数，电路就能达到幅度平衡条件，电路就能发生自激振荡。

根据幅度平衡条件，可以证明电容三点式正弦波振荡电路起振条件为：

$$\beta > \frac{C_2}{C_1} \times \frac{r_{be}}{R'} \quad (7-26)$$

其中，R'是折合到三极管集电极和发射极之间的等效并联总损耗电阻。

3. 振荡频率

电容三点式正弦波振荡电路的振荡频率由LC谐振回路参数决定，振荡频率等于谐振频率，即振荡频率为：

$$f_o \approx \frac{1}{2\pi\sqrt{LC}} = \frac{1}{2\pi\sqrt{L\dfrac{C_1C_2}{C_1+C_2}}} \qquad (7-27)$$

电容三点式正弦波振荡电路具有以下三个特点。

(1) 输出波形好。这是因为反馈电压取自C_2，电容对于高次谐波阻抗很小，故反馈中的谐波分量小。

(2) 振荡频率高。因为电容C_1、C_2的容量值可以很小（连同三极管的极间电容计入，实际的容量更小）。一般振荡频率可达 100 MHz 以上。

(3) 可调范围较窄。调节LC回路电容C或电感L就可调节振荡频率（如：调节C_1或C_2或调节电感L的大小可以改变振荡频率），但同时会影响起振条件，因此，适用于

产生固定频率的振荡。

但是，如果要求电路的振荡频率进一步提高时，由于电容 C_1、C_2 的数值较小，当 C_1、C_2 的容值小到可以与三极管的极间电容相比拟的程度时，管子的极间电容随温度等因素的变化将对振荡频率产生显著的影响，造成振荡频率不稳定。为此，可在 LC 回路的 L 支路中串联一个电容 C，以提高振荡频率的稳定度。电容三点式改进电路如图 7-14 所示。其振荡频率为：

$$f_o \approx \frac{1}{2\pi\sqrt{L\dfrac{1}{\dfrac{1}{C}+\dfrac{1}{C_1}+\dfrac{1}{C_2}}}} \tag{7-28}$$

在选择电容 C 的参数时，取 $C \ll C_1$、$C \ll C_2$ 以掩盖三极管极间电容变化的影响，则振荡频率为简化为：

$$f_o \approx \frac{1}{2\pi\sqrt{LC}} \tag{7-29}$$

由上式可知，振荡频率 f_o 基本上由电感 L 和电容 C 确定，因此，改变电容 C 即可调节振荡频率，所以，三极管极间电容改变时对 f_o 的影响就很小。这种电路的频率稳定度可达 $10^{-4} \sim 10^{-5}$。

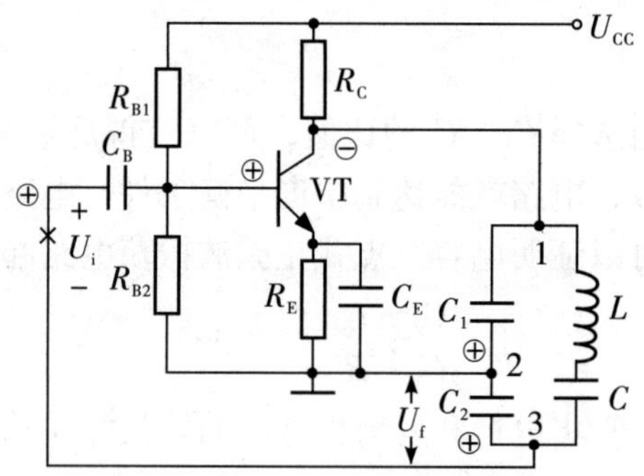

图 7-14 电容三点式改进电路

7.4 石英晶体振荡电路

石英晶体振荡电路又称石英谐振器，简称晶振。是利用具有压电效应的石英晶体片制成的。这种石英晶体薄片受到外加交变电场的作用时会产生机械振动，当交变电场的频率与石英晶体的固有频率相同时，振动就变得很强烈，这是晶体谐振特性。利用这种特性，用石英谐振器取代 LC（线圈和电容）谐振回路构成的振荡电路称为石英晶体振荡电路。

前面讨论已知 LC 谐振回路的品质因数 Q 值对 LC 振荡电路的性能影响很大，Q 值越大，LC 并联电路的选频特性越好，频率的稳定性越好。一般 LC 振荡回路的 Q 值最高可达几百，频率稳定度也在 10^{-5} 数量级内。石英晶体振荡电路的 Q 值可达 $10^4 \sim 10^6$，频率

稳定度可达 $10^{-9}\sim10^{-11}$ 数量级。可见，石英晶体振荡器适用于对频率稳定度极高的场合。

7.4.1　石英晶体的基本特性和等效电路

1. 压电效应

石英晶体的结构如图 7－15（a）所示。当石英晶片两极施加一个电场，晶片就会产生机械变形；相反，在晶片两侧施加机械压力，则在晶片相应的方向产生电场，这种物理现象称为压电效应。因此，当给晶片两极施加交变电压时，晶片就会产生机械变形振动，同时，晶片的机械变形振动又会产生交变电场，一般情况下，这种机械振动和交变电场的振幅都非常小，只有当外加交变电压的频率与晶片的固有频率相同时，振幅急剧增大，这种现象称为压电谐振。这与 LC 回路谐振情况十分相似。石英晶体的固有频率（或谐振频率）取决于晶片的切片的方向、几何形状等。石英晶体的电路符号如图 7－15（b）所示。

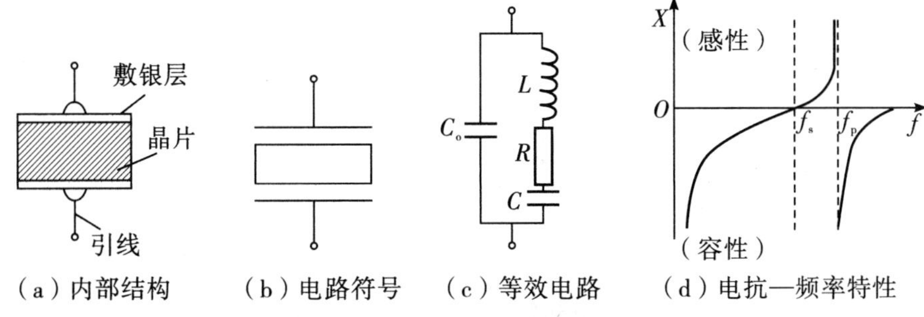

图 7－15　石英晶体谐振电路

2. 石英晶体等效电路

石英晶体的等效电路如图 7－15（c）所示。C_o为晶片两金属电极间构成的静电电容，L、C 和 R 分别等效晶片机械振动的惯性、弹性和晶片内部的摩擦损耗。一般 L 值为 $10^{-3}\sim10\text{H}$，C 值为 $10^{-2}\sim10^{-1}$ pF，L 很大，C 和 R 都很小。因此，Q 值很大，所以，利用石英晶体组成的振荡电路其频率稳定度很高。

3. 谐振频率与频率特性

从石英晶体的等效电路可知，电路有两个谐振频率，当 L、R、C 之路串联谐振时，它的等效阻抗最小（纯电阻性，等于 R），若忽略 R，则感抗 $X=0$，串联谐振频率（f_s）为：

$$f_s=\frac{1}{2\pi\sqrt{LC}}$$

当等效电路并联谐振时，并联谐振频率（f_p）为：

$$f_p=\frac{1}{2\pi\sqrt{L\dfrac{C_oC}{C_o+C}}}=\frac{1}{2\pi\sqrt{LC}}\sqrt{1+\frac{C}{C_o}} \qquad (7-30)$$

由于 $C \ll C_o$，因此，f_s与f_p很接近。

石英晶体谐振器的电抗—频率特性如图 7-15（d）所示。当 $R=0$（即忽略 R），在f_s与f_p之间石英晶体谐振器的电抗为正，呈感性，在其他频段上其电抗为负，呈容性。

7.4.2 石英晶体振荡电路

石英晶体振荡电路的形式多种多样，但其基本电路只有两种，一是并联型石英晶体振荡电路，它是利用石英晶体工作在并联谐振状态下（工作在f_s和f_p之间），石英晶体呈感性的特点，将石英晶体当作电感 L 来组成振荡电路；二是串联型石英晶体振荡电路，它是利用石英晶体工作在串联谐振f_s时，石英晶体呈纯阻性的特点，组成的振荡电路。

1. 并联型石英晶体振荡电路

并联型石英晶体振荡电路如图 7-16（a）所示。

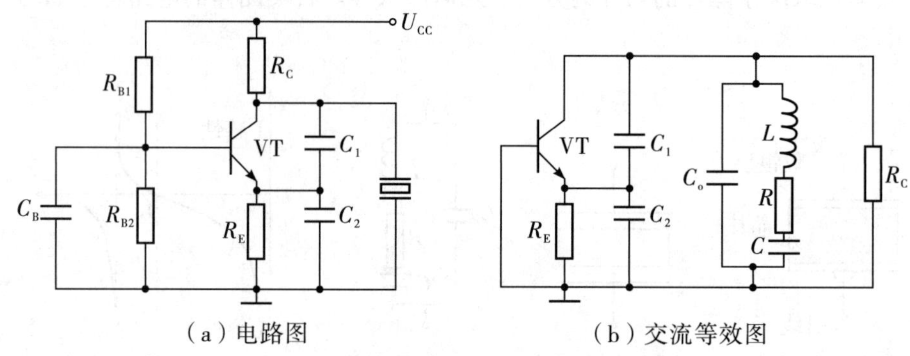

图 7-16　并联型石英晶体正弦波振荡电路

石英晶体作为电感（L）与另外两个电容（C_1、C_2）组成电容三点式振荡电路，其交流通路如图 7-16（b）所示。电路的振荡频率为：

$$f_o=\frac{1}{2\pi\sqrt{L\dfrac{C\ (C_o+C')}{C+C_o+C'}}}$$

其中，$C'=\dfrac{C_1C_2}{C_1+C_2}$。可见，振荡频率$f_o$介于$f_s$与$f_p$之间，石英晶体呈感性。

由于 $C \ll (C_o+C')$，所以$f_o \approx f_s$。

上式显示，振荡频率基本上由晶体的固有频率f_s所决定，而与 C'关系很小，即由于C_1、C_2不稳定而引起的频率漂移很小，所以振荡频率的稳定度很高。

2. 串联型石英晶体振荡电路

串联型石英晶体振荡电路如图 7-17 所示。石英晶体接在三极管 VT_1、VT_2 之间正反馈电路中。

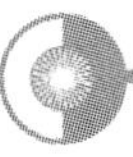

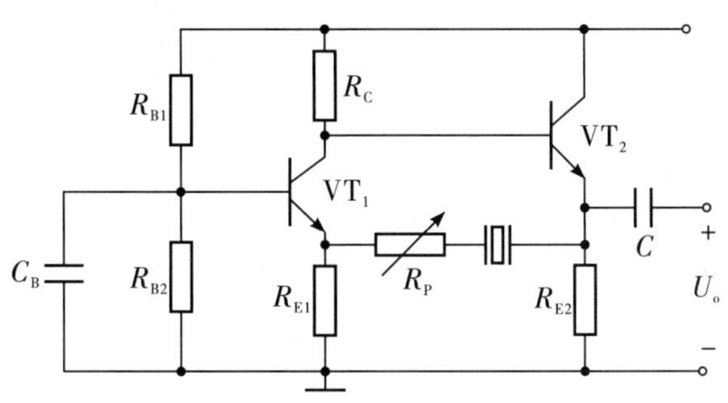

图 7－17　串联型石英晶体正弦波振荡电路

当频率等于石英晶体的串联谐振频率 f_s 时，石英晶体阻抗最小，且为纯阻，这时正反馈最强，相移为零（$\varphi_F = 0$）电路满足振荡的相位平衡条件，对于 f_s 以外的其他频率，晶体的阻抗大，相移不为零，不满足振荡的相位平衡条件，因此，振荡频率（f_o）等于 f_s。调节 R_P 可以改变反馈量，获得良好的正弦波输出。若 R 值过大，则反馈量太小，电路不满足幅度平衡条件，不能起振，若 R 值过小，则反馈量过大，输出波形会产生非线性失真，甚至输出波形变成方波。

石英谐振器的特点：体积小、重量轻、可靠性高、频率稳定度高。常被应用于家用电器和通信设备中。石英谐振器因具有极高的频率稳定性，故主要用在要求频率十分稳定的振荡电路中做谐振元件。但是，由于石英晶体的固有频率与温度有关，因此，石英晶体振荡电路只有在较窄的温度范围内工作才具有很高的频率稳定度。

7.5　非正弦波信号发生电路

常用的非正弦波发生电路有方波（矩形波）发生电路、三角波发生电路和锯齿波发生电路等，它们常常用于数字和脉冲系统中作为信号源。

非正弦波信号发生电路由开关器件、反馈网络和延时环节组成。与正弦波信号发生电路相比，非正弦波信号发生电路的振荡条件比较简单，只要反馈信号能使比较电路状态发生变化，即能产生周期性振荡。

7.5.1　矩形波发生电路

1. 电路组成

矩形波信号发生电路由滞回比较器电路和 RC 充放电延时电路组成。如图 7－18 所示。

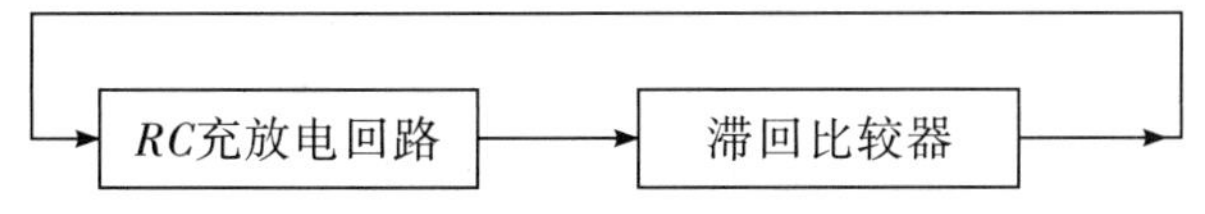

图 7－18　方波（矩形波）发生器组成框图

在集成运算放大器电路的讨论中我们知道，当电压比较器输入信号是具有一定幅度且连续变化的周期信号时，其输出端可得到与输入信号同频率的矩形波（高电平与低电平时间不相等）或方波（高电平与低电平时间相等）信号。所以将电压输出信号通过 RC 网络反馈回输入端就可构成矩形波信号产生电路。如图 7－19 所示。运算放大器 A 构成滞回比较器，起到开关的作用，RC 网络既是反馈作用，也是 RC 充放电延时作用，稳压管 VD_Z 与 R_3 构成钳位电路，将滞回比较器输出电压限定在稳压管的稳定电压值 $\pm U_Z$。

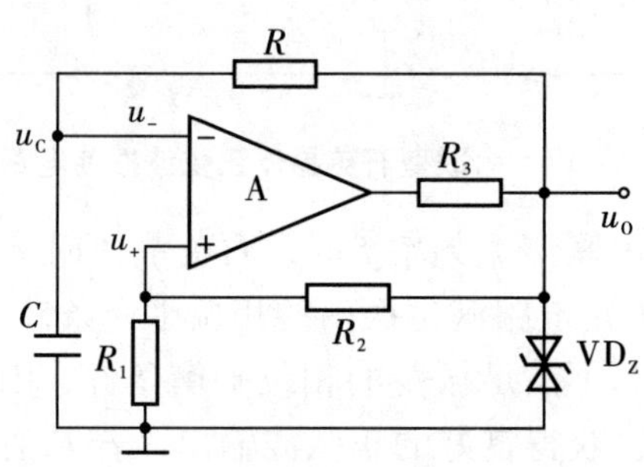

图 7－19　矩形波信号发生电路

2. 工作原理

由于 R_1、R_2 的正反馈作用，在接通过电源瞬间，因电路中的某些扰动，使运算放大器输出立即达到饱和值，并由稳压管的限幅作用使电路输出限定在 $+U_Z$ 或 $-U_Z$（偶然值）。

设 $t=0$ 时电容 C 两端电压 $u_C=0$，而滞回比较器输出为高电平，即 $u_o=+U_Z$，则集成运算放大器同相输入端电压为：

$$u_+=\frac{R_1}{R_1+R_2}U_Z$$

此时，输出电压 $+U_Z$ 将通过 R 向电容 C 充电，使电容两端的电压 u_c 升高，而此电容上的电压接到集成运算放大器的反相输入端，即 $u_-=u_c$。当电容上的电压上升到 $u_-=u_+$ 时，滞回比较器输出端将由高电平（$+U_Z$）跳变低电平（$-U_Z$），即 $u_o=-U_Z$。于是集成运算放大器同相输入端的电压也立即变为：

$$u_+=-\frac{R_1}{R_1+R_2}U_Z$$

在输出端低电平（$-U_Z$）的作用下，电容 C 通过 R 放电，使 u_- 逐渐下降，在 $u_->u_+$ 时，$u_o=-U_Z$ 保持不变；当 $u_-=u_+$ 时，滞回比较器输出 u_o 又从 $-U_Z$ 跳变到 $+U_Z$，即 $u_o=+U_Z$，电容 C 又开始充电……循环往复、周而复始，产生振荡，滞回比较器输出矩形波信号。波形如图 7－20 所示。

3. 振荡频率

矩形波发生器的振荡频率与电容 C 的充放电规律有关，电路的振荡周期可从电容充放电三要素和转换值求得，由图 7－20 所示可求得周期：

$$T=2RC\ln\left(1+\frac{2R_1}{R_2}\right)$$

所以，电路的振荡频率为：

$$f=\frac{1}{2RC\ln\left(1+\frac{2R_1}{R_2}\right)}$$

由上式可知：振荡频率与电路的时间常数和滞回比较器的电阻 R_1、R_2有关，与输出电压（u_o）的幅值无关；U_Z决定矩形波的幅值；矩形波频率可调，可以通过调节 R 来实现。

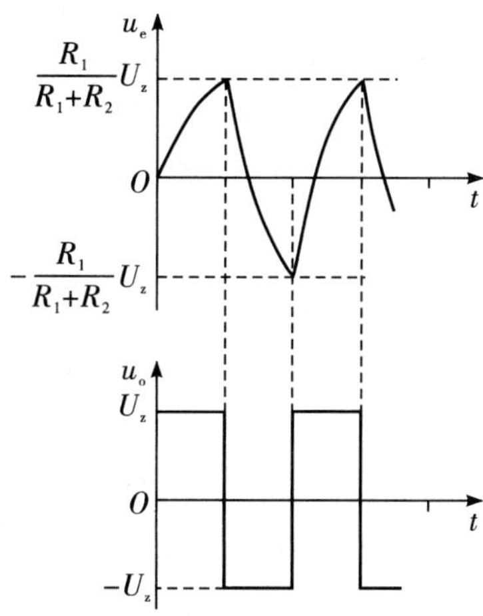

图 7－20　电路的波形图

4. 占空比可调的矩形波发生电路

在脉冲电路中，将矩形波中高电平的时间 T_H与周期 T 的比叫作占空比。在图 7－20 中输出波形正、负半周对称，高、低电平的时间相等，占空比为 50%，这种占空比 50% 的矩形波称为方波。

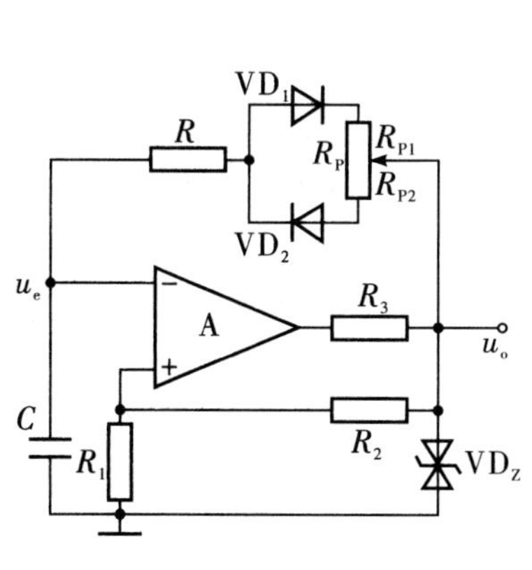

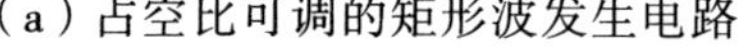

（a）占空比可调的矩形波发生电路

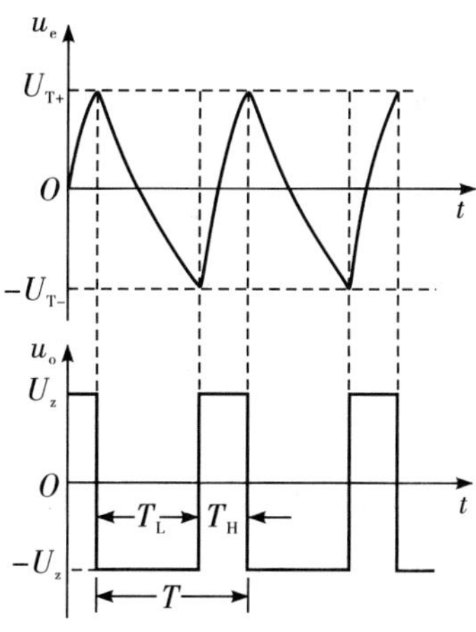

（b）波形图

图 7－21　占空比可调的矩形波发生器

在方波电路中，改变电容的充放电电路使电容充放电时间不等，即可改变电路的占空比。占空比可调矩形波发生电路如图 7－21（a）所示。电位器 R_P 和二极管 VD_1、VD_2 的作用是将电容充电和放电的回路分开，并调节充电和放电两个时间的比例。在电路中调节电位器 R_P，使 $R_{P1} > R_{P2}$ 时，电容放电时间常数大于充电时间常数，则 $T_L > T_H$，如图 7－21（b）所示。

当忽略二极管正向导通等效电阻时，可求得电容充电和放电的时间分别为：

$$T_H = (R + R_{P2})\ C\ln\left(1 + \frac{2R_1}{R_2}\right)$$

$$T_L = (R + R_{P1})\ C\ln\left(1 + \frac{2R_1}{R_2}\right)$$

输出波形振荡周期为：

$$T = T_H + T_L = (2R + R_P)\ C\ln\left(1 + \frac{2R_1}{R_2}\right)$$

波形占空比为：

$$\delta = \frac{T_H}{T_L} = \frac{R + R_{P2}}{2R + R_P}$$

振荡频率与电路的时间常数 $(2R + R_P)\ C$ 和滞回比较器的电阻 R_1、R_2 有关，调节 R_P 只改变矩形波的占空比，而对振荡频率无影响。

除利用集成运算放大电路组成的矩形波发生电路外，在数字电子技术中利用数字电路（如集成定时器——555 定时器等）也可方便地获得矩形波。

7.5.2 三角波发生电路

前面矩形波电路分析可知，在图 7－19 矩形波发生电路中电容上电压 u_c 的波形就是近似三角波信号，因此，可以认为图 7－19 矩形波发生电路可以同时产生一个三角波信号。但是，这种三角波是由电容充放电过程形成的指数曲线，所以线性度差。为了获得线性度比较好的三角波，可以将方波积分后得到。

1. 电路组成

三角波发生电路由滞回比较器和积分电路组成，其中滞回比较器起到开关作用，积分电路起到延迟作用。三角波发生电路如图 7－22（a）所示。滞回比较器 A_1 输出的波形加在积分电路 A_2 的反相输入端，而积分电路 A_2 输出的三角波又接到滞回比较器 A_1 的同相输入端，控制滞回比较器 A_1 输出端的状态发生跳变，从而在运算放大电路 A_2 输出端得到周期性的三角波。

2. 工作原理

假设 $t = 0$ 时滞回比较器输出端为高电平，即 $u_{o1} = +U_Z$，且假设积分电容上的初始电压为零，由于 A_1 同相输入端的电压 u_+ 同时与 u_{o1} 和 u_o 有关，根据叠加原理，可得：

$$u_+ = \frac{R_1}{R_1 + R_2}u_{o1} + \frac{R_2}{R_1 + R_2}u_o$$

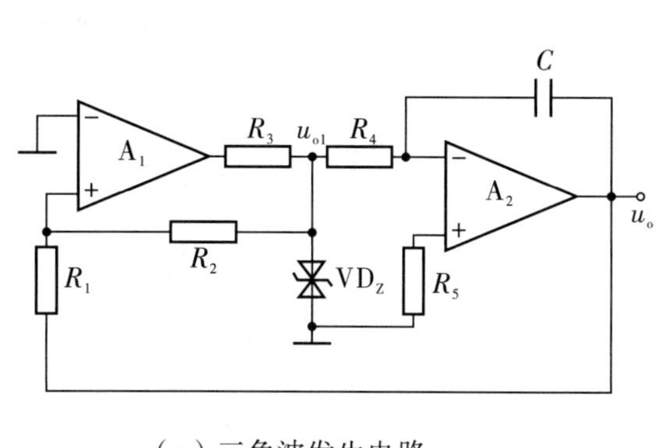

（a）三角波发生电路

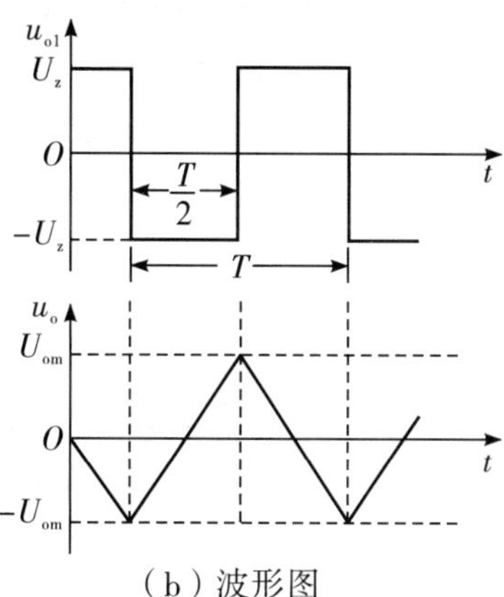

（b）波形图

图7－22　三角波信号发生电路及波形图

则此时 u_+ 为高电平。但当 $u_{o1}=+U_Z$时积分电路的输出电压 u_o将随时间往负方向线性增长，u_+随之减小，当减小到 $u_+=u_-=0$ 时，滞回比较器的输出端将发生跳变，使 $u_{o1}=-U_Z$，同时 u_+将跳变成为一个负值。以后，积分电路的输出电压将随着时间往正方向线性增长，u_+也随之增大，当增大到 $u_+=u_-=0$ 时，滞回比较器的输出端再次发生跳变，使 $u_{o1}=+U_Z$，同时 u_+也跳变成为一个正值。之后周而复始，于是，在滞回比较器的输出电压 u_{o1}为矩形波，积分电路的输出电压 u_o为三角波，波形如图7－22（b）所示。

3. 输出幅度和振荡周期

由图7－22（b）可见，当发生跳变时，三角波输出 u_o达到最大值 U_{OM}，而 u_{o1}发生跳变的条件是 $u_+=u_-=0$，将条件 $u_{o1}=-U_Z$，$u_+=0$ 代入前式，则三角波输出的幅度为：

$$U_{om}=\frac{R_1}{R_2}U_Z$$

由图7－22（b）可知，积分电路对输入电压 $-U_Z$进行积分时，在半个振荡周期的时间内，输出电压 u_o将从 $-U_{om}$上升到 $+U_{om}$，由此可列出积分电路中电容充放电表达式，代入后计算三角波发生电路的振荡周期为：

$$T=\frac{4R_1R_4\mathrm{C}}{R_2}$$

可见，三角波的幅度与滞回比较器中电阻值之比（R_1/R_2）以及稳压管的稳压值 U_Z成正比；三角波的振荡周期则不仅与滞回比较器中电阻值之比（R_1/R_2）成正比，而且还与积分电路的时间常数 R_4C 成正比。

可以通过调节电阻 R_1、R_2来调节三角波发生电路的输出幅度，调节 R_4 和 C 来改变振荡频率。通常利用波段开关来转换接入不同容值的电容作为振荡频率的粗调，再用电位器代替 R_4 作为振荡频率的微调。

在图7－22（a）电路中，如果改变积分电容充放电的时间常数，则在积分电路的输出端得到的三角波是不对称的，积分电容充放电的时间常数相差越大，积分电路输出端的三角波不对称越明显。这种不对称的三角波被称为锯齿波，锯齿波发生电路有时也称为斜波发生电路。锯齿波发生电路如图7－23（a）所示。

电位器R_P和二极管VD_1、VD_2的作用是将积分电容充电和放电的回路分开，并调节充电和放电两个时间的比例。在电路中调节电位器R_P，使$R_{P1} < R_{P2}$时，则电容充电时间常数小于放电时间常数，则$T_1 < T_2$，如图7-23（b）所示。

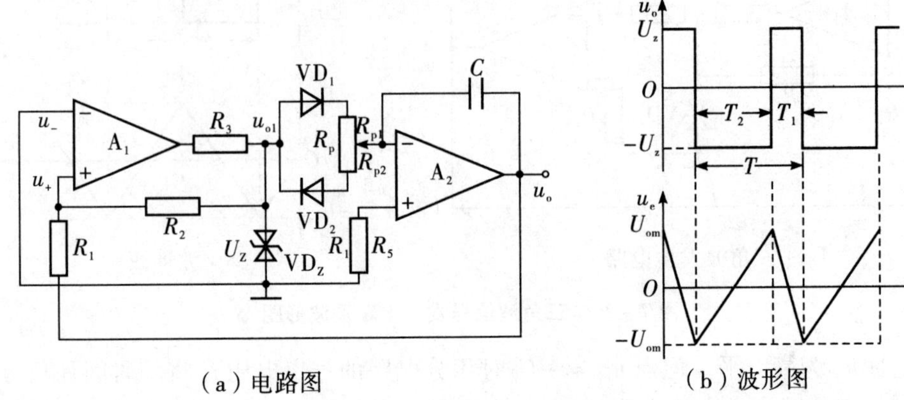

（a）电路图　　（b）波形图

图7-23　锯齿波发生电路

根据前面三角波电路类似的分析方法，可求得锯齿波的幅度为：

$$U_{om} = \frac{R_1}{R_2}U_Z$$

当忽略二极管VD_1、VD_2的导通电阻时，电容充、放电的时间T_1、T_2以及锯齿波的振荡周期T分别为：

$$T_1 = \frac{2R_1R_{P1}C}{R_2}$$

$$T_1 = \frac{2R_1R_{P2}C}{R_2}$$

$$T = T_1 + T_2 = \frac{2R_1R_PC}{R_2}$$

7.5.3　压控振荡器

压控振荡器是指其输出电压的频率可由外加电压来控制的振荡电路，该电路能产生方波、三角波。

1. 压控振荡器的工作原理

如图7-24（a）是压控振荡器工作原理示意图，由线性积分电路A_1、滞回比较电路A_2和开关电路组成，图中开关S是模拟电子开关的替代符号，开关位置的转换受A_2输出电压控制。当比较器A_2输出电压$u_o = -U_Z$时，开关接通$-U$，使积分器A_1输入为$-U$；当比较器A_2输出电压$u_o = +U_Z$时，开关接通$+U$，使积分器A_1输入为$+U$。

假定初始A_2输出$u_o = +U_Z$，此时A_1输入电压为$+U$，经R_1向电容C充电，积分器A_1输出电压u_{o1}线性下降，当u_{o1}下降到$u_{o1} = -\frac{R_2}{R_1}U_Z$时，$u_o$跳变到$-U_Z$。此时开关S转接

到 $-U$，u_{o1}线性上升，上升到 $u_{o1}=+\frac{R_2}{R_1}U_Z$ 时，u_o跳变到 $+U_Z$。这样周而复始，产生振荡，u_{o1}输出三角波，u_o输出方波。波形如图 7－24（b）所示。

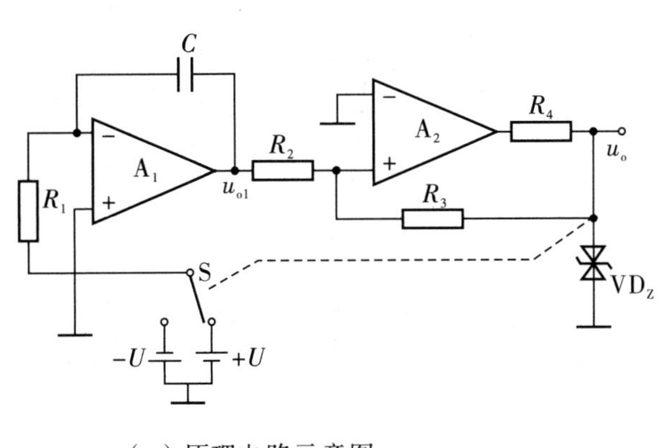

（a）原理电路示意图

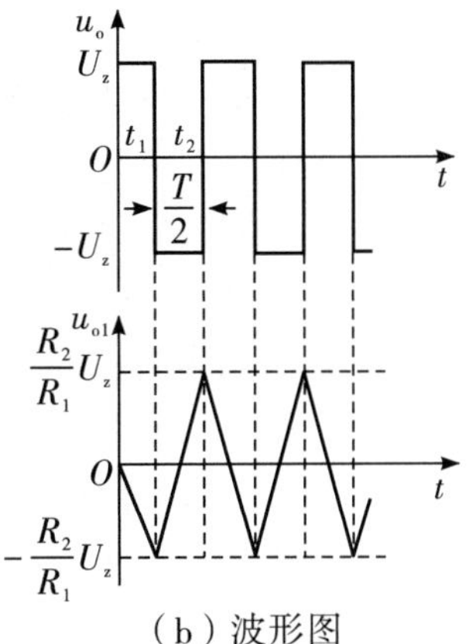

（b）波形图

图 7－24　压控振荡器电路

2. 压控振荡器的振荡频率

积分器 A_1 输出与输入关系为：

$$u_{o1}=-\frac{1}{RC}\int u_{i1}\mathrm{d}t$$

在 $t_1<t<t_2$期间 u_{i1}的电压为 $-U$，由积分器的积分关系得：$\Delta u_{o1}=\frac{U}{RC}\Delta t$，由图 7－24 可见，当 $\Delta t=T/2$ 时，u_{o1}从 $-\frac{R_2}{R_1}U_Z$ 线性上升到 $+\frac{R_2}{R_1}U_Z$，即总的变化量为 $2\frac{R_2}{R_1}U_Z$，因此，$2\frac{R_2}{R_1}U_Z=\frac{TU}{2RC}$，所以，振荡频率为：

$$f_o=\frac{R_1U}{4RCR_2U_Z}$$

可见，当电路参数一定时，振荡频率 f_o随 U 的变化而改变，两者成正比例关系。这种电压控制振荡频率的振荡器也称为电压—频率转换电路。利用电压控制频率的特性，在模拟－数字转换、调频以及遥测遥控设备中广泛应用。

本 章 小 结

（1）信号发生电路通常称为振荡器，包括正弦波信号发生电路和非正弦波信号发生电路。是利用放大电路自激振荡现象产生正弦波或非正弦波信号。

（2）一般来说，正弦波振荡电路由放大电路、正反馈网络、选频网络和稳幅电路等四个部分组成。

（3）产生正弦波振荡的条件是 $\dot{A}\dot{F}=1$。

或表示为：

幅度平衡条件 $|\dot{A}\dot{F}|=1$

相位平衡条件 $\varphi_A+\varphi_F=2n\pi \quad n=0, 1, 2, \cdots$

（4）振荡电路起振条件：$|\dot{A}\dot{F}|>1$。

（5）正弦波信号发生电路的分析步骤：一是检查电路组成。是否包含放大电路、正反馈网络、选频网络和稳幅电路等四个部分。二是放大电路是否工作在放大状态。三是判断电路是否满足相位平衡条件（瞬时极性法）。四是判断是否满足幅度平衡条件。五是估算振动频率起振条件。

（6）正弦波振荡电路的选频网络可由电阻和电容组成，或电感和电容组成。按其选频网络不同正弦波振荡电路可分为 *RC* 正弦波振荡电路、*LC* 正弦波振荡电路。

常用的 *RC* 正弦波振荡电路有 *RC* 串并联网络振荡电路、移相式振荡电路和双 T 型选频网络振荡电路等。各种 *RC* 振荡电路的振荡频率均与 *R*、*C* 的乘积成反比，一般用来产生几赫至几百千赫的低频信号。

常用的 *LC* 正弦波振荡电路有变压器反馈式正弦波振荡电路、电感三点式正弦波振荡电路和电容三点式正弦波振荡电路，主要用于产生高频正弦波信号。

石英晶体振荡电路相当于一个 *Q* 值（$10^4 \sim 10^6$）很高的 *LC* 电路。石英晶体振荡电路的振动频率取决于石英晶体本身的固有谐振频率，用于产生高频正弦波信号，其频率稳定高，达 $10^{-9} \sim 10^{-11}$ 数量级。

（7）常见的非正弦波信号发生电路有矩形波发生电路和三角波发生电路（占空比为50%的矩形波称为方波；不对称的三角波称为锯齿波或斜波）。

非正弦波发生电路的电路组成、工作原理和分析方法与正弦波信号发生电路不同。

矩形波发生电路由滞回比较器电路和 *RC* 充放电延时电路组成，改变电容充电和放电时间常数，可得到占空比不同的矩形波信号。

三角波发生电路由滞回比较器和积分电路组成。在三角波发生电路中改变积分电容的充电和放电时间常数，可得到锯齿波信号，锯齿波信号的幅值与三角波相同。

实训项目　简易函数信号发生器的制作

一、实训目标

（1）掌握正弦波振荡器工作原理和熟悉负反馈电路在振荡电路中的作用。

（2）掌握方波、三角波发生器电路组成，进一步巩固运算放大器应用知识。

二、实训设备与器件

（1）多媒体实验室（安装 Proteus　ISIS 仿真软件或其他仿真软件）。

（2）±12 V 电源、示波器、频率计各一台。

（3）运算放大器 LM324 一块，电阻、电容、二极管等一批。

三、实训内容与步骤

实训电路如图 7－25 所示。

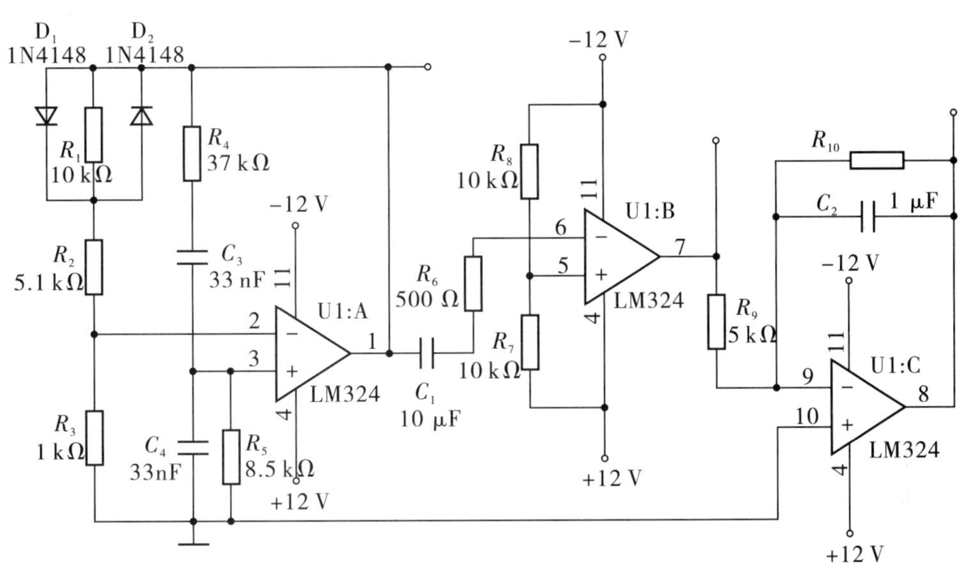

图 7－25　简易函数信号发生器电路

简易函数信号发生器由 *RC* 振荡器、电压比较器电路和积分电路三部分组成。本电路输出波形有正弦波、方波和三角波三种波形，频率为固定值。

1．电路仿真演示

（1）运行 Proteus ISIS，在 ISIS 主窗口编辑图 7－25 仿真电路。

（2）启动仿真。用示波器观察正弦波、方波和三角波的输出波形（如图 7－26 所示）。

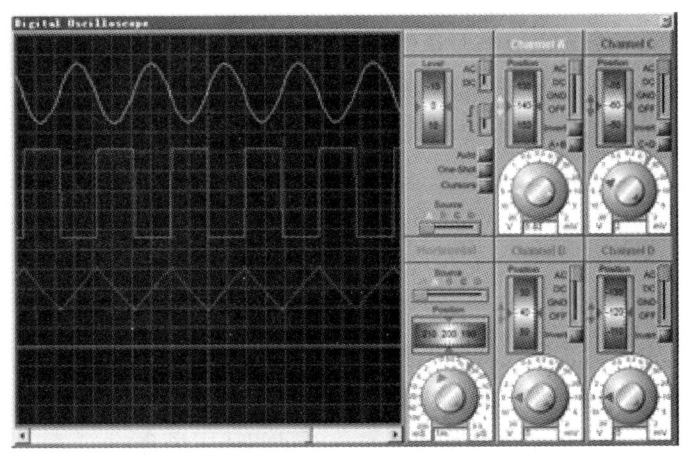

图 7－26　简易函数信号发生器的输出波形

2. 简易函数信号发生器电路制作

按照图 7－25 电路制作电路板、安装元器件、检查连接点正确无误后通电测试。编制实训报告。

3. 拓展训练

改进本实训电路，满足输出信号幅值（0～10 V）可调，频率（0.1～6 kHz）可调。

改进措施描述：____

____

____。

四、电路分析，编制实训报告

实训报告内容包括：

（1）实训目的。

（2）实训仪器设备。

（3）电路工作原理。

（4）元器件清单。

（5）主要收获与体会。

（6）对实训课的意见、建议。

练 习 题

一、填空题

1. 正弦波振荡电路的幅值平衡条件是 __________。
2. 电感三点式 LC 振荡器的优点是__________。
3. 电容三点式 LC 振荡器的应用场合是__________。
4. 石英晶体振荡器分__________和__________两种。

二、简答题

1. 正弦波振荡电路的振荡条件是什么？
2. 若 $|\dot{A}\dot{F}|$ 过大，正弦波振荡电路将会出现什么结果？
3. 简述正弦波振荡电路的基本组成。
4. RC、LC、石英晶体振荡电路的优点、不足和适用场合。
5. 石英晶体振荡器的振荡频率取决于什么参数。

三、应用题

1. 试用相位平衡条件和幅度平衡条件，判断图 7－27 所示电路是否可能产生正弦波振荡，简述理由。

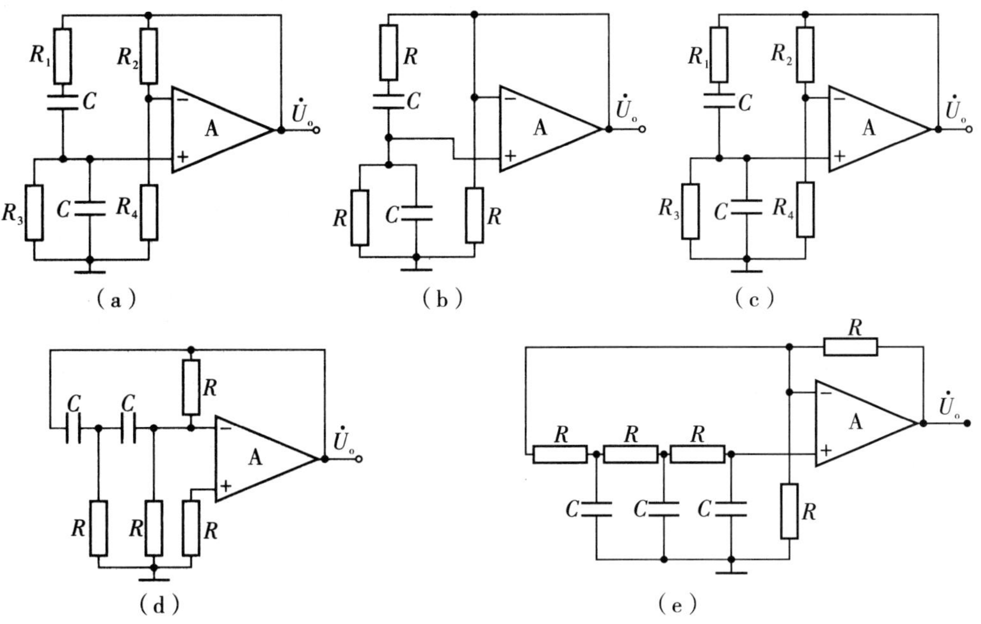

图 7－27

2. 在图 7－28 中：

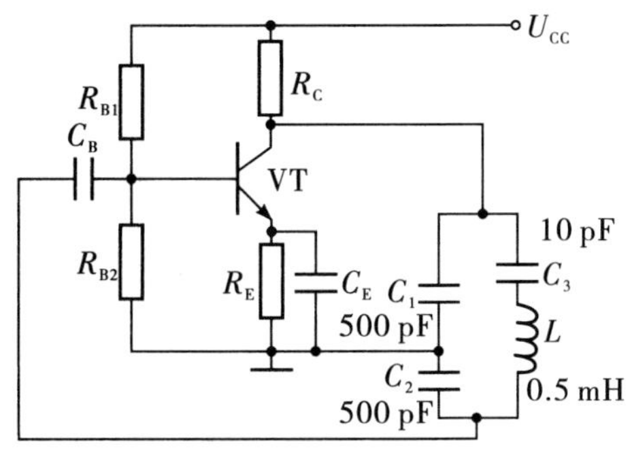

图 7－28

（1）判断电路是否满足振荡条件，如不满足，修改电路的接法，使之能够产生振荡。

（2）估算振荡频率 f_o。

（3）如果将电容 C_3 短路，则 f_o 为多少？

3. 在图 7－29 所示三角波发生电路中，已知稳压管的稳压值 $U_Z=4$ V，电阻 $R_2=20$ kΩ，$R_3=2$ kΩ，$R_4=R_5=100$ kΩ。

（1）若要求输出三角波的幅值 $U_{om}=3$ V，振荡周期 $T=1$ ms，试选择电容 C 和电阻

R_1的值。

（2）试画出电压 u_{o1} 和 u_o 的波形图，并在图上标出电压的幅值和振荡周期的值。

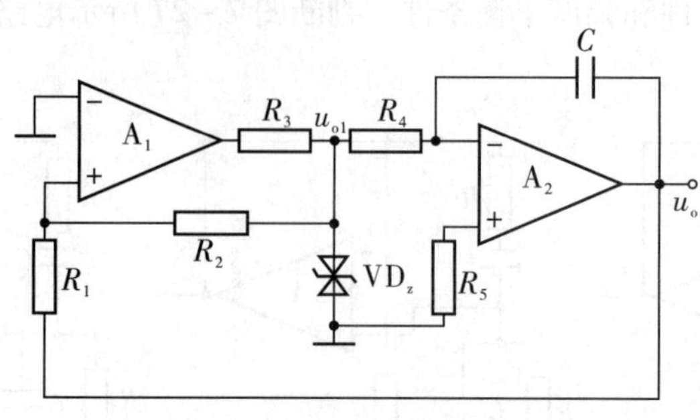

图 7－29

4．试用石英晶体设计制作一个正弦波、三角波、方波信号发生电路，并说明电路的工作原理。

学习情境八　音频功率放大器

功率放大器简称功放，俗称“扩音机”，是音响系统中最基本的设备，它的任务是把来自信号源的微弱电信号进行放大以驱动扬声器发出声音。功放，是各类音响器材中最大的一个家族。

日常生活中应用也非常广泛。如收音机、电视机、电脑音响、手机、电话机等等，凡是要通过喇叭、耳机发出声音的电子设备均配置有功率放大器。所以，功率放大器在人们的生活中不可或缺。

本学习环境设置了“OTL功率放大器”的实训项目，通过该实训项目，可以提高对“功放”的认识和更好地掌握功率放大器的工作原理以及“功放”电路分析、解决“功放”各类问题的能力。

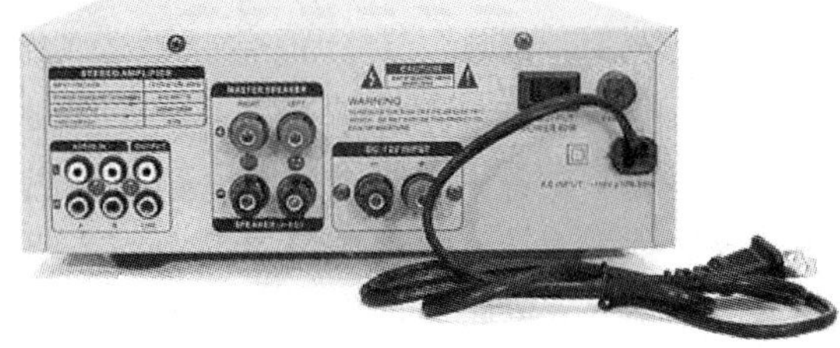

【教学任务】

（1）介绍功率放大电路及交越失真。

（2）介绍OCL及OTL功率放大电路。

【教学目标】

（1）掌握功率放大电路要求、特点以及交越失真的产生原因、消除措施。

（2）掌握OCL、OTL功率放大电路的电路结构、工作原理及应用。

（3）培养学生分析和应用功率放大电路的能力。

（4）培养学生养成辩证唯物主义的观点，提高分析问题和解决问题的能力。

【教学内容】

（1）功率放大电路对输出功率、失真、效率的要求、电路特点及交越失真的产生原因、消除措施的分析。

（2）OCL、OTL功率放大电路的电路结构、工作原理及应用。

【教学实施】

原理阐述与多媒体课件相结合，应用实例研究。

第八章　功率放大电路

【基本概念】

互补对称，OCL、OTL、BTL、交越失真，复合管，有源负载，直流电源供给的功率，最大输出功率和效率。

【基本电路】

乙类 OCL、甲乙类 OCL 互补对称功率放大电路，LM386、TDA2030 功放电路。

【基本方法】

图解法。

在很多电子设备中，要求放大电路的输出级输出足够大的功率以驱动某种负载，例如驱动仪表指针偏转、驱动扬声器发声，或驱动自动控制系统中的执行机构，使继电器动作等。功率放大电路通常作为多级放大电路的输出级，其功能是给负载提供足够大的信号功率。本章将介绍常用的互补对称输出级功率放大电路及典型集成功率放大电路的应用。

8.1　功率放大电路概述

1. 功率放大电路的特点

从能量转换的角度来看，功率放大电路与电压放大电路是完全一致的，它们都是在三极管的控制作用下，按输入信号的变化规律将直流电源的电压、电流和功率转换成相应的交流电压、电流和功率传递给负载。但是功率放大电路和电压放大电路所要完成的任务是不同的。电压放大电路的任务是将微弱的小信号放大，要求不失真的前提下输出电压尽可能大，即有较高的电压增益。功率放大电路的基本要求是在供电电源（即直流电源）一定的情况下，使负载获得尽可能大的交流电压和电流（允许的失真度范围内），即获得尽可能大的交流功率，并且获得尽可能高的转换效率。所以，功放电路与一般电压放大电路分析方法及所关注的问题就完全不同了，功率放大电路工作在大信号下，因此，微变等效电路法不再适用，进行电路的性能分析时应采用图解法。

2. 功率放大电路的基本要求

对功率放大电路的要求主要有以下几方面。

（1）要求输出功率尽可能大。为了满足输出最大的功率，功率放大电路中的三极管（功放管）通常工作在其极限参数指标状态。

（2）能量转换效率要求尽可能高。输出给负载的功率是由电源提供的，在输出功率较大的情况下，如果能量转换效率不高，不但造成能量的浪费，而且消耗在功放管和电路中耗能元件的能量会转换为热能，使管子、元件发热，温度升高，不仅会降低电路的工作性能，还有可能使管子、元件损毁。

（3）非线性失真要求尽可能小。功率放大电路工作在大信号下，很容易发生非线性失真情况，因此，应尽可能采取措施消除或减小非线性失真，控制在电路允许的失真度范围内，以满足负载的要求。

（4）带负载能力要强。由于功放电路直接连接到负载，所以要求其带负载能力强。射极跟随器的特点是输出电阻低，带负载能力较强，因此，可以考虑将射极跟随器作为最基本的功率放大电路。

（5）功率放大电路的散热措施要合适。功率放大电路中，有相当部分的能量消耗在功放管，功放管温度升高，因此，应选择适当的散热片。同时，由于功放管承受的电压较高、流过的电流较大，一般工作在临近其极限参数指标状态，所以，应设置相应的过压、过流保护电路。

8.2　功率放大电路的主要参数和分类

对于功率放大电路，通常人们并不仅仅只关心其电压放大倍数或电流放大倍数，而着重研究其最大输出功率 P_{om} 和效率 η。

1. 功率放大电路的主要性能指标

衡量功率放大电路的主要性能指标有输出功率、管子的功耗、电源供给功率和功率放大电路的效率等。

（1）输出功率（P_o）：放大电路提供给负载的信号功率称为输出功率，输出功率是交流功率。计算方法：输入为正弦波且输出基本不失真条件下，输出功率 $P_o = I_o \times U_o$，I_o 和 U_o 均为交流有效值。

功率放大电路在输入正弦波信号且基本不失真的情况下，负载上能够获得的最大交流功率，称为最大输出功率（P_{Omax}）。若最大不失真输出电压（有效值）为 U_{Omax}，负载电阻为 R_L，则最大输出功率为：

$$P_{Omax} = \frac{U_{Omax}^2}{R_L}$$

（2）直流电源提供的平均功率（P_V）：P_V 等于直流电源输出电流的平均值及其电压之积。

（3）转换效率（η）：功率放大电路的输出功率 P_o 和此时直流电源所提供的平均功率 P_v 之比称为转换效率，即：$\eta = \frac{P_o}{P_v}$。

（4）功放管的极限参数：集电极最大电流 I_{cmax}，最大管压降 $U_{(BR)ceo}$，最大耗散功率 P_{cmax}。在选择功放管时，要特别注意极限参数的选择，以保证管子安全工作。

2. 功率放大电路的分类

目前应用较多的功率放大电路是无输出电容的功率放大电路（Output Capacitor Less，OCL）、无输出变压器的功率放大电路（Output Transformer Less，OTL）和桥式推挽功率放大电路（Balanced Transformer Less，BTL）。

（1）按静态工作点处于负载线的中点、近截止区和截止区的位置来分，功率放大电路分为甲类、甲乙类和乙类功率放大电路，其集电极信号电流的导通角 θ 如图 8－1 所示。

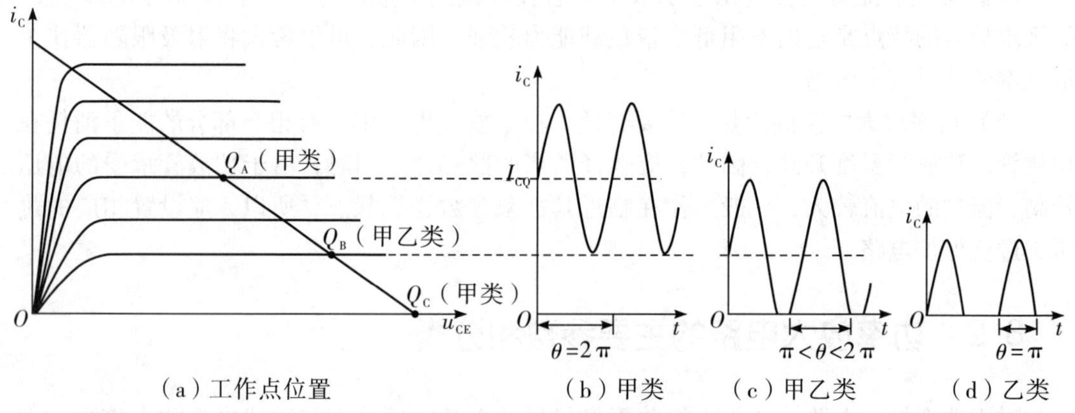

（a）工作点位置 （b）甲类 （c）甲乙类 （d）乙类

图 8－1 各类功率放大电路静态工作点

甲类功率放大电路：如图 8－1（b）所示。在放大电路中，当输入信号为正弦波时，若晶体管在信号的整个周期内均导通（即导通角 $\theta=360°$），则称之工作在甲类状态；在甲类放大电路中，电源始终不断输送功率，在没有信号的情况下，这些功率全部消耗在功放管和电路耗能元件（大部分为管耗）；有信号输入时，其中一部分直流功率转换为有用的信号功率输出，信号愈大，输出功率也越大。在理想状态下，甲类放大电路的效率最高为 50%。

乙类功率放大电路：如图 8－1（d）所示。若晶体管仅在信号的正半周或负半周导通（即 $\theta=180°$），则称之工作在乙类状态。乙类放大电路的静态功耗为零（因晶体管的静态工作点设置在特性曲线的截止区 $I_{CQ}=0$ 处），有信号输入时，电源输送功率转换为输出功率。乙类放大电路减少了能量浪费，提高了能量的转换率。理想情况下，乙类放大电路的效率可达 78.5%。

甲乙类功率放大电路：如图 8－1（c）所示。介于甲类和乙类之间，及晶体管的导通时间大于半个周期且小于一个周期（即 θ 在 180°～360°之间），则称之工作在甲乙类状态；甲乙类放大电路的效率接近乙类放大电路的效率。

乙类和甲乙类放大电路的效率比甲类来说得到提高，但乙类、甲乙类放大电路有失真问题，还需在电路上采取措施去解决。

（2）按放大三极管在输入信号作用期间导通的时间长短来分，功率放大电路分为甲类、乙类、甲乙类和丙类功率放大电路。所谓丙类，是指晶体管仅有小于半个周期的导通时间（即 θ 在 0°～180°），称之为丙类状态。

（3）按输出耦合形式不同来分，功率放大电路分为变压器耦合的功率放大电路、无输出电容放大电路（OCL）、无输出变压器的功率放大电路（OTL）和桥式推挽功率放大电路（BTL）。

为提高带负载能力，除变压器耦合功率放大电路外，OCT、OTL 和 BTL 功率放大电路均采用射极输出方式，即共集电极接法。

8.3　互补对称式功率放大电路

互补对称式功率放大电路是采用两个特性、参数基本一致的三极管（功放管）组成，基本电路有两种形式，即 OCL 和 OTL。

8.3.1　乙类 OCL 互补对称功率放大电路

1. 电路组成及原理

乙类 OCL 互补对称功率放大电路如图 8 -2（a）所示。VT_1 为 NPN 管，VT_2 为 PNP 管，两个管子的特性对称一致。两个管子的基极连在一起，接输入信号，两个管子的发射极相连作为输出端，连接负载，两个管子的集电极分别接正、负电源。从电路结构可以看出，两个管子各自接成共集电极组态电路，所以，可以看成是两个共集电极（射极输出器）电路组合而成。

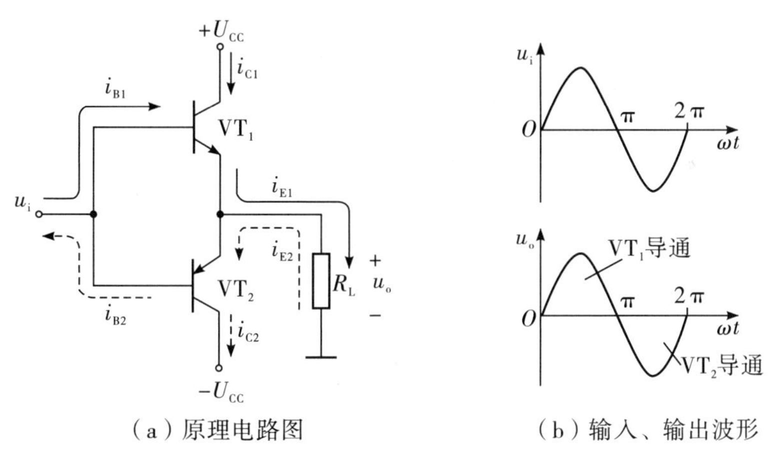

（a）原理电路图　　（b）输入、输出波形

图 8 -2　乙类 OCL 互补对称功率放大电路

下面用图解法分析其工作原理。为分析方便，假设电路为理想状态，即忽略三极管的饱和压降和导通电压。

（1）静态分析。由于电路无偏置电压，故两个管子的静态工作点参数 U_{BEQ}、I_{BQ}和 I_{CQ}均为零，管子无静态电流，静态时管子无损耗。由于电路对称，发射极电位 $U_E=0$，静态时流过负载 R_L的电流也为零。静态时其负载线方程为 $U_{CE}=U_{CC}-I_CR_L$。由此画出图 8 -3 直流负载线，其斜率为 $-\frac{1}{R_L}$，工作点位于横坐标轴上 $U_{CE}=U_{CC}$的 Q 点。为便于分析信号波形，将 VT_2 管的输出特性相对于 VT_1 旋转180°布置。

（2）动态分析。忽略三极管的门坎电压，在输入信号 u_i 为正弦波正半周期时，即 0 ~ π期间，VT_1 发射结承受正向电压，VT_2 发射结承受反向电压，所以，VT_1 导通，VT_2 截止，负载 R_L 上获得正半周期信号电压，即 $u_o \approx u_i$（射随器的放大倍数小于1但接近1），VT_1 的集电极电流全部流过负载 R_L；在 u_i 的负半周期，即 π ~ 2π 期间，VT_1 发射结承受反向电压，VT_2 发射结承受正向电压，所以，VT_2 导通，VT_1 截止，负载 R_L 上获得负半周期信号电压，即 $u_o \approx u_i$，VT_2 的集电极电流全部流过负载 R_L，波形如图 8－2（b）所示。可见，在交流信号的一个周期内，VT_1、VT_2 各导通半个周期，负载 R_L 上得到一个周期的交流信号，且负载上的交流信号电压近乎等于输入信号电压，流过负载的电流等于三极管导通时的集电极电流，因此，交流信号功率得到大幅度提高，即具有功率放大作用。有信号输入时用图解分析的过程如图 8－3 所示。

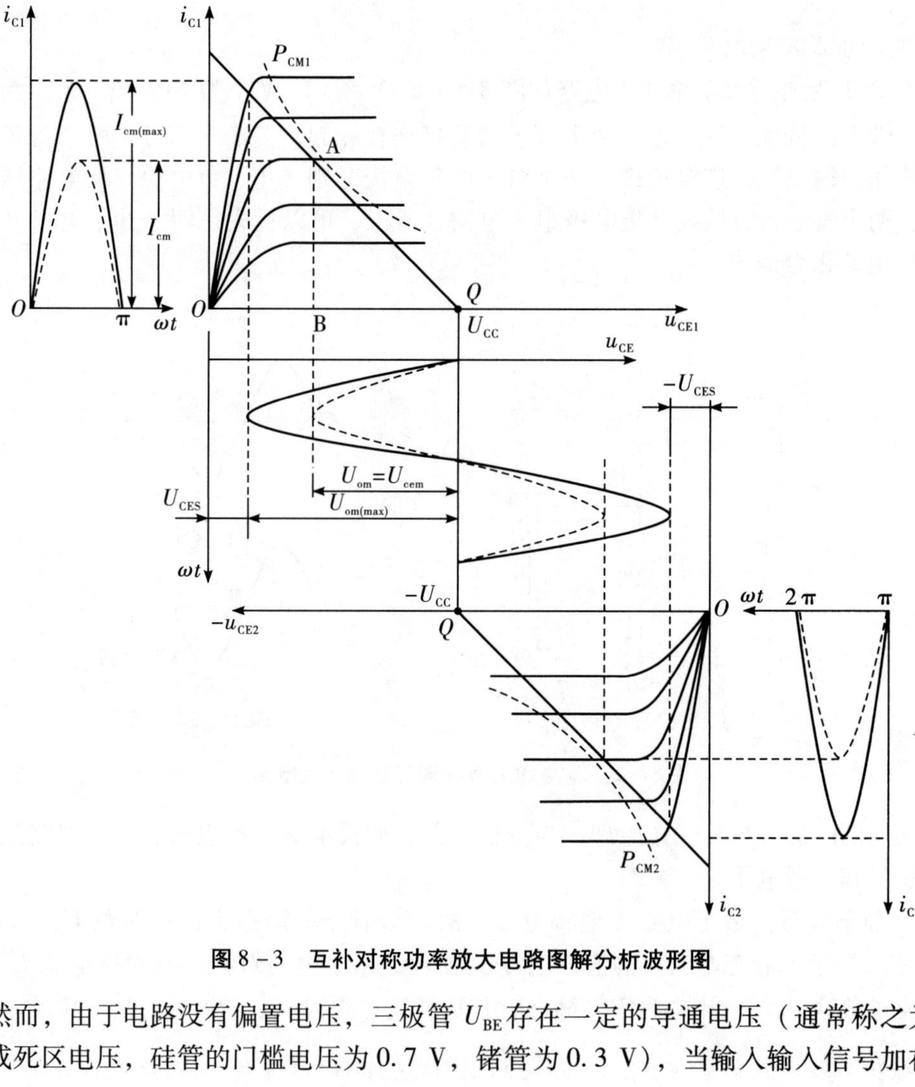

图 8－3　互补对称功率放大电路图解分析波形图

然而，由于电路没有偏置电压，三极管 U_{BE} 存在一定的导通电压（通常称之为门槛电压或死区电压，硅管的门槛电压为 0.7 V，锗管为 0.3 V），当输入输入信号加在三极管发射结上的正向电压小于门槛电压时，三极管不能导通，因此，输入信号正、负半周过零的一段时间内 VT_1、VT_2 均截止。实际上，两个管子导通时间都小于半个周期，输出波形出现失真，这种失真称为交越失真，如图 8－4 所示。这是乙类功率放大电路所特有的非线性失真。

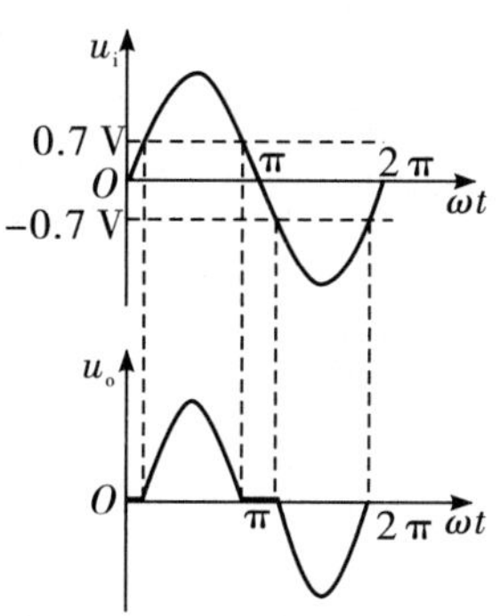

图 8－4　交越失真波形

2. 电路参数分析计算

对乙类 OCL 功率放大电路主要根据输入正弦波信号来分析计算输出功率、电源供给功率、管耗及效率等。

（1）输出功率 P_o。输出功率 P_o 是负载 R_L 上的电流 I_o 和电压 U_o 有效值的乘积。即：

$$P_o = U_o I_o = \frac{U_{om}}{\sqrt{2}} \times \frac{U_{om}}{\sqrt{2}R_L} = \frac{1}{2} \times \frac{U_{om}^2}{R_L}$$

式中，U_{om} 为输出电压的最大值。

当输入信号电压足够大时，三极管接近饱和，则：

$$U_{om} = U_{CC} - U_{CES} \approx U_{CC}$$

所以，电路的最大输出功率 P_{om} 为：

$$P_{om} = \frac{1}{2} \times \frac{U_{om}^2}{R_L} \approx \frac{1}{2} \times \frac{U_{CC}^2}{R_L}$$

（2）直流电源供给的功率 P_v。直流电源供给功率是供给管子的直流平均电流 $I_{C(AV)}$ 与电源电压 U_{CC} 的乘积。相对于正、负电源同一电压值，$I_{C(AV)}$ 相当于单相全波整流电流波形直流分量，即：

$$P_v = I_{C(AV)} U_{CC} = \frac{2}{\pi} \times \frac{U_{om}}{R_L} U_{CC}$$

当电路输出最大功率时，直流电源供给的功率达到最大，近似为：

$$P_{v(max)} = \frac{2}{\pi} \times \frac{U_{om}}{R_L} U_{CC} \approx \frac{2}{\pi} \times \frac{U_{CC}^2}{R_L}$$

（3）管子平均管耗和最大管耗 P_{Tm}。直流电源供给的功率一部分转化为输出功率外，其余功率均被管子消耗转换成热能，则管子的平均功耗为直流电源供给的功率与电路输出功率值差，即：

$$P_{T1}=P_{T2}=\frac{1}{2}(P_v-P_o)=\frac{1}{R_L}\left(\frac{U_{om}}{\pi}U_{CC}-\frac{1}{4}U_{om}^2\right)$$

可见，管子的平均功耗与输出电压 U_{om} 存在函数—变量关系，因此，每个管子的最大功耗可以用求极限的方法求得。对上式求导并令其等于零，可得 $U_{om}=\frac{2U_{CC}}{\pi}$ 时，P_{T1}（P_{T2}）最大。所以，最大管耗为：

$$P_{Tm}=P_{T1m}=P_{T2m}=\frac{1}{\pi^2}\times\frac{U_{CC}^2}{R_L}=\frac{2}{\pi^2}\times P_{om}\approx 0.2P_{om}$$

（4）效率 η_o。功率放大电路的效率等于输出功率与直流电源供给的功率之比，即：

$$\eta_o=\frac{P_o}{P_v}=\frac{\pi}{4}\times\frac{U_{om}}{U_{CC}}\approx\frac{\pi}{4}=78.5\%$$

上式说明，当 $U_{om}=U_{CC}$ 时，效率为 78.5%，也就是说，输入信号足够大时，效率达到最大值。

（5）功放三极管的选用原则。三极管的极限参数有 P_{CM}、I_{CM}、$U_{(BR)CEO}$，选择三极管时应遵从如下原则：

①功放三极管集电极的最大允许管耗应满足

$$P_{CM}\geqslant P_{Tm}$$

②功放三极管的最大耐压应满足

$$|U_{(BR)CEO}|\geqslant 2U_{CC}$$

③功放三极管最大集电极电流应满足

$$I_{CM}\geqslant\frac{U_{CC}}{R_L}$$

【例 8-1】功放电路如图 8-2（a）所示。设 $U_{CC}=\pm 12$ V，$R_L=8\ \Omega$，三极管的极限参数为 $I_{CM}=2$ A，$|U_{(BR)CEO}|=30$ V，$P_{CM}=5$ W。试求：（1）最大输出功率 P_{om} 值，并检验所给三极管能否安全工作；（2）放大电路在 $\eta=0.6$ 时输出功率 P_o 值。

解：（1）求 P_{om} 并检验三极管的工作安全情况。

$$P_{om}=\frac{1}{2}\times\frac{U_{CC}^2}{R_L}=\frac{1}{2}\times\frac{12^2}{8}=9\ (\text{W})$$

通过三极管的最大集电极电流 I_{CM}、三极管 c、e 极间的最大压降 U_{CEM} 和最大管耗 P_{Tm} 分别为

$$I_{CM}=\frac{U_{CC}}{R_L}=\frac{12}{8}=1.5\ (\text{A})$$

$$U_{CEM}=2U_{CC}=2\times 12=24\ (\text{V})$$

$$P_{Tm}\approx 0.2\text{Pom}=0.2\times 9=1.8\ (\text{W})$$

计算结果表明：三极管在电路中的各项参数均小于其极限参数，所以，三极管能安全工作。

（2）当 $\eta=0.6$ 时，U_{om} 为

$$U_{om}=\eta\times 4\times\frac{U_{CC}}{\pi}=0.6\times 4\times\frac{12}{\pi}=9.2\ (\text{V})$$

$$P_O = \frac{1}{2} \times \frac{U_{CC}^2}{R_L} = \frac{1}{2} \times \frac{(9.2)^2}{8} = 5.3\ (\text{W})$$

8.3.2　甲乙类 OCL 互补对称功率放大电路

在乙类互补对称电路中，虽然电路结构比较简单，但其存在交越失真问题。为了克服交越失真，就需要给功放管基极加上直流偏置，使两个功放管在静态时处于微导通状态，消除交越失真。

甲乙类 OCL 互补对称功率放大电路如图 8－5（a）所示。VT_3 组成的前置电压放大级，VT_1、VT_2 组成互补输出。由于 VT_3 集电极电流 I_{C3Q} 在 VD_1、VD_2 和 RP 形成直流压降 U_{B1B2}，为 VT_1、VT_2 提供偏置电压，其电压值为 VT_1、VT_2 两管导通电压之和。静态时，VT_1、VT_2 处于微导通状态，$I_{C1Q}=I_{C2Q}$，负载没有电压、电流（即：$i_L=0$，$u_o=0$）。当有信号输入时，VT_1、VT_2 导通的时间均大于输入信号的半个周期，但小于一个周期，属于甲乙类功率放大电路，其输出为完整的不失真的信号。

图 8－5（a）电路中，通过调节 R_P 来调节 VT_1、VT_2 基极偏置大小，以正好消除交越失真为宜，但这种偏置方法最大的缺点是不易调整。在图 8－5（b）电路中，VT_4、R_P、R_3 组成 U_{BE} 倍增电路。流入 VT_4 基极电流远小于流过 R_P、R_3，则可求得 $U_{B1B2}=U_{CE4}=U_{BE4}\left(1+\frac{R_P}{R_3}\right)$，因此，利用 VT_4 管的 U_{BE4} 基本为一固定值（硅管为 0.6～0.7 V，锗管为 0.2～0.3 V），只要适当调节 R_P 就可以调整 VT_1、VT_2 的发射结偏置电压。这种方法在集成电路中经常采用。

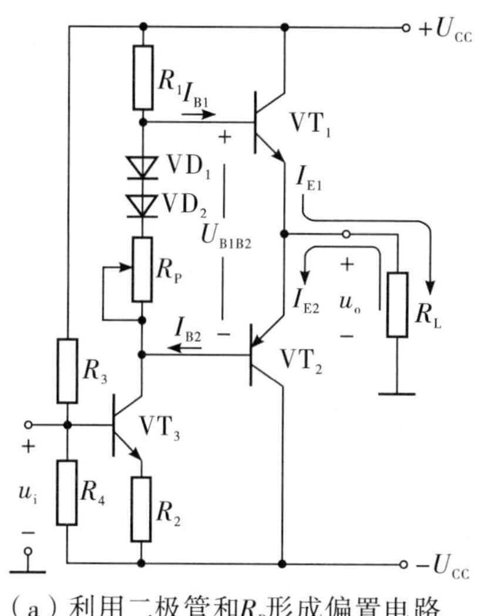

（a）利用二极管和 R_P 形成偏置电路

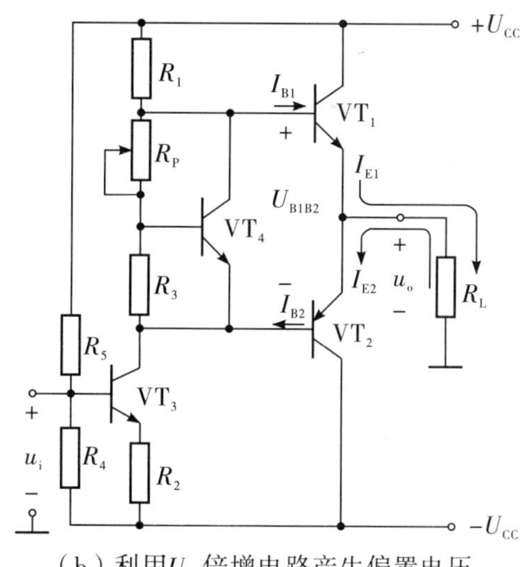

（b）利用 U_{BE} 倍增电路产生偏置电压

图 8－5　偏置电路

甲乙类互补对称功率放大电路的性能指标分析计算方法与乙类互补对称功率放大电路基本相同。

8.3.3 OTL 互补对称功率放大电路

OCL 互补对称功率放大电路采用直接耦合方式，因而其低频特性好，但是需要双电源供电。在实际应用中，通常希望采用单电源供电。下面讨论甲乙类 OTL 互补对称功率放大电路的电路组成及原理。

OTL 与 OCL 一样采用射极输出方式，且均为互补电路，只是其输出与负载之间用电容耦合形式。OTL 互补对称功率放大电路如图 8－6（a）所示。采用单电源供电、大容量电容器耦合输出、无变压器的互补对称功率放大电路。

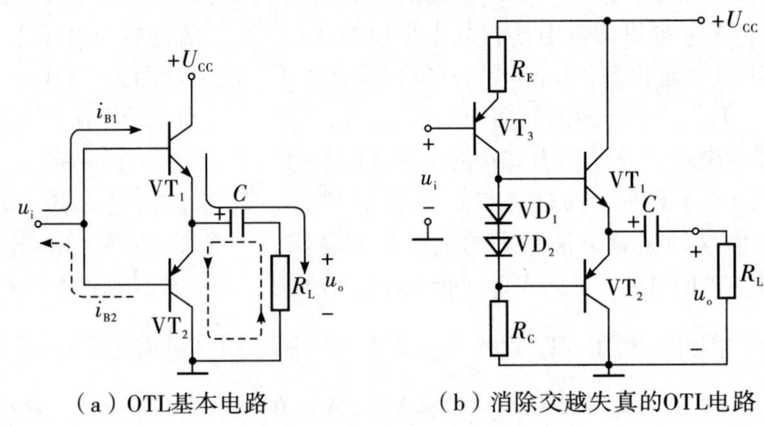

（a）OTL基本电路　　（b）消除交越失真的OTL电路

图 8－6　单电源功率放大电路

假设 VT_1、VT_2 参数一致且忽略门槛电压。静态时，VT_1、VT_2 的射极均为$\frac{U_{CC}}{2}$，两个功放管均截止。

当输入信号为 u_i 正半周时，VT_1 导通，VT_2 截止，电流从 $+U_{CC}$ 经 VT_1 的 c－e、耦合电容 C、负载 R_L 到地"⊥"，输出电压 u_o 跟随 u_i 变化，C 充电；在 u_i 的负半周，VT_2 导通，VT_1 截止，电流从电容 C 的"+"经 VT_2 的 e－c、地"⊥"、负载 R_L 到 C 的"－"，u_o 仍然跟随 u_i 变化，电容 C 放电。只有电容 C 容量足够大，才能认为充放电过程中 C 上的电压几乎不变，即对交流信号相当于短路，输出电压 u_o 波形才正负对称。

在 OTL 功放电路中每个功放管的实际工作电压为$\frac{U_{CC}}{2}$（输出电压最大也只能达到约$\frac{U_{CC}}{2}$），因此，在估算输出功率、电路效率、功放管的最大功耗等参数时，可采用 OCL 电路同样的式子进行估算，只需将式子中的 U_{CC} 全部改为$\frac{U_{CC}}{2}$即可。

比如，最大输出功率计算：

由图 8－6（a）可知，电路最大输出电压的峰值电压为$\frac{U_{CC}}{2}-|U_{CES}|$，因此，最大输出功率为：

$$P_{om}=\frac{U_{om}^2}{R_L}=\left(\frac{\frac{U_{CC}}{2}-|U_{CES}|}{2R_L}\right)$$

图 8－6（b）所示电路是甲乙类 OTL 功率放大电路，VT_3 是前置电压放大电路，VD_1、VD_2、R_E、R_C为 VT_1、VT_2 发射结提供偏置。

8.3.4　集成运放与 OCL 功放组成的功率放大电路

利用运算放大电路组成的反馈电路容易满足深度负反馈条件的特性，可以改善功率放大电路的性能。通常集成运放与 OCL 组成的功率放大电路如图 8－7 所示。电路通过引入了电压并联负反馈的办法，提高功率放大电路的稳定性。

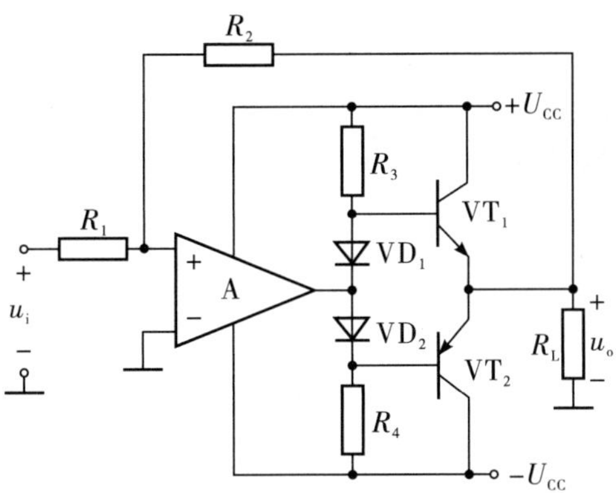

图 8－7　集成运放与 OCL 组成的功率放大电路

8.4　集成功率放大器及其应用简介

集成功率放大器具有体积小，工作稳定、可靠，外接元件少，成本低，易安装和调试等，只要了解其外特性和外线路的连接方法，就可以组成使用电路，使用非常方便，因此，得到广泛的应用。如：收音机、录音机、电视机、扩音设备、开关功率电路、自动控制执行机构以及伺服系统电路等广泛采用各类专用或通用集成功率放大器。集成功率放大器品种繁多，输出功率从几百毫瓦到几十瓦，可分为小、中、大功率放大器。集成功率放大器的型号、性能参数可查阅相关技术资料。本节介绍 LM386、TDA2030 功率放大器及其基本应用电路。

8.4.1　LM386 集成功率放大器及其应用

1. LM386 简介

LM386 是一种通用型、小功率集成音频功率放大器。具有频响宽，可达 300 kHz；工作电压范围大，4～12 V 或 5～18 V；功耗小，6 V 电源电压下静态时仅 24 mW，特别适用于电池供电的场合；电压增益高且可调，其内部设定增益为 20，改变外接电阻与电容，增益可在 20～200 之间任何值，最大可达 200；自身功耗低，使用时不需加散热片；外接元件少；总谐波失真小（失真度低）。

（1）LM386 封装及引脚。

LM386 的封装形式有塑封 8 引线双列直插式和贴片式［如图 8－8（a）所示］。LM386 的引脚排列如图 8－8（b）所示。引脚 2 为反相输入端，引脚 3 为同相输入端；引脚 5 为输出端；引脚 6 和引脚 4 分别为电源和地；引脚 1 和引脚 8 为电压增益设定端，当 1 脚与 8 脚开路时，电压增益为 20，当 1 脚与 8 脚短路时，电压增益为 200，1 脚与 8 脚接入一定阻值电阻时，电压增益在 20～200 之间；使用时在引脚 7 和地之间接旁路电容，通常取 10 μF。

（a）LM386的封装形式

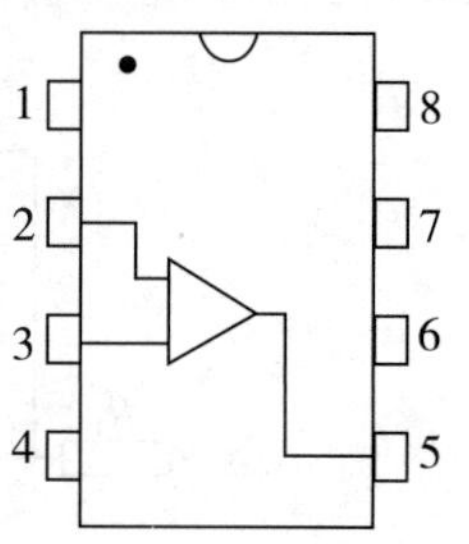

（b）LM386的引脚排列

图 8－8　LM386 的封装形式

（2）LM386 内部电路。

LM386 内部电路原理图如图 8－9 所示。与通用型集成运放相类似，它是一个三级放大电路。

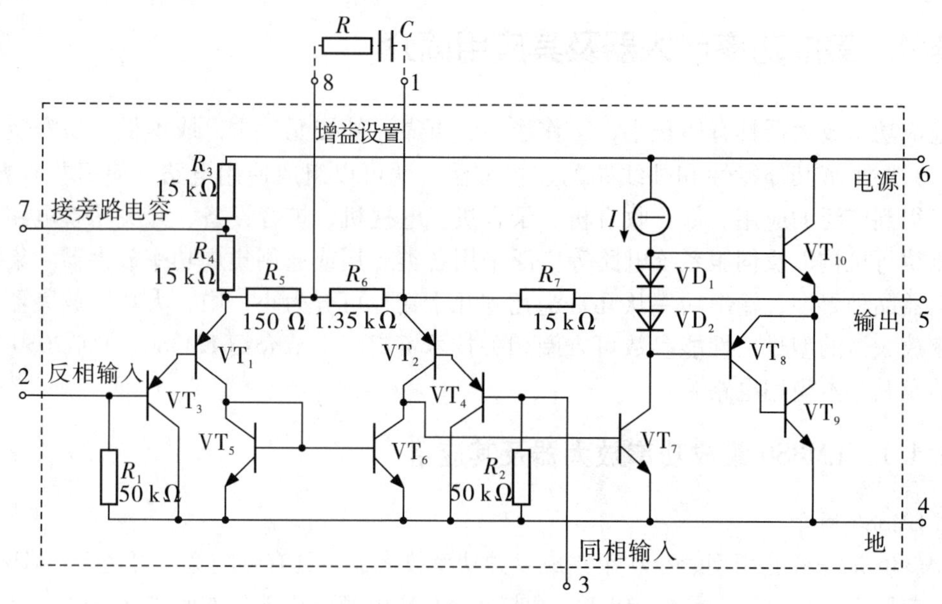

图 8－9　LM386 内部电路原理图

第一级为差分放大电路，VT_1 和 VT_3、VT_2 和 VT_4 分别构成复合管，作为差分放大电路的放大管；VT_5 和 VT_6 组成镜像电流源作为 VT_1 和 VT_2 的有源负载；VT_3 和 VT_4 信号从管的基极输入，从 VT_2 管的集电极输出，为双端输入单端输出差分电路。使用镜像电流源作为差分放大电路有源负载，可使单端输出电路的增益得到提高。

第二级为共射放大电路，VT_7 为放大管，恒流源作有源负载，以增大放大倍数。

第三级中的 VT_8 和 VT_9 管复合成 PNP 型管，与 NPN 型管 VT_{10} 构成准互补输出级。二极管 VD_1 和 VD_2 为输出级提供合适的偏置电压，可以消除交越失真。

引脚 2 为反相输入端，引脚 3 为同相输入端。电路由单电源供电，故为 OTL 电路。输出端（引脚 5）应外接输出电容后再接负载。

电阻 R_7 从输出端连接到 VT_2 的发射极，形成反馈通路，并与 R_5 和 R_6 构成反馈网络，从而引入了深度电压串联负反馈，使整个电路具有稳定的电压增益。

（3）LM386 电气参数。

极限参数如下。

电源电压：（LM386N－1，－3，LM386M－1）15 V；（LM386N－4）22 V。

封装耗散：（LM386N）1.25 W；（LM386M）0.73 W；（LM386MM－1）0.595 W。

输入电压：±0.4 V。

储存温度：－65 ℃ ~ +150 ℃。

操作温度：0 ℃ ~ +70 ℃。

结温：+150 ℃。

2. LM386 应用电路

LM386 典型应用电路如图 8－10 所示。图 8－10（a）为外接元件最少的功放电路，其增益等于内部设置值，即增益为 20。在图 8－10（a）的基础上，在 1 脚与 8 脚之间接入一个 10 μF 的电容即可使增益变成 200，如图 8－10（b）所示。图中 10 kΩ 的可变电阻是用来调整扬声器音量大小。

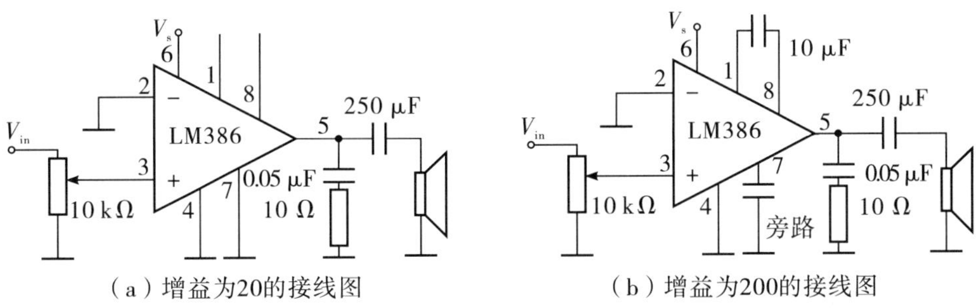

图 8－10　LM386 典型应用电路

用 LM386 组成 OTL 应用电路，如图 8－11 所示。其中，图 8－11（a）中，4 脚接“地”，6 脚接电源（6 ~ 9 V），2 脚接地，信号从同相输入端 3 脚输入，5 脚通过 220 μF 电容向扬声器 R_L 提供信号功率，7 脚接 20 μF 去耦电容，1 脚与 8 脚之间接 10 μF 电容和 20 kΩ电位器，用来调节增益。图 8－11（b）、（c）也是两个典型的 OTL 应用电路。

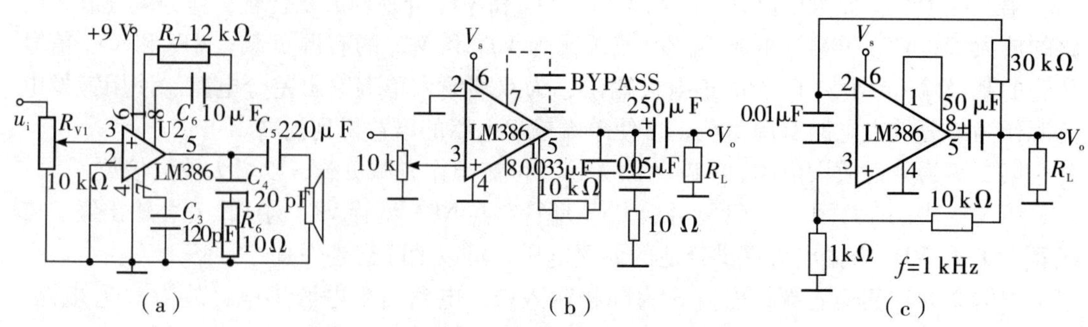

图 8－11　LM386 的三种应用电路接线图

3. 需注意的几个问题

（1）通过接在 1 脚、8 脚间的电容（1 脚接电容＋极）来改变增益，断开时增益为 20。当不要求大增益量时，1 脚、8 脚之间不要接电容，不但可以省成本，还可以减少噪音。

（2）PCB 设计时，所有外围元件尽可能靠近 LM386；地线尽可能粗一些；音频信号输入、输出通路尽可能平行走线。

（3）选好音量电位器。阻值约 10 kΩ 为宜，质量要保证，否则，可能带来噪声或接触不良情况。

（4）尽可能采用双音频输入/输出。可以有效地抑制共模噪声。

（5）第 7 脚（BYPASS）必须外接一个电解电容到地，有滤除噪声的作用。工作稳定后，该管脚电压值约等于电源电压的一半。增大这个电容的容值，减缓直流基准电压的上升、下降速度，有效抑制噪声，特别是在器件上电、掉电时的噪声。

（6）选择合适的输出耦合电容。因为负载是扬声器，感性器件，所以，它与扬声器负载构成了一阶高通滤波器，因此，减小该电容值，可使噪声能量冲击的幅度变小、宽度变窄，但不能太小，否则，会使截止频率 $f_c = \frac{1}{2\pi R_L C}$ 提高。宜用 10 μF/4.7 μF 较为合适。

8.4.2　TDA2030 集成功率放大器及其应用

1. TDA2030 简介

TDA2030A 是音频功放电路，电路的具有外接元件少；带负载能力强，输出功率大，在 ±19 V、$R_L = 8\ \Omega$ 阻抗时能够输出 16 W 的有效功率，在 $R_L = 4\Omega$ 时，$P_o = 18$ W；采用超小型封装（TO－220），可提高组装密度；开机冲击极小；工作安全可靠，内含短路保护、热保护、地线偶然开路、电源极性反接（$V_{smax} = 12$ V）以及负载泄放电压反冲等保护电路；工作电压范围宽，能在最低 ±6 V 最高 ±22 V 的电压下工作；高保真，THD≤0.1%。

由于 TDA2030 具有低瞬态失真、较宽频响和完善的内部保护措施，因此，常用在高保真组合音响、汽车立体声收录音机、中功率音响设备中。

（1）TDA2030 封装及引脚。TDA2030 采用 V 形 5 脚单列直插式塑料封装结构，是一种超小型 5 引脚单列直插塑封集成功放。如图 8－12 所示。按引脚的形状引可分为 H 形和 V 形。

（a）TDA2030封装形式

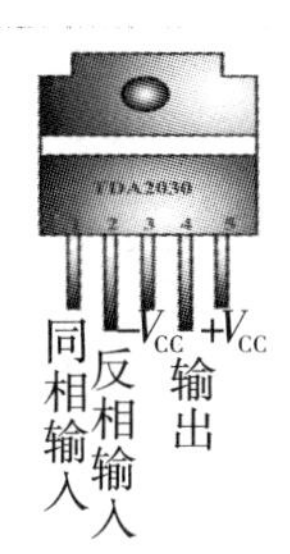

（b）TDA2030的引脚排列

图 8－12　TDA2030 的封装形式和引脚排列

各引脚的功能：1 脚是正相输入端；2 脚是反相输入端；3 脚是负电源输入端；4 脚是功率输出端；5 脚是正电源输入端。

（2）TDA2030 电气参数。极限参数如下。

电源电压（V_s）：±22 V。

输入电压（V_{in}）：V_s。

差分输入电压（V_{di}）：±15 V。

峰值输出电流（I_o）：3.5 A。

耗散功率（P_{tot}）（V_{di}）：20 W。

工作结温（T_j）：－40 ~ ＋150 ℃。

存储结温（T_{stg}）：－40 ~ ＋150 ℃。

2. TDA2030 应用电路

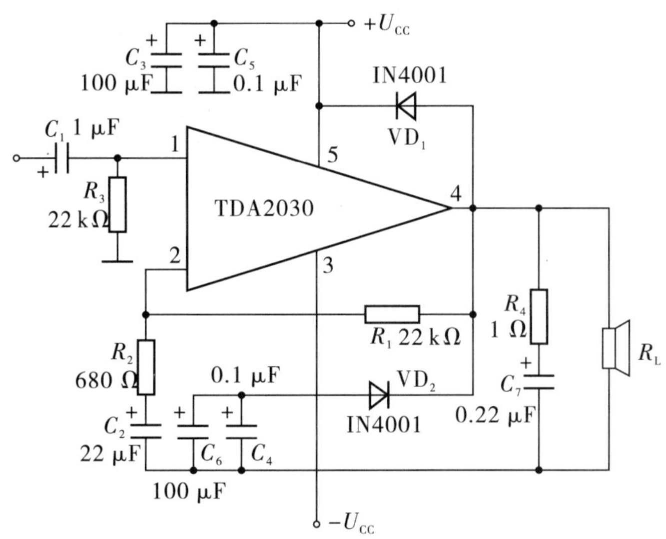

图 8－13　TDA2030 典型应用电路

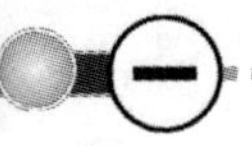

如图 8 - 13 所示。VD_1、VD_2 组成电源极性保护电路，防止电源极性接反损坏集成功放。C_3、C_5 与 C_4、C_6 为电源滤波电容，100 μF 电容并联 0.1 μF 电容的原因是 100 μF 电解电容具有电感效应。信号从 1 脚同相端输入，4 脚输出端向负载扬声器提供信号功率，使其发出声响。

3. 需注意的问题

（1）TDA2030A 具有负载泄放电压反冲保护电路，如果电源电压峰值电压 40 V，那么，在 5 脚与电源之间必须插入 *LC* 滤波器和二极管限压（5 脚因为任何原因产生了高压，一般是喇叭的线圈电感作用，使电压等于电源的电压）以保证 5 脚上的脉冲串维持在规定的幅度内。

（2）热保护。限热保护有以下优点，能够容易承受输出的过载（甚至是长时间的），或者环境温度超过时均起保护作用。

（3）散热。安装散热片可以有效提高集成功率放大电路的安全系数，当结温超过极限参数时，良好的散热可以保护器件不受损害。

（4）印刷电路板设计时必须考虑地线与输出的去耦，因为这些线路有大的电流通过。

（5）装配时散热片与集成功放模块之间不需要绝缘，引线长度应尽可能短，焊接温度不得超过 260 ℃，焊接时间不超过 12 s。

8.5 功放管的散热和安全使用

在功放电路中，由于功放管集电极电流和电压的变化幅度大，输出功率大，同时功放管本身的耗散功率也大，因此，应采取保护措施以保证功放管的安全运行，主要是应注意二次击穿和散热两方面的问题。

8.5.1 功放管的二次击穿

功放管的二次击穿是指当三极管集电结上的反偏电压过大时，三极管将被击穿。类似二极管的反向击穿，也分为“一次击穿”和“二次击穿”。一次击穿是可逆的，二次击穿将使功放管的性能变差或损坏，如图 8 - 14（a）所示。功放管考虑到二次击穿后的安全工作区如图 8 - 14（b）所示。

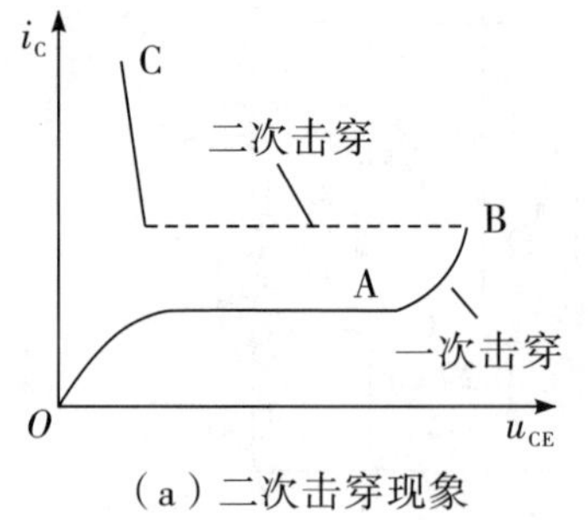

（a）二次击穿现象

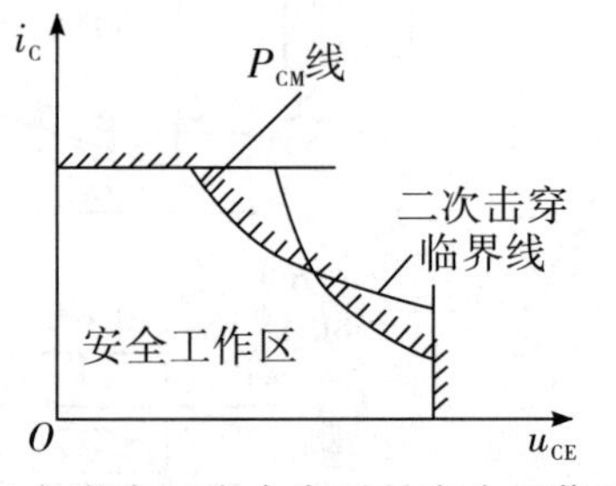

（b）考虑二次击穿后的安全工作区

图 8 - 14　二次击穿及安全工作区

防止晶体管二次击穿的措施主要有：使用功率容量大的晶体管，改善管子散热的情况，以确保其工作在安全区之内；使用时应避免电源剧烈波动、输入信号突然大幅度增加、负载开路或短路等，以免出现过压过流；在负载两端并联二极管（或二极管和电容），以防止负载的感性引起功放管过压或过流；在功放管的 c，e 端并联稳压管，以吸收瞬时过电压。

8.5.2　功放管的散热

功放管损坏的重要原因是其实际功率超过额定功耗 P_{CM}。三极管的耗散功率取决于内部的 PN 结（主要是集电结）温度 T_j，当超过其最高允许结温 T_{jmax}时，集电极电流将急剧增大而使管子损坏，这种现象称为“热致击穿”或“热崩”。硅管的允许结温值为 120～180 ℃，锗管允许结温为 85 ℃左右。

散热条件越好，对于相同结温下所允许的管耗就越大，使功放电路有较大功率输出而不损坏管子。如大功率管 3AD50，手册中规定 T_{jmax}为 90 ℃，不加散热器时，极限功耗 $P_{omax}=1$ W，如果采用手册中规定尺寸为 120 mm×120 mm×4 mm 的散热板进行散热，极限功耗可提高到 $P_{cmax}=10$ W。通常的散热措施是给功放管加装散热片（器），散热片（器）是铜、铝等导热性能良好的金属材料制成的，表面积越大，散热能力越强，使用时可根据散热要求的不同来选配。为了在相同散热面积下减小散热器所占空间，可采用如图 5－8 所示的几种常用散热器，分别为齿轮形、指状形和板条形；所加散热器面积大小的要求，可参考大功率管产品手册上规定的尺寸。除上述散热器成品外，还可用铝板自制平板散热器。

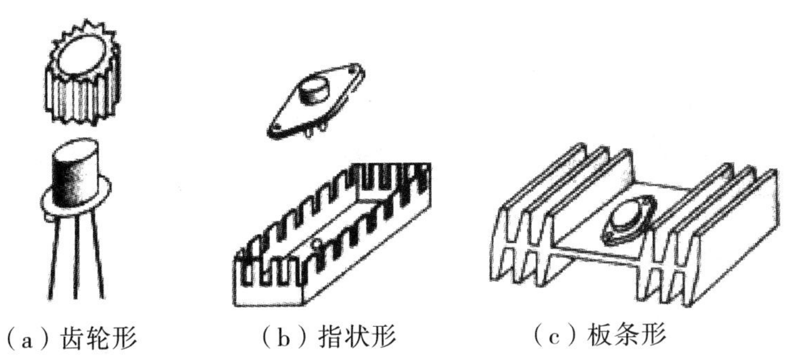

图 8－15　散热器的几种形状

当功率放大电路在工作时，如果功放管的散热器（或无散热器时的管壳）上的温度较高，手感发烫，易引起功率管的损坏，这时应立即分析检查。如果属于原正常使用功放电路，功率管突然发热，应检查和排除电路中的故障；如果属于新设计功放电路，在调试时功率管有发烫现象，这时除了需要调整电路参数或排除故障外，还应检查设计是否合理，管子选型和散热条件是否存在问题。

本章小结

(1) 功率放大电路在大信号下工作，通常采用图解法进行分析。输出功率和效率是功率放大电路两个重要的指标参数。

(2) 乙类互补对称功率放大电路具有效率高的有点，理想状态下，它的最大效率为78.5%。为保证功放管安全工作，OCL互补对称电路工作在乙类时，功放管的极限参数必须满足：

$$P_{CM} > 0.2P_{om} \quad |U_{(BR)CEO}| > 2U_{CC} \quad I_{CM} > U_{CC}/R_L$$

乙类互补对称功放电路由于功放管本身的开关电压，功放管输入特性存在死区，所以乙类互补对称功放电路将出现交越失真，克服交越失真的方法是采用甲乙类互补对称电路，通常是对功放管加上适当的偏置电压。

在OTL互补对称电路中，估算输出功率、效率、管耗和电源供给的功率，可用OCL互补对称电路的估算公式，只是将$\frac{U_{CC}}{2}$代替原公式的U_{CC}即可。

(3) 由于集成功率放大器具有种类多、外接元件少、失真小、易调试等突出的优点，而被广泛应用。

(4) 功率放大电路中，功放管通常发热较严重，因此，必须加装散热器。

实训项目　OTL功率放大电路的制作与调试

一、实训目标

(1) 进一步理解OTL功率放大器的工作原理。

(2) 加深对电路参数名称概念的理解，掌握OTL电路的调试和主要性能指标的测试方法。

二、实训设备与器件

(1) 多媒体课室、多媒体实验室（安装Proteus软件或其他仿真软件）。

(2) +5V电源、数字万用表、信号发生器、示波器、交流毫伏表、频率计各一台。

(3) 晶体三极管3DG6或9012、3DG12或9013、3CG12或9012、晶体二极管IN4007、8 Ω扬声器、电阻、电容等若干。

三、实训内容与步骤

1. 实训内容

实训电路如图8-16所示。实训内容是：测试静态工作的；最大输出功率P_W和效率η的测试；输入灵敏度测试；频率响应测试；噪声电压测试。

2. 实训步骤

(1) 静态工作点的测试。置输入信号$u_i=0$，电源线串接直流毫安表，电位器R_{W2}置

最小，R_{W1}调至中间位置，开始测试。

①调节输出端重点点位 U_A

调节 R_{W1}，使 $U_A=\frac{1}{2}U_{CC}$。

②调整输出极静态电流及测试各级静态工作点

调整输出极静态电流采用动态调试法，使 $R_{W2}=0$，输入端输入 $f=1$ kHz 正弦波信号 u_i，逐步加大输入信号到 3～8 mV，此时，输出波形出现较严重的交越失真（没有饱和失真和截止失真），然后慢慢最大 R_{W2}，当交越失真刚刚消失时，停止调节 R_{W2}，关闭输入信号（即 $u_i=0$），此时直流毫伏表读书即为输出级静态工作电流。一般数值在 1.5～5 mA。

测量各级静态工作点，结果记入表 8－1 中。

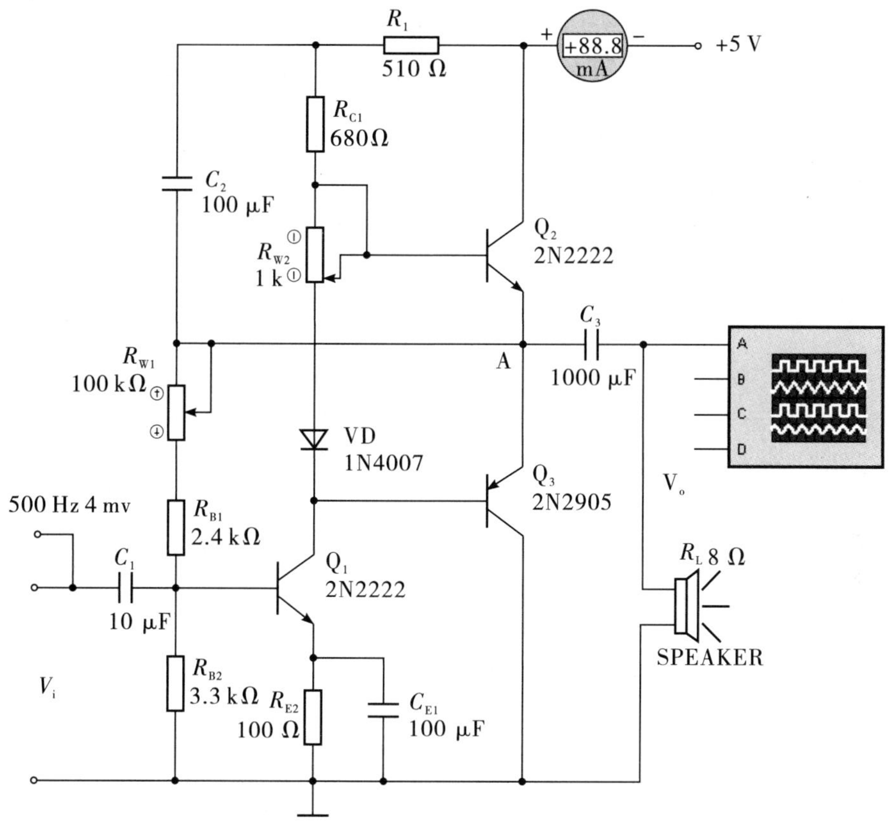

图 8－16　实训电路

表 8－1

（$I_{C1}=I_{C3}=$　　mA；$U_A=2.5$ V）

	Q_1	Q_2	Q_3
U_B			
U_C			
U_E			

（2）最大输出功率 P_{om}、效率 η 和输入灵敏度的测试。输入端输入 $f=1$ kHz 正弦波信号 u_i，观察输出端波形，逐渐增大输入信号 u_i，使输出电压达到最大不失真输出，用交流毫伏表测量输出负载上的电压 U_{om}，测量直流供电电流值 I_{DC}，结果记录表 8－2 中。计算得到 P_{om} 和 η。

表 8－2

（$R_L=8\ \Omega$　$U_{cc}=5$ V）

测量值			公式计算结果	
U_{om}	I_{DC}	U_i（输入灵敏度）	$P_{om}=U_{om}{}^2/R_L$	$\eta=P_{om}/P_E$（其中：$P_E=U_{cc}/I_{DC}$）

注：输入灵敏度是指输出最大不失真功率时，输入信号 U_i 的值。

（3）频率响应测试。保持输入信号 u_i 的幅值不变，改变信号源频率 f，测量相应频率点的输出电压 U_o，结果记入表 8－3 中。

表 8－3

（$U_i=$　　mV）

		F_L			f_O			f_H	
f/Hz									
U_o/V									
$Av=$（U_o/U_i）									

注：测试时输入信号不宜过大，通常选取输入信号为输入灵敏度的 50%，测试过程保持同一 U_i 值并保证输出不失真。

（4）噪声电压测试。将输入端短路（$u_i=0$），观测输出噪声波形，并用交流毫伏表测得输出端电压（噪声电压）U_N，一般要求 $U_N<15$ mV。

3．仿真测试

（1）编辑仿真图。运行仿真软件 Proteus ISIS（或其他仿真软件），在 ISIS 主窗口编辑仿真电路图。

（2）启动仿真。按照实训内容和步骤逐一测试各项数据并计算。

4．拓展实训

将图 1 电路制作电路板，焊接、安装，按照实训步骤逐一测试各项数据并计算。

四、电路分析，编制实训报告

实训报告内容包括：

（1）实训目的。

（2）实训仪器设备。

（3）电路工作原理。

（4）元器件清单。

（5）主要收获与体会。

（6）对实训课的意见、建议。

练　习　题

一、简答题

1. 衡量功率放大电路的主要性能指标有哪些？

2. 什么是功率放大电路的输出功率（P_o）、电源直流功率（P_U）、转换效率（η）？并写出它们的关系式。

3. 按静态工作点处于负载线的位置来分，功率放大电路可分为哪几类？按输出耦合形式不同来分，功率放大电路可分为哪几类？

4. 甲类、乙类、甲乙类电路中，放大管的导通角分别是多少？它们当中哪一类电路的效率最高？为什么？

5. 交越失真是哪类功率放大电路存在的问题，交越失真是因为什么原因产生的？

6. 如何改善乙类推挽功率放大电路的交越失真？

二、应用题

1. 在图 8－17 所示 OCL 功率放大电路中，已知电源电压 $U_{CC}=12$ V，负载 $R_L=8\ \Omega$，u_i为正弦波，不计管子的饱和压降。试计算：

（1）电路负载上能得到的最大输出功率 P_{om}。

（2）电源消耗的功率 P_u。

（3）每个三极管的允许的最大功耗 P_{CM}。

（4）每个三极管的最大集电极电流 I_{CM}。

（5）每个三极管的最大耐压 $U_{(BR)CEO}$。

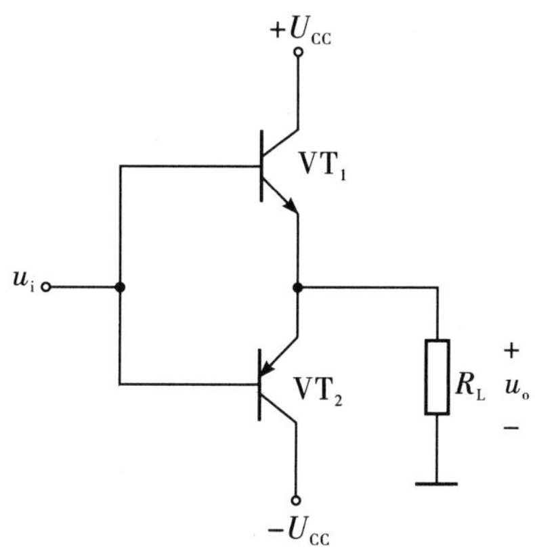

图 8－17

2. 在图 8－18 所示 OTL 功率放大电路中，已知电源电压 $U_{CC}=12$ V，负载 $R_L=8$ Ω，u_i为正弦波，不计管子的饱和压降。试计算：

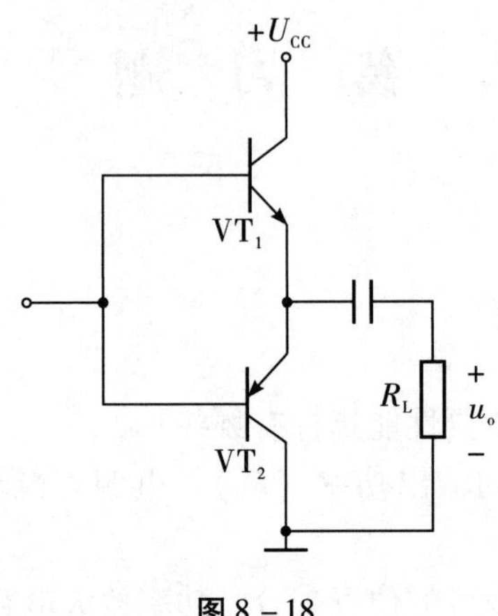

图 8－18

（1）电路负载上能得到的最大输出功率 P_{om}；

（2）电源消耗的功率 P_u；

（3）每个三极管的允许的最大功耗 P_{CM}；

（4）每个三极管的最大集电极电流 I_{CM}；

（5）每个三极管的最大耐压 $U_{(BR)CEO}$。

3. 在图 8－17 所示 OCL 功率放大电路中，电源电压 $U_{cc}=20$ V，负载 $R_L=8$ Ω，管子在输入信号作用下，在一个周期内 VT_1、VT_2 轮流导通约半周，试计算：

（1）输入信号 $u_i=10$ V（有效值）电路的输出功率、管耗、直流电源供给的功率和效率；

（2）当输入信号 u_i的幅值为 $U_{im}=U_{CC}=20$ V 时，电路的输出功率、管耗、直流电源供给的功率和效率。

4. OTL 互补对称功率放大电路中要求在 16 Ω 的负载上获得 8 W 最大不失真功率，则电源电压值应该为多少？若该为 OCL 互补对称功率放大电路，则电源电压值应为多少？

5. OTL 互补对称功率放大电路如图 8－19 所示，u_i为正弦波，$U_{CC}=12$ V，$R_L=8$ Ω。计算并回答下列问题：

（1）静态时，电容 C_2 两端的电压应该等于多少？通过调整那个电路可以达到要求？

（2）设 $R_1=1.2$ kΩ，三极管的$\beta=50$，$P_{CM}=500$ mW，$U_{CES}=1$ V，若电阻 R_2 或某个二极管开路，三极管是否安全？

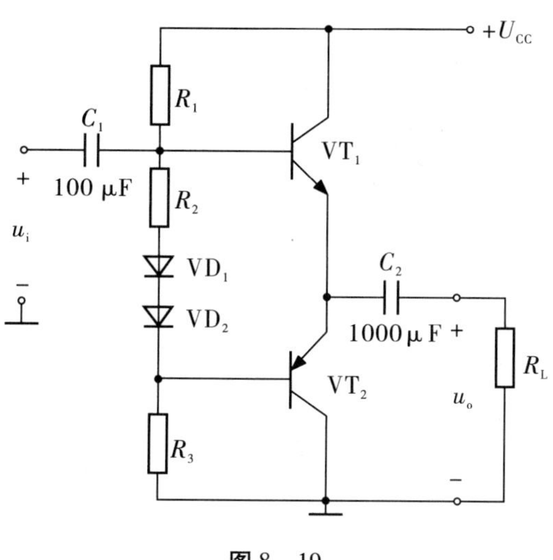

图 8－19

6. OCL 互补对称功率放大电路如图 8－20 所示，u_i为正弦波，$U_{CC}=12$ V，$R_L=8$ Ω。计算并回答下列问题：

（1）静态时，负载 R_L中的电流时多少？

（2）若输出电压波形出现交越失真，应调整哪个电阻，如何调？

（3）若二极管 VD_1 或 VD_2 的极性接反，将会产生什么后果。

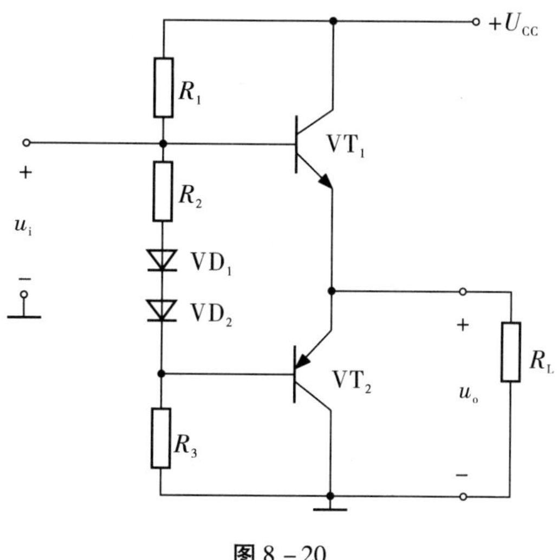

图 8－20

三、选择题

1. 功率放大电路的输出功率是指（　　）。

A. 电源供给的功率

B. 直流信号和交流信号叠加的功率

C. 负载上的交流功率

2. 功率放大电路的效率是指（　　）。

A. 输出功率与输入功率之比

B. 最大不失真输出功率与电源提供的功率之比

C. 输出功率与功放管上消耗的功率之比

3. 乙类功放电路存在的问题是（　　）。

A. 非线性失真

B. 交越失真

C. 效率低

4. 甲类功放电路的效率低是因为（　　）。

A. 静态电流过大

B. 管压降过大

C. 只有一个功放管

5. 功率放大电路的效率主要与（　　）有关。

A. 电源供给的直流功率

B. 电流的工作状态

C. 电路输出的最大功率

学习情境九　直流稳压电源

当今社会人们极大地享受着电子设备带来的便利，但是任何电子设备都有一个共同的电路——电源电路。大到超级计算机、小到袖珍计算器，所有的电子设备都必须在电源电路的支持下才能正常工作。虽然不同的电子设备的电源电路的样式、复杂程度千差万别。但电源电路是一切电子设备的基础，没有电源电路就不会有如此种类繁多的电子设备。

由于电子技术的特性，电子设备对电源电路的要求就是能够提供持续的、稳定的、满足负载要求的稳定的直流电能。提供这种稳定的直流电能的电源就是直流稳压电源。直流稳压电源在电源技术中占有十分重要的地位。

电子爱好者初学阶段首先遇到的就是要解决电源问题，否则电路无法工作、电子制作无法进行，学习就无从谈起。

本学习情景设置了“简易稳压电源”和“输出电压可调串联型稳压电源”的实训项目，通过实训进一步掌握直流稳压电源技术。

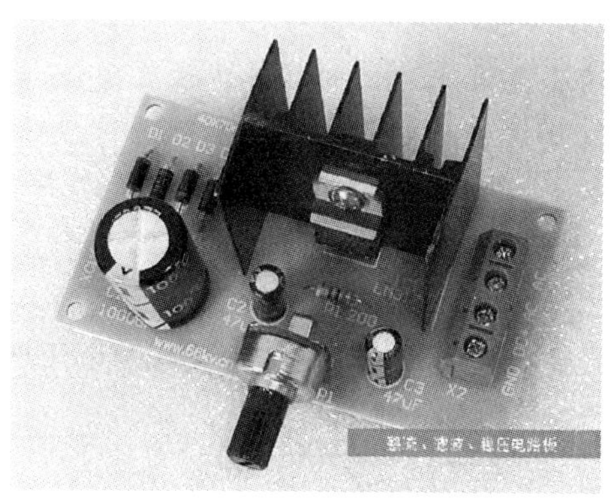

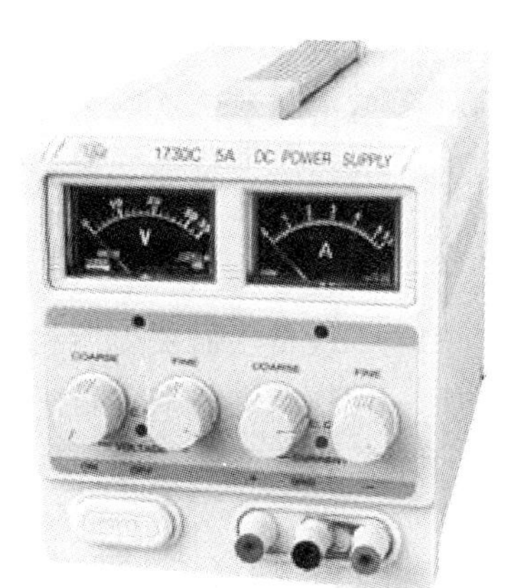

【教学任务】

(1) 介绍硅稳压管稳压电路。

(2) 介绍晶体管串联型稳压电源。

【教学目标】

(1) 掌握硅稳压管稳压电路的组成及其工作原理。

(2) 掌握晶体管串联型稳压电源的原理和应用。

(3) 培养学生具有分析问题和应用直流稳压电源的能力。

(4) 培养学生养成认真分析问题、仔细探讨解决问题方法的能力。

【教学内容】

（1）硅稳压管稳压电路的电路组成，当负载变化或电源电压变化时稳压管的作用及其电路的工作原理分析。

（2）晶体管串联型稳压电源的工作原理和应用。

【教学实施】

实物展示、原理阐述、多媒体课件相结合，辅以应用实例举例。

第九章　直流稳压电源

【基本概念】

整流，滤波，稳压，稳压系数，输出电阻，输出电压和输出电流平均值，脉宽调制。

【基本电路】

单相桥式整流电路，电容滤波电路，稳压管稳压电路，串联型稳压电路，集成稳压器的基本应用电路，串联开关型、并联开关型稳压电路。

【基本方法】

整流电路的波形分析方法及输出电压、输出电流平均值的估算方法，整流二极管的选择方法；电容滤波电路电容的选择方法；稳压管稳压电路中限流电阻的选择方法，串联型稳压电路和集成稳压器应用电路的分析方法；电子电路稳压电源的选择方法。

所有的电子设备均需要电压稳定的直流电源来供电。由于使用电池成本高，故其仅用于低功耗、便携式的仪器设备中，本章主要介绍可以直接把市电（220 V 的电网电压）转变为电子设备可用的、具有一定可调范围的直流稳压电源。

9.1　直流稳压电源的基本构成

直流稳压电源的组成如图 9－1 所示。由变压器、整流电路、滤波电路、稳压电路四个部分组成。其中，变压器的作用是将电网的交流电变换成电子设备正常工作所需的电压；整流电路是利用二极管的单向导电性能的整流元件，将正弦交流电变成单方向的脉动电压；滤波电路是利用储能器件滤除单向脉动电压的脉动成分。滤波电路有电容滤波电路、*LC* 滤波电路和 *RC* 滤波电路等；稳压电路的作用是使输出的直流电压保持稳定。稳压电路一般有二极管稳压电路、三极管稳压电路、可控硅稳压电路、集成稳压电路等。

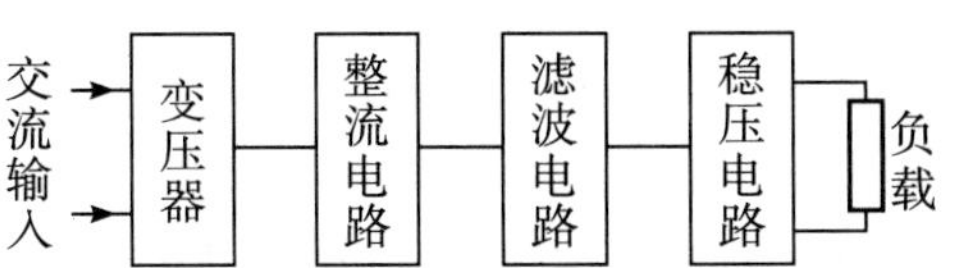

图 9-1　直流稳压电源的组成框图

9.2　整流电路

将交流电变换为直流电的过程称为整流。整流电路主要有半波整流电路、全波整流电路和桥式整流电路三种。

9.2.1　单相半波整流电路

半波整流电路由电源变压器 Tr、整流二极管 VD 和负载电阻 R_L组成。电路如图 9-2（a）所示。

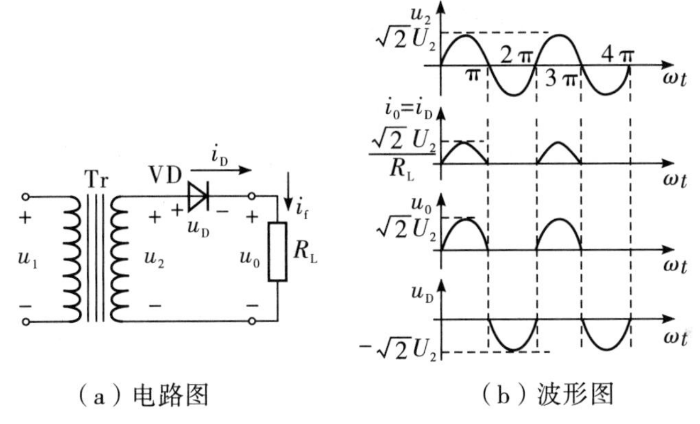

（a）电路图　　（b）波形图

图 9-2　单相半波整流电路

1. 工作原理

电源变压器（Tr）初级电压 u_1，在 Tr 次级产生感应电压 u_2，当 u_2为正半周时，整流二极管 VD 加上正向电压，二极管导通，电流 i_o流过负载 R_L，在 R_L上得到正半周电压 u_o。当 u_2为负半周时，整流二极管因承受反向电压而截止，负载 R_L上无电流流过。当输入电压进入下一个周期时，整流电路将重复上述过程。电路中电压、电流的波形如图 9-2（b）所示。

由图 2（b）可知，在负载 R_L两端得到的电压 u_o（电流 i_o）的极性是单方向的，这种大小波动、方向不变的电压（电流）称为脉动直流电。该电路只在交流的半个周期内才有电流流过负载，所以称之为半波整流电路。

设二极管 VD 是理想的，同时忽略二极管的内阻，则二极管导通时的电流 $i_D = i_o = \frac{u_2}{R_L}$。在正半周 $u_o = u_2$，$u_D = 0$；在 u_2负半周，二极管截止，$i_D = i_o = 0$，而 $u_o = 0$，$u_D = u_2$，

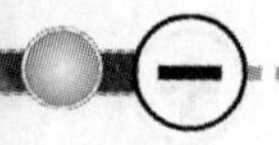

二极管两端承受最大反向电压，即：

$$U_{Dm}=\sqrt{2}U_2$$

2. 特点

单相半波整流电路具有结构简单、使用元件少的优点。但该电路输出波形脉动大，直流成分比较低；变压器有半个周期不导电，利用率低，而且变压器电流中含有直流成分，容易饱和。因此，该电路只能用于输出电流较小、允许脉动大、要求不高的场合。

9.2.2 单相全波整流电路

单相全波整流电路如图 9－3（a）所示。其由次级带中心抽头的变压器（Tr）和 2 只二极管 VD_1、VD_2 及负载 R_L组成。

1. 工作原理

当 u_2为正半周时，二极管 VD_1 导通、VD_2 截止，电流 i_{D1}流过负载 R_L，输出电压 $u_o=u_2$。当 u_2为负半周时，二极管 VD_1 截止、VD_2 导通，电流 i_{D2}流过负载 R_L，输出电压 $u_o=u_2$。由此可见，在交流电压的一个周期内，VD_1、VD_2 轮流导通，负载 R_L两端总是得到单一方向的脉动电压。与半波整流电路相比，全波整流电路有效地利用交流电的负半周，使整流效率提高一倍。全波整流电路波形如图 9－3（b）所示。

2. 特点

由波形图可知，全波整流电路具有整流效率高、输出电压脉动成分比半波整流电路小。但是，二极管 VD 承受反向电压是半波整流电路的两倍，即：

$$U_{Dm}=2\sqrt{2}U_2$$

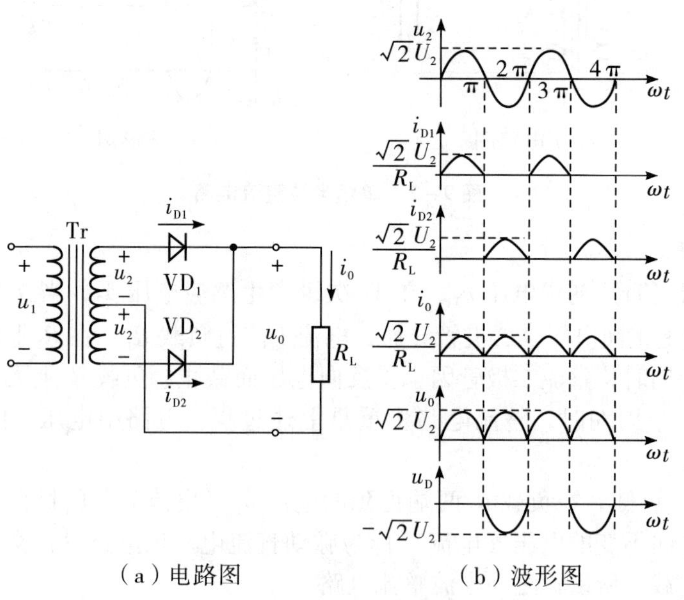

（a）电路图　　（b）波形图

图 9－3　单相全波整流电路

9.2.3　单相桥式整流电路

单相桥式整流电路如图 9－4（a）所示。由变压器 Tr、4 只二极管 $VD_1 \sim VD_4$ 和负载 R_L组成。因 4 只整流二极管 VD 接成电桥形式，故称桥式整流电路。

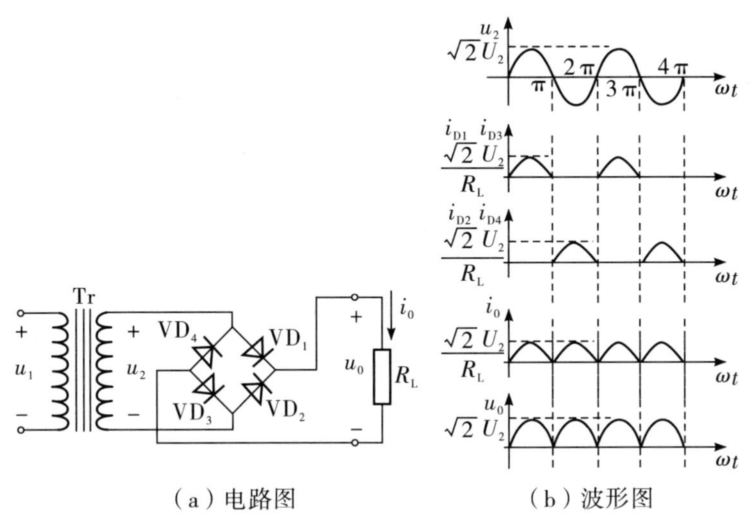

（a）电路图　　（b）波形图

图 9－4　单相桥式整流电路

1. 工作原理

当 u_2为正半周时，二极管 VD_1、VD_3 导通，VD_2、VD_4 截止；u_2为正半周时，二极管 VD_1、VD_3 截止，VD_2、VD_4 导通。与单相全波整流电路一样，在交流电压正、负半周均有电流流过负载 R_L，且电流方向一致。

2. 特点

桥式整流电路的输出电压与全波整流电路相同，每个元件所承受的反向电压为电源电压的峰值。变压器利用率比全波整流电路高，所以，桥式整流电路得到最广泛的应用。

9.3　滤波电路

在所有整流电路的输出电压中，都不可避免地存在脉动成分，为了获得平稳的直流电压，必须利用滤波器将交流成分滤除。滤波电路一般由电抗元件组成。常用的滤波电路有电容滤波电路、LC 滤波电路和 RC 滤波电路等几种。

9.3.1　电容滤波电路

电容滤波电路如图 9－5 所示，其工作波形如图 9－6 所示。

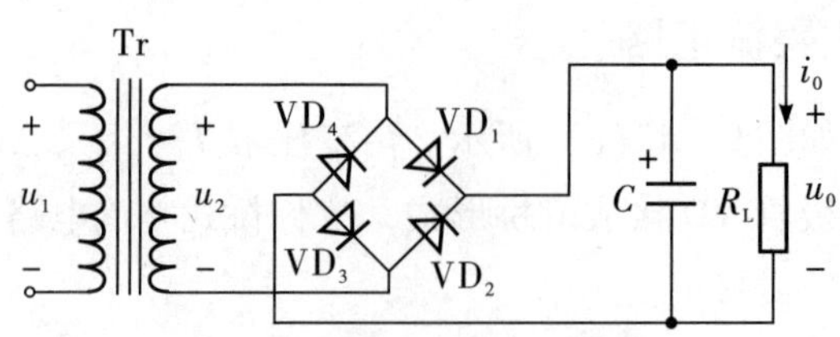

图 9－5　桥式整流电容滤波电路

1. 工作原理

当输入 u_2 为正半周且由零到峰值逐渐增大时，VD_1、VD_3 导通，一方面给负载供电，同时对电容器充电，由于二极管的正向电阻和变压器的等效电阻都很小（几乎为零，理想状态均假设为零），所以充电时间常数很小，电容器充电电压随 u_2 的上升而上升（图 9－6 中的 0～A 段）。在 A 点 u_2 达到最大值，之后电源电压 u_2 开始下降，电容器向负载释放电能。由于放电时间常数 R_LC 比 u_2 的周期大得多，所以电容器两端电压下降的速度比 u_2 的下降速度慢的多，在这时段，电容器上的电压 u_c 将大于此时的 u_2，即 $u_c > u_2$，负载两端的电压靠电容器 C 的放电电流来维持（图 9－6 中的 A～B 段）。在 B 点 u_2 开始大于 u_c，电容器又被充电，充电到 u_2 的最大值后，又进行放电，如此反复，使负载两端得到平缓的直流电压。因此，整流电路加入电容器后，其输出电压波形比没有滤波电容器时平滑很多。

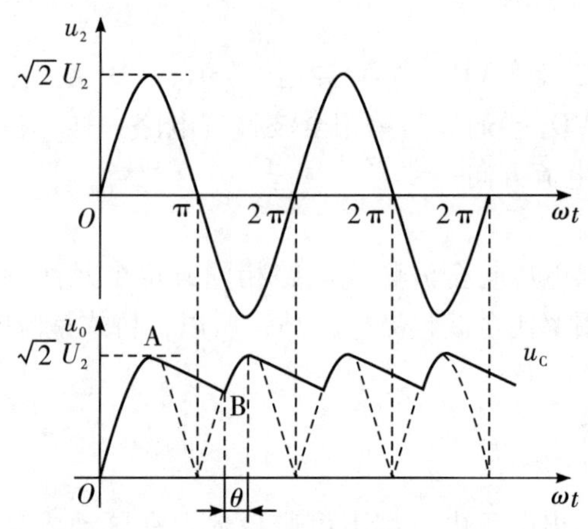

图 9－6　电容滤波电路的工作波形

2. 电容滤波电路的主要参数

（1）输出电压平均值 $U_{O(AV)}$。桥式整流电容滤波电路空载时输出电压的平均值最大，其值等于 $\sqrt{2}U_2$；当电容器 C 开路时，输出电压平均值最小，其值等于 $0.9U_2$；当接入电容 C 且电路接有负载时，输出电压的平均值介于上述两者之间。工程上输出电压平均值一般按下式估算：

$$U_{O(AV)} = 1.2U_2$$

（2）输出电流平均值 $I_{O(AV)}$。在桥式整流电容滤波电路中，流过负载的电流平均

值为：

$$I_{O(AV)}=\frac{U_{O(AV)}}{R_L}=(1.1\sim1.4)\frac{U_2}{R_L}\approx1.2\frac{U_2}{R_L}$$

（3）滤波电容的选择。对于全波整流电路，为了得到较好的滤波效果，在实际工作中，通常滤波电容的容量应满足：

$$R_L C\geqslant(3\sim5)\frac{T}{2}$$

其中，T 为电网交流电压的周期。通常电容容量为几十至几千微法，一般采用电解电容器。

考虑到电网电压的波动范围为 ±10%，因此，滤波电容的耐压值应为：

$$U_C>1.1\sqrt{2}U_2$$

（4）整流二极管的选择。桥式整流电容滤波电路中流过整流二极管的平均值电流是负载平均电流的一半。即：

$$I_{D(AV)}=\frac{1}{2}\times I_{O(AV)}$$

由于电容在开始充电瞬间电流很大，所以，二极管在接通电源瞬间流过较大得到冲击尖峰电流。因此，在选用二极管时，二极管的额定电流为：

$$I_F\geqslant(2\sim3)I_{D(AV)}$$

桥式整流电容滤波电路中，二极管截止时承受的最大反向电压（U_{RM}）与没有滤波电容时一样，均为$\sqrt{2}U_2$。即整流二极管最大反向电压为：

$$U_{RM}=\sqrt{2}U_2$$

（5）整流变压器的选择。由负载 R_L 上的直流平均电压与变压器的关系 $U_{O(AV)}=1.2U_2$ 得出：

$$U_2=\frac{U_{O(AV)}}{1.2}$$

实际应用中，考虑到二极管正向压降级电网电压的波动（±10%），电压器次级的电压值应大于计算值 10%。变压器次级电流 I_2 一般取：

$$I_2=(1.1\sim1.3)I_{O(AV)}$$

3. 电容滤波电路的特点

电容滤波电路简单，但输出直流电压的平滑程度与负载有关。当负载较小时，时间常数 $R_L C$ 较小，输出电压的纹波增大，所以，它不适用于负载变化较大的场合。电容滤波也不适用于负载电流较大的场合，因为，负载电流大（R_L较小），这时只有增大电容的容量才能取得好的滤波效果。但滤波电容太大，会使电容体积增大、成本上升，而且大的充电电流也容易引起二极管损坏。

综上所述，电容滤波电路，适用于负载电流较小，且变化范围不大的场合。

【例 9－1】如图 9－7 所示桥式整流电容滤波电路，交流电源频率为 50 Hz。试估算变压器次级电压 u_2、选择整流二极管和滤波电容的大小。

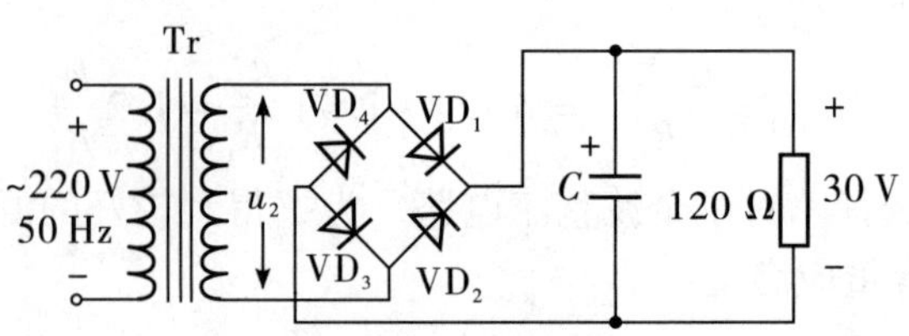

图 9-7　桥式整流电容滤波电路图

解：(1) 计算变压器次级的电压。根据 $U_{O(AV)}=1.2U_2$，因此，变压器次级电压的有效值为：

$$U_2=\frac{30}{1.2}=25\ (\mathrm{V})$$

(2) 选择整流二极管。由 $I_{O(AV)}=\frac{U_{O(AV)}}{R_L}$得：$I_{O(AV)}=\frac{30}{120}=0.25\ (\mathrm{A})$

流过整流二极管的电流为：

$$I_{VD(AV)}=\frac{I_{O(AV)}}{2}=\frac{0.25}{2}=0.125\ (\mathrm{A})$$

整流二极管承受最大反向电压为：$U_{RM}=\sqrt{2}U_2\approx35\ (\mathrm{V})$

因此，可以选用二极管 2CP21（最大整流电流 300 mA，最大反向工作电压 100 V）。

(3) 选择滤波电容。取 $R_LC=2.5T$，则

$$C=\frac{2.5T}{R_L}=417\ \mu\mathrm{F}$$

选取电容容量为 470 μF，耐压为 50 V 的电解电容。

9.3.2　电感滤波电路

电感滤波电路如图 9-8 所示。

电感对于直流分量的感抗近似为零，交流分量的感抗 ωL 可以很大。因此，将其串联在整流电路与负载电阻之间，能够获得很好的滤波效果。而且，由于电感上感生电动势的方向总是阻止回路电流的变化，即每当整流二极管的电流变小而趋于截止时感生电动势将延长这种变化，从而延长每只二极管在一个周期内的导通时间，即增大二极管的导通角，这样，有利于整流二极管的选择。

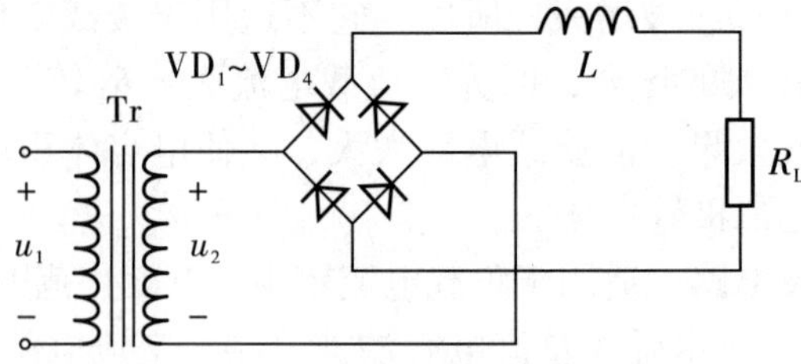

图 9-8　电感滤波电路

整流电路的输出可以分为直流分量 $U_{O(AV)}$ 和交流分量 u_O 两部分，图 9-8 所示电路输出电压的直流分量为：

$$U_{O(AV)}=\frac{R_L}{R+R_L}\times U_D\approx\frac{R_L}{R+R_L}\times 0.9U_2$$

式中 R 为电感线圈电阻。输出电压的交流分量为：

$$u_O=\frac{R_L}{\sqrt{(\omega L)^2+R_L^2}}\times u_D\approx\frac{R_L}{\omega L}\times u_D$$

以上两式表明，在忽略电感线圈电阻的情况下，电感滤波电路输出电压平均值近似整流电路的输出电压，即 $U_{O(AV)}\approx 0.9U_2$。只有在 ωL 远远大于 R_L 时，才能获得较好的滤波效果。而且 R_L 越小输出电压的交流分量越小，滤波效果越好。可见，电感滤波适用于大负载电流的场合。

9.3.3　*LC* 滤波电路

1. *LC* 滤波电路

LC 滤波电路如图 9-9 所示。*LC* 滤波器是在电容滤波器前串联一个电感线圈 *L* 构成。

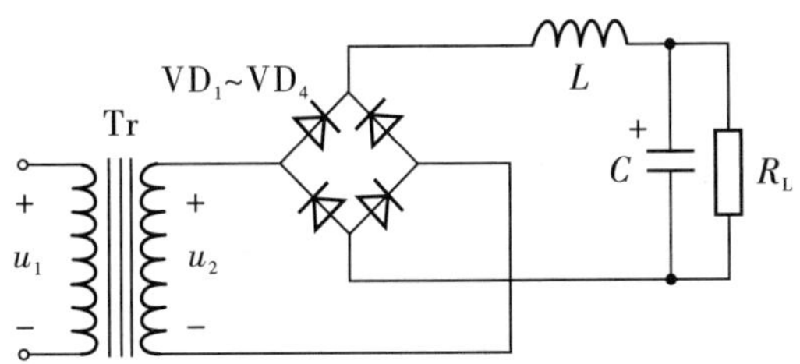

图 9-9　LC 滤波电路

由于电容滤波电路中，滤波电容的容量不允许无限制增加，因为，大的电容会使通过管子的冲击电流很大，可能损坏管子。同时，电容器的体积增大，价格也高，安装也不方便。而且，电容滤波得到的输出电压，往往还有不小的交流分量。*LC* 滤波电路比电容滤波器的滤波效果更好。

由 $X_L=\omega L$ 可知，整流电流的交流分量频率越高，感抗越大，所以，它可以减弱整流电压中的交流分量，ωL 比 R_L 大得越多，则滤波效果越好；再经过电容滤波器滤波，再一次滤掉交流分量。这样，便可以得到较为平滑的直流输出电压。

但是，由于整流输出的脉动交流分量的频率较小，所以电感线圈的电感比较大（一般在几亨到几十亨的范围内），其匝数较多，电阻也较大，因而其上有一定的直流压降，造成输出电压也有所降低。

具有 *LC* 滤波器的滤波电路适用于电流较大、要求输出电压脉动很小的场合，用于高频时更为适合。在电流较大、负载变动较大、并对输出电压的脉动程度要求不太高的场合下（例如晶闸管电源），也可将电容器除去，而采用电感滤波器（*L* 滤波器）。

2. π 型 *LC* 滤波电路

π 型 *LC* 滤波电路如图 9-10 所示。

π 型 *LC* 滤波是在 *LC* 滤波器的前面再并联一个滤波电容 *C* 构成。它的滤波效果比 *LC* 滤波器更好，输出电压的脉动更小，但整流二极管的冲击电流比 *LC* 滤波器要大得多。

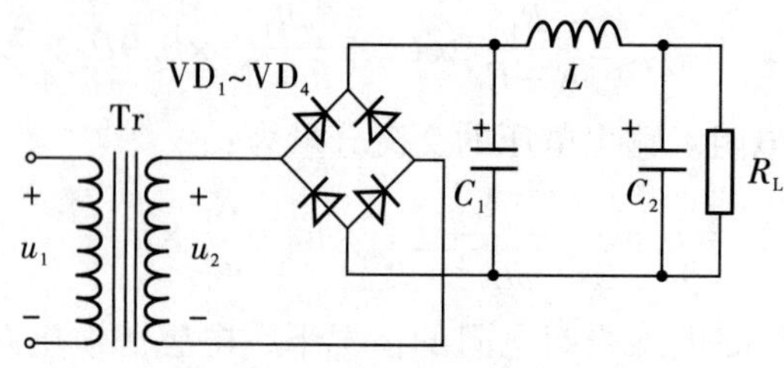

图 9 - 10　π 型 *LC* 滤波电路

9.3.4　π 型 *RC* 滤波电路

π 型 *RC* 滤波电路如图 9 - 11 所示。

π 型 *RC* 滤波电路是将 π 型 *LC* 滤波器中的电感线圈 *L* 用电阻代替构成。优化了电感线圈的体积大、笨重、成本高等弊端。电阻对于交、直流电流具有降压作用，但是，当它和电容配合之后，就是脉动电压的交流分量较多地降落在电阻两端（因为电容 C_2 的交流阻抗甚小），而较少地降落在负载上，从而起了滤波作用。*R* 越大，C_2 越大，滤波效果就越好。但 *R* 太大，将使直流压降增加，所以这种电路主要适用于负载电流较小而又要求输出电压脉动很小的场合。

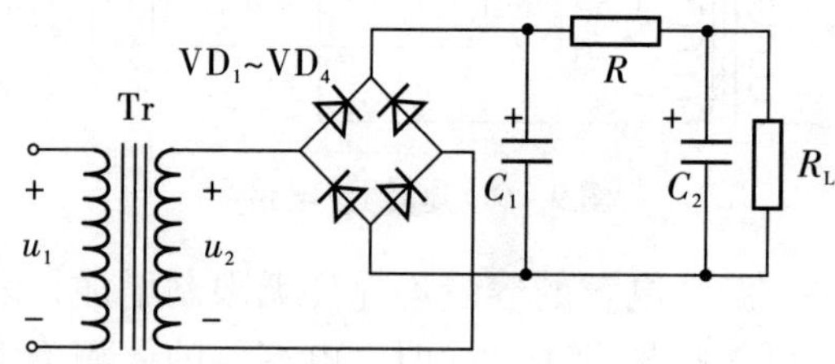

图 9 - 11　π 型 *RC* 滤波电路

总之，不同的滤波电路具有不同的特点和应用场合，各种滤波电路在负载为纯阻性时的性能比较如表 9 - 1 所示。

表 9 - 1

类型	$U_{O(AV)}/U_2$	适用场合	整流管的冲击电流
电容滤波	1.2	小电流	大
电感滤波	0.9	大电流	小
LC 滤波	0.9	大、小电流	小
π 型滤波	1.2	小电流	大

9.4　并联型晶体管稳压电路

并联型稳压电路如图 9－12 所示，是典型的硅稳压二极管稳压电路。经桥式整流、电容滤波所得到的直流电压作为稳压电路输入电压 U_I。稳压管 VD_z 与负载 R_L 并联，电阻 R 为稳压管的限流电阻。当电网或负载发生变化时，通过 R 上的压降来保持输出电压基本稳定。

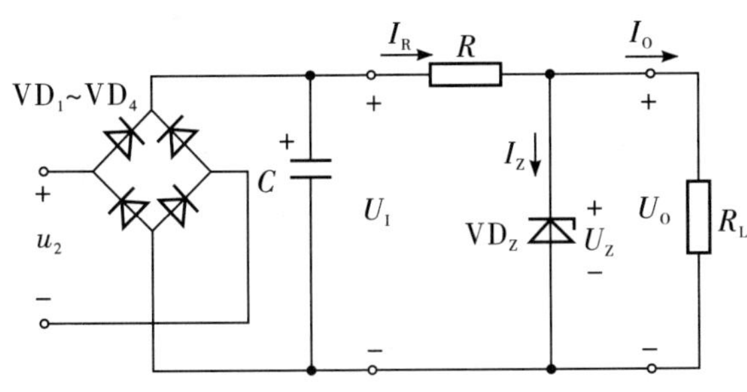

图 9－12　稳压二极管稳压电路

1. 工作原理

负载 R_L 不变，当电网电压增大时，整流滤波电压 U_I 随之增大，输出电压 U_O 也增大，此时稳压管电流 I_Z 增大（由稳压管的伏安特性可知），则电阻 R 上的电压增大，抵消 U_I 的升高，达到使输出电压基本保持不变。稳压过程表示如下：

$$u_2\uparrow\rightarrow U_I\uparrow\rightarrow U_O\uparrow\rightarrow I_Z\uparrow\rightarrow I_R\uparrow\rightarrow U_R\uparrow\rightarrow U_O\downarrow$$

电网电压不变，当负载 R_L 变小，则负载电流 I_O 增大，电阻 R 上的压降增大，输出电压 U_O 就会下降，只要 U_O 稍有下降，稳压管的电流 I_Z 就显著减小，电阻 R 上的压降也就减小，使输出电压 U_O 基本保持不变；

$$R_L\downarrow\rightarrow I_O\uparrow\rightarrow U_R\uparrow\rightarrow U_O\downarrow\rightarrow I_Z\downarrow\rightarrow I_R\downarrow\rightarrow U_R\downarrow\rightarrow U_O\uparrow$$

同理，电网电压不变，当负载 R_L 变大，则负载电流 I_O 减小，电阻 R 上的压降减小，输出电压 U_O 就会升高，稳压管的电流 I_Z 就显著增大，电阻 R 上的压降也就增大，使输出电压 U_O 基本保持不变。

$$R_L\uparrow\rightarrow I_O\downarrow\rightarrow U_R\downarrow\rightarrow U_O\uparrow\rightarrow I_Z\uparrow\rightarrow I_R\uparrow\rightarrow U_R\uparrow\rightarrow U_O\downarrow$$

上述分析可知，并联型稳压电路是由稳压管的电流调节作用，通过电阻 R 上的电压调节作用互相配合实现稳压。其中电阻 R 起到电压调节作用外，还起到有分压限流、保护稳压管的作用。

2. 并联型稳压电路参数计算

（1）内阻和稳压系数的估算。

①内阻 R_O 的估算。估算内阻 R_O 的等效电路如图 9－13（a）所示。

稳压电路内阻是指直流输入电压 U_I 不变时，输出端的 ΔU_O 与 ΔI_O 之比，即：

$$R_O=\frac{\Delta U_O}{\Delta I_O}$$

由图 9－13（a）可得：

$$R_0=r_z /\!/ R \tag{9-1}$$

一般情况下能满足 $r_z \ll R$，故上式可简化为：

$$R_0 \approx r_z \tag{9-2}$$

由此可知，稳压电路的内阻近似等于稳压管的动态内阻，r_z越小，则稳压电路的内阻 R_0也越小，当负载变化时，稳压电路的稳压性能越好。

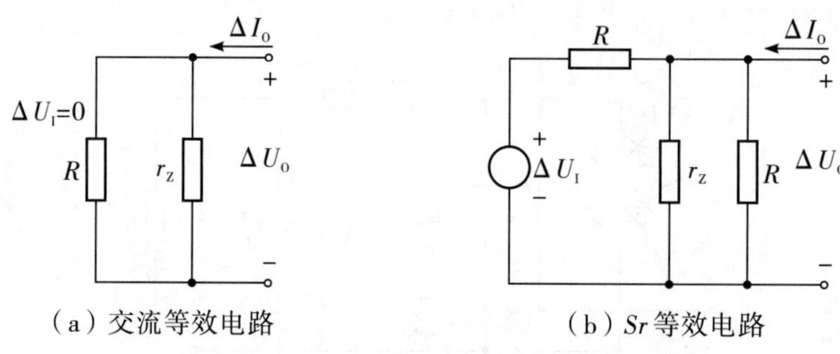

图 9－13　并联型稳压电路的等效电路和 Sr 等效电路

②稳压系数 Sr 的估算。估算稳压系数 Sr 的等效电路如图 9－13（b）所示。

稳压系数是指 R_L不变时，稳压电路输出电压与输入电压的相对变化量之比，即：

$$S_r=\frac{\Delta U_O/U_O}{\Delta U_I/U_I}$$

由图 9－13（b）可得：

$$\Delta U_O=\frac{r_z /\!/ R_L}{(r_z /\!/ R_L)+R}\Delta U_I$$

当满足条件 $r_z \ll R_L$，$r_z \ll R$，上式可简化为：

$$\Delta U_O \approx \frac{r_z}{R}\Delta U_I$$

则：

$$S_r \approx \frac{r_z}{R}\cdot\frac{U_I}{U_O} \tag{9-3}$$

由上式可知，r_z越小，R 越大，则 Sr 越小，即电网电压波动时，稳压电路的稳压性能越好。

（2）稳压管 VD_z 和限流电阻 R 的选择。

①稳压管 VD_z 的选择。选择稳压管时主要考虑两个参数：一是稳压管的稳压值 U_Z，二是考虑稳压管的最大反向电流 I_{Zmax}。

并联型稳压电路中，由于稳压管与负载电阻 R_L并联，因此，稳压管的稳定电压 U_Z应等于输出电压 U_O，即 $U_Z=U_O$。当一个稳压管的稳定电压值不能满足实际输出电压要求时，可以用两个或多个稳压管串联，即每个稳压管的 U_Z相加等于输出电压（$U_{Z1}+U_{Z2}+\cdots=U_O$）。稳压管的最大反向电流 I_{Zmax}一般选择负载电流最大值 I_{Omax}的 1.5～3 倍。即按下式选择稳压二极管：

$$\begin{aligned} &U_Z = U_O \\ &I_{Zmax} = (1.5 \sim 3)\ I_{Omax} \end{aligned} \tag{9-4}$$

②限流电阻 R 的选择。并联型稳压电路中，限流电阻是一个很重要的组成元件。限流电阻 R 的阻值必须选择适当，才能保证稳压电路在电网电压或负载变化时很好地实现稳压作用。因此，确定限流电阻 R 的阻值时应考虑两种极端情况：

当整流滤波后的电压为最大值 U_{Imax}，而负载电流为最小值 I_{Omin}时，此时流过稳压管的电流最大，但不应超过稳压管的最大允许电流 I_{Zmax}，即：

$$\frac{U_{Imax} - U_O}{R} - I_{Omin} < I_{Zmax}$$

故：

$$R > \frac{U_{Imax} - U_O}{I_{Zmax} + I_{Omin}} \tag{9-5}$$

当整流滤波后的电压为最小大值 U_{Imin}，而负载电流为最大值时 I_{Omax}时，此时流过稳压管的电流最小，但不应小于稳压管允许的最小值电流 I_{Zmin}（保证稳压管工作在稳压区），即：

$$\frac{U_{Imin} - U_O}{R} - I_{Omax} > I_{Zmin}$$

故：

$$R < \frac{U_{Imin} - U_O}{I_{Zmin} + I_{Omax}} \tag{9-6}$$

因此，限流电阻的阻值可根据下式选择：

$$\frac{U_{Imax} - U_O}{I_{Zmax} + I_{Omin}} < R < \frac{U_{Imin} - U_O}{I_{Zmin} + I_{Omax}} \tag{9-7}$$

限流电阻 R 的额定功率 P 一般按下式选择：

$$P = (2 \sim 3)\ \frac{(U_{Imax} - U_O)^2}{R} \tag{9-8}$$

【例 9－2】在图 9－12 中，已知 $U_Z = 6$ V，$I_{Zmax} = 40$ mA，$I_{Zmin} = 5$ mA，$U_{Imax} = 15$ V，$U_{Imin} = 12$ V，$R_{Lmax} = 600$ Ω，$R_{Lmin} = 300$ Ω，当 I_Z 由 I_{Zmax} 变到 I_{Zmin} 时，U_Z 的变化量为 0.35V。试求：

（1）选择限流电阻 R；

（2）估算在上述条件下的输出电阻 Ro 和稳压系数 Sr。

解：（1）由给定的条件可知：

$$U_O = U_Z = 6\ (\text{V})$$

$$I_{Omin} = \frac{U_Z}{R_{Lmax}} = \frac{6}{600} = 0.01\ (\text{A})$$

$$I_{Omax} = \frac{U_Z}{R_{Lmin}} = \frac{6}{300} = 0.02\ (\text{A})$$

由式（9－7）

$$R > \frac{15-6}{0.04+0.01} = 180\ (\Omega)$$

$$R < \frac{12-6}{0.005+0.02} = 240\ (\Omega)$$

选 $R=200\ \Omega$，由式（9－8）计算限流电阻的额定功率为

$$P = (2\sim3)\ \frac{(U_{\rm Imax}-U_{\rm O})^2}{R} = (2\sim3)\ \frac{(15-6)^2}{200} = 0.81\sim1.215\ (\mathrm{W})$$

因此，限流电阻可选 $R=200\ \Omega$，1 W 的碳膜电阻。

（2）计算稳压系数 Sr。由给定的条件可求得：

$$r_z = \frac{\Delta U_Z}{\Delta I_Z} = \frac{0.35}{0.04-0.005} = 10\ (\Omega)$$

由式（9－2）可得输出电阻为：

$$R_{\rm O} \approx r_z = = 10\ (\Omega)$$

估算稳压系数时，取 $U_{\rm I} = \frac{1}{2}\ (U_{\rm Imax}+U_{\rm Imin})\ = \frac{1}{2}\ (15+12)\ = 13.5\ (\mathrm{V})$，则：

$$S_r \approx \frac{r_z}{R}\cdot\frac{U_{\rm I}}{U_{\rm O}} = \frac{10}{200}\cdot\frac{13.5}{6} = 0.11 = 11\%$$

该稳压电路的稳压系数为 11%。

3. 并联型稳压电路的特点

当输出电压不需调节，负载电流比较小的情况下，并联型稳压电路的稳压效果较好，所以在小型的电子设备中经常采用这种电路。但是，并联型稳压电路还存在两个缺点：一是输出电压由稳压管的型号决定，不可随意调节；二是电网电压和负载电流的变化范围较大时，电路将不能适应。为了改进以上缺点，可以采用串联型稳压电路。

9.5 串联型晶体管稳压电路

串联型直流稳压电路就是在输入直流电压与负载之间串入一个三极管 VT，当电网电压 u_1 或负载 R_L 波动引起输出电压 U_o 发生变化时，U_o 的变化将反映到三极管 VT 的输入电压 U_{BE}，使调整管的管压降 U_{CE} 也随之改变，从而调整输出电压 U_o，以保持输出电压 U_o 基本稳定。

9.5.1 电路组成及工作原理

串联型晶体管稳压电路基本组成如图 9－14 所示。由采样电路、基准电压电路、比较放大电路和电压调整电路四部分组成。

采样电路的作用是把输出电压的部分变化量送到比较放大电路输入端；基准电压电路的作用是提供一个稳定的电压；比较放大电路的作用是将采样电路采集的电压与基准电压进行比较、放大，驱动电压调整元件工作；电压调整电路的作用是在比较放大电路的驱动下改变调整元件的压降，使输出电压稳定。

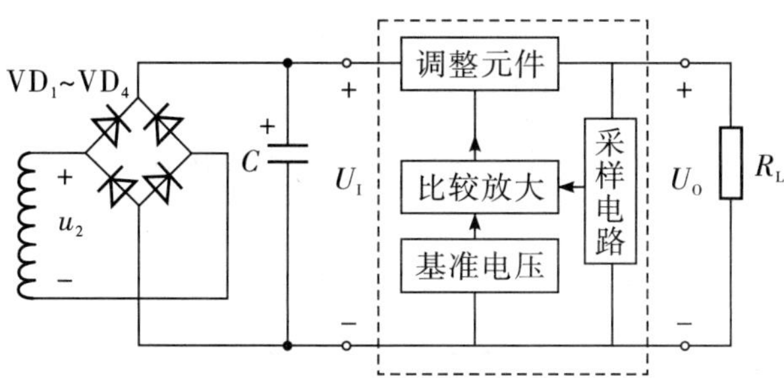

图 9－14　串联型晶体管稳压电路框图

典型的串联型晶体管稳压电路如图 9－15 所示。

1. 采样电路。由采样电阻 R_1、R_2、R_P 组成，将采样电压送入放大管 VT_2 的基极。

2. 基准电压。由 R_3、VD_z 提供，基准电压接入放大管 VT_2 的发射极。电阻 R_3的作用是保证 VD_z 有一合适的工作电流。

3. 比较放大电路。将输出电压 U_o的采样电压与基准电压比较后，将二者差值加在 VT_2 的输入端，VT_2 对这个差值进行放大，再送到调整管 VT_1 的基极，如果放大电路的放大倍数较大，则只要输出电压产生细微的变化，立即能引起调整管 VT_1 的基极电压发生较大的变化。因此放大倍数越大则输出电压的稳定性越好。

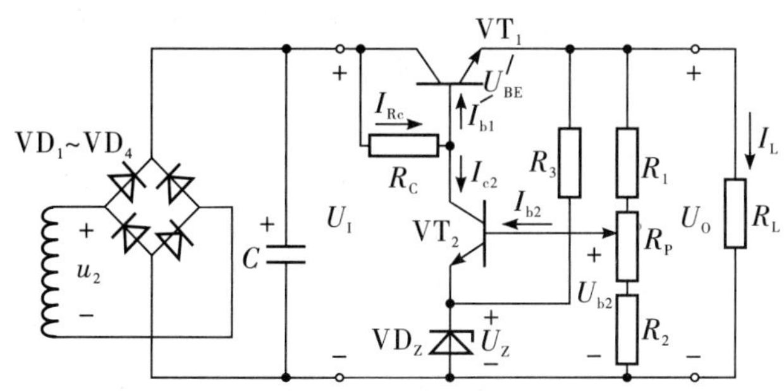

图 9－15　典型的串联型晶体管稳压电路

4. 电压调整电路。调整管 VT_1 串联在直流电源输出电压（即调整管的输入电压 U_I）与负载之间，利用 VT_1 工作在放大区时其集电极与发射极之间的电压 U_{CE}受基极电流控制的原理，起到调整输出电压的目的。

如图 9－15 电路中，当电网电压升高或负载减小（即 R_L增大或 I_O减小）时，输出电压升高，则经采样电路的分压点 U_{b2}升高，因 Uz 不变，所以 U_{be2}增大，I_{c2}随之增大，U_{c2}降低，则调整管 U_{b1}也降低（$U_{b1}=U_{c2}$），U_{b1}下降，I_{b1}减小，I_{c1}随着减小，U_{ce1}增大，使输出电压 U_o下降，因而，输出电压保持稳定。电路的稳压过程可表示为：

U_I（R_L）$\uparrow \rightarrow U_O \uparrow \rightarrow U_{b2} \uparrow \rightarrow U_{be2} \uparrow \rightarrow I_{b2} \uparrow \rightarrow I_{c2} \uparrow \rightarrow U_{b1} \downarrow \rightarrow U_{be1} \downarrow \rightarrow I_{b1} \downarrow \rightarrow I_{c1} \downarrow \rightarrow U_{ce1} \uparrow \rightarrow U_O \downarrow$

同理，当电网电压下降或负载增大时，输出电压减小，电路的稳压过程：

U_I（R_L）$\downarrow \rightarrow U_O \downarrow \rightarrow U_{b2} \downarrow \rightarrow U_{be2} \downarrow \rightarrow I_{b2} \downarrow \rightarrow I_{c2} \downarrow \rightarrow U_{c2} \uparrow \rightarrow U_{b1} \uparrow \rightarrow U_{be1} \uparrow \rightarrow I_{b1} \uparrow \rightarrow$

$I_{c1}\uparrow\rightarrow U_{ce1}\downarrow\rightarrow U_O\uparrow$

9.5.2 输出电压的可调范围

由图9－15可知，串联型直流稳压电路允许输出电压在一定范围内进行调节。通过调节采样电阻中的电位器 R_P 来实现。

在忽略 VT_2 基极电流的情况下，按分压关系有：

$$U_{b2}=\frac{R_2+R_{P(下)}}{R_1+R_2+R_P}U_o$$

整理得：

$$U_o=\frac{R_1+R_2+R_P}{R_2+R_{P(下)}}U_{b2}=\frac{R_1+R_2+R_P}{R_2+R_{P(下)}}(U_Z+U_{be2})$$

$R_{P(下)}$ 为电位器 R_P 抽头下部分的阻值。由于 $U_Z\gg U_{be2}$，则：

$$U_o=\frac{R_1+R_2+R_P}{R_2+R_{P(下)}}U_Z \tag{9-9}$$

式中，$\frac{R_2+R_{P(下)}}{R_1+R_2+R_P}$ 为分压比，可用 n 表示。

则：

$$U_o=\frac{U_z}{n} \tag{9-10}$$

所以，改变 $R_{P(下)}$ 的值，就可改变输出电压 U_o 的值，即调节 R_P，可调节输出电压 U_o 的值。当滑动 R_P 到最上端时，$R_{P(下)}=R_P$，此时 U_o 达到最小值，即：

$$U_{omin}=\frac{R_1+R_2+R_P}{R_2+R_P}U_Z \tag{9-11}$$

当滑动 R_P 到最下端时，$R_{P(下)}=0$，此时 U_o 达到最大值，即：

$$U_{omax}=\frac{R_1+R_2+R_P}{R_2}U_Z \tag{9-12}$$

【例9－3】在图9－15电路中，已知稳压管的稳压值 $U_Z=7$ V，$R_1=3$ kΩ，$R_P=2$ kΩ，$R_2=3$ kΩ，式估算输出电压的可调范围。

解：根据式（9－11）和（9－12）可得：

$$U_{omin}=\frac{R_1+R_2+R_P}{R_2+R_P}U_Z=\frac{3+3+2}{3+2}\times7=11.2\ (\text{V})$$

$$U_{omax}=\frac{R_1+R_2+R_P}{R_2}U_Z=\frac{3+3+2}{3}\times7=18.7\ (\text{V})$$

因此，该电路输出电压的可调范围为11.2～18.7 V。

9.5.3 调整管的选择

调整管是串联型直流稳压电源电路的重要组成部分，是调整直流输出电压的关键器件。它不仅要根据外界条件变化随时调整自身管子压降，满足输出稳定的直流电压，同时，还要提供负载所需的全部电流，因此，调整管的功耗比较大，通常采用大功率管。为保证调整管和设备的安全，在选择调整管时应对其主要参数进行估算。

如果调整管的耐压和功耗选得较小，使用时容易损坏，如果选得过大，不但经济上浪费，而且增大了体积和重量。为保证调整管在各种环境下都能可靠、安全地工作，在选择调整管时应满足集电极最大电流、集电极和发射极之间的最大允许反向击穿电压（耐压）及集电极最大允许功耗的要求。

1. 最大集电极电流 I_{Cmax}

由图 9－15 可见，流过调整管集电极的电流 I_C，除负载电流 I_O外，还有流入采样电路的电流。在忽略流过采样电路的电流 I_R的情况下，集电极的最大电流近似为：

$$I_{Cmax} > I_{Lmax}$$

式中，I_{Lmax}是负载电流的最大值。所以，在选择调整管时，集电极最大允许电流应大于最大负载电流。

2. 集电极和发射极之间的最大允许反向击穿电压 $U_{(BR)CEmax}$

稳压电路正常工作时，调整管上的电压降通常只有几伏。若负载短路，则整流滤波输出电压 U_I将全部加到调整管集电极与发射极两端（U_{CE}），在电容滤波电路中，输出电压的最大值可能接近于变压器次级电压的峰值，即 $U_I \approx \sqrt{2}U_2$。再在考虑电网可能有 ±10% 的波动，因此，根据调整管可能承受的最大反向电压，应选择三极管的参数为：

$$U_{(BR)CEmax} \geqslant 1.1 \times \sqrt{2}U_2 \tag{9-13}$$

3. 调整管最大耗散功率 P_{Cmax}

调整管消耗的功率等于管子压降 U_{CE}与流过管子集电极的电流 I_C的乘积，而调整管两端的电压等于 U_I与 U_O之差，即调整管的功耗为：

$$P_C = U_{CE} \times I_C = (U_I - U_O) \times I_C \tag{9-14}$$

可见，调整管的管压降最大且负载电流也达到最大值时，调整管的功耗最大，所以，在选择调整管时，调整管的最大允许耗散功率应为：

$$P_{Cmax} \geqslant (U_{Imax} - U_{Omin}) \times I_{Cmax} \approx (1.1 \times 1.2U_2 - U_{Omin}) \times I_{Emax} \tag{9-15}$$

为保证串联型晶体管稳压电路正常工作，在实际工程设计中应使整流滤波电路的输出电压（即稳压电路的输入直流电压）应比稳压电路最大输出电压大 3～8 V，即：

$$U_I = U_{Omax} + (3 \sim 8)\ \text{V} \tag{9-16}$$

由于串联型稳压电路具有能够输出大电流和输出电压连续可调的特点，使其得到极其广泛的应用。

9.5.4　稳压电源的过载保护电路

通过前面的讨论可知，串联型稳压电源电路的一个最大的缺点是：在使用中，当负载变小或者发生短路时，会有很大的电流流过调整管，并且全部输入电压 U_I几乎都加在调整管集—射极之间，非常容易烧坏调整管，因此，必须加保护电路。

保护电路的具体形式很多，按工作原理主要分为限流型和截止型两类。限流保护电路是指负载电流超过规定值时，电源输出电压下降，以保证负载电流不再继续增加；截止型保护电路是在负载电流超过规定值时，稳压电路自动被切断，输出电压为零或很小。

1. 限流型保护电路

限流型保护电路如图 9－16 所示。电阻 R_S和三极管 VT_S是主要保护元件。其中 R_S的阻值通常很小，一般为 1 Ω 左右。

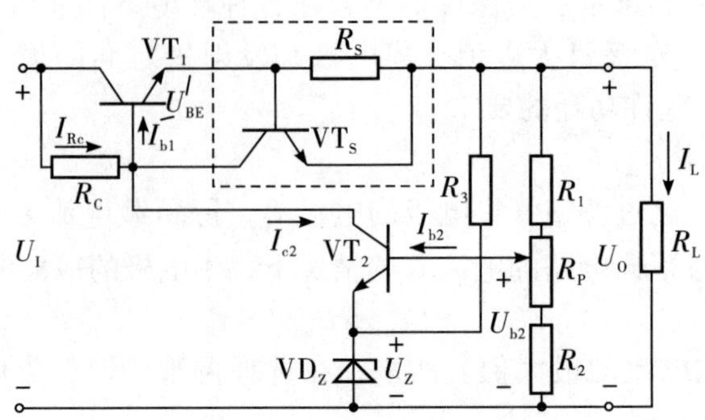

图 9－16　限流型保护电路

稳压电路正常工作时，负载电流不超过额定值，电流在 R_S上的压降很小，三极管 VT_S截止，保护电路不起作用。当负载电流超过某一临界值后，R_S的压降（U_{R_S}）使 VT_S导通，将调整管 VT_1 的基极电流分流一部分，于是限制了 VT_1 中电流的增长，保护了调整管。当过流保护电路起作用时，调整管 VT_1 的发射极电流被限制在 $I_{Emax} \approx \frac{U_{R_S}}{R_S}$。

限流型保护电路的优点是当过流现象消失后，VT_S立即截止，电路能自动恢复正常工作。缺点是保护电路工作时，调整管仍有电流且管压降很大，所以调整管功耗较大。

2. 截止型保护电路

截止型保护电路如图 9－17 所示。

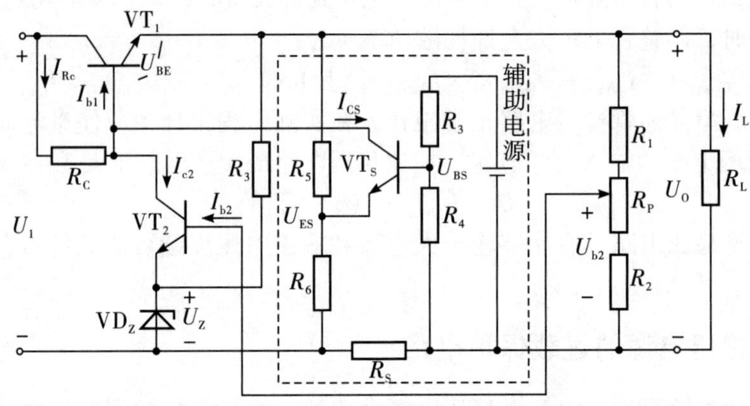

图 9－17　截止型保护电路

电路中同样接入一个检测电阻 R_S和一个保护三极管 VT_S。辅助电源经电阻 R_3、R_4分压后接至 VT_S的基极，而输出电压 U_O经 R_5、R_6分压后接至 VT_S的发射极。正常工作时，电阻 R_S两端的电压降较低，此时，R_4两端电压与 R_S两端电压之和小于 R_6两端电压，即 VT_S的 $U_{BES} < 0$，故 VT_S截止。当负载电流 I_L增大时，电阻 R_S上的压降随之增大。若 U_{BES}增大至使 VT_S进入放大区后，将产生集电极电流 I_{CS}。而 VT_S的导通将使调整管的基极电流被分流，故 I_{b1}减小，于是引起以下正反馈过程：

$$I_{CS}\uparrow\rightarrow I_{b1}\downarrow\rightarrow U_{O}\downarrow\rightarrow U_{ES}\downarrow\rightarrow U_{BES}\uparrow\rightarrow I_{CS}\uparrow$$

上述正反馈使I_{CS}迅速增大，很快使VT_S达到饱和，而调整管中电流接近为零。这样导致电路的输出电流近似等于零，实现了截流作用，同时电路的输出电压将很快下降到1V左右，因而最终调整管VT_1承受功耗很小。但是，由于U_O很低，故U_I几乎都加在调整管两端，因此，所选调整管的$U_{(BR)CEmax}$值应大于整流滤波电路输出电压可能达到的最大值。

在这种截止型保护电路中，当负载端故障排除以后，由于输出电流减小，使检测电阻上的压降减小，只要三极管VT_1和VT_S能够进入放大区，则稳压电路的输出电压很快地恢复到原来的数值。

截止型保护电路的特点是当输出电流过载或负载短路时，使输出电压和输出电流都在下降接近零，调整管功耗大大减少。

稳压电路的保护电路类型很多，除了以上介绍的两种过流保护电路以外，还有过压保护、过热保护等。

串联型稳压电源工作电流较大，输出电压一般连续可调，稳压性能优越，这种稳压电路是集成稳压电源的基本电路，应用广泛。但该电路的缺点是损耗大，效率低。

9.6　集成稳压电路

集成稳压电路具有体积小、可靠性高，性能优良，物美价廉的优点，因此，集成稳压电路广泛用于各种电子仪器、仪表、设备和电子电路的设计中。

集成稳压电路的种类按其结构可分为单片式和混合式；按工作原理可分为串联调整式、并联调整式和开关调整式；按输出电压可分为固定输出式和可调输出式等。

三端集成稳压器有三个引出脚，基本上不需要外接元件，其内部自带限流保护、过热保护和过压保护电路，使用极为方便。

9.6.1　三端集成稳压器的组成

三端集成稳压器的基本组成主要有启动电路、基准电路、采样电路、放大电路、调整电路和保护电路组成，如图9－18所示。三端集成稳压电路就是一个串联型直流稳压电路增加启动电路和保护电路组成的。

1. *启动电路*

启动电路是在刚接通直流输入电压时，使调整管、放大电路和基准电源等建立起各自的工作电流，而当稳压电路正常工作以后与稳压电路自动断开，所以它不影响稳压电路的性能。

2. *基准电压*

基准电压是给放大电路提供一个恒定的电压值。基准电压的稳定性是直接影响三端直流稳压模块的输出电压的稳定性。如W7800系列集成稳压器中的基准电压采用一种零温漂的能带间隙式基准源，它不仅克服了稳压管基准源的温漂，而且避免了齐纳热噪声的影响，其温度稳定性远高于前面所述的串联型稳压电路中的基准电压。

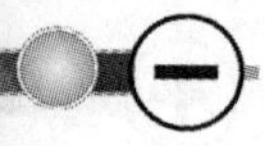

3. 采样电路

采样电路由两个分压电阻组成，它将输出电压变化量的一部分送回到放大电路输入端。

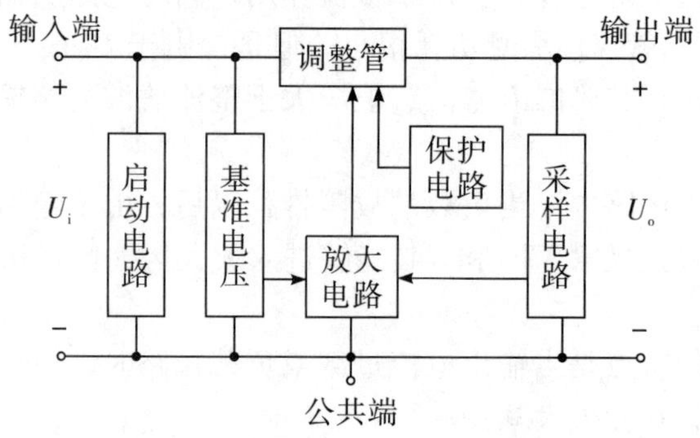

图 9-18　三端集成稳压器的基本组成框图

4. 放大电路

放大电路将基准电压与采样电压进行比较放大，再送到调整电路调整管的基极。三端集成稳压器中的放大电路为共射接法，以复合管做放大管，并采用有源负载，从而获得较高的电压放大倍数。放大电路的放大倍数越大，稳压电路的稳压性能越好。

5. 调整电路

调整电路的作用是调整管通过调节自身管压降，使输出电压基本维持不变。当电网电压或负载电流波动时，输出电压会发生变化（升高或降低）时，调整管会调整自身集—射间的管压降，使输出电压基本保持不变。

6. 保护电路

保护电路包括限流保护、过热保护、过压保护。三端集成稳压器已经将这三种保护电路集成到芯片内部。

9.6.2　三端集成稳压电路的符号及主要参数

在使用三端集成稳压器时，需从产品手册中查到该型号对应的有关参数、性能指标、外形尺寸，并配上合适的散热片。

三端固定式集成稳压器有 78××系列（国产为 CW78××，输出正电压）和 79××系列（国产为 CW79××，输出负电压）。其输出电压有 ±5 V、±6 V、±8 V、±9 V、±12 V、±15 V、±18 V、±24 V，输出电流有 0.1 A、0.5 A、1 A、1.5 A 等。

1. 三端固定式集成稳压器的型号组成含义

如图 9-19 所示是集成三端固定式稳压器型号组成含义。如：国产 CW7805，表示该三端集成稳压器是输出电压为 +5 V、最大输出电流为 1.5 A。

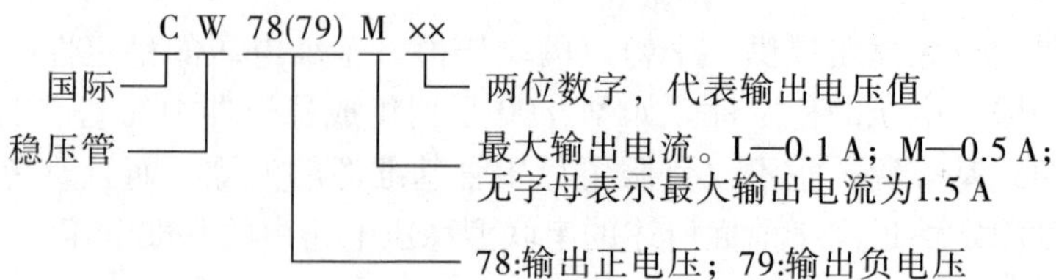

图 9-19　三端集成稳压器型号组成含义

2. 三端集成稳压器外形及电路符号

三端集成稳压器外形通常有四种封装形式，如图 9－20 所示。

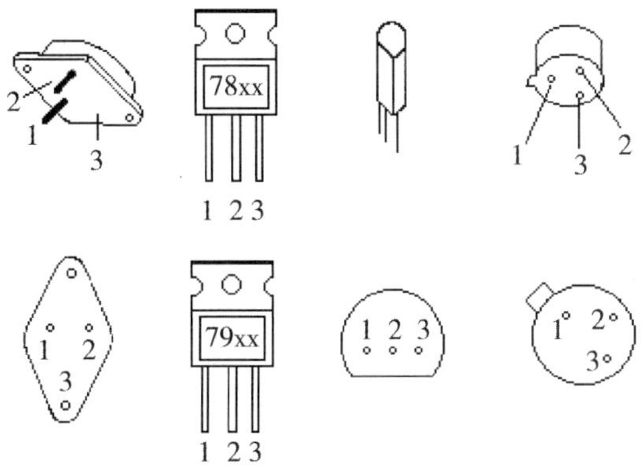

图 9－20　三端集成稳压器外形图

78××系列、79××系列三端集成稳压器的电路符号及引脚功能如图 9－21 所示。

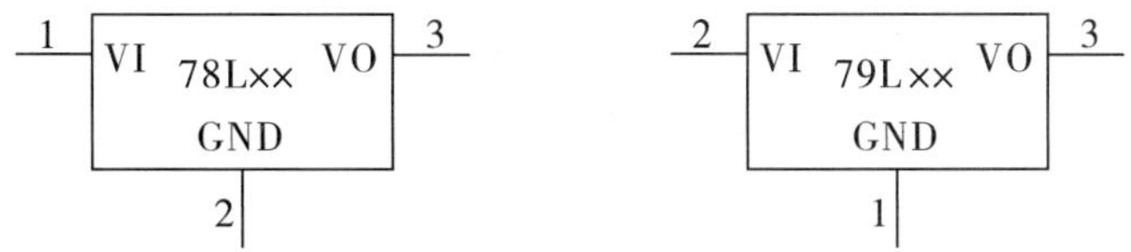

图 9－21　三端集成稳压器的电路符号

3. 三端集成稳压器的主要参数

以 78XX 系列三端集成稳压器为例，其主要参数见表 9－2，供参考。

表 9－2　78xx 系列三端集成稳压器的主要参数

参数名称	符号	单位	型号						
			7805	7806	7808	7812	7815	7818	7824
输入电压	U_i	V	10	11	14	19	23	27	33
输出电压	U_o	V	5	6	8	12	15	18	24
电压调整率	S_u	%/V	0.0076	0.0086	0.01	0.008	0.0066	0.01	0.011
电流调整率（5 mA≤I_o≤1.5 A）	S_I	mV	40	43	45	52	52	55	60
最小压差	U_i-U_o	V	2	2	2	2	2	2	2
输出噪声	U_N	mV	10	10	10	10	10	10	10
输出电阻	R_o	mΩ	17	17	18	18	19	19	20
峰值电流	I_{CM}	MA	2.2	2.2	2.2	2.2	2.2	2.2	2.2
输出温漂	S_r	MV/℃	1.0	1.0		1.2	1.5	1.8	2.4

表中的电压调整率是在额定负载电流且输入电压产生最大变化时，输出电压所产生的变化量 ΔU_o；电流调整率是在输入电压一定且负载电流产生最大变化时，输出电压所产生的变化量 ΔU_o。

由表可知，只有在输入端和输出端之间的电压大于 2 V 时，稳压器才能正常工作。即只有调整管的管压降大于饱和管压降，稳压器才能正常工作。

在使用三端集成稳压器时，需从产品手册中查到该型号对应的有关参数、性能指标、外形尺寸，并配上合适的散热片。

9.6.3　三端集成稳压器的应用

1. 三端集成稳压器应用的基本电路

三端集成稳压器的基本应用电路如图 9－22（a）（b）所示。

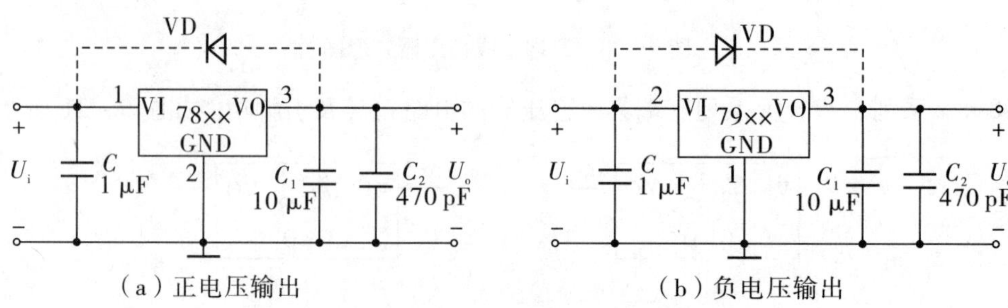

（a）正电压输出　（b）负电压输出

图 9－22　三端集成稳压器的基本应用电路

在实际应用中，应根据需要输出电压、电流，选择符合要求的 78××、79××系列器件。图中 U_i是稳压器的输入电压，U_0是稳压电路的输出电压。78（79）××的输入端的电容 C 是用于消除输入引线电感引起的自激，一般情况下可以不接，在集成稳压器直接接入整流滤波电路输出端时，通常接入一个小容量电容器（1 μF 以下电解电容），以改善纹波和抑制输入的过电压，保证 78（79）××的输入与输出瞬间电压差不会超过允许值；78（79）××的输出电容 C_1 为一个较大容量电解电容，用于进一步减小输出电压的波动和消除低频干扰，改善负载的瞬态响应；C_2 用来抑制或消除由于负载电流瞬时变化时引起的高频干扰。

若输出电压比较高，应在输入与输出端之间跨接一个保护二极管。其作用是：在输入端短路时，使输出端电容 C_1 上的电荷通过二极管放电，以便保护集成稳压器内部调整管。如图 9－22 中虚线部分。

2. 正、负电压同时输出的稳压电路

如图 9－23 所示。它是一个具有正、负电压输出的稳压电路。

由图可知，电源变压器中心抽头接地，次级输出大小相等的交流电压 u_1 和 u_2。经整流滤波接入 78（79）××三端集成稳压器电路，得到两组直流电压输出稳压电源，我们称之为对称稳压电路。如果需要得到两组不同输出直流电压值的稳压电源，可以选择合适的电源变压器和相应的 78（79）××稳压电路，就可以构成非对称稳压电路。

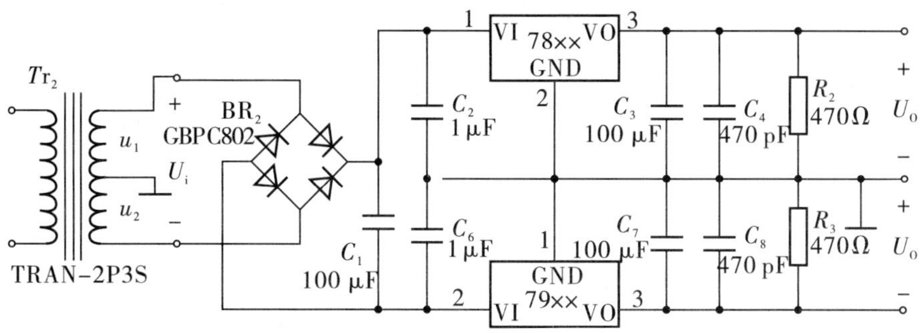

图 9-23　正、负电压输出的稳压电路

3. 提高输出电压的稳压电路

电路如图 9-24 所示。是在三端固定式集成稳压器输出电压的基础上获得更高的输出电压的方法，在实际工作中也是常常采用的一种办法。

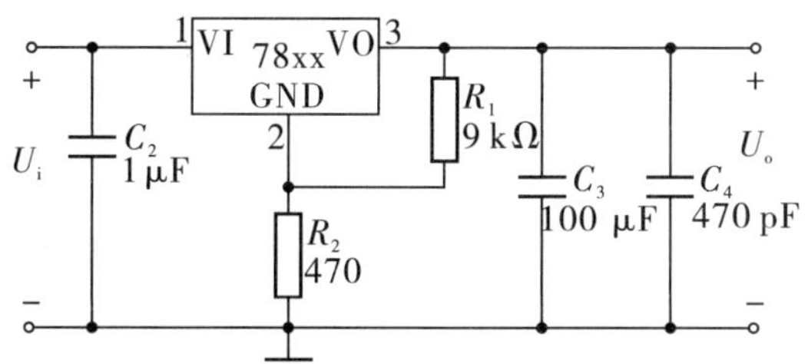

图 9-24　提高输出电压稳压电路接线图

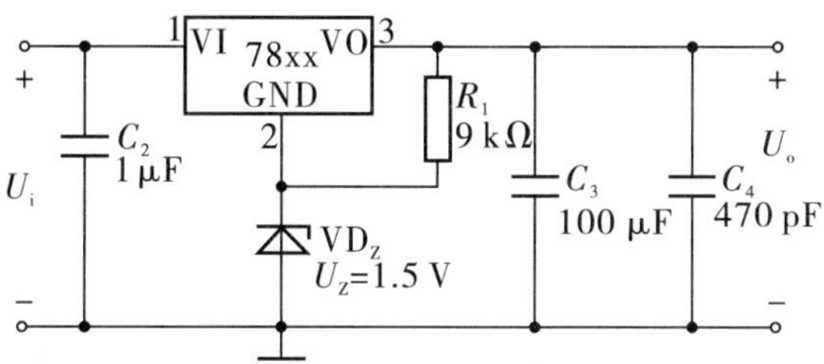

图 9-25　用稳压二极管 VD_Z 提高输出电压电路

如图可见，电路利用电阻来提升输出电压。提升以后的输出电压估算：

图中，R_1 上的电压等于三端集成稳压器的标准输出电压 U_{VO}，设经过 R_1 的电流为 I_1，那么，流过 R_2 的电流为 I_1 和集成稳压器静态工作电流 I_Q 之和，则输出电压 U_O 为：

$$U_O = U_{VO} + R_2 \ (I_1 + I_Q)$$

一般情况下，$I_1 >> I_Q$，则

$$U_O \approx U_{VO} + R_2 I_1$$

将 $I_1 = U_{VO}/R_1$ 代入可得：

$$U_O \approx \ (1 + R_2/R_1) \ U_{VO}$$

这种提高输出电压的电路比较简单，但由于电阻本身的稳定性问题会造成稳压性能

下降。为改善电路稳压稳定性的问题，可以用稳压二极管来代图 9－24 中的 R_2 来实现。用稳压二极管 VD_Z 提高输出电压电路如图 9－25 所示。

此电路输出电压 U_o 等于三端集成稳压器标准输出电压与稳压二极管标准电压 U_Z 之和，即：

$$U_O = U_{VO} + U_Z$$

4. 输出可调稳压电路

78××和 79××均为固定输出的三端集成稳压器，在制作输出可调稳压电源时，可以选用可调输出的集成稳压器（此部分内容在 9.6.4 中介绍），也可选用三端固定式集成稳压器来构成输出可调的稳压电源。三端固定式集成稳压器构成可调输出电压稳压电路如图 9－26 所示。

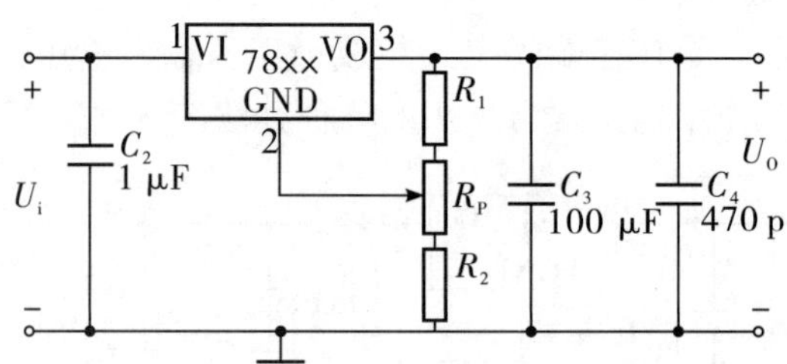

图 9－26　三端固定式集成稳压器构成可调输出电压稳压电路

调节电位器 *RP* 即可调节输出电压的大小。在实际使用中要注意集成稳压器的输入、输出端两端之间的电压（$U_I - U_O$），因为（$U_I - U_O$）很大时，稳压器内部的调整管功率耗损也随之增大，稳压器发热严重，甚至造成稳压器损坏。

9.6.4　三端可调式集成稳压器

三端式可调集成稳压器是指输出电压可调节的稳压器。按其输出电压分为三端可调正电压集成稳压器和三端可调负电压集成稳压器。三端可调式集成稳压器产品种类很多。型号及主要参数见表 9－3。

表 9－3　三端可调式集成稳压器型号及主要参数

类型	系列或型号	最大输出电流 I_{OM}/V	输出电压 U_o /V
正电压输出	LM117L/217L/317L	0.1	1.2～37
	LM117M/217M/317M	0.5	1.2～37
	LM117/217/317	1.5	1.2～37
	LM150/250/350	3	1.2～33
	LM138/238/338	5	1.2～32
	LM196/396	10	1.25～15

续上表

类型	系列或型号	最大输出电流 I_{OM}/V	输出电压 U_o /V
负电压输出	LM137L/237L/337L	0.1	-1.2 ~ -37
	LM137M/237M/337M	0.5	-1.2 ~ -37
	LM137/237/337	1.5	-1.2 ~ -37

三端可调式集成稳压器具有启动电路、过热、限流和安全工作区保护。其电压调整率和负载调整率指标均优于固定式集成稳压器。

三端可调式集成稳压器引脚排列如图 9－27 所示。三端分别是输入端、输出端和调整端。

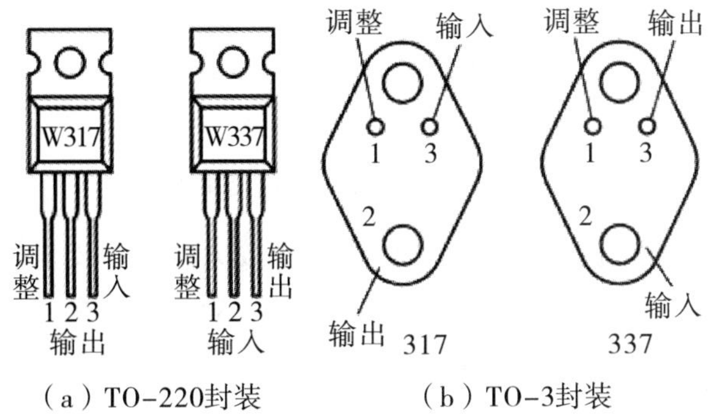

（a）TO-220封装　（b）TO-3封装

图 9－27　三端可调式集成稳压器引脚排列

三端可调式集成稳压器基本应用电路如图 9－28 所示，（a）是基本应用电路，（b）是优化电路。

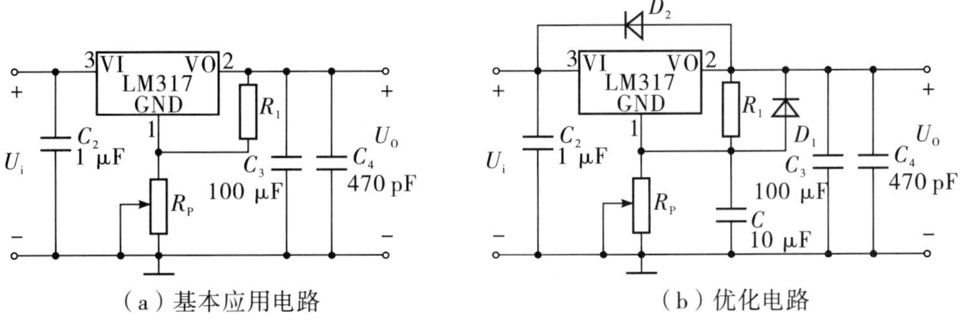

（a）基本应用电路　（b）优化电路

图 9－28　三端可调式整集成稳压器基本应用电路

三端可调式集成稳压器正常工作时一般要求其输出电流不小于 5 mA，据此，为保证稳压器在负载开路时时也能正常工作，应使 5 mA ≤ I_{R1} ≤ 10 mA 比较合适，R_1 可选择12 ~ 240 Ω 之间的值。

其中，C 的作用是减小 R_P 两端纹波电压，一般取 10 μF。C_3、C_4 是为了防止输出端负载呈感性时可能出现的阻尼振荡和消除高频干扰。C_2 是输入端滤波电容，可抵消电路的电感效应和滤除输入线窜入干扰脉冲。VD_1、VD_2 是保护二极管，可选用整流二极管。

9.7 开关型稳压电路

开关型稳压电路主要由开关调整管、输出滤波电路、采样电路、比较放大、基准电压和脉冲调制（调宽或调频控制）电路等组成。开关型稳压电路如图 9-29 所示。

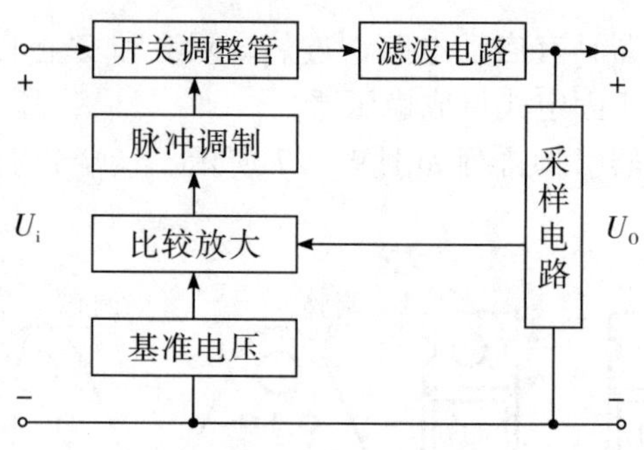

图 9-29　开关型稳压电路基本组成

在串联型稳压电路中，调整管必须工作在线性放大状态，要消耗较大的功率，且为了使调整管散热，必须安装具有较大面积的散热器。如果将调整管改为开关工作，控制开关的启闭时间来调整输出电压，则调整管的管耗就可显著减少，稳压电路的效率也就大大提高。

开关型稳压电源与串联调整型稳压电源相比，开关型稳压电源高效节能、适应市电变化能力强、输出电压可调范围宽、体积小、重量轻等诸多优点，目前，彩色电视机、计算机等都广泛采用了开关电源。

9.7.1 开关型稳压电路的特点和分类

1. 开关型稳压电源的特点

开关型稳压电路具有以下一些特点。

（1）功耗小，效率高。开关型稳压电路的功耗是串联型稳压电源功耗的 40% ~ 60%，开关时稳压电源效率高，可达到 65% ~ 90%。

（2）体积小，重量轻。一是由于开关管功耗小，克服了串联型稳压电源所需要的较大散热装置；二是滤波的效率大为提高，使滤波电容的容量和体积大为减少；三是高压开关型电源无须变压器，因而大大减小了电源的体积和重量。

（3）稳压范围宽。一般串联式稳压电源允许电网电压波动的范围为 190 ~ 240 V，而开关时稳压电源当电网电压在 100 ~ 260 V 范围内变化时，仍能获得稳定的直流电压输出。有资料显示：电网电压波动范围的大小与开关稳压电源的效率基本无关，且高压开关型稳压电源更优于低压开关型稳压电源。

（4）滤波电容容量小。开关型稳压电源中，开关管的开关频率一般在 20 kHz 左右，滤波电容的容量可相对减小。

（5）开关稳压电源纹波系数较一般串联稳压电源大，存在较为严重的开关干扰。

2. 开关型稳压电源的分类

开关型稳压电源的电路结构有以下几种。

（1）按开关调整管的驱动方式分，自激式开关稳压电源和它激式稳压电源。

（2）按控制方式分：①脉冲宽度调制（PWM）式，即开关工作频率不变，控制导通脉冲的宽度；②脉冲频率调制（PFM）式，即开关导通时间不变，控制开关的工作频率；③PWM 与 PFM 混合式，即脉冲宽度和开关工作频率都将变化。

（3）按储能电感与负载的连接方式可划分为串联型开关稳压电源、并联型开关稳压电源。

（4）按是否使用交流变压器分：低压开关稳压电源和高压开关稳压电压。低压开关稳压电源是指使用交流变压器将电网电压转换成低电压整流滤波后，再送入开关稳压电路；高压开关稳压电路是指将电网 220 V 交流电压直接进行整流滤波，然后再进行开关稳压。高压开关稳压电路与低压开关稳压电路相比，具有体积小、重量轻、效率高等优点，所以，实际工作中大量采用高压开关稳压电路。

9.7.2　开关型稳压电源的基本工作原理

开关型稳压电源的基本工作原理：将 220 V 交流电压直接整流滤波（高压开关型稳压电源）或经电源变压器降压、整流滤波（低压开关型稳压电源），得到直流电压加至开关调整管。开关调整管工作在开关状态，输出脉冲电压经换能器的储能、放能、滤波和平滑输出电压，得到直流电压。取样电路从输出的直流电压处取样，经比较放大电路与基准电压比较并将其差值电压放大后，控制调宽或调频电路，改变脉宽与周期的比例，即可调整输出电压的大小，达到稳压的目的。

1. 它激式开关型稳压电源

它激式开关型稳压电源的电路如图 9－30 所示。输入电压 U_I是交流电源经整流滤波后的输出电压。由比较放大器 A、基准电压 U_{REF}、比较器 C 和三角波发生器组成控制电路。

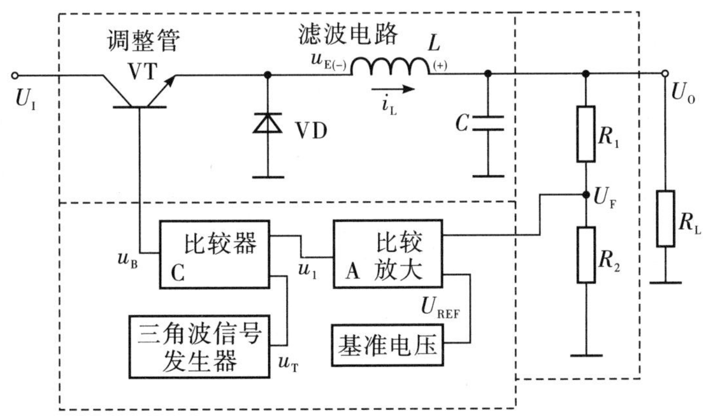

图 9－30　它激式开关型稳压电源电路

输出电压 U_O经取样电路 R_1和 R_2分压后为 U_F，加到比较放大电路与基准电压 U_{REF}进行比较放大后输出为 u_1，在 U_O调定下设 $U_F=U_{REF}$，此时 u_1为运放电源电压的一半，再作用到比较器 C 的反相端。与同相端频率固定的三角波 u_T比较，其输出 u_B为方波。当 u_B为高电平时，调整管 VT 饱和导通，发射极上的电压 $u_E=U_I-U_{CES}$，若忽略饱和压降，则 $u_E\approx U_I$。这时二极管 VD 承受反向电压而截止。因 $U_L=U_I-U_O$不变，电感电流呈线性增长，电感储存能量。同时向电容充电，这是 u_o先降后再回升。当 u_B为低电平时，VT 由导通变为截止，电感 L 产生自感电动势，极性为右正左负，如图 9－30 所示。这使电感储能经 R_L和 VD 形成释放回路，使 R_L继续有电流通过，故 VD 又称为续流二极管。同时电容 C 也向负载放电，电流由最大值逐渐减小，u_o则先升后降，此时 $u_E=-U_D$。可见，调整管处于开关工作状态。这样由于 VD 的续流和 L、C 的滤波作用使输出电压较为平坦。

2. 调宽式开关型稳压电源

调宽式开关型稳压电源如图 9－31 所示。

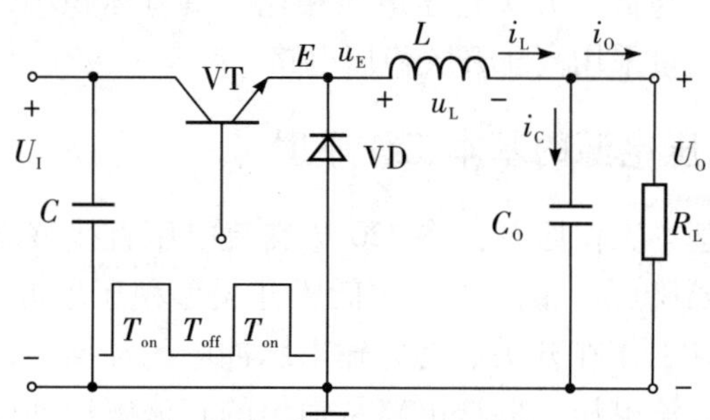

图 9－31　调宽式开关型稳压电源

图中功率开关为双极型三极管，VD 为续流二极管，L 为储能电感，C_O为滤波电容；三极管基极的控制脉冲信号来自反馈控制电路，其周期 T 保持不变，而脉冲宽度 T_{on}受误差信号调制。

当控制脉冲为高电平（T_{on}期间）时，三极管饱和导通，发射极对地的电压等于 U_I（忽略 VT 的饱和压降），此时二极管 VD 反向截止。通过电感 L 的电流 i_L随时间线性增长，它一方面向负载 R_L供电，另一方面对电容 C_O充电。此时，电感 L 两段将产生极性为左正右负的感应电动势，电感 L 处于储能状态（电能转换为磁能）。

当控制脉冲为低电平（T_{off}期间）时，三极管截止（相当于开关断开），由于通过电感 L 的电流不能突变，所以在它两段感应出一个极性为左负有正的感应电动势，使二极管 VD 导通。此时，发射极对地电压近似为零（忽略该管的导通压降），电感 L 将原先储存的磁能转换为电能供给负载 R_L，同时给电容 C_O充电。当电流 i_L下降到某一较小数值时，电容 C_O开始向负载放电，以维持负载所需的电流。由于电感中储存的能量通过二极管 VD 向负载释放，使负载继续有电流通过，因而把二极管 VD 称为续流二极管。虽然三极管工作在开关状态，但由于二极管 VD 的续流作用和 LC 的滤波作用，输出电压是比较平滑的直流电压。

调宽式开关型稳压电路的工作波形如图 9－32 所示。其中 T_{on} 表示三极管导通的时间，T_{off} 表示三极管截止时间，$T_{on}+T_{off}=T$ 是控制信号的周期，三极管导通时间 T_{on} 与周期 T 之比定义为占空比 q，即：

$$q=\frac{T_{on}}{T}$$

u_E 的平均电压即为输出的直流电压 U_O，若忽略 L 中的直流压降，则：

$$U_O=qU_I$$

可见，通过调节占空比 q，即可调节输出电压 U_O。

实际上开关稳压电源与线性稳压电源一样，输出电压 U_O 会随 U_I 和 R_L 的变化而变化，为了达到稳压目的，电路中还应有负反馈控制电路，根据输出电压 U_O 的变动自动地调节占空比 q，使输出 U_O 稳定。

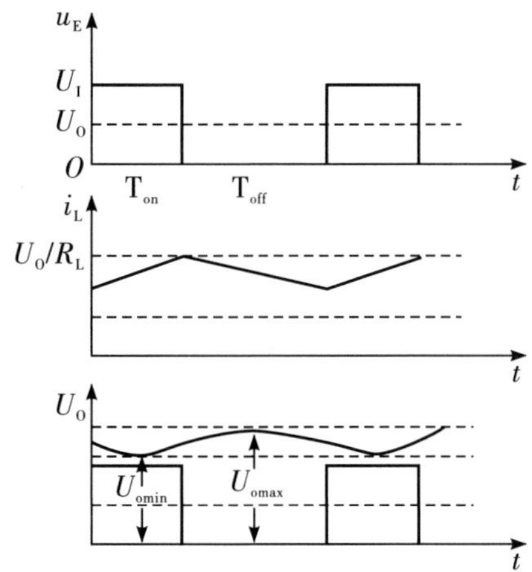

图 9－32　调宽式开关型稳压电路的工作波形

图 9－33 所示为闭环控制的开关稳压电源方框图。电路稳定工作时，占空比 q 为某一定值。由于 U_I 上升或 R_L 增大而使输出电压 U_O 变大时，采样电路将 U_O 的变化量送到脉宽调制器，在周期 T 不变的前提下，使高电平作用时间（T_{on}）减小，q 减少，从而使输出 U_O 可基本稳定。反之，当 U_I 或 R_L 的变化使 U_O 下降时，自动调节 q 值增大，使 U_O 基本稳定。

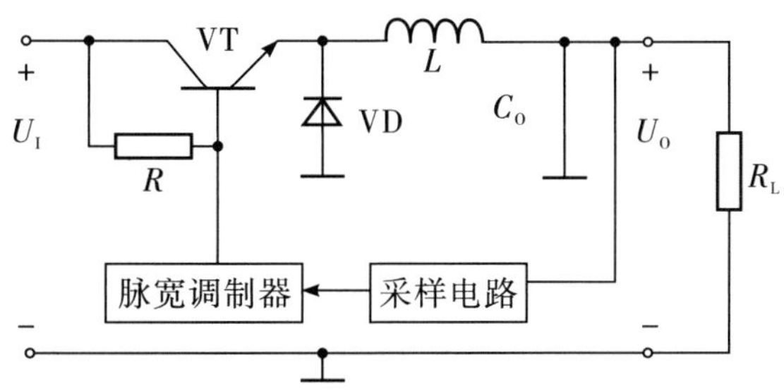

图 9－33　开关稳压电源方框图

由于开关稳压电源的效率高，近年来应用非常广泛。但是，在电源精度要求较高的场合仍采用线性稳压电源。

本 章 小 结

（1）直流稳压电源由变压器、整流电路、滤波电路、稳压电路组成。它是将市电（电网）的交流电经变压、整流、滤波和稳压后得到电子设备所需的直流电。

整流电路的作用是将交流转变为直流。通常整流电路有单相半波整流、单相全波整流和单相桥式整流三种，其中，单相桥式整流的输出直流电压较高、输出电压脉动较小、整流二极管承受反向峰值电压相对小，变压器的利用效率较高，被广泛应用。

滤波的作用是滤除输出电压中的脉动成分。滤波电路主要由电容、电感等储能元件组成，通常有电容滤波、电感滤波、*LC* 滤波、*RC* 滤波等。电容滤波适用于小负载电流，电感滤波适用于大负载电流。有时采用两种滤波电路结合起来的方式使输出电压更加平滑。

（2）稳压电路通常有：并联型（稳压二极管）稳压电路、串联型稳压电路、集成稳压器稳压电路和开关型稳压电路四种。

并联型稳压电路较为简单，输出电压取决于稳压二极管，适用于负载电流较小的场合，当电网电压或负载变化较大时，电路的稳压性能较差。

串联型稳压电路是引入电压负反馈来稳定输出电压，输出电压可以在一定范围调节。

集成稳压器具有体积小，可靠性高，使用方便。

开关型稳压电路具有效率高、体积小、重量轻以及对电网电压要求不高等特点，广泛应用于计算机、通信以及家电产品领域，但电路比较复杂、输出电压脉动较大。

实训项目　直流稳压电路制作与测试

一、实训目标

（1）掌握硅稳压管稳压电路的组成及其工作原理。

（2）掌握晶体管串联型稳压电源的原理和应用。

（3）培养学生具有分析问题和应用直流稳压电源的能力。

二、实训设备与器件

（1）多媒体课室（安装 Proteus 软件或其他仿真软件）。

（2）万用表 1 台，变压器（次级输出 12 V）一个，二极管（1N4001 四个或桥一个），电解电容 100 μF 两个，三极管（2N222 两个、BD437 一个），电阻各阻值若干，万用电路板一块等器材。

三、实训内容与步骤

实训电路图如图 9－34 所示。电路由变压、整流、滤波和调压电路组成。

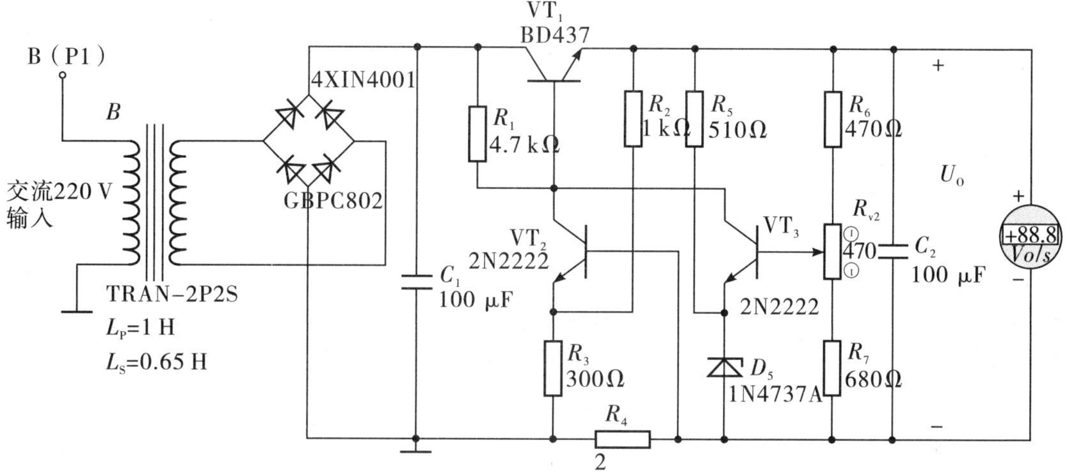

图 9－34　输出电压可调串联型稳压电源电路仿真图

1. 课堂讲解与仿真演示

在多媒体课室仿真演示。

（1）运行 Proteus ISIS（或其他仿真软件）在 ISIS 主窗口编辑图 9－34 电路图。

（2）启动仿真。调整 R_{V2}电阻，观察电压表读数变化情况，注意输出电压与 D_5 的参数选择的关系。

2. 电路的安装与调试

（1）在万用电路板上，将图 9－34 电路各电子元器件正确连接。

（2）检查电路的连接，确认连接无误后通电。

（3）用万用表测量输出电压。

3. 拓展思考

试分析图 9－34 电路中 R_4 的作用并说明其工作过程：____。

四、电路分析，编制实训报告

实训报告内容包括：

（1）实训目的。

（2）实训仪器设备。

（3）电路工作原理。

（4）元器件清单。

（5）主要收获与体会。

（6）对实训课的意见、建议。

练 习 题

一、填空题

（1）整流电路的作用是________________。

（2）滤波电路的作用是________________。

（3）在小功率直流电源中，若采用桥式整流电路，且变压器二次电压有效值为 U_2，则整流输出的直流电压是________，此时桥路中整流二极管截止时所承受的反向电压等于________。

（4）串联型稳压电路一般有________、________、________和________组成。

（5）所谓滤波，就是将脉动直流电中________成分去掉，使波形变得________的过程。

二、简答题

（1）二极管有什么特性？

（2）理想二极管在电阻性负载、半波整流电路中的导通角是多少？

（3）在哪一种整流滤波电路中的整流二极管承受导通冲击电流小？为什么？

（4）半波整流、全波整流、桥式整流电路的利弊有哪些？

（5）选取整流二极管主要依据哪些参数？

（6）单相桥式整流电容滤、电感波电路中，负载电阻 R_L上的平均电压各是多少？

（7）电容滤波和电感滤波分别常用于哪种场合？为什么？

（8）开关型稳压电源有哪些优点？适合哪些场合使用？

（9）如何开关型稳压电源选用？

三、应用题

1. 单相桥式整流电容滤波电路中，已知交流电源平率为 50 Hz，当负载 R_L为 120 Ω 时，其输出电压为 36 V，试选择变压器次级电压、整流二极管和滤波电容。

2. 单相桥式整流电容滤波电路如图 9－35 所示，已知 $u_2 = 25\sqrt{2}\sin\omega t$（V）。$R_LC = \frac{5}{2}T$。试求：

（1）估算输出电压 u_o的大小；

（2）滤波电容开路时，u_o的大小；

（3）空载时 u_o的大小；

（4）VD_1 开路时 u_o的大小；

（5）VD_1 短路时 u_o的大小；

（6）试分析当 $VD_1 \sim VD_4$ 中有一个二极管极性接反，将会产生什么后果。

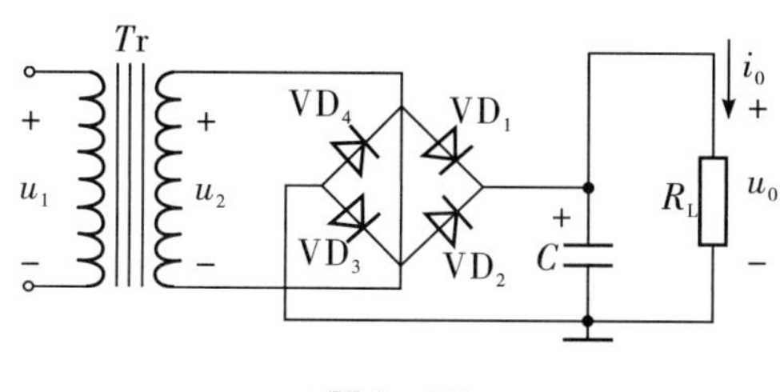

图 9－35

3. 在图9－35 中，用交流电压表测得 $u_2=20$ V，现用直流电压表测得输出电压 U_o的值，试分析下列测量数值，哪些说明电路工作正常？哪些说明电路出现了故障？并指出故障原因？

u_o	电路工作是否正常或电路有什么故障	故障原因
28 V		
24 V		
18 V		
9 V		

4. 如图 9－36 所示硅稳压管稳压电路。交流电压 $u_2=12$ V，负载电流 $I_{omin}=0$，$I_{omax}=5$ mA，稳压的参数为：$U_z=6$ V，$I_{zmin}=5$ mA，$I_{zmax}=38$ mA，求：限流电阻 R 电阻值是应选多大？

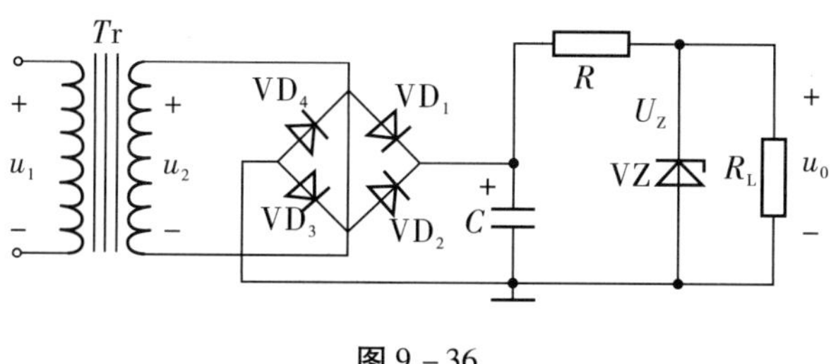

图 9－36

5. 试说明开关型稳压电路的特点，在下列各种情况下，哪些情况应采取开关稳压电路？

（1）稳压电路的效率比较高；

（2）输出电压波纹和噪声尽量小；

（3）稳压电路体积小、重量轻；

（4）稳压电路机构简单，使用元器件个数少、调试方便。

6. 试用集成三端稳压电路设计一个输出电压为 10 V 的稳压电路，画出电路原路图，并说明工作原理。

7. 试用设计一个输出电压为 3 ~ 22 V 可调的稳压电路，画出电路原路图，并说明工作原理。

8. 单相桥式整流电容滤波电路，已知交流电源频率为 50 Hz，负载 $R_L = 120\ \Omega$，输出电压 $U_o = 36$ V，求：

（1）变压器次级电压 u_2；

（2）整流二极管和滤波电容的参数。

9. 串联型稳压电路如图 9 – 37 所示，已知 $U_Z = 6$ V，$R_1 = R_2 = 200\ \Omega$，$R_P = 100\ \Omega$。

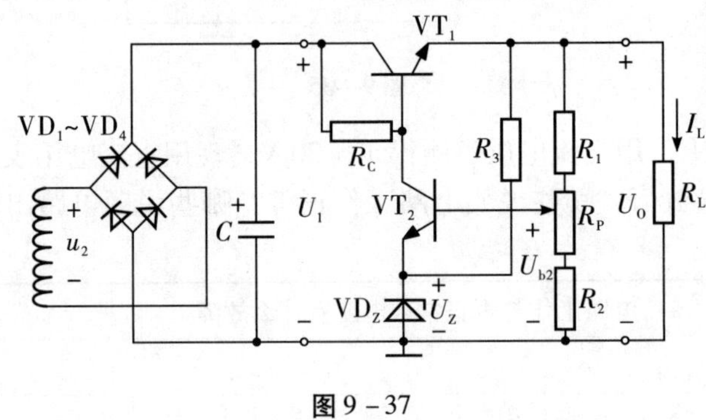

图 9 – 37

（1）计算电压的调节范围；

（2）当 $U_1 = 16$ V 时，调整管是否符合调整电压的要求？

（3）如果滤波电容足够大，要使 $U_1 = 16$ V，变压器次级输出 u_2（有效值）等于多少？

学习情境十　声控开关

声控开关，全称是声控延时开关，是一种内无接触点，在特定环境光线下采用声响效果激发拾音器进行声电转换来控制用电器的开启，并经过延时后能自动断开电源的节能电子开关。

声控开关是一个常用的器件，如：建筑物内的楼梯、过道的照明，常常使用声控开关来实现楼道、过道照明灯的开启和自动关闭，达到节约电能的目的，使用非常方便。

本学习情境中设置了实训项目——声控延时开关电路的制作，加深对晶闸管和单结晶体管性能的认识和掌握其使用、控制方法。

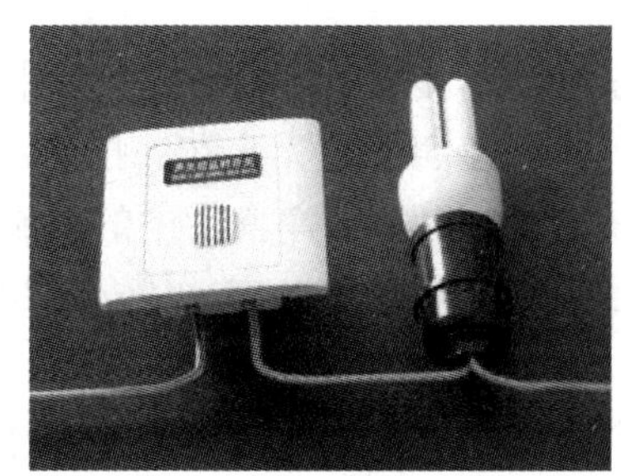

【教学任务】

（1）介绍晶闸管的结构和工作原理。

（2）介绍晶闸管的伏安特性和主要参数及其应用。

【教学目标】

（1）掌握晶闸管的结构及其工作原理。

（2）掌握晶闸管的应用。

（3）培养学生具有分析问题和应用晶闸管的能力。

（4）培养学生养成认真分析问题、仔细探讨解决问题方法的能力。

【教学内容】

（1）晶闸管的结构、工作原理、伏安特性及其主要参数。

（2）晶闸管整流电路的电路组成、工作原理及其应用。

（3）单结晶体管结构、等效电路、工作原理及其应用电路的分析。

【教学实施】

实物展示、原理阐述、多媒体课件相结合，辅以应用实例举例。

第十章　晶闸管与可控整流电路

【基本概念】

晶闸管、单结晶体管、双向触发二极管。

【基本电路】

触发电路、可控整流电路。

【基本方法】

可控整流电路的波形分析方法及输出电压、输出电流平均值的估算方法，用万用表检测晶闸管、单结晶体管的引脚及其质量优劣的判断方法。

晶闸管是半导体闸流管的简称，又叫可控硅整流元件。它具有体积小、重量轻、高耐压、大功率、响应速度快、无火花、控制灵活、寿命长、使用方便等优点，广泛用于自动控制电路中。晶闸管具有单向导电的整流作用，又有可控制的开关作用。

本章介绍半导体晶闸管的结构、伏安特性、主要参数及其应用。

10.1　晶闸管的结构和工作原理

晶闸管有三个电极：阳极 A、阴极 K、控制极 G，其符号如图 10－1（a）所示。晶闸管内部结构如图 10－1（b）所示，P1—N1—P2—N2 四层半导体通过一定工艺制造而成，其间形成三个 PN 结（J1、J2、J3 结），分别从 P1 区引出阳极 A，从 P2 区引出控制极 G，从 N2 区引出阴极 K。晶闸管结构示意图如图 10－1（c）所示。

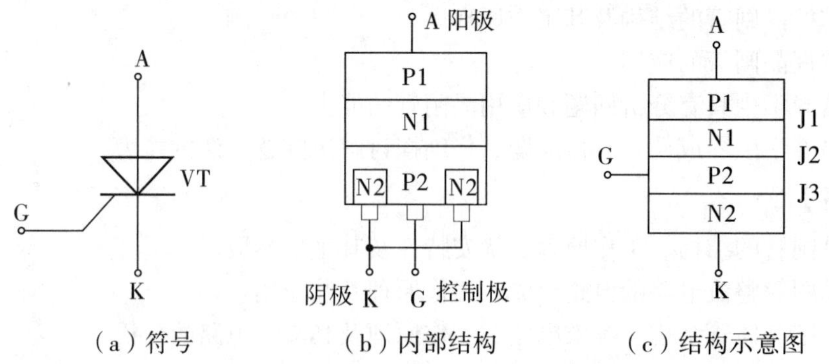

图 10－1　晶闸管的符号和内部结构图

晶闸管内部等效结构如图 10－2（a）所示，晶闸管可等效成 NPN 型和 PNP 型两个晶体管，与外部电源和电阻组成的电路如图 10－2（b）、（c）所示。E_A和 R_a为阳极电源和负载电阻，E_G为控制极电源。使用时要求在 A、K 之间为正向电压，G、K 之间加正向控制电压。

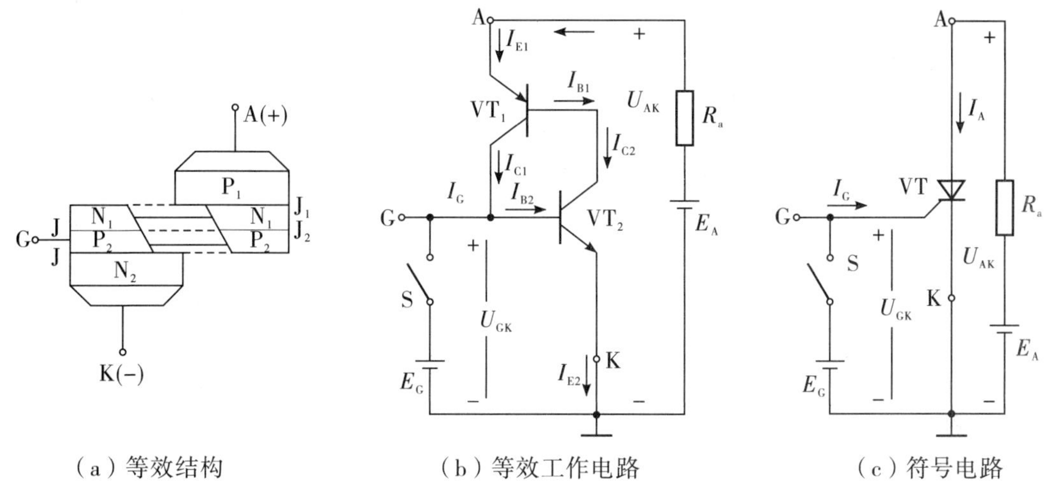

（a）等效结构　（b）等效工作电路　（c）符号电路

图 10－2　晶闸管的工作原理图

当开关 S 闭合时，在控制极上电压 U_{GK}（又称为触发信号）的作用下，产生 VT_2 的基极电流 I_{B2}，即为触发信号电流 I_G，经 VT_2 放大后形成集电极电流 $I_{C2}=\beta_2 I_{B2}$，而 $I_{B1}=I_{C2}$，使 VT_1 形成的集电极电流 $I_{C1}=\beta_1\beta_2 I_{B2}$，此电流又注入 VT_2 基极进一步放大，形成正反馈，使晶闸管在几微秒内处于导通状态，这一过程称晶闸管触发导通。当晶闸管导通后，即使将开关 S 断开，而这时是由 I_{C1}来维持 I_{B2}，晶闸管仍将维持导通。晶闸管在导通状态时，阳极与阴极之间正向压降 U_F约为 0.6～1.2 V。

若要晶闸管由导通进入截止状态，只要降低阳极正向电压，使阳极电流 I_A小于维持电流 I_H（维持晶闸管导通所需要最小的阳极电流，约几十至一百多毫安）或使 $U_{AK}\leq 0$ V。这样，晶闸管由导通转为关断的状态。由此可见，晶闸管是一种导通时间可以控制的具有单相导电性能的整流器件。

10.2　晶闸管的型号和伏安特性

1. 型号

国家标准规定，晶闸管的型号、规格及其含义如下。

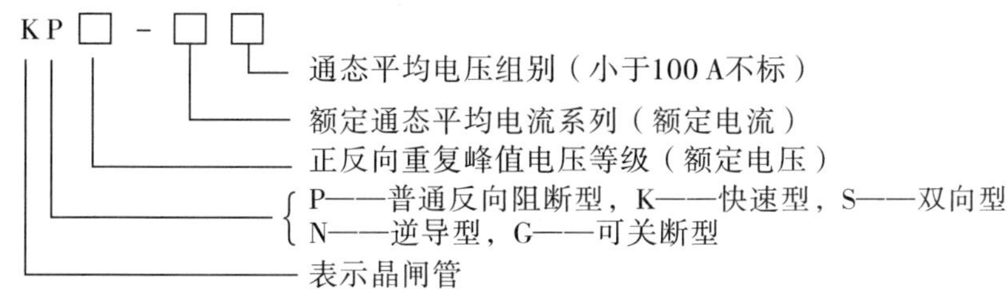

通态平均电压组别共9级，用A～I表示0.4～1.2 V的范围，每级差0.1 V。

如：KP100－12G，表示额定电流为100 A，额定电压为1 200 V，管压降（通态平均电压）为1 V的普通型晶闸管。

2. 伏安特性

晶闸管阳极、阴极间施加的电压U_{AK}与流过其间的电流I_{AK}之间的关系称为晶闸管的伏安特性。如图10－3所示，它由第Ⅰ象限正向特性区和第Ⅲ象限反向特性区组成。

当控制极电流$I_G=0$，而阳极正向电压不超过一定限度时，晶闸管处于阻断状态，管子中只有很小的正向漏电流。图中的OA段称为正向阻断特性。当阳极电压继续增加到图中的U_{BO}值时，阳极电流急剧上升，特性曲线突然由A点跳到B点，晶闸管导通。U_{BO}称为正向转折电压。晶闸管导通以后，电流很大而管压降只有1 V左右，此时的伏安特性与二极管的正向特性相似，如图中的BC段，称为正向导通特性。

晶闸管导通以后，如果减小阳极电流，则当I_A小于I_H时，突然由导通状态变为阻断，特性曲线由B点跳到A点。I_H称为维持电流。

晶闸管加反向阳极电压时，只流过很小的反向漏电流，当反向电压升高到U_{BR}时，晶闸管反向击穿，反向电流急剧增加。U_{BR}称为反向击穿电压。

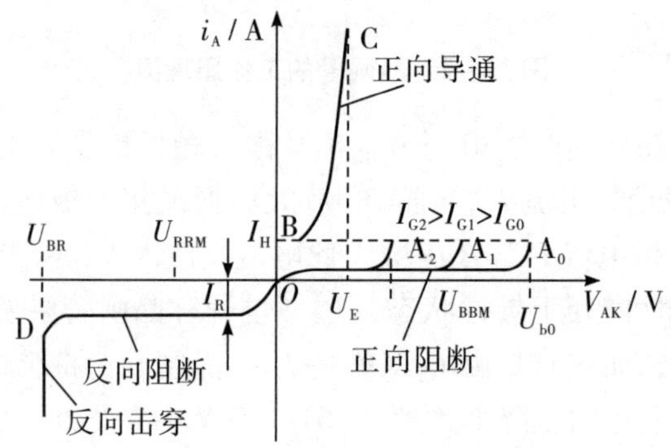

图10－3　晶闸管的伏安特性

10.3　晶闸管的主要参数

晶闸管主要参数有如下几个。

（1）正向转折电压U_{BO}。是指在额定结温（100 A以上为115 ℃，50 A以下为100 ℃）和控制极开路的情况下，阳极和阴极间加正弦半波正向电压，元件由阻断状态发生正向转折变成导通状态所对应的电压峰值。

（2）断态重复峰值电压U_{DRM}。是指控制极开路，晶闸管结温为额定值，允许重复施加在晶闸管上的正向峰值电压。重复频率为50 Hz，每次持续时间不大于10 ms，其值为：

$$U_{DRM}=U_{BO}-100\ \text{V}$$

（3）反向转折电压U_{BR}。就是反向击穿电压。

（4）反向重复峰值电压U_{RRM}。是指控制极开路，晶闸管结温为额定值，允许重复施加在晶闸管上的反向峰值电压。

$$U_{RRM} = U_{BR} - 100\ V$$

（5）额定电压 U_T。通常用 U_{DRM} 和 U_{RRM} 中较小者，再取相应于标准电压等级中偏小的电压值作为晶闸管的标称额定电压。在 1 000 V 以下，每 100 V 一个等级；在1 000 ~ 3 000 V，则是每 200 V 为一个等级。为了防止工作中的晶闸管遭受瞬态过电压的损害，通常取电压安全系数为 2 ~ 3。例如，元件在工作电路中可能承受到的最大瞬时值电压为 U_{TM}，则取额定电压 U_T = （2 ~ 3）U_{TM}。

（6）通态正向平均电压 U_F。是指在规定的环境温度和标准散热条件下，元件正向通过正弦半波额定电流时，其两端的电压降在一周期内的平均值，又称成为管压降，其值在0. 6 ~ 1. 2 V 之间。

（7）通态平均电流 I_F。是指在环境温度为 +40 ℃和规定的冷却条件下，晶闸管元件在电阻性负载的单相工频正弦半波电路中，导通角不小于 170°、稳定结温不超过额定值时所允许的最大平均电流，并按标准取其整数值作为该元件的额定电流。晶闸管元件允许的有效值电流等于电流波形系数和通态平均电流 I_F 的乘积。例如，一只额定电流 I_F = 100 A 的晶闸管，其允许的有效值电流为 157 A。

（8）维持电流 I_H。是指在室温和控制极开路时，逐渐减小导通状态下晶闸管的阳极电流，最后能维持晶闸管持续导通所必需的最小的阳极电流。结温越高，维持电流 I_H 越小，晶闸管越难关断。

（9）挚住电流 I_L。是指晶闸管触发后，刚从正向阻断状态转入导通状态，在立刻撤出控制极触发信号后，能维持晶闸管导通状态所需要的最小阳极电流。晶闸管的挚住电流 I_L 通常是维持电流的 2 ~ 4 倍。

（10）控制极触发电流 I_G。是指在室温下，晶闸管施加 6 V 的正向阳极电压时，使元件从正向阻断到完全导通所必需的最小控制极电流。

（11）控制极触发电压 U_G。是指产生控制极触发电流 I_G 所必需的最小控制电压。

10. 4　单相可控整流电路

晶闸管的阳极与阴极在正向电压作用下，改变控制极触发信号的时间，即可控制晶闸管的导通时间。利用这个特点，可以把交流电变成大小可调的直流电。这种电路称为可控整流电路。

1. 单相半波可控整流电路

图 10 - 4（a）为单相半波可控整流电路，整流变压器次级电压为 u_2，有效值为 U_2，负载上输出电压为 u_o。

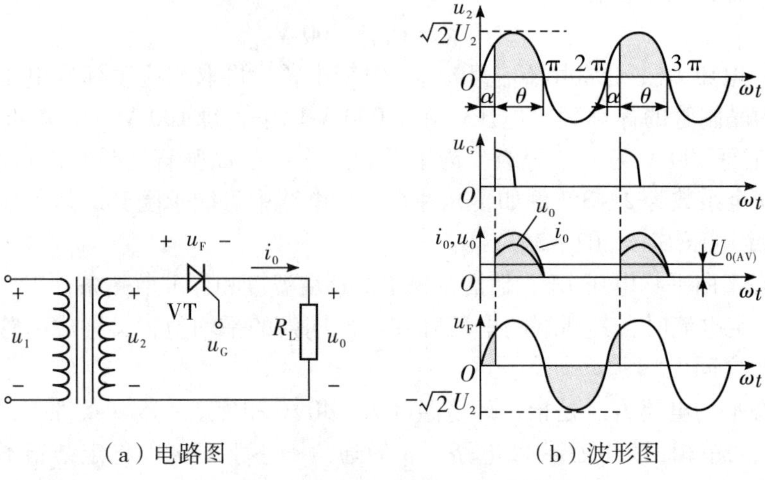

（a）电路图　　（b）波形图

图 10－4　单相半波可控整流电路及波形

在 u_2 正半周内，晶闸管阳极加上正向电压，但在触发脉冲未出现前（0～α），晶闸管无法导通，负载 R_L 上没有电流，R_L 两端电压 $u_o=0$，晶闸管 VT 承受 u_2 电压。当 $\omega t=\alpha$ 时，晶闸管控制极加上触发脉冲 u_G，VT 立即导通，电压 u_2，全部加在 R_L 上（忽略晶闸管电压降）。当晶闸管导通到 $\omega t=\pi$ 时，u_2 降至零，流过晶闸管的电流也降为零，小于晶闸管的维持电流而关断，此时，i_o、u_o 又为零。在 u_2 负半周期间，VT 因承受反向电压而阻断。直到下一个周期，再加上触发脉冲时，晶闸管再重新导通。若 u_2 电压的每一周期都在恒定的 α 时加上触发脉冲，负载 R_L 上就能得到稳定的缺角半波电压波形，这是一个单相的脉动直流电压，电流 $i_o=u_o/R_L$ 与 u_o 波形相同，如图 10－4（b）所示。用示波器测量波形时应注意以下两点。

（1）波形中垂直上跳或下跳的线段是显示不出来的。

（2）要测量有直流分量的波形必须从示波器的直流测量端输入且预先确定基准水平线位置。

在单相电路中，晶闸管承受正压开始到触发导通之间的电角度 α 称为控制角，也称为触发角、移相角。晶闸管在一个周期内导通的电角度用 θ 表示，称为导通角。改变 α 的大小即改变触发脉冲在每周期内出现的时刻称为移相，这种控制方式称为相控。对单相半波电路而言，α 的移相范围为 0～π，对应的 θ 在 π～0 范围内变化，且满足：

$$\alpha+\theta=\pi$$

输出端的直流电压用平均值来衡量，$U_{O(AV)}$ 是 u_o 波形在一个周期内面积的平均值，直流电流表测得的即为此值，即：

$$U_{O(AV)}=\frac{1}{2\pi}\int_{\alpha}^{\pi}\sqrt{2}U_2\sin\omega t\mathrm{d}(\omega t)=0.45U_2\frac{1+\cos\alpha}{2}$$

由上式可见，当控制角 α 从 π 向零方向变化，即触发脉冲向左移动时，负载直流电压平均值 u_o 从零到 $0.45u_2$ 之间连续变化，即实现直流电压连续可调。

可调整流输出电流的平均值为：

$$I_{O(AV)}=\frac{U_{O(AV)}}{R_L}=0.45\frac{U_2}{R_L}\cdot\frac{1+\cos\alpha}{2}$$

流过晶闸管的通态平均电流 I_F

$$I_F=I_{O(AV)}=\frac{U_{O(AV)}}{R_L}=0.45\frac{U_2}{R_L}\cdot\frac{1+\cos\alpha}{2}$$

由于电流 i_o也是缺角的正弦半波，因此在选择晶闸管、熔断器、导线以及计算负载电阻 R_L的功率时必须按照电流有效值计算。

电流波形的波形系数 K_F定义为电流有效值与电流平均值之比：

$$K_f=\frac{I_f}{I_F}$$

理论证明，当 $\alpha=0°$时，$K_f\approx1.57$。

2. 电阻性负载的单相半控桥式整流电路

单相半控桥式整流电路如图 10－5（a）所示，R_L为电阻性负载。由电源、晶闸管的阳极、阴极和负载组成的回路称为主回路，而由控制极、阴极及其控制电路组成的回路称为控制回路（或触发电路）。从图 10－5（a）可知，将二极管组成的桥式整流电路中两个二极管用两个晶闸管 VT_1 和 VT_2 取代，故称半控整流。

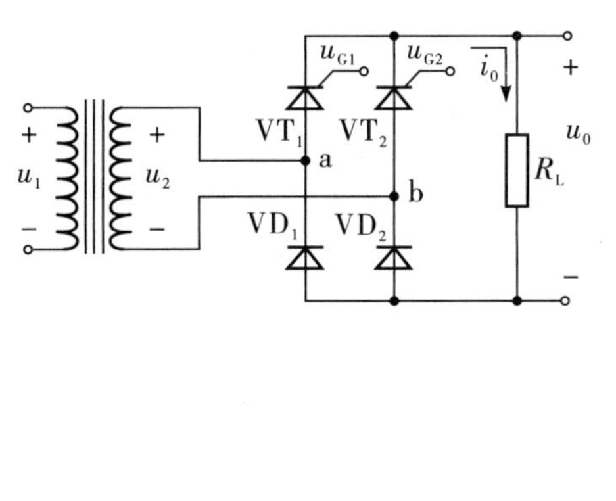

（a）电路图

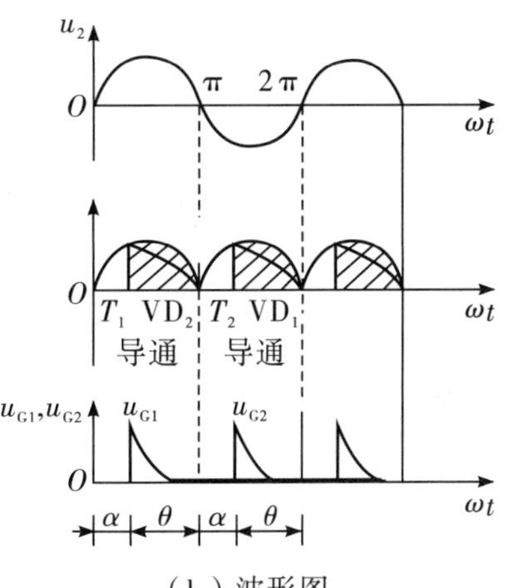

（b）波形图

图 10－5　电阻性负载的单相半控桥式整流电路

设电源变压器次级电压为 $u_2=\sqrt{2}\sin\omega t$。当 u_2为正半周时，则电路 a 点的电位高于 b 点电位，VT_1 和 VD_2 处于正向电压状态，当 $\omega t=\alpha$ 时，VT_1 在控制极触发信号 u_{G1}作用下开始导通，VT_2 和 VD_1 承受反向电压而阻断和截止。如果忽略 VT_1 和 VD_2 的管压降，则 u_2全部作用于负载 R_L上，输出 u_o和 i_o的波形如图 10－5（b）所示；当 $\omega t=\pi$，在 u_2过零时刻 VT_1 阻断；当 u_2为负半周时 b 点电位高于 a 点电位，则 VT_2 和 VD_1 处于正向电压状态；当 $\omega t=\pi+\alpha$ 时刻，VT_2 在触发信号作用下开始导通，而 VT_1 和 VD_2 承受反向电压而阻断和截止。负载上的电压 u_o和 i_o与 u_2正半周时相同，u_o极性保持不变。当 $\omega t=2\pi$ 时刻，u_2过零时使 VT_2 阻断。

当晶闸管阳极、阴极之间承受正向电压，对本电路以 $\omega t=0$ 或 π 为起点加入触发信号，晶闸管开始导通的角度 α 称为控制角，而晶闸管导通的角度 $\theta=\pi-\alpha$ 称为导通角，α 角能变化的范围称为触发脉冲的移相范围。当 $\alpha=0$，$\theta=\pi$ 时称为全导通。由此可知，所谓可控整流就是通过改变触发脉冲的移相使 α 角改变，从而使导通角 θ 变化来控制输出直流平均电压的大小。

电阻性负载的单相半控桥式整流电路输出直流电压平均值：

$$U_{O(AV)}=\frac{1}{\pi}\int_{\alpha}^{\pi}\sqrt{2}U_2\sin\omega t\mathrm{d}(\omega t)=0.9U_2\frac{1+\cos\alpha}{2}$$

输出电流平均值：

$$I_{O(AV)}=\frac{U_{O(AV)}}{R_L}=0.9\frac{U_2}{R_L}\cdot\frac{1+\cos\alpha}{2}$$

通过晶闸管 VT 和 VD 的电流平均值：

$$I_{T(AV)}=I_{D(AV)}=\frac{1}{2}I_{O(AV)}$$

晶闸管承受的最大正向、反向电压和二极管承受的最大反向电压均为 $\sqrt{2}U_2$。

10.5 单结晶体管触发电路

1. 单结晶体管简介

单结晶体管是一种特殊的半导体元件，其内部的等效电路如图 10－6（a）所示，其内部有一个 PN 结，故称单结晶体管，PN 结相当于一个二极管 VD，引出电极称发射极 e，在其基片引出两个基极称第一基极 b1 和第二基极 b2。R_{b1} 和 R_{b2} 为其基极与基极间的体电阻，两基极之间电阻 $R_{bb}=R_{b1}+R_{b2}\approx 2\sim 15\ \mathrm{k\Omega}$。A 点为内部分压点，若在 b2、b1 间加电压 U_{BB}，$U_A=U_{BB}(R_{b1}/R_{bb})=\eta U_{BB}$，$\eta$ 称分压比，一般在 0.3～0.9 之间，是单结晶体管的主要参数。单结晶体管的符号和外形如图 10－6（b）、（c）所示。

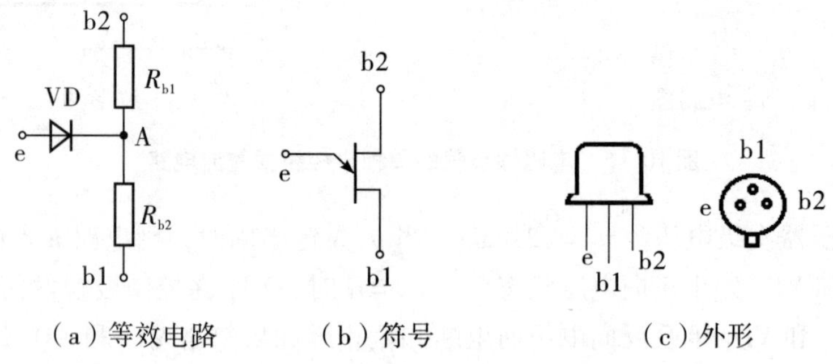

（a）等效电路　（b）符号　（c）外形

图 10－6　单结晶体管

（1）单结晶体管的伏安特性。单结晶体管的伏安特性是指 $I_e=f(U_e)\mid_{U_{BB}=常数}$ 的函数关系，其基本等效电路如图 10－7（a）所示，图（b）为其伏安特性曲线，反映其发射结特性。

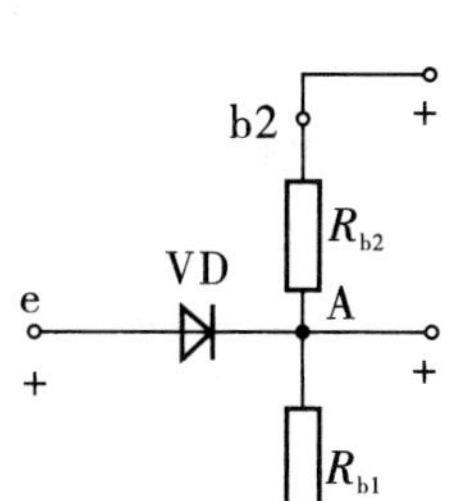

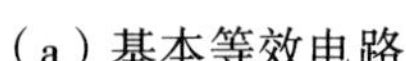
（a）基本等效电路

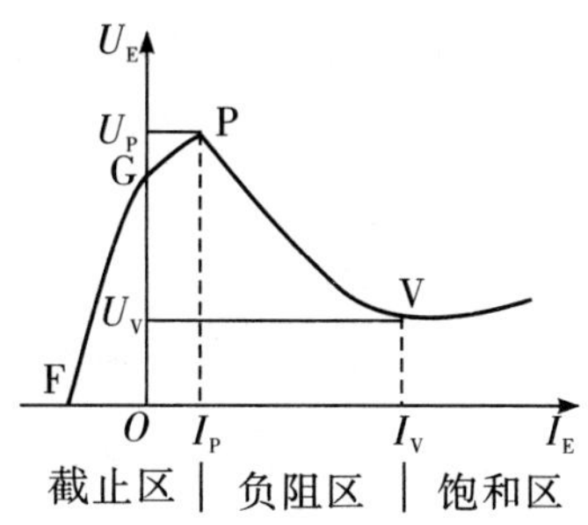

（b）伏安特性曲线

图 10－7　单结晶体管的发射结特性

当 $U_E < U_A$时，PN 结反偏，I_E反向电流很小，如图 10－7（b）的 FG 段所示；在 G 点 $U_E = U_A$，PN 结为零偏置，$I_E = 0$；当 U_E在 U_A～（$U_A + U_D$），PN 结微导通，$I_E \approx 0$，如图 10－7（b）的 GP 段所示，故称 FP 段为截止区。在 PV 段为 $U_E > U_A + U_D$，PN 结正向导通，I_E明显增加，而 U_E显著减小，呈现负阻特性。这是由于内部多数载流子流量增加，使 R_{b1}减小，导致 U_A、U_E进一步下降，而分压比也会下降。我们称 P 点为峰点，其峰点电压 $U_P = U_A + U_D$，而峰点电流 I_P是管子导通时的最小电流，一般约为 4 μA。在 V 点以后，当 I_E增加，U_E有所增加，多数载流子流量接近饱和程度，R_{b1}不再减小，恢复正阻特性，所以把 V 点以后称为饱和区。由上述可知，U_E在导通时的最低点 V 称为谷点，U_V称为谷点电压，I_V称为谷点电流。单结晶体管导通后，如果使 $U_E < U_V$，它会回跳到截止区，故 U_V是维持单结晶体管导通的最小发射极电压。一般当 $U_{BB} = 20$ V 时，U_V约为2～5 V。

（2）单结晶体管自激振荡电路。单结晶体管振荡电路如图 10－8（a）所示，其中要求单结晶体管工作在特性的负阻区，型号为 BT33，其工作原理如下：

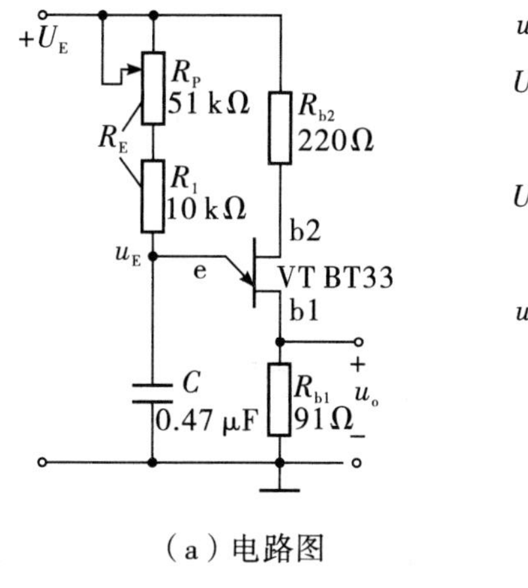

（a）电路图

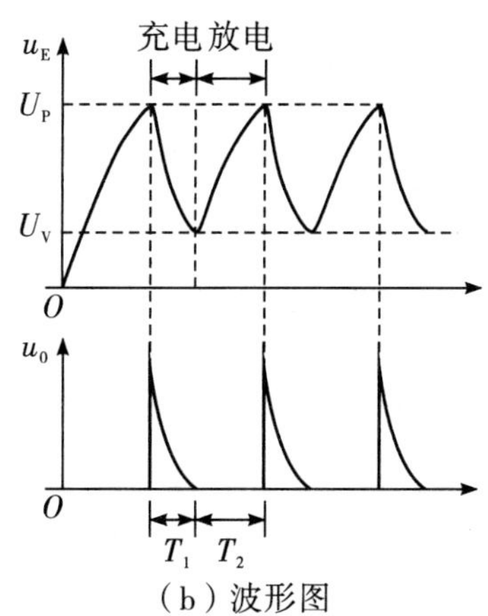

（b）波形图

图 10－8　单结晶体管振荡电路

工作开始时，$u_E = 0$，管子截止，电源 U_{BB}通过 R_E对电容 C 充电，u_E按指数曲线上

升。当 $u_E \geqslant U_P$ 时，单结晶体管突然导通，电容 C 通过 e－b1 和 R_{B1} 迅速放电，u_o 有一个上跳沿电压输出。在放电时，u_E 很快按指数曲线下降，u_o 也按此曲线下降。当 $u_E \leqslant U_V$ 时，单结晶体管又截止。在单结晶体管截止后，电源 U_{BB} 又对 C 充电，这样，周而复始形成振荡，在 R_{B1} 两端输出周期性的尖脉冲 u_o，其波形如图 10－8（b）所示。

由于放电时间 T_1 的时间常数（$R_{b1}+R_{B1}$）C 远小于充电时间 T_2 的时间常数 R_EC，故振荡周期 $T=T_1+T_2 \approx T_2$。根据 RC 充放电暂态过程三要素的公式可计算出：

$$T_2 = R_E C \ln \frac{U_{BB}-U_V}{U_{BB}-U_P} \approx R_E C \ln \frac{U_{BB}-0}{U_{BB}-\eta U_{BB}} = R_E C \ln \frac{1}{1-\eta}$$

振荡频率近似为：

$$f = \frac{1}{R_E C \ln \frac{1}{1-\eta}}$$

2. 单结晶体管的同步触发电路

在各种可控整流装置电路中，晶闸管都串联在主回路中调节输出电压大小。因此，在晶闸管每半周承受正向电压期间，要求第一个触发脉冲出现的时间均相同，这样可获得稳定的直流电压输出。改变控制角 α 的相移即可平稳调节输出直流电压大小。由此可见，触发脉冲出现的时刻必须与主电源电压变化周期保持一定的同步关系。

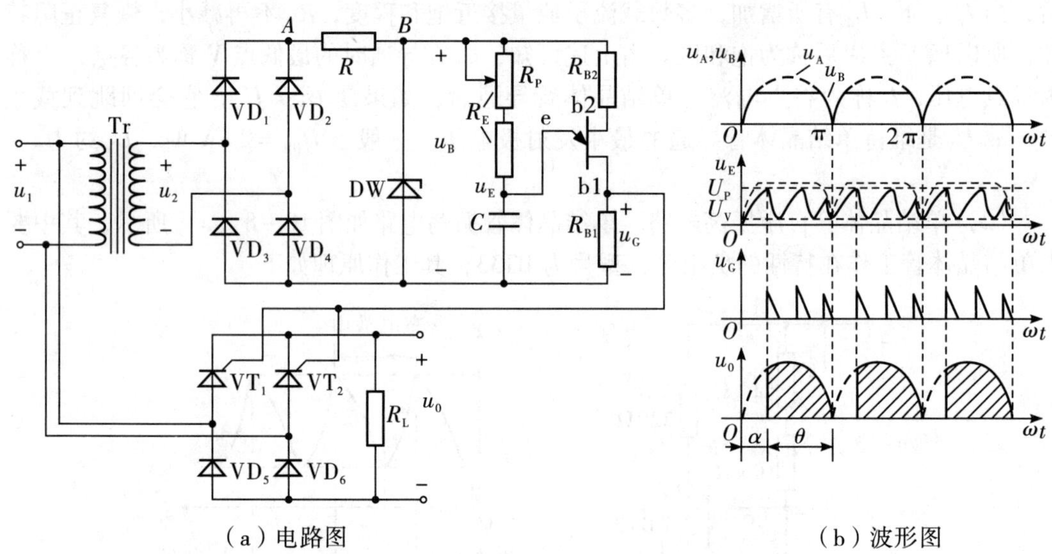

（a）电路图　　（b）波形图

图 10－9　单结晶体管的同步触发电路

单结晶体管同步触发电路如图 10－9（a）所示。Tr 为同步变压器，其次级输出电压经桥式整流和稳压管削波限幅后得到梯形波电压 u_B，作为触发电路电源电压，如图 10－9（b）所示。其中 R 为稳压管的限流电阻。当交流电源 u_1 在 π、2π 过零时 u_2 和 u_B 也同时过零。因此，单结晶体管 b2、b1 之间电压 U_{BB} 也过零，使晶体管内部 A 点电位 $u_A=0$，可使电容上电荷很快释放。在下一个半周期开始时基本从零开始充电。这样才能保证每个半周期触发电路送出的第一个脉冲距过零时刻的 α 角一致，起到同步作用。由波形图可知，当电容电压由零充到 U_P的时间即为控制角 α 所占周期的时间。

从图 10－9（b）所示的波形图可知，在主电路交流电源的半周期内，能够产生多个触发脉冲。作用于两个晶闸管 VT_1、VT_2 的控制极上能起作用的只有第一个脉冲，使承受正向电压的一个晶闸管导通。调节充电回路中 R_P大小可改变控制角 α 的大小，达到调节输出直流电压的目的。这种用 R_P来改变电容的充电时间常数、控制角 α 的大小的方法，即为触发脉冲的相移。

本 章 小 结

（1）晶闸管有三个电极：阳极 A、阴极 K、控制极 G。晶闸管是一种导通时间可以控制的具有单相导电性能的整流器件。

（2）利用晶闸管组成的可控整流电路，在输入到该整流电路输入端的电压不变的情况下，可以通过对其控制极 G 的控制，实现其输出直流电压在一定范围内调节。

实训项目　声控延时开关电路

一、实训目标

（1）掌握晶闸管在声控延时开关电路的作用及其工作原理。

（2）掌握晶闸管的控制原理和控制方法。

（3）培养学生具有分析问题的能力和表述能力。

二、实训设备与器件

（1）多媒体课室（安装 Proteus 软件或其他仿真软件）。

（2）万用表 1 台。

（3）晶闸管管、单结晶体管、三极管各一个，电容、电阻等元器件若干（数量及型号视电路图而定），拾音器（麦克风）一个，万用电路板一块等身背器材。

三、实训内容与步骤

实训电路图如图 10－10 所示。电路由信号（声音）放大、电子开关、延时电路等组成。

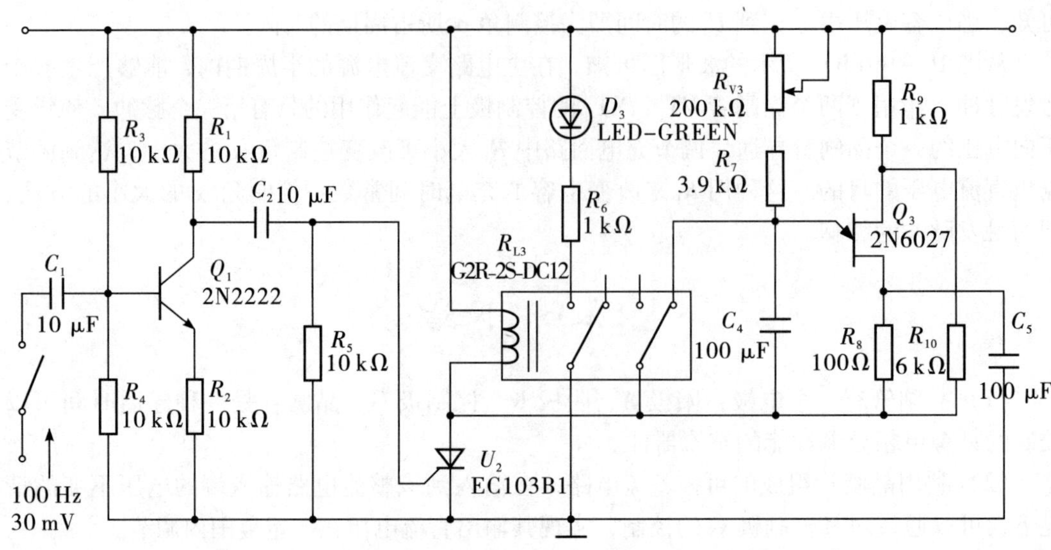

图 10－10　声控延时开关电路仿真图

1．仿真演示

在多媒体课室仿真演示。

（1）运行 Proteus ISIS（或其他仿真软件）在 ISIS 主窗口编辑图 10－10 电路图。

（2）启动仿真。在 C1 端输入 100 Hz、30～50 mV 正弦波信号。按一下开关立即松开，观测继电器开关动作情况（LED 指示灯显示）。

2．电路的安装与调试

（1）在万用电路板上，将图 10－10 电路各电子元器件正确连接。

（2）输入端连接拾音器（麦克风）。

（3）检查电路的连接，确认连接无误后通电。

（4）声音控制，观察继电器开关动作情况。

3．拓展思考

简述图 10－10 电路的工作过程：____

____

____。

四、电路分析，编制实训报告

实训报告内容包括：

（1）实训目的。

（2）实训仪器设备。

（3）电路工作原理。

（4）元器件清单。

（5）主要收获与体会。

（6）对实训课的意见、建议。

练　习　题

一、填空题

（1）晶闸管的三个电极分别称为________、________和________。

（2）要使晶闸管从导通变为截止，一般将电源断开或者在晶闸管加上________电压。当晶闸管阳极电流小于________电流的时候，晶闸管也自行关断。

（3）单结三极管的内部共有________个 PN 结，外部共有三个电极，它们分别称为________、________和________。

（4）晶闸管从开始承受正向电压到触发导通的角度称为________角。

（5）在晶闸管的阳极和阴极之间加上________电压的同时，门极加__________电压，晶闸管就会导通。

（6）双向晶闸管的三个电极分别称为________极、________极和________极。

二、简答题

（1）晶闸管的三个极的名称是什么？用什么符号表示？

（2）简述单向晶闸管导通条件。

（3）简述晶闸管的工作原理。

（4）简述晶闸管的 A、K、G 极的判别方法

（5）简述单结晶体管 E、B_1、B_2的判别方法

三、应用题

如图 10－11 所示电路是一个应急照明灯原理图，平常时由 220 V 交流电供电，并对蓄电池充电。当交流电断电时，由 6 V 蓄电池自动供电，试分析电路工作原理。

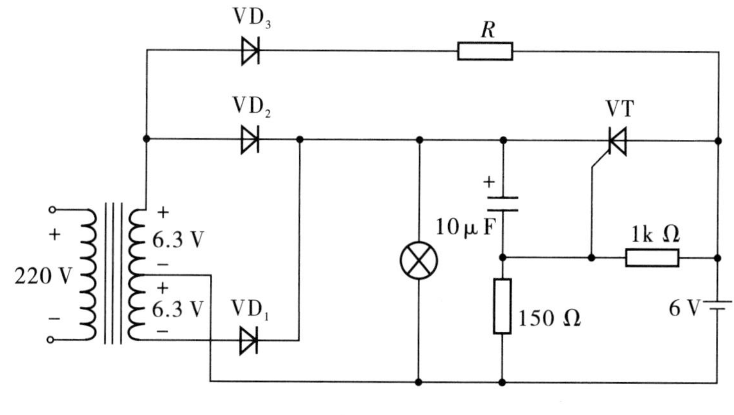

图 10－11

参 考 文 献

1. 杨素行. 模拟电子技术基础简明教程［M］. 2版. 北京：高等教育出版社，1997.

2. 李建民，董红生. 模拟电子技术基础［M］. 2版. 北京：清华大学出版社；北京交通大学出版社，2012.

3. 杨碧石. 模拟电子技术基础［M］. 北京：人民邮电出版社，2008.

4. 郭锁利. 模拟电子技术实验与仿真［M］. 2版. 北京：北京理工大学出版社，1997.

5. 吴小花，龚兰芳，袁天云，等. 电子技能训练与EDA技术应用［M］. 广州：华南理工大学出版社，2009.

6. 谢兰清. 电子技术项目教程［M］. 北京：电子工业出版社，2009.

7. 付植桐，尹常永. 电子技术［M］. 2版. 北京：高等教育出版社，2004.

8. 崔爱红，宗云. 模拟电子技术项目化教程［M］. 北京：中国海洋大学出版社，2014.